"十三五"职业教育系列教材

建筑施工技术与组织

主　　编	刘尊明	崔海潮	
副主编	彭子茂	谢东海	张朝春
参　　编	张永平	潘瑞松	朱晓伟
	吴　涛	叶曙光	
主　　审	吴明军		

U0300247

中国电力出版社

CHINA ELECTRIC POWER PRESS

内 容 提 要

本书为"十三五"职业教育系列教材。本书共分 11 个项目,主要内容包括建筑施工技术与组织入门学习、地基与基础工程、脚手架与砌体结构工程、混凝土结构工程、钢结构工程、屋面与防水保温工程、建筑装饰装修工程、季节性施工、流水施工技术、工程网络计划技术、单位工程施工组织设计。本书根据现行国家标准规范,结合职业资格认证特点,以施工员等施工现场管理人员专业技能训练为核心,以工作流程为导向进行编写,内容实用、形式新颖、特色鲜明。

本书可作为高职高专建筑工程管理、建筑工程监理、工程造价、建筑工程技术等土建类专业的教材,也可作为开放大学、函授、远程教育、施工员培训考试、自学考试等教学用书,还可作为从事建筑施工、工程监理、质量管理、资料管理等工程技术人员、管理人员以及土木工程类本科学员的参考用书。

图书在版编目(CIP)数据

建筑施工技术与组织/刘尊明,崔海潮主编 . —北京:中国电力出版社,2017.3(2021.11 重印)
"十三五"职业教育规划教材
ISBN 978-7-5198-0265-3

Ⅰ. ①建⋯ Ⅱ. ①刘⋯ ②崔⋯ Ⅲ. ①建筑工程—工程施工—职业教育—教材 ②建筑工程—施工组织—职业教育—教材 Ⅳ. ①TU7

中国版本图书馆 CIP 数据核字(2017)第 005425 号

中国电力出版社出版、发行

(北京市东城区北京站西街 19 号 100005 http://www.cepp.sgcc.com.cn)
北京九州迅驰传媒文化有限公司
各地新华书店经售

*

2017 年 3 月第一版 2021 年 11 月北京第五次印刷
787 毫米×1092 毫米 16 开本 24 印张 593 千字
定价 50.00 元

前　　言

　　近年来，随着国民经济的迅速发展，建设规模不断扩大，建筑施工技术飞速发展，大力推广新技术、进一步推进建筑施工技术向前发展迫切需要大量合格的高素质技能型人才。同时，我国高等职业教育快速发展，已经成为国家高等教育的重要组成部分。在当前新形势下，国家和社会对高等职业教育提出了更高的质量要求，已出版的土建类专业教材与新形势下的教学要求不相适应的矛盾日益突出，新一轮教材建设迫在眉睫。

　　"建筑施工技术与组织"课程是土建类和工程管理类各专业的一门专业技能课程，具有综合性强、政策性强、实践性强、内容更新快的特点。通过本课程学习，使学生掌握各分部分项工程的施工技术、流水施工技术、工程网络计划技术，具备编制单位工程施工组织设计、施工方案、技术交底文件、解决施工技术问题的能力，为学生顶岗实习、毕业后能胜任岗位工作及考取职业技能证书起到良好的支撑作用，为建筑工程计量与计价、招投保与合同管理、建筑工程资料管理等课程的学习奠定基础。不过遗憾的是，目前相当一部分《建筑施工技术与组织》教材内容雷同，体例相近，不能很好地适应工程实践和教学要求。为此，我们特编写本书。

　　通过对施工员等施工现场管理人员的典型工作任务进行分析，根据现行国家规范，结合职业资格认证特点，参照相关图书资料，以胜任施工员等管理岗位为目标，以施工技术管理技能训练为核心，以工作流程为导向，本书将整个教材内容划分为建筑施工技术与组织入门学习、地基与基础工程、脚手架与砌体结构工程、混凝土结构工程、钢结构工程、屋面与防水保温工程、建筑装饰装修工程、季节性施工、流水施工技术、工程网络计划技术、单位工程施工组织设计 11 个项目。

　　本书主要特色如下：

　　1. 本书以最新的国家标准为基础；

　　2. 本书内容设置与职业资格认证紧密结合；

　　3. 本书内容设置紧密围绕技能教育这一思想。

　　本书的教学参考学时数为 132 学时，各单元内容及学时分配见下表：

单元内容及学时分配表

项目	课程内容	学时
项目 1	建筑施工技术与组织入门学习	4
项目 2	地基与基础工程	20
项目 3	脚手架与砌体结构工程	10
项目 4	混凝土结构工程	16

项目	课程内容	学时
项目 5	钢结构工程	14
项目 6	屋面与防水保温工程	16
项目 7	建筑装饰装修工程	16
项目 8	季节性施工	6
项目 9	流水施工技术	8
项目 10	工程网络计划技术	12
项目 11	单位工程施工组织设计	10
合计		132

本书由山东城市建设职业学院刘尊明、泰康健康产业投资控股有限公司崔海潮担任主编，湖南交通职业技术学院彭子茂、山东城市建设职业学院谢东海、张朝春担任副主编，刘尊明负责统稿，四川建筑职业技术学院吴明军担任主审。参加编写的人员还有：山东城市建设职业学院张永平、潘瑞松、叶曙光、朱晓伟、吴涛。具体编写分工为：项目1、项目2、项目5由刘尊明编写，项目6、项目7、项目9由崔海潮编写，项目8、项目10由彭子茂编写，项目3由张永平、吴涛编写，项目4由张朝春、潘瑞松、叶曙光编写，项目11由谢东海、朱晓伟编写。

本书在编写过程中，参阅了许多文献和专著，主要参考文献列在书后，在此向文献作者们表示衷心感谢！书中内容多处引自现行的有关法律、法规、标准、规范，使用过程中应以最新修改的版本为准。本书除参考文献中所列的署名作品之外，部分作品的名称及作者无法详细核实，故没有注明，在此对作者表示深深的歉意和衷心的感谢！

限于编者水平，书中欠妥之处在所难免，恳请读者批评指正。

编　者

2017 年 1 月

目　录

项目 1　建筑施工技术与组织入门学习

任务 1　建筑施工技术与组织课程整体认知

一、本课程基本概念与相关标准规范

（一）本课程基本概念

1. 单位工程

单位工程是指具备独立的设计文件，竣工后可以独立发挥生产能力或工程效益的工程。如一所学校中的一栋教学楼等。

2. 分部工程

分部工程是指单位工程中可以独立组织施工的工程。单位工程按专业性质和工程部位，可划分为地基与基础、主体结构、建筑装饰装修、屋面、建筑给水排水及供暖、通风与空调、建筑电气、建筑智能化、建筑节能、电梯 10 个分部工程。

当分部工程较大或较复杂时，可按材料种类、施工特点、施工程序、专业系统及类别将分部工程划分为若干子分部工程。如将主体结构分部工程划分为混凝土结构、砌体结构、钢结构等子分部工程。

3. 分项工程

分项工程是指分部工程的组成部分，是施工图预算中最基本的计算单位，也是概预算定额的基本计量单位。分部工程可按主要工种、材料、施工工艺、设备类别划分为若干分项工程。如混凝土结构子分部工程分为模板工程、钢筋工程、混凝土工程等分项工程。

4. 建筑施工

建筑施工是指工程建设实施阶段的生产活动，是各类建筑物的建造过程，也可以说是把设计图纸上的图样，在指定的地点，变成实物的过程。施工作业的场所称为"建筑施工现场"或称为"施工现场"，也称为工地。

5. 建筑施工技术

建筑施工技术，就是通过对建筑工程主要工种的施工工艺原理和施工方法的研究，选择最经济、最合理的施工方案，从而保证施工质量与安全、保证工程按期完成的一项技术。

6. 施工现场专业人员

施工现场专业人员是指在建筑工程施工现场，从事技术与管理工作的人员。施工现场专业人员主要包括施工员、质量员、安全员、标准员、材料员、机械员、劳务员、资料员。

7. 施工员

在建筑施工现场，从事施工组织策划，施工技术与管理，以及施工进度、成本、质量和安全控制等工作的专业人员。

8. 施工组织设计

以施工项目为对象编制的，用以指导施工的技术、经济和管理的综合性文件。

9. 施工组织总设计

以若干单位工程组成的群体工程或特大型项目为主要对象编制的施工组织设计，对整个项目的施工过程起统筹规划、重点控制的作用。

10. 单位工程施工组织设计

以单位（子单位）工程为主要对象编制的施工组织设计，对单位（子单位）工程的施工过程起指导和制约作用。

11. 施工方案

以分部（分项）工程或专项工程为主要对象编制的施工技术与组织方案，用以具体指导其施工过程。

12. 施工组织设计的动态管理

在项目实施过程中，对施工组织设计的执行、检查和修改的适时管理活动。

13. 施工部署

对项目实施过程做出的统筹规划和全面安排，包括项目施工主要目标、施工顺序及空间组织、施工组织安排等。

14. 项目管理组织机构

施工单位为完成施工项目建立的项目施工管理机构。

15. 工种

工种是根据劳动管理的需要，按照生产劳动的性质、工艺技术的特征，或者服务活动的特点而划分的工作种类。建筑业主要工种有：架子工、砌筑工、模板工、钢筋工、混凝土工、防水工、抹灰工等。

16. 工法

工法是指以工程为对象，以工艺为核心，运用系统工程原理，把先进技术和科学管理结合起来，经过一定工程实践形成的综合配套的施工方法。

17. 工序

工序是指一个（或一组）工人在一个工作地对一个（或若干个）劳动对象连续完成的各项生产活动的总和。它是组成施工过程的最小单元。

18. 施工工艺流程

施工工艺流程是指分项工程施工过程中，各项工序安排的次序。

19. 施工顺序

施工顺序是指工程开工后各分部分项工程施工的先后次序。土建部分的施工顺序一般为：地基基础工程→主体结构工程→屋面工程→装饰装修工程。

20. 施工技术交底

施工技术交底是某一单位工程开工前，或一个分项工程施工前由工地技术负责人（施工员）向参与施工的人员进行的技术性交代。

21. 施工进度计划

为实现项目设定的工期目标，对各项施工过程的施工顺序、起止时间和相互衔接关系所做的统筹策划和安排。

22. 进度管理计划

保证实现项目施工进度目标的管理计划，包括对进度及其偏差进行测量、分析、采取的必要措施和计划变更等。

23. 施工资源

为完成施工项目所需要的人力、物资等生产要素。

24. 资源需用量

资源需用量是指网络计划中各项工作在某一单位时间内所需某种资源数量之和。

25. 资源限量

资源限量是指单位时间内可供使用的某种资源的最大数量。

26. 施工现场平面布置

在施工用地范围内，对各项生产、生活设施及其他辅助设施等进行规划和布置。

27. "七通一平"

"七通一平"是指在施工现场范围内水通、路通、电通、电信通、燃气通、排水通、热力通和平整场地的工作。

28. 临时设施

临时设施是指在施工现场搭设的满足工程施工所需的临时生活、生产设施，包括临时围墙、仓库、作业棚、宿舍、办公用房、食堂、文化生活设施等。

（二）本课程相关标准规范

1. 国家标准

（1）《建筑地基基础工程施工规范》（GB 51004—2015）

（2）《砌体结构工程施工规范》（GB 50924—2014）

（3）《组合钢模板技术规范》（GB/T 50214—2013）

（4）《混凝土模板用胶合板》（GB/T 17656—2008）

（5）《大体积混凝土施工规范》（GB 50496—2009）

（6）《混凝土结构工程施工规范》（GB 50666—2011）

（7）《钢结构工程施工规范》（GB 50755—2012）

（8）《钢结构焊接规范》（GB 50661—2011）

（9）《屋面工程技术规范》（GB 50345—2012）

（10）《地下工程防水技术规范》（GB 50108—2008）

（11）《建筑施工组织设计规范》（GB/T 50502—2009）

2. 行业标准

（1）《建筑基坑支护技术规程》（JGJ 120—2012）

（2）《建筑地基处理技术规范》（JGJ 79—2012）

（3）《建筑桩基技术规范》（JGJ 94—2008）

（4）《建筑施工扣件式钢管脚手架安全技术规范》（JGJ 130—2011）

（5）《混凝土小型空心砌块建筑技术规程》（JGJ/T 14—2011）

（6）《蒸压加气混凝土建筑应用技术规程》（JGJ/T 17—2008）

（7）《约束砌体与配筋砌体结构技术规程》（JGJ 13—2014 ）

（8）《建筑施工模板安全技术规范》（JGJ 162—2008）

（9）《钢筋焊接及验收规程》（JGJ 18—2012）

（10）《混凝土泵送施工技术规程》（JGJ/T 10—2011 ）

（11）《无粘结预应力混凝土结构技术规程》（JGJ 92—2016 ）

（12）《钢结构高强度螺栓连接技术规程》（JGJ 82—2011）

（13）《建筑外墙防水工程技术规程》（JGJ/T 235—2011）

（14）《住宅室内防水工程技术规范》（JGJ/T 298—2013）

（15）《外墙饰面砖工程施工及验收规程》（JGJ 126—2015）

（16）《建筑涂饰工程施工及验收规程》（JGJ/T 29—2015）

（17）《铝合金门窗工程技术规范》（JGJ 214—2010）

（18）《建筑工程冬期施工规程》（JGJ/T 104—2011）

（19）《工程网络计划技术规程》（JGJ/T 121—2015）

二、本课程的定位、学习目标与学习要求

（一）课程定位

建筑施工技术与组织课程是土建类和工程管理类各专业的一门专业技能课程，具有综合性强、政策性强、实践性强、内容更新快的特点。通过本课程学习，使学生掌握各分部分项工程施工技术及建筑施工组织理论，具备编制单位工程施工组织设计、施工方案、技术交底文件、解决施工技术问题的能力，为建筑工程计量与计价、招投标与合同管理、建筑工程资料管理等课程的学习奠定基础，为学生顶岗实习、毕业后能胜任岗位工作及考取职业技能证书起到良好的支撑作用。

（二）学习目标

1. 知识目标

（1）熟悉国家工程建设相关法律法规。

（2）熟悉与施工员岗位相关的标准和管理规定。

（3）熟悉工程施工工艺和方法。

（4）掌握施工组织设计的内容和编制方法。

（5）掌握施工进度计划的编制方法。

（6）了解常用施工机械机具的性能。

2. 技能目标

（1）能够编制施工组织设计。

（2）能够编写技术交底文件，并实施交底。

（3）能够解决一般建筑工程施工中遇到的技术问题。

（4）能够正确划分施工区段，合理确定施工顺序。

（5）能够编制施工进度计划及资源需求计划，控制调整计划。

（6）能够记录施工情况，编制相关工程技术资料。

3. 素质目标

（1）具有社会责任感和良好的职业操守，诚实守信，严谨务实，爱岗敬业，团结协作。

（2）遵守相关法律法规、标准和管理规定。

（3）树立安全至上、质量第一的理念，坚持安全生产、文明施工。

（4）具有节约资源、保护环境的意识。

（5）具有终生学习理念，不断学习新知识、新技能。

（三）学习要求

建筑产品固定、多样、体形庞大。建筑施工露天作业多，高处作业多，组织协作复杂，生产周期长，具有较强的流动性、单件性和地区性。因而，建筑施工技术与组织课程具有较强的政策性、综合性和实践性。为此，应从以下几个方面学好本课程。

1. 熟悉现行的与《建筑施工技术与组织》课程相关的标准规范

从事建筑施工技术与施工组织设计工作，主要依据工程图纸和现行的标准规范。不论在学习期间，还是在工作期间，都要及时关注和学习更新后的标准规范，并把最新的规范规定应用到学习和工作中去。

2. 综合运用相关课程知识，分析解决建筑施工中的问题

建筑施工技术与组织课程与建筑工程测量、建筑材料、建筑识图与构造、建筑结构、建筑工程计量与计价等相关课程有着密切的联系。学习中，应加深对相关课程知识的理解，善于综合运用相关课程知识，分析解决建筑施工技术与施工组织设计中的问题。

3. 理论与实践相结合，重视实践教学环节

不经过实践教学，就没有对建筑施工技术与施工组织设计工作的感性认识，也就学不好建筑施工技术与组织课程。不经过实践教学，就不能运用学到的理论解决实践中的问题，也就没有学好建筑施工技术与组织课程。在学习中，应通过图片、视频、案例、课件、微课、网络、施工资料、施工现场教学等形式，增强对建筑施工技术与施工组织设计工作的感性认识；通过课程技能训练、课程实训、生产实习等，锻炼运用理论解决实践问题的能力。

任务 2　建筑施工技术与组织基本知识学习

一、建筑施工技术的发展现状、趋势及政策

1. 建筑施工技术的发展现状

中华人民共和国成立以来，我们在施工技术方面取得了长足的发展，掌握了大型工业建筑、多高层民用建筑与公共建筑施工的成套技术。

（1）地基处理和基础工程：

1）人工地基：推广了钻孔灌注桩、旋喷桩、挖孔桩、振冲法、深层搅拌法、强夯法、地下连续墙、土层锚杆、逆作法等施工技术。

2）基坑支护技术：挡土结构、防水帷幕、支撑技术、降水技术及环境保护技术。

3）大体积混凝土施工技术。

（2）在现浇钢筋混凝土模板工程中，推广了爬模、滑模、台模、筒子模、隧道模、组合钢模板、大模板、早拆模板体系。

（3）粗钢筋连接技术：电渣压力焊、钢筋气压焊、钢筋冷压连接、钢筋直螺纹连接等。

（4）混凝土工程：泵送混凝土、喷射混凝土、高强混凝土以及混凝土制备和运输的机械化、自动化设备。

（5）预制构件：不断完善挤压成型、热拌热模等。

（6）预应力混凝土：无黏结工艺和整体预应力结构，推广了高效预应力混凝土技术。

（7）钢结构：采用了高层钢结构技术、空间钢结构技术、轻钢结构技术、钢管混凝土技术、高强度螺栓连接与焊接技术和钢结构防护技术。

（8）大型结构吊装：随着大跨度结构和高耸结构的发展，创造了一系列具有中国特色的整体吊装技术。如集群千斤顶的同步整体提升技术。

（9）墙体改革：利用各种工业废料制成了粉煤灰矿渣混凝土大板，膨胀珍珠岩混凝土大板、煤渣混凝土大板等大型墙板，同时发展了混凝土小型空心砌块建筑体系，框架轻墙建筑体系，外墙保温隔热技术以及液压滑模操作平台自动调平装置的应用，使施工精度得到提高，同时又保证了工程质量。

（10）电子计算机在工程上的应用：工程项目管理集成系统、数据采集与数据控制、计算机辅助项目费用估算与费用控制等。

2. 建筑施工技术的发展趋势

我国建筑业经过几十年的发展，取得了显著成绩和突破性进展，充分显示了我国建筑施工技术的实力。特别是超高层建（构）筑物和新型钢结构建筑的兴起，对我国建设工程技术进步产生了巨大的推动力，促使我国建筑施工水平再上新台阶，有些已达到国际先进水平。

1994年8月，建设部发出《关于建筑业1994年、1995年和"九五"期间重点推广应用10项新技术的通知》，提出通过建立示范工程，促进新技术推广应用的思路。《建筑业10项新技术》的推广应用，对推进建筑业技术进步起到了积极作用。为适应当前建筑业技术迅速发展的形势，加快推广应用促进建筑业结构升级和可持续发展的共性技术和关键技术，2005年和2010年分别对《建筑业10项新技术》进行了修订。

3. 建筑施工技术政策

加强建筑施工新技术研发，大力推广应用建筑业10项新技术，强调绿色施工技术，实施节能减排，依托技术进步和科学管理，提高工程质量和安全，全面提升我国建筑业技术水平。

（1）积极应用地基基础与地下结构施工新技术。

（2）推广应用钢筋商业配送、建筑构配件预制生产技术，提高建筑工业化水平。

（3）进行混凝土的绿色技术研究，提高混凝土总体技术水平。

（4）积极推广新型脚手架与模板技术。

（5）进一步加强防水工程技术研究，提高建筑工程防水性能。

（6）持续推进钢结构制作和安装技术进步，提高我国钢结构总体技术水平。

（7）提高设备管线安装和连接技术。

（8）加强安全质量体系建设，推进安全质量技术进步。

（9）加速建筑施工行业的信息化进程，促进建筑业施工和管理技术进步。

（10）以节能降耗为突破口，积极推进绿色施工。

二、施工技术交底的程序、内容及交底文件的编写方法

1. 施工技术交底的程序

（1）每道施工工序开始前，施工员根据现场施工特点、图纸设计要求、施工工艺、质量验收标准、施工组织设计或施工方案进行有针对性的施工技术汇总，编制施工技术交底文件。

（2）施工员召开技术交底会，向班组长及操作工人解说技术交底中的现场施工特点、图纸设计要求、施工工艺和质量验收规范等。

（3）交底人与被交底人在施工技术交底文件上签字确认。

2. 施工技术交底的内容

（1）施工准备工作情况，包括施工条件、图纸及资源准备情况、现场准备情况等。

（2）主要施工方法，包括施工组织安排、工艺流程、关键部位的操作方法及施工中应注意的事项等。

（3）劳动力安排及施工工期，劳动力配备情况，尤其是技术工人的配置要求。施工过程持续时间与施工工期要求，工期保证措施。

（4）施工质量要求及质量保证措施。

（5）环境安全及文明施工等注意事项及安全保证措施。

3. 施工技术交底文件的编写方法

（1）施工技术交底文件的编写要求。

1）施工技术交底的内容要详尽。技术人员在施工前必须深入了解设计意图，在熟悉图纸的前提下，对相应的规范、标准、图集等要有一个深入的了解，结合各专业图纸之间的对照比较，确定具体的施工工艺，然后开始编制施工技术交底文件。

技术交底的内容应能反应施工图、施工方法、安全质量等各个方面，能全面说明各类要求。技术交底应重点阐述整个施工过程的工序衔接、操作工艺方法，让工人接受交底后能依此进行操作，对较为复杂或确实无法表述清楚的部位，还应通过附图加以说明。

2）施工技术交底的针对性要强。在编写技术交底时，一定要针对工程特点、图纸说明、工艺要求、施工关键部位与环节等，做到每一分项工程施工都有自己的工艺操作要点。然后结合技术交底的范本、工艺标准要求进行编写，体现其针对性、独特性、实用性。

3）施工技术交底的表达要通俗易懂。除了文字形式的交底之外，还应结合口头交底，使一线工人能够理解。编写施工技术交底时，一定要用工人熟悉的方式将交底意图表达出来，力求通俗易懂。将复杂、专业的标准、术语，用相应的、通俗易懂的语言传达给现场的操作工人，力求每一个工人都能明了怎么干，要求是什么，达到什么效果。

（2）编制技术交底文件的注意事项。

1）技术交底文件的编写应在施工组织设计或施工方案编制以后进行，是将施工组织设计或施工方案中的有关内容纳入施工技术交底之中的，因此，不能偏离施工组织设计的内容。

2）技术交底文件的编写不能完全照搬施工组织设计的内容，应根据实施工程的具体特点，综合考虑各种因素，提高质量，保证可行，便于实施。

3）凡是本工程或本项目交底中没有或不包括的内容，一律不得照抄规范和规定。

4）技术交底需要补充或变更时应编写补充或变更交底文件。

三、施工组织设计的基本知识

（一）施工组织设计的分类

1. 按编制阶段分类

施工组织设计根据编制阶段不同可分为投标前的施工组织设计（简称标前施工组织设计）和中标后的施工组织设计（简称标后施工组织设计）两种。

标前施工组织设计是施工单位在投标前编制的施工组织设计，又称投标阶段施工组织设计，它是项目各目标实现的组织与技术保证，强调的是符合招标文件要求，以中标为目的。

标后施工组织设计是施工单位在中标后依据标前施工组织设计、施工合同、企业施工计划，在开工前由中标后成立的项目经理部负责编制详细的施工组织设计，又称实施阶段施工组织设计，它是针对企业具体施工过程的，强调的是可操作性，以保证合约和承诺的实现为目的。

2. 按编制对象分类

施工组织设计按编制对象，可分为施工组织总设计、单位工程施工组织设计和施工方案三种，均属中标后的施工组织设计，是具体指导施工的文件。

（1）施工组织总设计。施工组织总设计，是以若干单位工程组成的群体工程或特大型项目为主要对象编制的施工组织设计，对整个项目的施工过程起统筹规划、重点控制的作用。它涉及范围较广，内容比较概括、粗略。施工组织总设计是编制单位工程施工组织设计的依据，同时也是编制年（季）度施工计划的依据。

施工组织总设计一般是在施工总承包单位的项目负责人主持下进行编制。适用于特大型工程、群体工程或住宅小区。

（2）单位工程施工组织设计。单位工程施工组织设计是以单位（子单位）工程为主要对象编制的施工组织设计，对单位（子单位）工程的施工过程起指导和制约作用。它的内容较施工组织总设计详细和具体，同时它也是施工单位编制月、旬施工计划的依据。

单位工程施工组织设计是在相应工程施工承包合同签订之后，开工之前，在施工单位项目经理的组织下，由项目部的技术负责人负责编制，适用于指导单位工程的施工管理。

（3）施工方案。以分部（分项）工程或专项工程（电梯安装工程、脚手架工程、测量放线）为主要对象编制的施工技术与组织方案，用以具体指导其施工过程。它是指导和实施分部（分项）工程或专项工程施工的技术经济文件。它主要是根据分部（分项）工程或专项工程的特点和具体要求对施工所需的人工、材料、机械、工艺流程进行详细的安排，保证质量要求和安全文明施工的要求，同时它也是编制月、旬作业计划的依据。

施工方案，一般在编制单位工程施工组织设计后，分部（分项）工程或专项工程施工前，由单位工程的技术人员负责编制。

施工方案是对单位工程施工组织设计的进一步细化，其内容比单位工程施工组织设计更为具体、详细，针对性强和突出作业性，它是直接指导分部（分项）工程或专项工程施工的依据。

由于在工程实际工作中，遇到标后单位工程施工组织设计较多，因此，本书主要介绍标后单位工程施工组织设计。

（二）施工组织设计的编制原则

我国工程建设程序可归纳为投资决策阶段、勘察设计阶段、项目施工阶段、竣工验收和交付使用阶段四个阶段。施工组织设计的编制必须遵循工程建设程序，并应符合下列原则：

（1）符合施工合同或招标文件中有关工程进度、质量、安全、环境保护、造价等方面的要求。

（2）积极开发、使用新技术和新工艺，推广应用新材料和新设备。

（3）坚持科学的施工程序和合理的施工顺序，采用流水施工和网络计划等方法，科学配置资源，合理布置现场，采取季节性施工措施，实现均衡施工，达到合理的经济技术指标。

（4）采取技术和管理措施，推广建筑节能和绿色施工。

（5）与质量、环境和职业健康安全三个管理体系有效结合。

（三）施工组织设计的编制依据

（1）与工程建设有关的法律、法规和文件。

（2）国家现行有关标准和技术经济指标。

（3）工程所在地区行政主管部门的批准文件，建设单位对施工的要求。

（4）工程施工合同或招标投标文件。

（5）工程设计文件。

（6）工程施工范围内的现场条件，工程地质及水文地质、气象等自然条件。

（7）与工程有关的资源供应情况。

（8）施工企业的生产能力、机具设备状况、技术水平等。

（四）施工组织设计的基本内容

施工组织设计应包括编制依据、工程概况、施工部署、施工进度计划、施工准备与资源配置计划、主要施工方案、施工现场平面布置及主要施工管理计划等基本内容。

（五）施工组织设计的编制和审批规定

（1）施工组织设计应由施工单位项目负责人主持编制，可根据需要分阶段编制和审批。

（2）施工组织总设计应由总承包单位技术负责人审批；单位工程施工组织设计应由施工单位技术负责人或技术负责人授权的技术人员审批，施工方案应由项目技术负责人审批；重点、难点分部（分项）工程和专项工程施工方案应由施工单位技术部门组织相关专家评审，施工单位技术负责人批准。

（3）由专业承包单位施工的分部（分项）工程或专项工程的施工方案，应由专业承包单位技术负责人或技术负责人授权的技术人员审批；有总承包单位时，应由总承包单位项目技术负责人核准备案。

（4）规模较大的分部（分项）工程和专项工程的施工方案应按单位工程施工组织设计进行编制和审批。

（六）施工组织设计的审查

项目监理机构应审查施工单位报审的施工组织设计，符合要求时，应由总监理工程师签认后报建设单位。项目监理机构应要求施工单位按已批准的施工组织设计组织施工。施工组织设计需要调整时，项目监理机构应按程序重新审查。

施工组织设计审查应包括下列基本内容：

（1）编审程序应符合相关规定。

（2）施工进度、施工方案及工程质量保证措施应符合施工合同要求。

（3）资金、劳动力、材料、设备等资源供应计划应满足工程施工需要。

（4）安全技术措施应符合工程建设强制性标准。

（5）施工总平面布置应科学合理。

施工组织设计或（专项）施工方案报审表，应按表 1-1 的要求填写。

（七）施工组织设计的动态管理

施工组织设计应实行动态管理，并符合下列规定：

（1）项目施工过程中，发生以下情况之一时，施工组织设计应及时进行修改或补充：

1）工程设计有重大修改。

2）有关法律、法规、规范和标准实施、修订和废止。

3）主要施工方法有重大调整。

4）主要施工资源配置有重大调整。

5）施工环境有重大改变。

（2）经修改或补充的施工组织设计应重新审批后实施。

（3）项目施工前应进行施工组织设计逐级交底；项目施工过程中，应对施工组织设计的执行情况进行检查、分析并适时调整。

表 1-1　　　　　　　　　　　　施工组织设计/（专项）施工方案报审表

工程名称：　　　　　　　　　　　　　　　　　　　　　　　　　　　编号：

致：___（项目监理机构）
我方已完成_____工程施工组织设计/（专项）施工方案的编制和审批，请予以审查。 附件：□施工组织设计 　　　□专项施工方案 　　　□施工方案 　　　　　　　　　　　　　　　　　　　施工项目经理部（盖章） 　　　　　　　　　　　　　　　　　　　项目经理（签字） 　　　　　　　　　　　　　　　　　　　　　　　年　　月　　日
审查意见： 　　　　　　　　　　　　　　　　　　　专业监理工程师（签字） 　　　　　　　　　　　　　　　　　　　　　　　年　　月　　日
审核意见： 　　　　　　　　　　　　　　　　　　　项目监理机构（盖章） 　　　　　　　　　　　　　　　　　　　总监理工程师（签字、加盖执业印章） 　　　　　　　　　　　　　　　　　　　　　　　年　　月　　日
审批意见（仅对超过一定规模的危险性较大的分部分项工程专项施工方案）： 　　　　　　　　　　　　　　　　　　　建设单位（盖章） 　　　　　　　　　　　　　　　　　　　建设单位代表（签字） 　　　　　　　　　　　　　　　　　　　　　　　年　　月　　日

注　本表一式三份，项目监理机构、建设单位、施工单位各一份。

（八）发放与归档

单位工程施工组织设计审批后加盖受控章，由项目资料员报送及发放并登记记录，报送监理方及建设方，发放企业主管部门、项目相关部门、主要分包单位。

工程竣工后，项目经理部按照国家、地方有关工程竣工资料编制的要求，将"单位工程施工组织设计"整理归档。

四、建筑施工的准备

（一）施工准备工作的意义

施工准备工作是保证工程顺利开工和施工活动正常进行而必须事先做好的各项工作。施工准备工作不仅存在于开工之前，而且贯穿在整个工程建设的全过程。做好施工准备工作其意义在于：

（1）施工准备工作是施工项目管理的重要组成部分。

（2）施工准备工作是施工组织设计文件的重要内容之一。

（3）施工准备工作是降低施工风险，提高企业综合经济效益的重要保证。

（4）施工准备工作是保证工程施工顺利进行，保证工程质量和施工安全的重要条件。

长期的工程实践证明，只有重视并认真细致地做好施工准备工作，积极为工程项目创造一切施工条件，才能保质保量地使施工顺利进行。否则，就会给施工带来许多问题和经济损失，以致造成施工停顿、质量安全事故等后果。

（二）施工准备工作的分类

1. 按施工准备工作的范围进行分类

（1）施工总准备（全场性施工准备），是以整个建设项目为对象而进行的各项施工准备，既为全场性的施工活动服务，也兼顾单位工程施工条件的准备。

（2）单项（单位）工程施工条件准备，是以一个建筑物或构筑物为对象而进行的各项施工准备，既为单项（单位）工程做好一切准备，又要为分部（分项）工程施工进行作业条件的准备。

（3）分部（分项）工程作业条件准备，是以一个分部（分项）工程或冬雨期施工工程为对象而进行的作业条件准备。

（4）专项施工条件准备，是以某一专项工程施工为对象而进行的各项施工作业条件准备。

2. 按工程所处的施工阶段进行分类

（1）开工前的施工准备工作，是在拟建工程正式开工之前所进行的带有全局性和总体性的施工准备。主要目的是为开工创造必要的条件，也是履行开工报告制度必须完成的施工准备。

（2）各阶段施工前的施工准备，是在工程开工后，某一单位工程、某分部（分项）工程或某个施工阶段、某个施工环节等施工前所进行的带有局部性或经常性的施工准备。主要目的是为每个施工阶段创造必要的施工条件。

显然，施工准备工作存在于施工的各个环节之中，具有整体性与阶段性的统一要求，必须有计划、有步骤、分期、分阶段地进行。

（三）施工准备工作的内容

施工准备工作的内容一般包括：调查研究与收集资料、技术资料准备、资源准备、施工现场准备、季节性施工准备。

1. 调查研究与收集资料

调查时主要向建设单位、勘察设计单位、当地气象台站及有关部门和单位收集资料，还应到实地勘测，向当地居民了解情况。此外，还应收集其他相关信息与资料，如现行的技术规范、规程及有关技术规定，企业现有的施工定额、施工手册、类似工程的技术资料等。对调查、收集到的资料应注意整理归纳、分析研究，对其中特别重要的资料，必须复查其数据的真实性和可靠性。

2. 技术资料准备

技术资料准备主要内容包括熟悉和会审图纸、编制中标后施工组织设计、编制施工预算等。

3. 资源准备

资源准备主要包括项目管理组织机构的建立健全、劳动力组织及材料设备等物资的准备。

4．施工现场准备

施工现场准备是指在工程施工现场应完成的各项条件准备，包括拆除障碍物、建立测量控制网、"七通一平"、搭设临时设施等。

5．季节性施工准备

季节性施工准备主要包括冬期施工准备、雨期施工准备、夏季施工准备。

（四）施工准备工作的要求

（1）施工准备工作应有组织、有计划、分阶段、有步骤地进行。

（2）建立严格的施工准备工作责任制及相应的检查制度。

（3）坚持按基本建设程序办事，严格执行开工报告制度。

（4）施工准备工作必须贯穿施工全过程。

（5）施工准备工作要取得各协作相关单位的友好支持与配合。

（五）工程开工条件的审查与开工令的签发

工程项目开工前，施工准备工作具备了以下条件时，施工单位应向监理单位报送工程开工报审表（表1-2）及相关资料。

（1）设计交底和图纸会审已完成。

（2）施工组织设计已由总监理工程师签认。

（3）施工单位现场质量、安全生产管理体系已建立，管理及施工人员已到位，施工机械具备使用条件，主要工程材料已落实。

（4）进场道路及水、电、通信等已满足开工要求。

表1-2　　　　　　　　　　　　　工程开工报审表

工程名称：　　　　　　　　　　　　　　　　　　　　　　　　　　　　编号：

致：＿＿＿＿（建设单位） 　　＿＿＿＿（项目监理机构）
我方承担的＿＿＿＿工程，已完成相关准备工作，具备开工条件，申请于＿＿年＿＿月＿＿日开工，请予以审批。 附件：证明文件资料 　　　　　　　　　　　　　　　　　　　　　　　　施工单位（盖章） 　　　　　　　　　　　　　　　　　　　　　　　　项目经理（签字） 　　　　　　　　　　　　　　　　　　　　　　　　　　　年　　月　　日
审核意见： 　　　　　　　　　　　　　　　　　　　　　　　　项目监理机构（盖章） 　　　　　　　　　　　　　　　　　　　　　　　　总监理工程师（签字、加盖执业印章） 　　　　　　　　　　　　　　　　　　　　　　　　　　　年　　月　　日
审批意见（仅对超过一定规模的危险性较大的分部分项工程专项施工方案）： 　　　　　　　　　　　　　　　　　　　　　　　　建设单位（盖章） 　　　　　　　　　　　　　　　　　　　　　　　　建设单位代表（签字） 　　　　　　　　　　　　　　　　　　　　　　　　　　　年　　月　　日

注　本表一式三份，项目监理机构、建设单位、施工单位各一份。

监理单位收到施工单位报送的工程开工报审表及相关资料后，总监应组织专业监理工程师进行审查。各项审查符合要求时，应由总监理工程师签署审核意见，报建设单位批准后，再由总监理工程师签发工程开工令。总监一般在开工日期 7 天前发出开工令。开工日期从开工令载明的开工日起算。

技 能 训 练

一、单项选择

1. 单位工程施工组织设计的内容主要体现了（　　）。
   - A. 技术性和操作性
   - B. 指导性和原则性
   - C. 经济性和组织性
   - D. 技术性和指导性

2. 主持编制单位工程施工组织设计的是（　　）。
   - A. 项目技术负责人
   - B. 施工企业技术负责人
   - C. 项目施工负责人
   - D. 企业主管部门

3. 审批单位工程施工组织设计的是（　　）。
   - A. 项目技术负责人
   - B. 项目施工负责人
   - C. 施工企业技术负责人
   - D. 企业主管部门

4. 审查单位工程施工组织设计的是（　　）。
   - A. 施工企业技术负责人
   - B. 总监理工程师
   - C. 建设单位主管部门
   - D. 企业主管部门

5. 组织单位工程施工组织设计交底的是（　　）。
   - A. 施工企业技术负责人
   - B. 项目施工负责人
   - C. 建设单位主管部门
   - D. 企业主管部门

6. 工程竣工后将"单位工程施工组织设计"整理归档的单位是（　　）。
   - A. 施工单位
   - B. 监理单位
   - C. 建设单位
   - D. 设计单位

7. 工程开工令由（　　）签发。
   - A. 施工单位技术负责人
   - B. 总监理工程师
   - C. 建设单位代表
   - D. 工程质量监督站

二、多项选择

1. 关于施工组织设计编制原则的说法，正确的有（　　）。
   - A. 科学配置资源
   - B. 合理布置现场
   - C. 实现不均衡施工
   - D. 经济技术指标合理
   - E. 推广建筑节能和绿色施工

2. 必须接受单位工程施工组织设计交底的有（　　）。
   - A. 项目部全体管理人员
   - B. 主要分包单位
   - C. 监理单位项目人员
   - D. 建设单位项目人员
   - E. 全体操作人员

3. 组织单位工程施工组织设计实施过程检查的有（　　）。

　　A. 监理工程师　　　　　　　　　　B. 施工单位相关部门负责人

　　C. 施工单位技术负责人　　　　　　D. 建设单位项目负责人

　　E. 施工单位项目负责人

4. 关于单位工程施工组织设计过程检查与验收的说法，正确的有（　　　）。

　　A. 过程检查可按照施工时间阶段进行

　　B. 企业技术负责人或相关部门负责人主持

　　C. 企业相关部门、项目经理部相关部门参加

　　D. 检查施工部署、施工方法的落实和执行情况

　　E. 对工期、质量、效益有较大影响的应及时调整，并提出修改意见

5. 关于单位工程施工组织设计发放与归档的说法，正确的有（　　　）。

　　A. 审核后加盖受控章

　　B. 项目资料员报送及发放并登记记录

　　C. 报送监理方及设计方

　　D. 发放企业主管部门、项目相关部门、主要分包单位

　　E. 工程竣工后，将"单位工程施工组织设计"整理归档

6. 施工组织设计需进行修改或补充的情况有（　　　）。

　　A. 工程设计有一般修改

　　B. 有关法律、法规、规范和标准实施、修订和废止

　　C. 主要施工方法有微调

　　D. 主要施工资源配置有重大调整

　　E. 施工环境有重大改变

7. 技术资料准备的具体内容是（　　　）。

　　A. 熟悉和会审图纸　　　　　　　　B. 签订承包合同

　　C. 平整施工场地　　　　　　　　　D. 编制施工图预算和施工预算

　　E. 编制施工组织设计

8. 施工现场准备的具体内容是（　　　）。

　　A. 现场"七通一平"　　　　　　　B. 建立测量控制网

　　C. 临时设施搭设　　　　　　　　　D. 编制施工组织设计

　　E. 拆除障碍物

项目 2　地基与基础工程

地基与基础分部工程主要包括土方工程、地下水控制工程、基坑支护工程、地基工程、基础工程等子分部工程。基础子分部工程包括无筋扩展基础、钢筋混凝土扩展基础、筏形与箱形基础、钢筋混凝土预制桩基础、泥浆护壁成孔灌注桩基础等分项工程。本项目只介绍钢筋混凝土预制桩基础、泥浆护壁成孔灌注桩基础等桩基础施工，无筋扩展基础（砌体基础）、钢筋混凝土扩展基础及筏形与箱形基础（混凝土基础）将在后续项目介绍。

地基与基础工程的施工顺序一般为：场地平整→定位放线→土方开挖→地下水控制（基坑降水与排水）工程施工→基坑支护工程施工→地基处理→基础工程施工→土方回填。

地基与基础工程施工依据的主要标准规范有：《建筑地基基础工程施工规范》（GB 51004—2015）、《土方与爆破工程施工及验收规范》（GB 50201—2012）、《建筑基坑支护技术规程》（JGJ 120—2012）、《建筑地基处理技术规范》（JGJ 79—2012）、《建筑桩基技术规范》（JGJ 94—2008）、《建筑地基基础工程施工质量验收规范》（GB 50202—2002）等。

任务 1　土 方 工 程 施 工

土方工程施工主要包括土（或石）的挖掘、运输、填筑、平整与压实等施工过程。在建筑工程施工中，最常见的土方工程有场地平整、基坑（槽）开挖及土方回填等。

土石方工程施工量大、面广，施工工期长，劳动强度较大，施工条件复杂，露天作业多，受地区气候条件、地质和水文条件的影响较大，难以确定的因素较多，一般在春秋季节开工。因此在土石方工程施工前，必须做好施工组织设计，合理选择施工方法和机械设备，实行科学管理。

一、土的工程性质与分类

（一）土的工程性质

土是由土颗粒（固相）、水（液相）和空气（气相）组成的三相体系。土的工程性质对土方工程的施工方法及工程量大小有直接影响。

1. 土的可松性

天然土经开挖后，其体积因松散而增加，虽经振动夯实，仍然不能完全复原，这种现象称为土的可松性。土的可松性用可松性系数表示，即

最初可松性系数

$$K_s = \frac{V_2}{V_1} \tag{2-1}$$

最后可松性系数

$$K_s' = \frac{V_3}{V_1} \tag{2-2}$$

式中　K_s，K_s'——土的最初、最后可松性系数；

V_1——土在天然状态下的体积，m^3；

V_2——土挖后松散状态下的体积，m^3；

V_3——土经压（夯）实后的体积，m^3；

可松性系数对土方调配，土方运输量计算等均有直接影响。

2. 土的含水量

土的含水量是指土中水的质量与土颗粒质量之比的百分率，用 w 表示，即

$$w = \frac{m_w}{m_s} \times 100\% \tag{2-3}$$

式中　w——土的含水量；

m_w——土中水的质量，kg；

m_s——土中固体颗粒的质量，kg。

土的含水量反映了土的干湿程度。含水量在 5％ 以下的土称为干土，在 5％～30％ 的土称为潮湿土，大于 30％ 的土称为湿土。

3. 土的渗透性

土的渗透性是指土体被水透过的性质，用土的渗透系数 K 表示。土的渗透系数表示土中的水在单位水力坡度作用下，单位时间内渗透的距离，单位为 m/d。它直接影响施工降水与排水的速度，影响降水方案的选择。根据土的渗透系数不同，土可分为透水性土（如砂土）和不透水性土（如黏土）。

（二）土的分类

土有狭义与广义之分，狭义的土是指尚未固结成岩的松软堆积物；广义的土是指岩土，包括岩石和狭义的土。

1. 按土的主要特征分类

《建筑地基基础设计规范》（GB 50007—2011）根据土的主要特征将土分为岩石、碎石土、砂土、粉土、黏性土和人工填土六类。其中，砂土可分为砾砂、粗砂、中砂、细砂和粉砂，其密实度可分为松散、稍密、中密和密实；黏性土可分为黏土和粉质黏土，其状态可分为坚硬、硬塑、可塑、软塑和流塑。

目前比较常见的地基土有黏性土、粉土和砂土，其现场鉴别方法见表 2-1。

表 2-1　地基土的现场鉴别方法

土的名称	湿润时用刀切	湿土用手捻摸时的感觉	土的状态		湿土搓条情况
			干土	湿土	
黏土	切面光滑，有黏刀阻力	有滑腻感，感觉不到有砂粒，水分较大，很黏手	土块坚硬，用锤才能打碎	易黏着物体，干燥后不易剥去	塑性大，能搓成直径小于 0.5mm 的长条（长度不短于手掌），手持一端不易断裂
粉质黏土	稍有光滑面，切面平整	稍有滑腻感，有黏滞感，感觉到有少量砂黏	土块用力可压碎	能黏着物体，干燥后较易剥去	有塑性，能搓成直径为 2～3mm 的土条
粉土	无光滑面，切面稍粗糙	有轻微黏滞感或无黏滞感，感觉到有砂粒较多、粗糙	土块用手捏或抛扔时易碎	不易黏着物体，干燥后一碰就掉	塑性小，能搓成直径为 2～3mm 的短条
砂土	无光滑面，切面粗糙	无黏滞感，感觉到全是砂粒、粗糙	松散	不能黏着物体	无塑性，不能搓成土条

2. 按土的开挖难易程度分类

在建筑施工中，按照土的开挖难易程度将土分为松软土、普通土、坚土、砂砾坚土、软石、次坚石、坚石、特坚石八类，见表 2-2。

表 2-2　　　　　　　　　　　　　　　　　土按开挖难易程度分类

土的分类	土的名称	可松性系数		开挖方法及工具
		K_s	K'_s	
第一类 （松软土）	砂，粉土，冲积砂土层，疏松的种植土，泥炭（淤泥）	1.08～1.17	1.01～1.04	用锹、锄头挖掘
第二类 （普通土）	粉质黏土，潮湿的黄土，夹有碎石、卵石的砂，种植土，填土	1.14～1.28	1.02～1.05	用锹、锄头挖掘，少许用镐翻松
第三类 （坚土）	软及中等密实黏土，重粉质黏土，砾石土，干黄土及含碎石、卵石的黄土、粉质黏土，压实的填土	1.24～1.30	1.04～1.07	主要用镐，少许用锹、锄头，部分用撬棍
第四类 （砂砾坚土）	坚硬密实的黏性土或黄土，含碎石卵石的中等密实的黏性土或黄土，粗卵石，天然级配砂石，软泥灰岩	1.26～1.37	1.06～1.09	先用镐、撬棍，然后用锹挖掘，部分用楔子及大锤
第五类 （软石）	硬质黏土，中等密实的页岩、泥灰岩、白垩土，胶结不紧的砾岩，软的石灰岩	1.30～1.45	1.10～1.20	用镐或撬棍、大锤，部分用爆破方法
第六类 （次坚石）	泥岩，砂岩，砾岩，坚实的页岩、泥灰岩，密实的石灰岩，风化花岗岩，片麻岩	1.30～1.45	1.10～1.20	用爆破方法，部分用风镐
第七类 （坚石）	大理石、辉绿岩；粉岩；粗中粒花岗岩；坚实的白云岩、砂岩、砾岩、片麻岩、石灰岩等	1.45～1.50	1.15～1.20	用爆破方法
第八类 （特坚石）	安山岩，玄武岩，花岗片麻岩，坚实的细粒花岗岩，闪长岩、石英岩、辉长岩、粉岩、角闪岩	1.45～1.50	1.20～130	用爆破方法

二、土方机械化施工

土方工程施工应尽量采用机械化施工，以加快施工进度。

（一）推土机施工

推土机按行走的方式，可分为履带式推土机和轮胎式推土机。履带式推土机附着力强，爬坡性能好，适应性强。轮胎式推土机行驶速度快，灵活性好。

1. 推土机的特点和适用范围

推土机操纵灵活，运转方便，所需工作面较小、行驶速度快、易于转移，履带式推土机能爬 30°左右的缓坡，因此应用广泛。

推土机适用于场地清理和平整，开挖深度 1.5m 以内的基坑、填平沟坑，也可配合铲运机和挖土机工作。推土机可推挖一～三类土，经济运距 100m 以内，效率最高为 40～60m。

2. 推土机的作业方式

推土机开挖的基本作业包括铲土、运土和卸土三个工作行程和空载回驶行程。推土机的作业方式有以下四种：

（1）下坡推土。在斜坡上，推土机顺下坡方向切土与推运，可提高生产率。但坡度不宜超过 15°，避免后退时爬坡困难。

（2）槽形推土。推土机重复多次在一条作业线上切土和推土，使地面逐渐形成一条浅槽，再反复在沟槽中进行推土，以减少土从铲刀两侧漏散，可增加 10％～30％的推土量。

（3）并列推土。用 2～3 台推土机并列作业，以减少土体漏失量。铲刀相距 15～30cm，一般采用两机并列推土，可增大推土量 15％～30％。

（4）多刀送土。在硬质土中，切土深度不大，将土先积聚在一个或数个中间点，然后再整批推送到卸土区，使铲刀前保持满载。

（二）铲运机施工

铲运机按行走机构可分为拖式铲运机和自行式铲运机两种。

1. 铲运机的特点和适用范围

铲运机是一种能够独立完成铲土、运土、卸土、填筑、整平的土方机械。对行驶道路要求较低，操纵灵活、运转方便，生产效率高，可在一～三类土中直接挖、运土。

铲运机常用于坡度在 20°以内的大面积土方挖、填、平整和压实，大型基坑、沟槽的开挖，路基和堤坝的填筑，不适于砾石层、冻土地带及沼泽地区使用。坚硬土开挖时要用推土机助铲或用松土机配合。适用运距为 600～1500m，当运距为 200～350m 时效率最高。

2. 铲运机的作业方式

铲运机的基本作业包括铲土、运土、卸土三个工作行程和一个空载回驶行程。常用的铲运机作业方式有以下三种：

（1）下坡铲土法。铲运机顺地势（坡度一般 3°～9°）下坡铲土，借机械往下运行重量产生的附加牵引力来增加切土深度和充盈数量，可提高生产效率。

（2）跨铲法。跨铲法是指在较坚硬的地段挖土时，采取预留土埂间隔铲土。土埂两边沟槽深度以不大于 0.3m、宽度在 1.6m 以内为宜。

（3）助铲法。助铲法是指在坚硬的土体中，使用自行铲运机，另配一台推土机在铲运机的后拖杆上进行顶推，协助铲土，一般一台推土机可配合 3～4 台铲运机助铲。

3. 铲运机的开行路线

铲运机的开行路线可采用环形路线和"8"字形路线，对于地形起伏不大，施工地段较短和填方不高的场地平整工程，宜采用环形路线；对于施工地段较长或地形起伏较大的场地平整工程，多采用"8"字形开行路线。

（三）单斗挖土机施工

单斗挖土机是基坑（槽）土方开挖常用的一种机械。依其工作装置的不同，分为正铲、反铲、抓铲和拉铲 4 种（图 2-1）。

图 2-1 单斗挖土机类型
（a）正铲；（b）反铲；（c）抓铲；（d）拉铲

1. 正铲挖土机施工

（1）特点和适用范围。正铲挖土机的挖土特点是"前进向上，强制切土"。其挖掘能力大，生产效率高。适用于开挖停机面以上的一～三类土，且需与运土汽车配合完成整个挖运任务。开挖大型基坑时需设坡道，挖土机在坑内作业，适宜在土质较好、无地下水的地区工作；当地下水位较高时，应采取降低地下水位的措施，把基坑水疏干。

（2）正铲挖土机的开挖方式。根据开挖路线与运输汽车相对位置的不同，一般有以下两种开挖方式。

1）正向开挖，侧向装土法。正铲向前进方向挖土，汽车位于正铲的侧向装车。本法铲臂卸土回转角度最小（<90°）。装车方便，循环时间短，生产效率高。

2）正向开挖，后方装土法。正铲向前进方向挖土，汽车停在正铲的后面。本法开挖工作面较大，但铲臂卸土回转角度较大（在180°左右），且汽车要侧向行车，增加工作循环时间，生产效率降低。

2. 反铲挖土机施工

（1）特点和适用范围。反铲挖土机的挖土特点是"后退向下，强制切土"。其挖掘力比正铲小，能开挖停机面以下的一～三类土（机械传动反铲只宜挖一～二类土）。反铲挖土机适用于一次开挖深度在4m左右的基坑、基槽、管沟，亦可用于地下水位较高的土方开挖。

（2）反铲挖土机的开挖方式。根据挖土机的开挖路线与运输汽车的相对位置不同，反铲挖土机的开挖方式一般有以下两种。

1）沟端开挖法。反铲停于沟端，后退挖土，同时往沟一侧弃土或装汽车运走。挖掘宽度可不受机械最大挖掘半径的限制，臂杆回转半径仅45°～90°，同时可挖到最大深度。

2）沟侧开挖法。反铲停于沟侧沿沟边开挖，汽车停在机旁装土或往沟一侧卸土。本法铲臂回转角度小，能将土弃于距沟边较远的地方，但挖土宽度比挖掘半径小，边坡不好控制，同时机身靠沟边停放，稳定性较差。

3. 抓铲挖土机施工

抓铲挖土机的挖土特点是"直上直下，自重切土"。其挖掘力较小，只能开挖停机面以下的一～二类土。适用于开挖软土地基基坑，特别是窄而深的基坑、深槽、深井等；抓铲还可用于疏通旧有渠道以及挖取水中淤泥等，或用于装卸碎石、矿渣等松散材料。

4. 拉铲挖土机施工

拉铲挖土机的挖土特点是"后退向下，自重切土"；其挖土深度和挖土半径均较大，能开挖停机面以下的一～二类土，但不如反铲动作灵活准确。适用于开挖较深、较大的基坑（槽）、沟渠，挖取水中泥土以及填筑路基、修筑堤坝等。

（四）轮胎装载机施工

工作程序：铲装→收斗提升→卸料→空车返回。

适用范围：近距离的运输，大面积的平整，配合自卸汽车的使用，适用于松散材料的运送，如松软岩石、硬土等。

（五）压实机械施工

压实机械根据压实的原理不同，可分为冲击式、碾压式和振动压实机械三大类。

1. 冲击式压实机械施工

冲击式压实机械主要有蛙式打夯机和内燃式打夯机两类，蛙式打夯机一般以电为动力。这两种打夯机适用于狭小的场地和沟槽作业，也可用于室内地面的夯实及大型机械无法到达的边角的夯实。

2. 碾压式压实机械施工

碾压式压实机械按行走方式分自行式压路机和牵引式压路机两类。自行式压路机常用的有光轮压路机、轮胎压路机；自行式压路机主要用于土方、砾石、碎石的回填压实及沥青混凝土路面的施工。牵引式压路机的行走动力一般采用推土机（或拖拉机）牵引，常用的有光面碾、羊足碾；光面碾用于土方的回填压实，羊足碾适用于黏性土的回填压实，不能用在砂土和面层土的压实。

3. 振动压实机械施工

振动压实机械是利用机械的高频振动，把能量传给被压土，降低土颗粒间的摩擦力，在压实能量的作用下，达到较大的密实度。

振动压实机械按行走方式分为手扶平板式振动压实机和振动压路机两类。手扶平板式振动压实机主要用于小面积的地基夯实。振动压路机按行走方式分为自行式和牵引式两种。振动压路机的生产率高，压实效果好，能压实多种性质的土，主要用在工程量大的大型土石方工程中。

三、场地平整

场地平整就是将天然地面改造成工程上所要求的设计平面。场地平整前，先要确定场地设计标高，计算挖、填土方工程量，确定土方平衡调配方案，然后根据工程规模、施工期限、土的性质及现有机械设备条件，选择土方施工机械，拟定施工方案。其工艺流程为：现场勘察→场地清理→定位放线→土方计算和调配→土方平整→土方碾压。

（一）场地平整土方量计算

场地平整土方量的计算方法，有方格网法和断面法两种。方格网法适用于地形变化比较平缓的场地，断面法多用于地形起伏变化较大的场地。这里主要介绍方格网法场地平整土方量计算。方格网法的计算流程为：划分方格网→确定各方格角点地面标高→计算场地设计标高→计算各方格角点设计标高→计算各方格角点施工高度→确定零点位置→计算各方格土方量→计算场地边坡土方量→计算土方总量。

1. 划分方格网

在已有地形图（一般用 1∶500 的地形图）上确定出场地平整范围，然后将场地划分成若干个方格网，尽量使方格网与测量的纵、横坐标网对应，方格的边长一般采用 20～40m。例如，某建筑场地地形图和方格网（$a=20$m）布置如图 2-2 所示。

2. 确定各方格角点地面标高（自然标高）

各方格角点地面标高的确定，一般采用插入法（数解法）和图解法。

（1）插入法。假定地形图上两等高线之间的地面坡度按直线变化，各方格角点的地面标高可根据所标等高线用插入法求得。如求角点 4 的地面标高（H_4），如图 2-3 所示，根据相似三角形特性有

$$h_x : 0.5 = x : l$$

则

$$h_x = \frac{0.5}{l}x$$

得

$$H_4 = 44.00 + h_x$$

在地形图上只要量出 x 和 l 的长度，便可算出 H_4 的数值。这种计算是烦琐的，故通常多采用图解法（其原理同上述数解法）来求得各角点的地面标高。

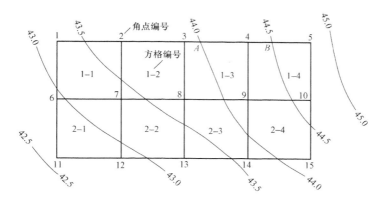

图 2-2   某建筑场地地形图和方格网布置

（2）图解法。如图 2-4 所示，用一张透明纸，上面画 6 根等距离的平行线（线条要尽量画的细，否则影响读数），把透明纸放到标有方格网的地形图上，将 6 根平行线的最外两根分别对准 A 和 B 点，这时 6 根等距离的平行线将 A、B 之间的 0.5m 的高差分成五等份，于是便可直接读得角点 4 的地面标高 $H_4 = 44.34m$。

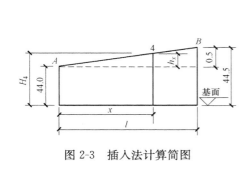

图 2-3   插入法计算简图

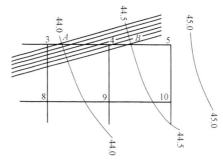

图 2-4   图解法示例

3. 计算场地设计标高

（1）初定场地设计标高。将各方格角点的地面标高标注在各方格角点的左下角，如图 2-5 所示，按照填挖平衡原则，按式（2-4）计算场地设计标高 H_0。

$$H_0 = \frac{\sum H_1 + 2\sum H_2 + 3\sum H_3 + 4\sum H_4}{4N} \tag{2-4}$$

式中 N——方格数；

H_1——一个方格仅有的角点标高；

H_2——两个方格共有的角点标高；

H_3——三个方格共有的角点标高；

H_4——四个方格共有的角点标高。

（2）场地设计标高的调整。式（2-4）所计算的场地设计标高系这一理论值，实际上还需考虑以下因素进行调整：

1）考虑到土具有可松性，必要时可相应地提高场地设计标高。

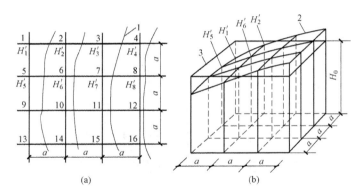

图 2-5 场地设计标高计算简图

(a) 地形图上划分方格；(b) 设计标高示意图

1—等高线；2—自然地面；3—设计标高平面

2）由于设计标高以上的各种填方工程用土量而影响设计标高的降低，或者由于设计标高以下的各种挖方工程的挖土量而影响设计标高的提高。

3）由于边坡填挖方土方量不等（特别是坡度变化大时）而影响设计标高的增减。

4）根据经济比较结果，而将部分挖方就近弃土于场外，或将部分填方就近取土于场外，根据挖填土方量的变化来增减设计标高。

4. 计算各方格角点设计标高

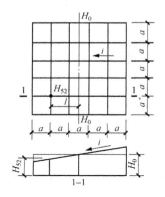

图 2-6 单向泄水坡度的场地

由于排水要求，场地表面均有一定的泄水坡度。因此，需根据场地泄水坡度的要求（单面泄水或双面泄水），计算出场地内各方格角点实际施工时所采用的设计标高。

（1）单向泄水时，场地各方格角点设计标高。场地采用单向泄水时，以计算出的场地设计标高 H_0 作为场地中心线（与排水方向垂直的中心线）的标高（图 2-6），场地内任一个方格角点的设计标高为

$$H_n = H_0 \pm li \tag{2-5}$$

式中　H_n——任意一点的设计标高；

　　　l——该点至场地中心线的距离；

　　　i——场地泄水坡度（不小于 2‰）。

（2）双向泄水时，场地各方格角点设计标高。场地采用双向泄水时，以计算出的场地设计标高 H_0 作为场地中心点的标高（图 2-7），场地内任一个方格角点的设计标高为

$$H_n = H_0 \pm l_x i_x \pm l_y i_y \tag{2-6}$$

式中　H_n——任意一点的设计标高；

　l_x，l_y——该点至场地中心线 y—y、x—x 的距离；

　i_x，i_y——x—x、y—y 方向场地泄水坡度（不小于 2‰）。

5. 计算各方格角点施工高度

将各方格角点的设计标高标注在各方格角点的右下角，按式（2-7）计算各方格角点的施工高度。

$$h_n = H_n - H'_n \qquad (2\text{-}7)$$

式中　h_n——第 n 个角点的施工高度，即填挖高度
（以"＋"为填，"－"为挖）；

　　　H_n——第 n 个角点的设计标高（若无泄水坡度
时，即为场地的设计标高）；

　　　H'_n——第 n 个角点的自然地面标高。

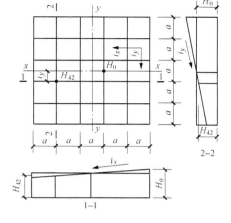

6. 确定零点位置

在一个方格网内同时有填方或挖方时，要先算出方格网边的零点位置，并标注于方格网上，连接零点就得零线，它是填方区与挖方区的分界线。

假如方格网边 1-2 上角点 1 与角点 2 的施工高度符号相反（一挖一填），零点的位置按下式计算

图 2-7　双向泄水坡度的场地

$$x_{1\text{-}2} = \frac{h_1}{h_1 + h_2} a \qquad (2\text{-}8)$$

$$x_{2\text{-}1} = \frac{h_2}{h_1 + h_2} a \qquad (2\text{-}9)$$

$$x_{2\text{-}1} = a - x_{1\text{-}2} \qquad (2\text{-}10)$$

式中　$x_{1\text{-}2}$，$x_{2\text{-}1}$——角点 1 至零点的距离、角点 2 至零点的距离；

　　　h_1，h_2——相邻两角点的施工高度，m，均用绝对值；

　　　a——方格网的边长，m。

在实际工作中，为省略计算，常采用图解法直接求出零点，即用直尺在各角点上按相应比例标出施工高度，然后用尺相连，与方格相交点即为零点位置。此法甚为方便，同时可避免计算或查表出错。

7. 计算各方格土方量

场地各方格的土方量，一般可分为下述三种不同类型进行计算：

（1）方格四个角点全部为填或全部为挖，如图 2-8 所示，其土方量为

$$V = \frac{a^2}{4}(h_1 + h_2 + h_3 + h_4) \qquad (2\text{-}11)$$

式中　　　　　V——挖方或填方体积，m^3；

h_1，h_2，h_3，h_4——方格角点填挖高度，均用绝对值，m。

（2）方格的相邻两角点为挖方，另两角点为填方，如图 2-9 所示，其挖方部分的土方量为

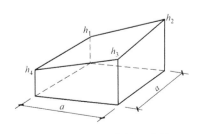

图 2-8　全挖（全填）方格

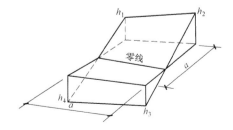

图 2-9　两挖和两填方格

$$V^{挖} = \frac{a^2}{4}\left(\frac{h_1^2}{h_1+h_4} + \frac{h_2^2}{h_2+h_3}\right) \tag{2-12}$$

填方部分的土方量为

$$V^{填} = \frac{a^2}{4}\left(\frac{h_3^2}{h_2+h_3} + \frac{h_4^2}{h_1+h_4}\right) \tag{2-13}$$

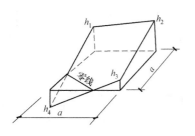

图 2-10　三挖一填（三填一挖）方格

（3）方格的三个角点为挖方（或填方），另一个角点为填方（或挖方），如图 2-10 所示，其填方部分的土方量为

$$V^{填} = \frac{a^2}{6}\frac{h_4^3}{(h_1+h_4)(h_3+h_4)} \tag{2-14}$$

挖方部分的土方量为

$$V^{挖} = \frac{a^2}{6}(2h_1+h_2+2h_3-h_4) + V^{填} \tag{2-15}$$

8. 计算场地边坡土方量

场地的挖方区和填方区的边沿都需要做成边坡，以保证挖方土壁和填方区的稳定。

（1）边坡坡度的确定。根据土质情况选择边坡坡度。

（2）绘制边坡区域。根据边坡坡度和边界施工高度确定填挖边坡施工宽度，绘制边坡区域图。

（3）计算边坡挖填方量。边坡的土方量可以划分成两种近似的几何形体进行计算，一种为三角棱锥体，另一种为三角棱柱体。

9. 计算土方总量

将挖方区（或填方区）所有方格土方量和边坡土方量汇总后，即得该场地挖（填）总土方量。

（二）土方调配

土方量计算完成后，即可着手土方的调配工作。土方调配，是对挖方弃土量和回填用土量进行综合平衡。好的土方调配方案，应该是使土方运输量或费用达到最小，而且又能方便施工。

1. 土方调配原则

（1）应力求达到挖方与填方基本平衡和就近调配，使挖方量与运距的乘积之和尽可能为最小，即土方运输量或费用最小。

（2）土方调配应考虑近期施工与后期利用相结合的原则，考虑分区与全场相结合的原则，还应尽可能与大型地下建筑物的施工相结合，以避免重复挖运和场地混乱。

（3）合理布置挖、填方分区线，选择恰当的调配方向、运输线路，使土方机械和运输车辆的性能得到充分发挥。

（4）好土用在回填质量要求高的地区。

（5）土方平衡调配应尽可能与城市规划和农田水利相结合，将余土一次性运到指定弃土场，做到文明施工。

总之，进行土方调配，必须根据现场具体情况、有关技术资料、工期要求、土方施工方法与运输方法综合考虑，并按上述原则，经计算比较，来选择经济合理的调配方案。

2. 土方调配图表的编制

场地土方调配，需做成相应的土方调配图表，其编制的方法如下：

（1）划分调配区。在划分调配区时应注意：

1）调配区的划分应与房屋或构筑物的位置相协调，满足工程施工顺序和分期分批施工的要求，使近期施工与后期利用相结合。

2）调配区的大小应使土方机械和运输车辆的功效得到充分发挥。

3）当土方运距较大或场区内土方不平衡时，可根据附近地形，考虑就近借土或就近弃土，每一个借土区或弃土区均可作为一个独立的调配区。

（2）计算土方量。按前述计算方法，求得各调配区的挖填方量，并标写在图上。

（3）计算调配区之间的平均运距。平均运距即挖方区土方重心至填方区土方重心的距离。因此，确定平均运距需先求出各个调配区土方重心。其方法为：取场地或方格网中的纵横两边为坐标轴，分别求出各区土方的重心位置。为了简化计算，可用作图法近似地求出形心位置来代替重心位置。

重心求出后，标于相应的调配区图上，然后用比例尺量出每对调配区之间的平均运距。

（4）确定土方最优调配方案。最优调配方案的确定，是以线性规划为理论基础的，常用"表上作业法"求得。

（5）绘制土方调配图、调配平衡表。根据表上作业法求得的最优调配方案，在场地地形图上绘出土方调配图，图上应标出土方调配方向，土方数量及平均运距。除土方调配图外，还应列出土方量调配平衡表。

（三）土方机械选择

（1）当地形起伏坡度在 20°以内，挖填平整土方的面积较大，土的含水量适当，平均运距短（一般在 1km 以内）时，采用铲运机较为合适。

（2）地形起伏较大的丘陵地带，一般挖土高度在 3m 以上，运输距离超过 1km，工程量较大且又集中时，可采用下述三种方式进行挖土和运土：

1）正铲挖土机配合自卸汽车进行施工，并在弃土区配备推土机平整土堆。

2）用推土机将土推入漏斗，并用自卸汽车在漏斗下装土并运走。

3）用推土机预先把土推成一堆，用装载机把土装到自卸汽车上运走。

（四）施工要点

（1）根据测量人员测绘的方格网图，在现场用灰线放出挖方区域和填方区域。

（2）自上而下开挖，将挖出来的土方回填到相邻的填方区，多余的土方运至建设单位指定的弃土地点。待挖至接近地面设计标高时，要加强测量，其方法如下：在挖方区边界根据方格桩设置高程控制桩，并在控制桩上挂线，挂线时要预留一定的碾压下沉量 3～5cm，使其碾压后的高程正好与设计高程一致。

（3）需要放坡的地方，应根据测量人员放出的坡顶线，撒出石灰线，采用挖掘机开挖、测量人员现场同步控制的方法，一次性开挖到位。

（4）填前，应清理现场、对原地面进行碾压，并定好控制桩位，经监理工程师同意方可进行填方作业。

（5）由最低处开始，分层填筑。一般采用用推土机把卸下的土摊平，推土机无法平整的地方由人工平整。

（6）每层填筑厚度应符合要求。填料含水量应控制在最佳含水量±2％以内；超出±2％时，需对填料进行洒水或晒干处理。

（7）碾压时，采用"薄填、慢驶、多次"的碾压方法，从低到高，从边到中，适当重叠碾压。横向接头的轮迹重叠宽度为15～25cm，每块连接处的重叠碾压宽度为1～1.5m。压路机碾压不到的地方采用蛙式打夯机或人工夯实。

（8）填土应做到当天填土，当天压（夯）实。雨天过后，不可立即填筑，需晾晒后方可填筑。

（9）当填土接近设计标高时，测量员要加强测量检查，控制最上一层填土厚度。

（10）平整场地的表面坡度应符合设计要求。开挖区的标高允许偏差为±50mm，表面平整度允许偏差为50mm；回填区的标高允许偏差为±50mm，表面平整度允许偏差为30mm。

四、基坑（槽）开挖

场地平整工程完成后其后续工作就是基坑（槽）的开挖。在开挖基坑（槽）之前，应做好施工准备工作，根据施工图纸、地质勘察报告、有关标准规范和场地实际情况确定基坑形式和尺寸，计算土方工程量，然后现场定位放线、实施开挖，最后进行验槽。

（一）施工准备

1. 技术准备

技术准备包括收集有关工程资料，对建设单位提供的坐标点、水准点进行闭合复测，确定机械行驶坡道，计算土方工程量，编制专项施工方案，填写开工报告并报送监理或建设单位批准等。

2. 材料准备

定位用木桩、龙门板、线绳、20号铅丝、白灰、基坑（槽）作简单支护时所用材料等。

3. 主要机具

（1）测量设备：全站仪、水准仪、塔尺、钢卷尺、坡度尺等。

（2）土方机械：反铲挖掘机、自卸汽车等。

（3）常用工具：铁锹（尖、平头两种）、手推车、钎探设施等。

（二）基坑（槽）土方量计算

1. 确定坑壁形式和基坑尺寸

土方工程施工中，如果坑壁太陡、施工方法不良或坑壁受雨水作用，很容易发生塌方。为了防止塌方，在基坑（槽）开挖深度超过一定限度时，坑壁应做成有坡度的边坡或搭设临时支撑，以确保坑壁稳定。

（1）坑壁的基本形式。

1）直立壁（直槽）。当地质条件良好，土质均匀且地下水位低于基坑（槽）或管沟底面标高时，挖方边坡可做成直立壁不加支撑，但深度不宜超过下列规定：

密实、中密的砂土和碎石类土（充填物为砂土）不宜超过1.00m；

硬塑、可塑的粉土及粉质黏土不宜超过1.25m；

硬塑、可塑的黏土和碎石类土（充填物为黏性土）不宜超过1.50m；

坚硬的黏土不宜超过2.00m。

挖方深度超过上述规定时，应考虑放坡或做成直立壁加支撑。

2) 放坡（坡槽）。当基坑开挖深度不大、周围环境允许，经验算能确保边坡的稳定性时，可采用放坡开挖。边坡的形式有直线形、折线形和台阶形三种，一般采用直线形边坡。土方边坡的坡度是以边坡高度 H 与边坡底宽 B 之比表示，即

$$土方边坡坡度 = \frac{H}{B} = \frac{1}{B/H} = 1:m \tag{2-16}$$

式中　m——边坡系数，即 1m 高度边坡的水平距离，$B = mH$。

影响边坡坡度大小的因素，主要有土体类别、基坑深度、土体含水量、边坡留置时间、边坡坡顶荷载、施工方法等。临时性挖方边坡坡度应根据工程地质和开挖边坡高度要求，结合当地同类土体的稳定坡度确定。在坡体整体稳定的情况下，如地质条件良好、土（岩）质较均匀，高度在 3m 以内的临时性挖方边坡坡度宜符合表 2-3 的规定。

表 2-3　　　　　　　　　　　　临时性挖方边坡坡度值

土　的　类　别		边　坡　坡　度
砂土	不包括细砂、粉砂	1∶1.25～1∶1.50
一般黏性土	坚硬	1∶0.75～1∶1.00
	硬塑	1∶1.00～1∶1.25
碎石类土	密实、中密	1∶0.50～1∶1.00
	稍密	1∶1.00～1∶1.50

3) 加支撑直槽。开挖基坑或基槽时，采用放坡开挖，往往是比较经济的。但当在建筑稠密地区或场地狭窄地段施工时，没有足够的场地来按规定进行放坡开挖；有防止地下水渗入基坑要求；深基坑（槽）放坡开挖所增加的土方量过大等情况时，就需要用土壁支护结构来支撑土壁，将土壁做成加支撑直槽的形式。

常用的土壁支护结构有：横撑式支撑、钢（木）板桩支撑、钢筋混凝土排桩支撑、水泥土搅拌桩支撑、土层锚杆支撑、土钉支护和地下连续墙等。

（2）基坑尺寸。基坑尺寸包括基坑开挖深度、坑底尺寸和坑口尺寸。基坑开挖深度可根据施工图、地质勘察报告、基坑支护情况等，进行综合分析确定，一般为基础埋深。坑底、坑口尺寸可根据施工图、坑壁形式、有关标准规范等确定。一般情况下，坑底尺寸＝基础外轮廓尺寸＋工作面宽度；坑口尺寸＝坑底尺寸＋边坡宽度。基础施工所需工作面宽度一般不小于表 2-4 的规定。

表 2-4　　　　　　　　　　　　基础施工所需工作面宽度

基　础　材　料	每边各增加工作面宽度（mm）
砖基础	200
浆砌毛石、条石基础	150
混凝土基础垫层支模板	300
混凝土基础支模板	300
基础垂直面做防水层	1000（防水层面）

2. 计算土方量

基坑土方量可按立体几何中的拟柱体体积公式计算（图 2-11），即

$$V = \frac{H}{6}(A_1 + 4A_0 + A_2) \tag{2-17}$$

式中　　H——基坑深度，m；

A_1，A_2——基坑上、下的底面积，m^2；

A_0——基坑中截面的面积，m^2。

注意：一般情况下 A_0 不等于 A_1、A_2 之和的一半，而应该按侧面几何图形的边长计算出中位线的长度，然后再计算中截面的面积 A_0。

基槽和路堤管沟的土方量计算：若沿长度方向其断面形状或断面面积显著不一致时，可以按断面形状相近或断面面积相差不大的原则，沿长度方向分段后，用同样方法计算各分段土方量（图 2-12）。最后将各段土方量相加即得总土方量 $V_总$，即

$$V_i = \frac{L_i}{6}(A_1 + 4A_0 + A_2) \tag{2-18}$$

式中　　V_i——第 i 段的土方量，m^3；

L_i——第 i 段的长度，m。

$$V_总 = \sum V_i \tag{2-19}$$

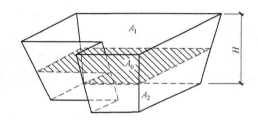

图 2-11　基坑土方量计算示意图

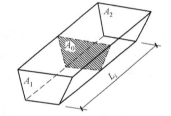

图 2-12　基槽分段土方量计算示意图

（三）施工工艺

基坑（槽）开挖应遵循"开槽支撑，先撑后挖，分层开挖，严禁超挖"的原则。其施工工艺流程一般为：定位放线→分层开挖→修整边坡→清理坑（槽）底→钎探、验槽。

1. 人工挖土施工要点

人工挖土施工工艺适用于一般建筑工程、构筑物的基坑和管沟人工挖土施工。

（1）开挖要求：

1）根据土质情况和现场存土、运土条件，合理确定开挖顺序，然后再分段分层开挖。

2）开挖时应沿灰线切出基槽轮廓线，每层深度以 600mm 为宜，每层应清底，然后逐步挖掘。

3）开挖大面积浅基坑，可沿坑三面同时开挖，挖出的土方装入手推车或翻斗车，由未开挖的一面运至弃土地点。

4）在有存土条件的场地，一定留足需要的回填土，多余土方运至弃土地点，避免二次搬运。

5）在槽边堆放土时，应保证边坡稳定。一般土方距槽边缘不小于 2.0m，高度不宜超

过 1.5m。

（2）修整边坡。开挖放坡的坑（槽）时，先按施工方案规定的坡度粗略开挖，再分层按坡度要求每隔 3m 左右做出一条坡度线，边坡应随挖随修整。待挖至设计标高，由两端轴线引桩拉通线，检查距槽边尺寸，据此再统一修整边坡。

（3）清理槽底。在挖至坑槽底设计标高 50cm 以内时，测量放线人员配合抄出距槽底 50cm 水平线。自槽端部 20cm 处每隔 2～3m，在基槽侧壁上钉水平小木橛，随时以小木橛上平，用拉线尺量法校核槽底标高。

2. 机械挖土施工要点

机械挖土施工工艺适用于工业与民用建筑物、构筑物的大型基坑、管沟以及大面积平整场地等机械挖土施工。

（1）开挖要求。

1）土方开挖宜分层分段依次进行，分层原则宜上层薄下层厚，分层厚度不超过机械一次挖掘深度，但分层厚度不宜相差太大，否则影响运输车辆重载爬坡效能。挖掘机沿挖方边缘移动时，机械距离边坡上缘的宽度不得小于基坑深度的 1/2。

2）开挖路线宜采用纵向由远及近、先两侧后中间的方式开挖，如图 2-13 所示。

3）开挖时应对平面控制桩、水准点、基坑平面位置、水平标高、边坡坡度等经常进行检查。

4）开挖基坑不得挖至设计标高以下，如不能准确挖至设计基底标高时，可在设计标高以上暂留 200～400mm 厚的土层不挖，以便在抄平后，由人工清理。如个别处超挖，应用与基土相同的土料填补，并夯实到要求的密实度。如用原土填补不能达到要求的密实度时，应用碎石类土填补，并仔细夯实。重要部位如被超挖时，可用低强度等级的混凝土填补。

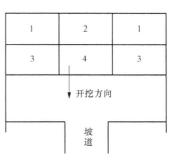

图 2-13 开挖路线

5）在有存土条件的场地，一定留足需要的回填土，多余土方运至弃土地点，避免二次搬运。

6）基坑边缘堆置土方和建筑材料，或沿挖方边缘移动运输工具和机械，一般应距基坑上部边缘不少于 2m，堆置高度不应超过 1.5m。在垂直的坑壁边，此安全距离还应适当加大。软土地区不宜在基坑边堆置弃土。

（2）修整边坡。

1）开挖过程中应经常检查开挖的边坡坡度，随时校核。常用的检查方法是用按设计边坡坡度制作的三角靠尺检查。

2）施工中应随挖随修整边坡。待挖至设计标高，由两端轴线引桩拉通线，检查距槽边尺寸，据此再统一修整槽边。

（3）清理槽底。在挖至坑槽底设计标高 50cm 以内时，测量放线人员配合抄出距槽底 50cm 水平线，钉上小木橛，用水准仪抄平，余土由人工清走。

（四）验槽与局部不良地基的处理

验槽属于建筑工程隐蔽验收的重要内容之一。其程序一般为：基坑开挖完毕，施工单位确认自检合格后提出验收申请；然后，由总监理工程师或建设单位项目负责人组织建设、监理、勘察、设计及施工单位的项目负责人、技术质量负责人，共同按设计要求和有关规定进行验槽。

1. 验槽的目的

（1）检验地质勘察报告结论、建议是否正确，与实际情况是否一致。

（2）及时发现问题及存在的隐患，解决勘察报告中未解决的遗留问题，防患于未然。

2. 验槽的主要内容

基坑的验槽工作主要是以认真仔细观察为主，并以地基钎探、钻探取样和原位测试等手段配合，其主要内容包括：

（1）检查基槽（坑）的开挖平面位置、尺寸和深度（坑底标高），核对是否与设计图纸相符。

（2）观察槽壁、槽底土质类型、均匀程度和有关异常土质是否存在，核对基坑土质及地下水情况是否与勘察报告相符。

（3）检查基槽之中是否有旧建筑物基础、古井、古墓、洞穴、地下掩埋物及地下人防工程等。

3. 验槽方法

地基验槽通常采用观察法。对于基底以下的土层不可见部位，通常采用钎探法。

（1）观察法。

1）验槽时应重点观察柱基、墙角、承重墙下或其他受力较大部位，如有异常部位，要会同勘察、设计等有关单位进行处理。

2）观察基槽边坡是否稳定，是否有影响边坡稳定的因素存在，如地下渗水、坑边堆载或近距离扰动等（对难于鉴别的土质，应采用洛阳铲等手段挖至一定深度仔细鉴别）。

3）观察基槽内有无旧的房基、洞穴、古井、掩埋的管道和人防设施等，如存在上述问题，应沿其走向进行追踪，查明其在基槽内的范围、延伸方向、长度、深度及宽度。

4）在进行直接观察时，可用袖珍式贯入仪作为辅助手段。

（2）钎探法。钎探法是用锤将钢钎打入基坑底以下一定深度的土层内，通过锤击次数来判断地下有无异常情况或不良地基的一种方法。钢钎的打入分人工和机械两种。钎探工具一般采用轻便触探器，也称为穿心锤钎探器。

1）钎探工艺流程。放钎探点线→撒白灰点标志→就位打钎（分级记录锤击数）→拔钎→检查孔深→钎孔保护→移位打下一个钎探点→验槽后钎孔灌砂。

2）钎探要点。

①根据基坑平面图，绘制钎探点平面布置图。

②按照钎探点顺序号进行钎探施工。打钎时，同一工程应钎径一致、锤重一致，用力（落距）一致。

③每贯入 30cm（通常称为一步），记录一次锤击数，一直到规定深度为止。

④将钎探锤击数及时填入"地基钎探记录"，并对各分级记录锤击数进行合计。

⑤在钎探点平面图上，注明过硬或过软的探点位置，并用彩色笔分开，以便勘察设计人员验槽时分析处理。

⑥对钎探记录各点的测试击数要认真分析，分析钎探击数是否均匀，对偏差大于 50% 的点位，分析原因，确定范围，重新补测，对异常点采用洛阳铲进一步核查。

4. 验槽的注意事项

（1）钎探点的位置应基本准确，钎探孔不得遗漏。锤击数记录必须准确，数据真实可靠，不得弄虚作假。否则，视为不合格钎探。不合格的钎探不能作为验槽的依据。必要时对钎探孔深及间距进行抽样检查，核实其真实性。

（2）在特殊情况下，如雨期应采取排水措施，避免被雨水浸泡；冬期要防止基底土受冻，要及时用保温材料覆盖。

（3）验槽时要认真仔细查看土质及其分布情况，是否有杂物、碎砖、瓦砾等杂填土，是否已挖到老土等，从而判断是否需要做地基处理。

（4）经检查验收合格后，应填写"地基验槽记录"和"基坑（槽）隐蔽验收记录"，各方签字盖章，并及时办理相关验收手续。如验收不合格，待处理和整改合格后，重新验收确认。

5. 局部不良地基的处理

通过验槽及分析钎探资料，发现槽底局部异常后，应根据地基土的土质情况、工程性质和施工条件，采取适宜的处理方法，以减少或避免地基不均匀沉降。

（1）局部硬土的处理：挖掉硬土部分，以免造成不均匀沉降。处理时要根据周边土的土质情况确定回填材料，如果全部开挖较困难时，在其上部做软垫层处理，使地基均匀沉降。

（2）局部软土的处理：在地基土中由于外界因素的影响（如管道渗水）、地层的差异或含水量的变化，造成地基局部土质软硬差异较大。如软土厚度不大时，通常采取清除软土的换土垫层法处理，一般采用级配砂石垫层，压实系数不小于 0.94；当厚度较大时，一般采用现场钻孔灌注桩、混凝土或砌块石支撑墙（或支墩）至基岩进行局部地基处理。

（五）成品保护

（1）开挖基坑基底不得超挖，如个别地方超挖时，处理方法应取得设计单位同意，不得私自处理。

（2）对定位控制桩（建筑红线、控制网）、轴线引桩、水准点、龙门板等，应采取可靠的保护措施，挖运土时不得撞碰。

（3）土方开挖时，应防止邻近建筑物、构筑物、道路、管线等下沉和变形。必要时应与设计单位或建设单位协商，采取防护措施，并在施工中进行监测。

（4）施工中如发现有文物或古墓等，应妥善保护，及时报请当地有关部门处理后，方可继续施工。

（5）为防止基坑边坡产生溜坡现象，应根据土质情况和实际条件采取边坡保护措施，以保护基坑边坡的稳定。常用基坑坡面保护方法有薄膜覆盖法、土袋压坡法、挂网抹面法和喷射混凝土或混凝土护面法。

五、土方回填

（一）施工准备

1. 材料准备

填料应符合设计要求，不同填料不应混填。设计无要求时，应符合下列规定：

（1）不同土类应分别经过击实试验测定填料的最大干密度和最佳含水量，填料含水量与最佳含水量的偏差控制在 $\pm 2\%$ 范围内。

（2）草皮土和有机质含量大于 8% 的土，不应用于有压实要求的回填区域。

（3）淤泥和淤泥质土不宜作为填料，在软土或沼泽地区，经过处理且符合压实要求后，可用于回填次要部位或无压实要求的区域。

（4）碎石类土或爆破石渣，可用于表层以下回填，可采用碾压法或强夯法施工。采用分层碾压时，厚度应根据压实机具通过试验确定，一般不宜超过 500mm，其最大粒径不得超过每层厚度的 3/4；采用强夯法施工时，填筑厚度和最大粒径应根据强夯夯击能量大小和施工条件通过试验确定，为了保证填料的均匀性，粒径一般不宜大于 1m，大块填料不应集中，且不宜填在分段接头处或回填与山坡连接处。

（5）两种透水性不同的填料分层填筑时，上层宜填透水性较小的填料。

（6）填料为黏性土时，回填前应检验其含水量是否在控制范围内，当含水量偏高，可采用翻松晾晒或均匀掺入干土或生石灰等措施；当含水量偏低，可采用预先洒水湿润。

2. 主要机具

蛙式打夯机、振动压实机、柴油打夯机、压路机、木夯、手推车、筛子、木耙、铁锹、喷壶、小线、水准仪、钢尺、2m 靠尺、取土环刀、小铲、烘箱、天平等。

3. 作业条件

（1）施工前应根据工程特点、填料种类、设计对压实系数的要求、施工机具设备条件等，通过试验确定土料含水量控制范围、每层铺土厚度及打夯遍数等施工参数。

（2）回填前应清除基底上的草皮、杂物、树根和淤泥等，排除积水，并在四周设排水沟或截水沟，防止地面水流入填方区或基槽（坑），浸泡地基。

（3）施工完地面以下基础、地下防水、保护层等，填写好隐蔽工程验收记录，并经质量检查验收。

（二）施工工艺

1. 填土的压实方法

（1）碾压法。碾压法是利用机械滚轮的压力压实土壤，使之达到所需的密实度，此法多用于大面积填土工程。碾压机械有光面碾（压路机）、羊足碾和气胎碾。光面碾对砂土、黏性土均可压实；羊足碾需要较大的牵引力，且只宜压实黏性土，因在砂土中使用羊足碾会使土颗粒受到"羊足"较大的单位压力后向四周移动，从而使土的结构遭到破坏，气胎碾在工作时是弹性体，其压力均匀，填土质量较好。还可利用运土机械进行碾压，也是较经济合理的压实方案，施工时使运土机械行驶路线能大体均匀地分布在填土面积上，并达到一定重复行驶遍数，使其满足填土压实质量的要求。

碾压机械压实回填土时，一般先静压后振动或先轻后重，并控制行驶速度，平碾和振动碾不宜超过 2km/h，羊角碾不宜超过 3km/h；每次碾压，机具应从两侧向中央进行，主轮应重叠 150mm 以上。

（2）夯实法。夯实法是利用夯锤自由下落的冲击力来夯实土壤。夯实法分人工夯实和机械夯实两种。

人工夯土用的工具有木夯、石夯等，主要用于夯实机械无法到达的坑边坑角的夯实。夯实机械有夯锤、内燃夯土机和蛙式打夯机，一般用于基槽或面积小于 1000㎡ 的基坑回填。夯锤是借助起重机悬挂一重锤进行夯土的夯实机械，适用于夯实砂性土、湿陷性黄土、杂填土以及含有石块的填土。

（3）振动压实法。振动压实法是在松土层表面，振动压实机产生振动力，使土颗粒在振动的状态下发生相对位移并在振动压实机的重压下达到紧密状态。这种方法用于振实非黏性土效果较好。如使用振动碾进行碾压，可使土受振动和碾压两种作用，碾压效率高，适用于大面积填方工程。

无论哪一种方法，都要求每一行碾压夯实的幅宽要有至少 100mm 的搭接，若采用分层夯实且气候较干燥，应在上一层虚土铺摊之前将下层填土表面适当喷水湿润，增加土层之间的亲和程度。

2. 填土压实的影响因素

填土压实的影响因素较多，主要有压实功、含水量和铺土厚度。

（1）压实功。填土压实后的密度与压实机械在其上所施加的功有一定的关系。当土的含水量一定，在开始压实时，土的密度急剧增加，待到接近土的最大密度时，压实功虽然增加许多，而土的密度则变化甚小。实际施工中，对于砂土只需碾压夯击 2～3 遍，对粉土只需 3～4 遍，对粉质黏土只需 5～6 遍。此外，松土不宜用重型碾压机械直接滚压，否则土层有强烈的起伏现象，效率不高。如果先用轻碾压实，再用重碾压实就会取得较好效果。

（2）含水量。在同一压实功条件下，填土的含水量对压实质量有直接影响。较为干燥的土颗粒之间的摩阻力较大，因而不易压实。当含水量超过一定限度时，土颗粒之间孔隙由水填充而呈饱和状态，也不能压实。当土的含水量适当时，水起了润滑作用，土颗粒之间的摩阻力减少，压实效果好。所以，在使用同样的压实功进行压实，所得到的土的密度最大时的含水量称为最佳含水量。各种土的最佳含水量和最大干密度可参考表 2-5。工地简单检验黏性土含水量的方法一般是以手握成团落地开花为适宜。为了保证填土在压实过程中处于最佳含水量状态，当土过湿时，应予翻松晾干，也可掺入同类干土和吸水性土料；当土过干时，则应预先洒水润湿。

（3）铺土厚度。土层表面受到较大的夯压作用，由于土层的应力扩散，使得压实应力随深度增加而快速减少，因此，只有在一定深度内土体才能被有效压实，该有效压实深度与压实机械、土的性质和含水量等有关。铺土厚度应小于压实机械的作用深度，但其中还有最优土层厚度问题，铺得过厚，要压很多遍才能达到规定的密实度；铺得过薄，则容易起皮且影响施工进度，费工费时。最优的铺土厚度应能使土方压实而机械的功耗费最少，可按照表 2-6 选用。在表中规定压实遍数范围中，轻型压实机械取大值，重型的取小值。

表 2-5　　　　　　　　　　土的最佳含水量和最大干密度参考表

项次	土的种类	变 动 范 围		项次	土的种类	变 动 范 围	
		最佳含水量（％）（质量比）	最大干密度（g/cm³）			最佳含水量（％）（质量比）	最大干密度（g/cm³）
1	砂土	8～12	1.80～1.88	3	粉质黏土	12～15	1.85～1.95
2	黏土	19～23	1.58～1.70	4	粉　土	16～22	1.61～1.80

表 2-6　　　　　　　　　　填方每层的铺土厚度和压实遍数

压实机具	分层铺土厚度（mm）	每层压实遍数	压实机具	分层铺土厚度（mm）	每层压实遍数
平　碾	250～300	6～8	柴油打夯机	200～250	3～4
振动压实机	250～350	3～4	人工打夯	<200	3～4

上述三方面因素之间是互相影响的。为了保证压实质量，提高压实机械的生产率，重要工程应根据土质和所选用的压实机械在施工现场进行压实试验，以确定达到规定密实度所需的压实遍数、铺土厚度及最优含水量。

3. 施工工艺流程

土方回填施工工艺流程为：基层处理→分层填筑→分层压实→修整找平→检验密实度。

（1）基层处理。土方回填前应清除基底的垃圾、树根等杂物，抽除坑穴积水、淤泥，验收基底标高。

（2）分层填筑。填土应分层进行，并尽量采用同类土填筑。如采用不同土填筑时，应先填筑透水性较大的土后填筑透水性较小的土，不能将各种土混杂在一起使用，以免填方内形成水囊。若工作面太大，可采用分段施工，每层接缝处应做成30°斜面，上下层接缝应错开不小于1m的距离。

每层铺土厚度根据土质和使用的夯（压）实机具性能而定。一般铺土厚度应小于压实机械压实的作用深度，应能使土方压实机械的功耗最小。常用夯（压）实机械每层铺土厚度和所需的夯（压）实遍数，可参考表2-6确定。

（3）分层压实。

1）打夯前应将填土初步整平，打夯机由四周向中间依次夯打，一夯压半夯，夯夯相接，行行相连，两遍纵横交叉，分层夯打。

2）深浅两基坑相连时，应先填夯深基础；与浅基坑标高填平时，再一起填夯。

3）回填房心回填土时，应在基础墙体两侧同时进行回填与夯实。回填高差不可相差太多，以免将墙挤歪。

4）回填管沟时，应用人工先在管道周围填土夯实，并应从管道两边同时进行，待填至管顶0.5m以上，方可采用打夯机夯实。

5）非同时进行的回填段之间的搭接处，不得形成陡坎，应将夯实层留成阶梯状，阶梯的高宽比一般为1：2。上下层错缝距离不小于1.0m。

（4）修整找平。填土全部完成后，应进行表面拉线找平，凡超过标准高程的地方，及时依线铲平；凡低于标准高程的地方，应补土夯实。经检查合格，填写地基验收隐蔽工程记录，及时办理交接手续。经检查质量不符合要求时应进行返修，并重新验收。

（5）检验密实度。土方回填应填筑压实，且压实系数应满足设计要求。当采用分层回填时，应在下层的压实系数经试验合格后，才能进行上层施工。在施工现场一般采用环刀取样法检测回填土的干密度。回填土干密度的合格标准为：填土压实后的干密度有90%以上符合设计要求，其余10%的最低值与设计值之差，不得大于0.08g/cm³，且不应集中。

（三）成品保护

（1）施工时，对定位标准桩、轴线引桩、标准水准点、龙门板等，填运土时不得撞碰，也不得在龙门板上休息，并应定期复测和检查这些标准桩点是否正确。

（2）夜间施工时，应合理安排施工顺序，设有足够的照明设施，防止铺填超厚，严禁汽车直接倒土入槽。

（3）基础或管沟的现浇混凝土应达到一定强度，不致因填土而受损坏时，方可回填。

（4）管沟中的管线，肥槽内从建筑物伸出的各种管线，均应妥善保护后，再按规定回填土料，不得碰坏。

任务 2　基坑降水与排水工程施工

土方开挖过程中，当基坑（或沟槽）底面标高低于地下水位时，由于土的含水层被切断，地下水会不断渗入坑内，从而使施工条件恶化，工效降低，甚至还会造成边坡塌方和地基承载力下降。因此，在基坑土方开挖前和开挖过程中，应根据工程地质和地下水文情况，采取有效的降水、排水措施，使土方开挖和地下室施工处于无水状态。

基坑降水与排水的方法主要有集水井排水法和井点降水法两类。当基坑（槽）开挖的降水深度较浅且地层中无流砂时，可采用集水井排水法；如降水深度较大，或地层中有流砂，或在软土地区，应尽量采用井点降水；当采用井点降水，仍有局部地段降深不够时，可辅以集水井排水；当因降水而危及周边安全时，宜采用止水帷幕截水。

一、集水井排水法

集水井降水法是指在基坑开挖过程中，在基坑底设置集水井并沿基坑底周围或中央开挖排水沟，使水流入集水井中，然后用水泵抽走的降水法（图 2-14）。基坑内四周的排水沟及集水井一般设置在基础以外，地下水流的上游。基坑面积较大时，可在基础范围内设置盲沟排水。集水井降水法一般用于开挖深度不大、地下水位不太高、涌水量不

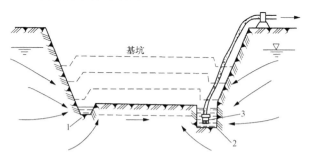

图 2-14　集水井降水
1—排水沟；2—集水井；3—水泵

大、土质较好的基坑降水。集水井降水法降水方法简单、经济，对周围影响小，因而应用较广。

（一）施工机具及选用

集水井降水法所用机具主要为水泵，如离心泵、潜水泵和泥浆泵等。水泵的主要性能包括流量（水泵单位时间内的出水量）、总扬程（水泵能扬水的高度，包括吸水扬程和出水扬程）和功率等。选用水泵类型时，主要根据流量与扬程而定，水泵的流量应满足基坑涌水量要求，一般取水泵的总排水量为基坑涌水量的 1.5～2.0 倍。

（二）施工工艺

1. 工艺流程

挖土至地下水位时，挖排水沟→挖集水井→抽水→再挖土、挖沟、挖井、抽水。

2. 施工要点

（1）挖排水沟。排水明沟宜沿基坑底四周布置，沟边缘离开边坡坡脚应不小于 0.3m，距拟建建筑基础边不小于 0.4m。排水明沟的底面应比挖土面低 0.3～0.5m，底宽不小于 300mm，坡度为 1%。

（2）挖集水井。沿基坑底四角或间距 20～40m 设置，直径为 0.6～0.8m，深度随挖土的加深而加深，要始终低于挖土面 0.7～1m，井壁可用竹、木等简易加固。当基坑挖至设计标高后，井底应低于坑底 1～2m。集水井底应铺设碎石压底（0.3m 厚），以免因抽水时间较长，将泥砂抽走，并防止集水井井底被扰动。

（3）抽水。排水沟、集水井排水，视水量多少连续或间断抽水，直至基础施工完毕、回填土为止。

（三）流砂的防治

对于开挖深度大、地下水位较高而且土质又不好的基坑，当土方开挖到地下水位以下时，有时坑底周围的土会进入流动状态，随地下水流入基坑，这种现象称为流砂现象。此时，土边挖边冒，施工条件恶化，严重时会造成边坡塌方，甚至危及邻近建筑物。

1. 流砂发生的原因

处于基坑底部的土颗粒，土不仅受到浮力，而且受到动水压力的作用，有向上举的趋势。当动水压力等于或大于土的浸水密度时，土颗粒处于悬浮状态，并随地下水一起流入基坑，形成流砂现象。

流砂现象一般发生在细砂、粉砂及砂质粉土中。在粗大砂砾中，因孔隙大，水在其间流过时阻力小，动水压力也小，不易出现流砂。而在黏性土中，由于土粒间内聚力较大，不会发生流砂现象，但有时在承压水作用下会出现整体隆起的现象。

经验还表明：在可能发生流砂的土质处，基坑挖深超过地下水位线 0.5m 左右，就会发生流砂现象。

2. 流砂的防治措施

"治砂必先治水"，因此防治流砂的主要途径是减小或平衡动水压力或改变其方向。流砂防治的具体措施如下：

（1）抢挖法。抢挖法，即组织分段抢挖。挖到标高后立即铺席并抛大石以平衡动水压力，压住流砂，此种方法仅能解决轻微流砂现象。

（2）水下挖土方法。采用不排水施工，使坑内水压与坑外地下水压相平衡，抵消动水压力。

（3）沿坑周围打板桩或做地下连续墙法。通过其进入坑底以下一定深度，增加地下水流入坑内的渗流路程，从而减少了动水压力。

（4）井点降水法。通过降低地下水位改变动水压力的方向，这是阻止流砂的最有效措施。

二、井点降水法

井点降水法就是在基坑开挖前，预先在基坑四周埋设一定数量的井点管，利用抽水设备抽水，使地下水位降落在坑底以下，直到施工结束为止的降水方法。井点降水法采用的主要井点有：轻型井点、喷射井点、电渗井点、管井井点和深井井点等，其适用范围见表 2-7，一般情况下采用轻型井点较多。这里主要介绍轻型井点降水。

表 2-7　　　　　　　　　　　　各类井点的适用范围

项次	井点类别	K	降低水位深度（m）
1	轻型井点	0.1～80m/d	3～6
2	二级轻型井点	0.1～80m/d	6～9
3	电渗井点	<0.1m/d	5～6
4	喷射井点	0.1～50m/d	8～20
5	管井井点	20～200m/d	3～5
6	深井井点	10～80m/d	>15

（一）轻型井点降水设计

轻型井点设备主要由管路系统与抽水设备组成（图 2-15）。其中，管路系统包括井点管、滤管、总管、弯联管；抽水设备包括离心泵、真空泵、水气分离器。

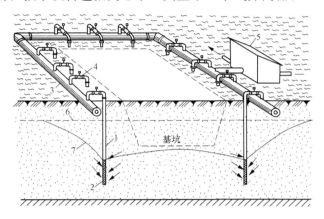

图 2-15 轻型井点降低地下水位图

1—井点管；2—滤管；3—总管；4—弯联管；5—水泵房；6—原有地下水位线；
7—降低后地下水位线

1. 轻型井点的布置

井点系统的布置包括平面布置与高程布置，应根据基坑大小与深度、土质、地下水位高低与流向、降水深度要求等确定。

（1）平面布置。当基坑或沟槽宽度小于 6m，且降水深度不超过 5m 时，可用单排线状井点，布置在地下水流的上游一侧，两端延伸长度以不小于槽宽为宜（图 2-16）；如宽度大于 6m 或土质不良，则用双排线状井点（图 2-17）；面积较大的基坑宜用环状井点（图 2-18）。有时亦可布置成 U 形，以便挖土机和运土车辆出入基坑。井点管距离基坑壁一般可取 0.7～1.0m，以防局部发生漏气。井点管间距一般为 0.8～1.5m，或由计算和经验确定；在基坑周围四角和靠近地下水流方向一边的井点管应适当加密；当采用多级井点排水时，下一级井点管间距应较上一级的小；实际采用的井距，还应与集水总管上短接头的间距相适应（可按 0.8m、1.2m、1.6m、2.0m 四种间距选用）。

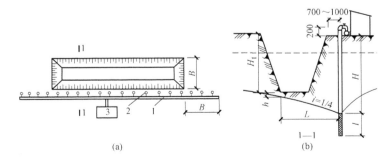

图 2-16 单排线状井点的布置图

（a）平面布置；（b）高程布置

1—总管；2—井点管；3—抽水设备

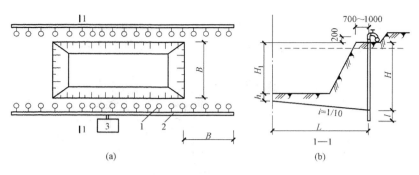

图 2-17 双排线状井点布置图

(a) 平面布置；(b) 高程布置

1—井点管；2—总管；3—抽水设备

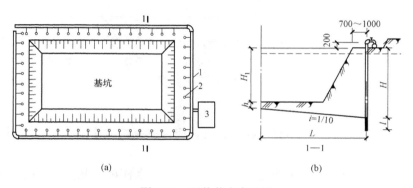

图 2-18 环状井点布置图

(a) 平面布置；(b) 高程布置

1—总管；2—井点管；3—抽水设备

(2) 高程布置。井点降水深度，考虑抽水设备的水头损失以后，一般不超过 6m。井点管埋设深度按下式计算

$$H \geqslant H_1 + h + IL \tag{2-20}$$

式中 H——井点降水系统总管埋设面至基坑底面的距离，m；

　　　　h——基坑底面至降低后的地下水位线的距离，一般取 0.5～1.0m；

　　　　I——水力坡度，根据实测：双排和环状井点为 1/10，单排井点为 1/4～1/5；

　　　　L——双排井点为井点管至基坑中心的水平距离，单排井点为井点管至基坑另一边的距离，m。

此外，在确定井点管埋深时，还要考虑井点管一般要露出地面 0.2m 左右。如果计算出的值大于井点管长度，则应降低井点管的埋置面（但以不低于地下水位线为准）以适应降水深度的要求。在任何情况下，滤管必须埋在透水层内。为了充分利用抽吸能力，总管的布置标高宜接近地下水位线（可事先挖槽），水泵轴心标高宜与总管平行或略低于总管。总管应具有 0.25%～0.5% 坡度（坡向泵房）。各段总管与滤管最好分别设在同一水平面，不宜高低悬殊。当一级井点系统达不到降水深度要求，可视其具体情况采用其他方法降水。如上层土的土质较好时，先用集水井排水法挖去一层土再布置井点系统；也可采用二级井点，即先挖去第一级井点所疏干的土,然后再在其底部装设第二级井点。

2. 轻型井点的计算

轻型井点的计算过程一般为:涌水量计算→单根井点管的最大出水量→井点管的最少根数→井点管的平均间距。

井点系统的涌水量计算是以水井理论为依据进行的。根据地下水在土层中的分布情况,水井有无压完整井、无压非完整井、承压完整井和承压非完整井四种类型。水井布置在含水层中,当地下水表面为自由水压时,称为无压井;当含水层处于两不透水层之间,地下水表面具有一定水压时,称为承压井。另一方面,当水井底部达到不透水层时,称为完整井;否则称为非完整井。水井类型不同,其涌水量的计算公式亦不相同。

(二)轻型井点降水施工

1. 施工准备

(1)材料准备。

1)井点管及设备已购置,滤网等必要材料已备齐,并已加工和配套完成。

2)填孔用的粗砂、碎石、封口用的黏土已准备。

(2)主要机具。冲孔机械、降水设备、空气压缩机、铁锹、撬棍、手推车、钢丝绳、扳手等。

(3)作业条件。

1)已确定降水方案,完成轻型井点降水设计。

2)现场三通一平工作已完成,并设置排水沟。

3)建筑物的控制轴线、灰线尺寸和标高控制点已经复测。

4)井点孔位、观测井点位置、泵房位置等已确定,并测量放线定位。

5)防止附近建筑物沉降的措施已实施。

2. 施工工艺

轻型井点降水施工的工艺流程如图 2-19 所示。

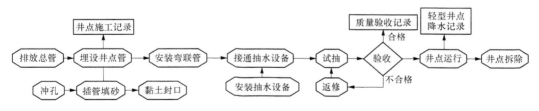

图 2-19　轻型井点降水施工工艺流程

(1)排放总管。按设计要求开挖总管沟槽,安装总管。

(2)埋设井点管。井点管的埋设一般用水冲法进行,并分为冲孔与埋管两个过程,如图 2-20 所示。

1)冲孔。冲孔时,先用起重机设备将冲管吊起并插在井点的位置上,然后开动高压水泵,将土冲松,冲管则边冲边沉。冲孔直径一般为 300mm,以保证井管四周有一定厚度的砂滤层,冲孔深度宜比滤管底深 0.5~1.0m 左右,以防冲管拔出时,部分土颗粒沉于底部而触及滤管底部。

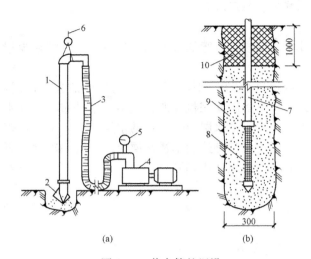

图 2-20　井点管的埋设

(a) 冲孔；(b) 埋管

1—冲管；2—冲嘴；3—胶皮管；4—高压水泵；

5—压力表；6—起重机吊钩；7—井点管；8—滤管；

9—填砂；10—黏土封口

2）插管填砂。井孔冲成后，立即拔出冲管，插入井点管。井管插入后，立即倒入粒径 5～30mm 石子，使管底有 50cm 高，并在井点管与孔壁之间迅速填灌砂滤层，以防孔壁塌土。砂滤层的填灌质量是保证轻型井点顺利抽水的关键。一般宜选用干净粗砂，填灌均匀，并填至距滤管顶部 1～1.5m，以保证水流畅通。

3）黏土封口。井点填砂后，上部1～1.5m 深度内，改用黏土封口，以防漏气。

（3）地面抽水系统安装。用弯联管将井点管与总管接通，将集水总管与抽水设备相连接，接通电源，即可进行试抽水，以检查有无漏气现象。

（4）试运转。井点系统安装完毕，应进行试运转，全面检查管路接头、出水状况和机械运转情况。一般开始出水混浊，经一定时间后出水应逐渐变清，对长期出水混浊的井点应予以停闭或更换。

（5）井点运行。井点运行后要求连续工作，应准备双电源以保证连续抽水。真空度是判断井点系统良好与否的尺度，应通过真空表经常观察，一般真空度应不低于 60kPa，如真空度不够，通常是因为管路漏气，应及时修复。除测定真空度外，还可通过听、摸、看等方法来检查，如通过检查发现井点管淤塞太多，严重影响降水效果时，应逐个用高压水反冲洗井点管或拔除重新埋设。

听——有上水声是好井点，无声则可能井点已被堵塞；

摸——手摸管壁感到震动，另外冬天热、夏天凉为好井点，反之则为坏井点；

看——夏天湿、冬天干的井点是好井点。

（6）井点拆除。

1）井点拆除。地下结构物竣工并将基坑进行回填土后，方可拆除井点系统。多借助于倒链、起重机等拔出井点，起拔时吊钩应保持在井管的延长线上顺势进行，以免将井管强行拉断。所留孔洞用砂或土填塞。

2）井点管保养。井点管在工地指定的场所冲洗、油漆保养，堆放整齐以备再用。

3. 成品保护

（1）成孔后，应立即下井点管并填入豆石滤料，以防塌孔。

（2）井点管与集水总管连接前，管口要用木塞堵住，防止杂物掉入管内。

（3）为防止滤网损坏，在井管放入前，应认真检查，以保证滤网完好。

（4）井点管口应有保护措施，可在井口周边砌筑保护台，防止杂物掉入井管内。

（5）井点使用应保持连续抽水，并设置备用电源，以避免泥渣沉淀淤管。

（三）降水对周围建筑的影响及防止措施

1. 降水对周围建筑的影响

在弱透水层和压缩性大的黏土层中降水时，由于地下水流失造成地下水位下降、地基自重应力增加和土层压缩等原因，会产生较大的地面沉降；又由于土层的不均匀性和降水后地下水位呈漏斗曲线，四周土层的自重应力变化不一而导致不均匀沉降，使周围建筑物基础下沉或房屋开裂。因此，在建筑物附近进行井点降水时，为防止降水影响或损害区域内的建筑物，就必须阻止建筑物下的地下水流失。

2. 防止降水对周围建筑影响的措施

（1）采用具有挡水作用的支护结构，如深层搅拌桩、钢板桩、混凝土灌注桩或地下连续墙等，并尽可能把降水井点立管埋设在支护墙的内侧（基坑一侧），井点立管的深度应浅于支护墙的深度。

（2）合理确定井点立管的深度，控制降水曲线。当基坑附近没有建筑、管线、道路时，坑中井点水位应降至基坑底面以下 1m 为宜；当邻近有建筑、管线时，井点主管埋深可适当提高，其深度以保证基坑不出现流砂为宜。

（3）适当控制抽水量或离心泵的真空度。在开挖基坑时，井点降水用最大的抽水量或真空度运行；在垫层、桩承台、地下室底板完成后，可适当调减抽水量或调小真空度，使基坑外的降水曲面尽可能控制在较小的范围内，但要在坑内、外设置水位观测井，及时控制水位。

（4）在降水井管与建筑物、管线、路面间设置回灌井点，持续用水回灌，补充该处的地下水，使降水井点的影响半径不超过回灌井点的范围，防止回灌井点外侧建筑物地下水的流失，使地下水保持基本不变。

回灌用水宜采用清水，以免阻塞井点，回灌水量和压力大小，均须通过计算，并通过对观测井的观测加以调整，既要保持起隔水屏幕的作用，又要防止回灌水外溢而影响基坑内正常作业。

回灌井点的滤管部分，应从地下水位以上 0.5m 处开始直至井管底部。也可采用与降水井点管相同的构造，但需保证成孔和灌砂的质量。

回灌井点与降水井点之间应保持一定距离，一般不小于 6m，防止降水、回灌两进"相通"，起动和停止应同步。回灌井点的埋设深度应根据透水层深度来决定，保证基坑的施工安全和回灌效果。

在降、灌水区域附近设置一定数量的沉降观测点及水位观测井，定时观测、记录，及时调节灌、抽量，使灌、抽基本达到平衡，确保周围建筑物或管线等的安全。

任务 3　基坑支护工程施工

基坑支护是指为保证地下结构施工及基坑周边环境的安全，对基坑侧壁及周边环境采用的支挡、加固与保护措施。对于不具备放坡条件的基坑，必须在支护体系保护下才能进行开挖，否则很容易发生边坡塌方等事故。因此，基坑工程需选择安全可靠、经济合理、便于施工的支护结构类型，并编制相应的基坑支护施工方案以指导施工。

支护结构的安全等级可按表 2-8 确定，对同一基坑的不同部位可采用不同的安全等级。

支护结构应按表 2-9 选型。其中，支挡式结构是指以挡土构件和锚杆或支撑为主的，或仅以挡土构件为主的支护结构。设置在基坑侧壁并嵌入基坑底面的支挡式结构竖向构件称为挡土构件，常见的挡土构件有排桩和地下连续墙两种。这里重点介绍地下连续墙施工和土钉墙施工。

表 2-8　　　　　　　　　　　　　　　　支护结构的安全等级

安全等级	破 坏 后 果
一级	支护结构失效、土体过大变形对基坑周边环境或主体结构施工安全的影响很严重
二级	支护结构失效、土体过大变形对基坑周边环境或主体结构施工安全的影响严重
三级	支护结构失效、土体过大变形对基坑周边环境或主体结构施工安全的影响不严重

表 2-9　　　　　　　　　　　　　　　　各类支护结构的适用条件

结构类型		适 用 条 件		
		安全等级	基坑深度、环境条件、土类和地下水条件	
支挡式结构	锚拉式结构	一级 二级 三级	适用于较深的基坑	1. 排桩适用于可采用降水或截水帷幕的基坑 2. 地下连续墙宜同时用作主体地下结构外墙，可同时用于截水 3. 锚杆不宜用在软土层和高水位的碎石土、砂土层 4. 当邻近基坑有建筑物地下室、地下构筑物等，锚杆的有效锚固长度不足时，不应采用锚杆 5. 当锚杆施工会造成基坑周边建（构）筑物的损害或违反城市地下空间规划等规定时，不应采用锚杆
	支撑式结构		适用于较深的基坑	
	悬臂式结构		适用于较浅的基坑	
	双排桩		当锚拉式、支撑式和悬臂式结构不适用时，可考虑采用双排桩	
	支护结构与主体结构结合的逆作法		适用于基坑周边环境条件很复杂的深基坑	
土钉墙	单一土钉墙	二级 三级	适用于地下水位以上或降水的非软土基坑，且基坑深度不宜大于 12m	当基坑潜在滑动面内有建筑物、重要地下管线时，不宜采用土钉墙
	预应力锚杆复合土钉墙		适用于地下水位以上或降水的非软土基坑，且基坑深度不宜大于 15m	
	水泥土桩复合土钉墙		用于非软土基坑时，基坑深度不宜大于 12m；用于淤泥质土基坑时，基坑深度不宜大于 6m；不宜用在高水位的碎石土、砂土层中	
	微型桩复合土钉墙		适用于地下水位以上或降水的基坑，用于非软土基坑时，基坑深度不宜大于 12m；用于淤泥质土基坑时，基坑深度不宜大于 6m	
重力式水泥土墙		二级 三级	适用于淤泥质土、淤泥基坑，且基坑深度不宜大于 7m	

一、地下连续墙施工

地下连续墙是指分槽段用专用机械成槽、浇筑钢筋混凝土所形成的连续地下墙体。其主要施工工程为：利用专门的挖槽机械，沿深基坑周边，在膨润土泥浆护壁条件下，开挖出一条狭长的深槽；当一定长度的单元槽段开挖完后，在槽内吊入预先于地面上制作好的钢筋笼；再采用导管法浇筑水下混凝土，即完成一个单元槽段的施工；然后依次完成其他各单元槽段施工，且各单元槽段间以一定的接头方式相互连接，形成一道地下钢筋混凝土连续墙。

地下连续墙的主要特点是墙体结构刚度大，能承受较大土压力；适应各种地质条件；既可作为地下结构的外墙，也可作为挡土墙使用，节省开支；施工时振动小，噪声低；墙体防渗能力强。因而应用较为广泛。

（一）构造要求

（1）地下连续墙的墙体厚度宜根据成槽机的规格，选取 600mm、800mm、1000mm 或 1200mm。

（2）一字形槽段长度宜取 4～6m。当成槽施工可能对周边环境产生不利影响或槽壁稳定性较差时，应取较小的槽段长度。必要时，宜采用搅拌桩对槽壁进行加固。

（3）地下连续墙的转角处或有特殊要求时，单元槽段的平面形状可采用 L 形、T 形等。

（4）地下连续墙的混凝土设计强度等级宜取 C30～C40。地下连续墙用于截水时，墙体混凝土抗渗等级不宜小于 P6。当地下连续墙同时作为主体地下结构构件时，墙体混凝土抗渗等级应满足现行国家标准《地下工程防水技术规范》（GB 50108）等相关标准的要求。

（5）地下连续墙的纵向受力钢筋应沿墙身两侧均匀配置，可按内力大小沿墙体纵向分段配置，但通长配置的纵向钢筋不应小于总数的 50%；纵向受力钢筋宜选用 HRB400、HRB500 钢筋，直径不宜小于 16mm，净间距不宜小于 75mm。水平钢筋及构造钢筋宜选用 HPB300 或 HRB400 钢筋，直径不宜小于 12mm，水平钢筋间距宜取 200～400mm。冠梁按构造设置时，纵向钢筋伸入冠梁的长度宜取冠梁厚度。冠梁按结构受力构件设置时，墙身纵向受力钢筋伸入冠梁的锚固长度应符合现行国家标准《混凝土结构设计规范》（GB 50010）对钢筋锚固的有关规定。当不能满足锚固长度的要求时，其钢筋末端可采取机械锚固措施。

（6）地下连续墙纵向受力钢筋的保护层厚度，在基坑内侧不宜小于 50mm，在基坑外侧不宜小于 70mm。

（7）钢筋笼端部与槽段接头之间、钢筋笼端部与相邻墙段混凝土面之间的间隙不应大于 150mm，纵向钢筋下端 500mm 长度范围内宜按 1∶10 的斜度向内收口。

（8）地下连续墙的槽段接头应按下列原则选用：

1）地下连续墙宜采用圆形锁口管接头、波纹管接头、楔形接头、工字形钢接头或混凝土预制接头等柔性接头。

2）当地下连续墙作为主体地下结构外墙，且需要形成整体墙体时，宜采用刚性接头；刚性接头可采用一字形或十字形穿孔钢板接头、钢筋承插式接头等；当采取地下连续墙顶设置通长冠梁、墙壁内侧槽段接缝位置设置结构壁柱、基础底板与地下连续墙刚性连接等措施时，也可采用柔性接头。

（9）地下连续墙墙顶应设置混凝土冠梁。冠梁宽度不宜小于墙厚，高度不宜小于墙厚的 0.6 倍。冠梁钢筋应符合现行国家标准《混凝土结构设计规范》（GB 50010）对梁的构造配筋要求。冠梁用作支撑或锚杆的传力构件或按空间结构设计时，尚应按受力构件进行截面设计。

（二）施工准备

1. 材料准备

水泥、砂、石子、外加剂、水、钢筋、膨润土或优质黏土等应按设计要求和有关规范规定选用。

2. 主要机具

（1）成槽设备。地下连续墙的施工应根据地质条件的适应性等因素选择成槽设备。目前常用的成槽设备，按成槽机理可分为抓斗式成槽机、回转式成槽机和冲击式成槽机 3 种。

（2）混凝土浇灌机具。混凝土搅拌机、浇灌架（包括储料斗、起重机或卷扬机）、混凝土导管和运输设备等。

（3）制浆机具。有泥浆搅拌机、泥浆泵、空压机，水泵、软轴搅拌器，旋流器、振动筛、泥浆比重秤、漏斗黏度计，秒表，量筒或量杯、失水量仪、静切力计、含砂量测定器、pH 试纸等。

（4）吊放钢筋笼及槽段接头设备。履带或轮胎式起重机、顶升架（包括支承架、大行程千斤顶和油泵等），接头管，接头箱、振动拔管机等。

（5）其他机具设备：有钢筋对焊机、钢筋弯曲机、切断机、交流直流电焊机、平锹、各种扳手、全站仪、经纬仪、水准仪等。

3. 作业条件

（1）在工程范围内钻探，查明地质情况，摸清地下连续墙部位的地下障碍物情况。

（2）平整场地，拆除障碍物，挖除工程部位地面以下 2m 内的地下障碍物。在施工场地周围设置排水系统。

（3）根据工程结构、地质情况及施工条件制订施工方案。

（4）成槽施工前应进行成槽试验，并应通过试验确定施工工艺及施工参数。

（5）当地下连续墙邻近的既有建筑物、地下管线、地下构筑物对地基变形敏感时，地下连续墙的施工应采取有效措施控制槽壁变形。

（三）施工工艺

1. 工艺流程

地下连续墙施工工艺流程为：导墙修筑→泥浆制备→槽段开挖→钢筋笼的制作和安装→水下混凝土浇筑。

2. 施工要点

（1）导墙修筑。槽段开挖前，应根据设计墙厚，沿地下连续墙纵轴线方向开挖导沟。导沟开挖后，在沟两侧浇筑混凝土或钢筋混凝土的导墙，以作为槽段开挖时的导向，并起着挡土、承担部分成槽机械荷载和维持槽内护壁泥浆稳定液面等作用。

导墙应沿地下连续墙两侧设置，且宜采用混凝土结构，混凝土强度等级不宜低于 C20，厚度一般为 100～200mm，两导墙净宽宜大于地下连续墙设计墙厚 25～30mm。导墙底面不宜设置在新近填土上，且埋深不宜小于 1.5m，顶部宜高出地面 100～150mm。导墙的强度和稳定性应满足成槽设备和顶拔接头管施工的要求。

（2）泥浆制备。泥浆是用膨润土在现场加水调制成的浆液。在地下连续墙挖槽过程中，泥浆主要起护壁作用，同时亦可用于携渣、冷却和润滑机具。成槽前，应根据地质条件进行护壁泥浆材料的试配及室内性能试验，泥浆配比应按试验确定。泥浆拌制后应储放 24h，待泥浆材料充分水化后方可使用。

成槽时，泥浆的供应及处理设备应满足泥浆使用量的要求，泥浆的性能应符合相关技术指标的要求。

成槽施工中，泥浆一般采用正循环方式排渣。泥浆注入槽孔后，成槽机械开始工作，切削下的土屑与泥浆混合在一起，随浆液流向沉淀池，土屑沉淀后，多余泥浆再溢向泥浆池，形成正循环排泥。

（3）槽段开挖。槽段开挖是地下连续墙施工中最主要的工序。对于不同土质和挖槽深度，应采用不同的挖槽机械。对含大卵石、孤石等复杂地层，宜采用冲击钻；对一般土层，特别是软弱土层，常采用导板抓斗、铲斗或回转式成槽机等。

槽段开挖宜采用间隔一个或多个槽段的跳幅施工顺序。每个单元槽段长度一般为 5～8m。成槽时，护壁泥浆液面应高于导墙底面 500mm。槽段开挖到设计深度后，应及时清除槽底沉渣。

（4）接头管和钢筋笼的安装。地下连续墙需分槽段施工，各槽段间靠接头连接，常用接头形式是接头管。施工中，宜先吊放接头管，再将在地面预先制作好并经检验合格的钢筋笼垂直吊放入槽。

安放槽段接头时，应紧贴槽段垂直缓慢沉放至槽底。单元槽段的钢筋笼宜整体装配和沉放。钢筋笼底端与槽底距离应为 100～200mm，笼体保护层垫块应符合钢筋保护层的设计要求。

（5）水下混凝土浇筑。地下连续墙应采用导管法浇筑混凝土。导管拼接时，其接缝应密闭。混凝土浇筑时，导管内应预先设置隔水栓。

槽段长度不大于 6m 时，混凝土宜采用两根导管同时浇筑；槽段长度大于 6m 时，混凝土宜采用三根导管同时浇筑。每根导管分担的浇筑面积应基本均等。钢筋笼就位后应及时浇筑混凝土。混凝土浇筑过程中，导管埋入混凝土面的深度宜在 2.0～4.0m，浇筑液面的上升速度不宜小于 3m/h。混凝土浇筑面宜高于地下连续墙设计顶面 500mm。

槽段混凝土浇筑完后，经约 2～3h，待混凝土初凝前，应将接头管拔出。然后，重复以上施工工序，完成其他槽段施工。

（四）成品保护

（1）钢筋笼制作、运输和吊放过程中，应采取技术措施，防止变形。吊放入槽时，不得擦伤槽壁。

（2）挖槽完毕应尽快清槽，换浆、下钢筋笼，并在 4h 之内灌注混凝土，在灌注过程中，应固定钢筋笼和导管位置，并采取措施防止泥浆污染。

（3）注意保护外露的主筋和预埋件不受损坏。

（4）施工过程中，应注意保护现场的轴线桩和水准基点桩，不变形、不位移。

二、土钉墙施工

土钉墙是由随基坑开挖分层设置的、纵横向密布的土钉群、喷射混凝土面层及原位土体所组成的支护结构。由于土钉墙具有支护稳定可靠、有良好的抗震性和延性、施工不需单独占用场地、可以随开挖随支护、总工期短、费用低等优点，近几年在较深基坑中得到广泛应用。

（一）构造要求

（1）土钉墙的坡比不宜大于 1：0.2；当基坑较深、土的抗剪强度较低时，宜取较小坡比。

（2）土钉墙宜采用洛阳铲成孔的钢筋土钉；对易塌孔的松散或稍密的砂土、稍密的粉土、填土，或易缩径的软土宜采用打入式钢管土钉；对洛阳铲成孔或钢管土钉打入困难的土层，宜采用机械成孔的钢筋土钉。

（3）土钉的长度宜为开挖深度的 0.5～1.2 倍，间距宜为 1～2m，与水平面夹角宜为

5°～20°。

(4) 土钉钢筋宜采用 HPB400、HPB500 级钢筋，钢筋直径宜为 16～32mm，成孔直径宜取 70～120mm。

(5) 注浆材料宜采用水泥浆或水泥砂浆，其强度不宜低于 20MPa。

(6) 喷射混凝土面层应配置钢筋网和通长的加强钢筋，钢筋网钢筋宜采用 HPB300 级钢筋，钢筋直径宜为 6～10mm，钢筋间距宜为 150～250mm，喷射混凝土强度等级不宜低于 C20，面层厚度宜取 80～100mm；坡面上下段钢筋网搭接长度应大于 300mm；加强钢筋的直径宜取 14～20mm。

(7) 土钉与加强钢筋宜采用焊接连接，其连接应满足承受土钉拉力的要求。

(8) 当地下水位高于基坑底面时应采取降水或截水措施，土钉墙墙顶应采用砂浆或混凝土护面，坡顶和坡脚应设排水措施，坡面上可根据具体情况设置泄水孔。

(二) 施工准备

1. 材料准备

(1) 用作土钉的钢筋和钢筋网片必须符合设计要求，并有出厂合格证和现场复试的试验报告。

(2) 土钉所用的钢材需要焊接连接时，其接头必须经过试验，合格后方可使用。

(3) 水泥用强度等级为 42.5 级的普通硅酸盐水泥，并有出厂合格证和现场复试的试验报告；所用的速凝剂必须有出厂合格证和现场复试的试验报告。

(4) 砂用中砂；石子用 5～10mm 碎石。

2. 主要机具

螺旋钻机、洛阳铲、注浆泵、灰浆搅拌机、混凝土喷射机、空压机、混凝土搅拌机、扎丝钩、铁锹、平铲、手推车、经纬仪、水准仪等。

3. 作业条件

(1) 有齐全的技术文件和完整的施工方案，并已进行技术交底。

(2) 进行场地平整，拆迁施工区域内的报废建筑物和挖除工程部位地面以下 3m 内的障碍物，施工现场应有可使用的水源和电源。在施工区域内已设置临时设施并修建施工便道及排水沟，各种施工机具已运到现场，且安装维修试运转正常。

(3) 已进行施工放线，土钉孔位置、倾角已确定；各种备料和配合比及焊接强度经试验可满足设计要求。

(三) 施工工艺

1. 工艺流程

土钉墙支护施工的工艺流程为：排水设施的设置→基坑开挖→修坡成孔→放置土钉钢筋→注浆→铺钢筋网→喷射混凝土面层。

2. 施工要点

(1) 排水设施的设置。

1) 基坑四周地表应加以修整并构筑明沟排水和水泥砂浆或混凝土地面，防止地表水向下渗流。

2) 基坑边壁有透水层或渗水土层时，混凝土面层上要做泄水孔，按间距 1.5～2.0m 均布插设长 0.4～0.6m，直径 40mm 的塑料排水管，外管口略向下倾斜。

3）为了排除积聚在基坑内的渗水和雨水，应在坑底设置排水沟和集水井，排水沟应离开坡脚 0.5～1.0m，严防冲刷坡脚。排水沟和集水井宜采用砖砌并用砂浆抹面以防止渗漏。

（2）基坑开挖。

1）基坑要按设计要求严格分层分段开挖，在完成上一层作业面土钉与喷射混凝土面层达到设计强度的 70％以前，不得进行下一层土层的开挖。

2）每层开挖最大深度取决于在支护投入工作前土壁可以自稳而不发生滑移破坏的能力，实际工程中常取基坑每层挖深与土钉竖向间距相等。每层开挖的水平分段也取决于土壁自稳能力，且与支护施工流程相互衔接，一般长度多为 10～20m。

3）当基坑面积较大时，允许在距离基坑四周边坡 8～10m 的基坑中部自由开挖，但应注意与分层作业区的开挖相协调。

4）挖土要选用对坡面土体扰动小的挖土设备和方法，严禁边壁出现超挖或造成边壁土体松动。坡面经机械开挖后要采用小型机械或人工进行切削清坡，以使坡度与坡面平整度达到设计要求。

（3）修坡成孔。

1）在机械开挖后，应辅以人工修整坡面，坡面平整度的允许偏差宜为 ±20mm。

2）成孔前按设计要求定出孔位做出标记和编号。

3）根据土层特点，选用洛阳铲或专用钻孔设备成孔；成孔时注意保持孔中心线与水平夹角符合设计要求；钻进时要比设计深度多钻进 100～200mm，以防止孔深不够。在进钻和抽出过程不能引起塌孔。

4）检查成孔质量，按检查结果填写"土钉墙土钉成孔施工记录"。

（4）放置土钉钢筋。

1）插入土钉钢筋前要进行清孔检查，若孔中出现局部渗水、塌孔或掉落松土，应立即处理。

2）土钉钢筋置入孔中前，要先在钢筋上安装对中定位支架，以保证钢筋处于孔位中心且注浆后其保护层厚度不小于 20mm。支架沿钉长的间距可为 1.5～2.5m，支架可为金属或塑料件，以不妨碍浆体自由流动为宜。

3）检查土钉钢筋安装质量，按检查结果填写"土钉墙土钉钢筋安装记录"。

（5）注浆。

1）注浆材料宜选用水泥浆或水泥砂浆；注浆用水泥砂浆的水灰比宜取 0.4～0.45，当用水泥浆时水灰比宜取 0.5～0.55，同时，灰砂比宜取 0.5～1.0，拌和用砂宜选用中粗砂，按重量计的含泥量不得大于 3％。

2）水泥浆或水泥砂浆应拌和均匀，一次拌和的水泥浆或水泥砂浆应在初凝前使用。

3）注浆前应将孔内残留的虚土清除干净。

4）注浆应采用将注浆管插至孔底、由孔底注浆的方式，且注浆管端部至孔底的距离不宜大于 200m。

5）注浆及拔管时，注浆管口应始终埋入注浆液面内。当浆液液面下降时，应进行补浆；当新鲜浆液从孔口溢出后停止注浆。

（6）铺钢筋网。

1）在喷混凝土之前，先按设计要求绑扎、固定钢筋网。面层内钢筋网片应牢固固定在边壁上，并符合设计规定的保护层厚度要求。钢筋网片可用插入土中的钢筋固定，但在喷射混凝土时不应出现振动。

2）钢筋网片可焊接或绑扎而成，网格允许偏差为±10mm。铺设钢筋网时每边的搭接长度应不小于一个网格边长或200mm，如为搭接焊则单面焊接长度不小于网片钢筋直径的10倍。网片与坡面间隙不小于20mm。

3）土钉与面层钢筋网的连接可通过垫片、螺帽及土钉端部螺纹杆固定。垫片钢板厚8～10mm，尺寸为（200×200）mm～（300×300）mm。垫板下空隙需先用高强度水泥砂浆填实，待砂浆达到一定强度后方可旋紧螺帽以固定土钉。土钉钢筋也可通过井字加强钢筋直接焊接在钢筋网上。

4）当面层厚度大于120mm时宜采用双层钢筋网，第二层钢筋网应在第一层钢筋网被混凝土覆盖后铺设。

（7）喷射混凝土面层。

1）喷射混凝土的配合比应通过试验确定，水泥与砂石的重量比宜取1：4～1：4.5，砂率宜取45%～55%，水灰比宜取0.4～0.45；细骨料宜选用中粗砂，含泥量应小于3%；粗骨料宜选用粒径不大于20mm的级配砾石；使用速凝剂等外加剂时，应通过试验确定外加剂掺量。

2）喷射混凝土前，应对机械设备，风、水管路和电路进行全面检查和试运转。为保证喷射混凝土厚度达到均匀的设计值，可在边壁上隔一定距离打入垂直短钢筋段作为厚度标志。

3）钢筋与坡面的间隙应大于20mm；钢筋网可采用绑扎固定；钢筋连接宜采用搭接焊，焊缝长度不应小于钢筋直径的10倍；采用双层钢筋网时，第二层钢筋网应在第一层钢筋网被喷射混凝土覆盖后铺设。

4）喷射作业应分段依次进行，同一分段内应自下而上均匀喷射，一次喷射厚度宜为30～80mm。

5）喷射作业时，喷头应与土钉墙面保持垂直，其距离宜为0.6～1.0m；在有钢筋的部位可先喷钢筋的后方再喷钢筋前方，以防止钢筋背面出现空隙；底部钢筋网搭接长度范围以内先不喷混凝土，待与下层钢筋网搭接绑扎之后再与下层壁面同时喷射混凝土。

6）混凝土面层接缝部分做成45°角斜面搭接。当设计面层厚度超过100mm时，混凝土应分两层喷射且接缝错开。混凝土接缝在继续喷射混凝土之前应清除浮浆碎屑，并喷少量水润湿。

7）喷射混凝土终凝2h后应及时喷水养护，养护时间宜为3～7d。

8）喷射混凝土强度可用边长为100mm的立方体试块进行测定。制作试块时，将试模底面紧贴边壁，从侧向喷入混凝土，每批至少留取3组（每组3块）试件。

9）护坡混凝土施工结束后，填写"注浆及护坡混凝土施工记录表"。

（四）成品保护

（1）成孔后应及时安插土钉主筋，立即注浆，防止塌孔。注浆后自然养护不少于7d。

（2）进行土方开挖时，应避免碰撞土钉墙。

（3）基坑开挖施工至基坑回填完成前应对支护结构周围土体的变形情况进行观察和监测，如出现异常情况应及时处理，待恢复正常后方可继续施工。

任务 4　地基处理工程施工

地基处理是一种提高地基承载力，改善其变形性能或渗透性能而采取的技术措施。地基处理的设计、施工和质量检验应符合《建筑地基处理技术规范》（JGJ 79—2012）等国家现行有关标准的规定。地基处理的主要对象是软弱地基和特殊土地基。软弱地基指主要由淤泥、淤泥质土、冲填土、杂填土或其他高压缩性土层构成的地基。特殊土地基大部分带有地区特点，包括软土、湿陷性黄土、膨胀土、红黏土和冻土。地基处理方法有很多种（表 2-10），常用的有换填垫层法、重锤夯实法、强夯法、砂石桩法、水泥粉煤灰碎石桩法、石灰桩法等。这里主要介绍换填垫层法和强夯法。

表 2-10　　　　　　　　　　　　　　地基处理方法分类

编号	分类	处 理 方 法	适 用 范 围
1	换填垫层	灰土垫层、砂石垫层、粉煤灰垫层、加筋土垫层	处理浅层软弱土层或不均匀土层
2	压实	碾压、振动压实	处理大面积填土地基
3	夯实	重锤夯实、强夯	处理碎石土、砂土、低饱和度的粉土与黏性土、杂填土等
4	排水固结	砂井预压、塑料排水带预压、真空预压、降水预压	处理饱和软弱土层
5	振密挤密	振冲挤密、灰土挤密桩、砂桩、石灰桩、爆破挤密	处理松砂、粉土、杂填土及湿陷性黄土
6	置换及搅拌	振冲置换、深层搅拌、高压喷射注浆、石灰桩等	处理黏性土、冲填土、粉砂、细砂等
7	其他	灌浆、冻结、托换技术、纠偏技术	根据实际情况确定

一、换填垫层法

换填垫层法是指挖除基础底面下一定范围内的软弱土层或不均匀土层，回填其他性能稳定、无侵蚀性、强度较高的材料，并夯压密实形成垫层的地基处理方法。换填垫层的厚度应根据置换软弱土的深度以及下卧土层的承载力确定，厚度宜为 0.5～3.0m。常用的换填垫层法主要有灰土垫层法和砂石垫层法。

（一）灰土垫层法施工

1. 施工准备

（1）材料准备。石灰宜选用新鲜的消石灰，其最大粒径不得大于 5mm。土料宜选用粉质黏土，不宜使用块状黏土，且不得含有冻土、膨胀土、松软杂质，土料中有机质含量不得超过 5％；土料应过筛且最大粒径不得大于 15mm。

（2）主要机具。施工机械宜选用平碾、振动碾或羊足碾，以及蛙式夯、柴油夯。一般工具选用人力夯、手推车、筛子、标准斗，靠尺、耙子、平头铁锹、胶皮管，小线、钢尺等。

（3）作业条件。

1）基坑（槽）在铺打灰土前，必须先行钎探验槽，并按设计要求处理完地基，办完验槽手续。基础外侧打灰土，必须对基础、地下室墙体和地下防水层与保护层进行检查，并办完隐检手续。现浇混凝土基础墙应达到规定强度。

2）当地下水位高于基坑（槽）底时，应采取排水或降水措施，使地下水位保持在基底以下 500mm 左右，并在 3d 之内不得受水浸泡。

3）房心和管沟铺夯灰土前，应先完成上下水管道的安装或管沟墙间加固等措施后再进行铺摊，并将沟槽、地坪上的积水和有机杂物清除干净。

4）施工前，应做好高程的标志，如在基坑（槽）或沟的边坡上每隔 3m 钉木桩，标志灰土上平高程；在室内和散水的边墙上弹上水平线，或在地坪上钉好标高控制标准的木桩。

2. 施工工艺

灰土垫层法施工的工艺流程为：槽底清理→灰土拌和→分层铺灰土→夯打密实→找平和验收。

其施工要点为：

（1）槽底清理。基槽（坑）底基土表面应将虚土、杂物清理干净，并打两遍底夯，要求平整干净。如有积水、淤泥应晾干；局部有软弱土层、孔洞或岩石，应及时挖除后用灰土分层回填夯实。

（2）灰土拌和。灰土的配合比应用体积比，除设计有特殊要求外，一般用 3∶7 或 2∶8（石灰∶土）。灰土拌和前，应检查土料和石灰质量是否符合标准规范的要求，然后分别过筛。灰土拌和多用人工翻拌，机械混合，一般不少于 3 遍，且应随拌随用。拌和好的灰土应混合均匀、颜色一致，并适当控制含水量（现场以手握成团，两指轻捏即散为宜，一般最优含水量为 14%～18%）；如含水分过多或过少时，应稍晾干或洒水湿润，如有球团应打碎。

（3）分层铺灰土。

1）铺灰应分段分层铺填，每层最大虚铺厚度可根据不同夯实机具按照表 2-11 选用。

表 2-11		灰土最大虚铺厚度		
序号	夯实机具	重量（t）	虚铺厚度（mm）	备　　注
1	石夯、木夯	0.04～0.08	200～250	人力送夯，落距 400～500mm，夯实后为 80～100mm 厚
2	轻型夯实机具	0.12～0.40	200～250	蛙式打夯机或柴油打夯机，夯实后为 100～150mm 厚
3	压路机	机重 6～10	200～300	双轮静作用或振动压路机

2）各层虚铺都用木耙找平，参照高程标志用尺或标准杆对应检查。

（4）夯打密实。

1）夯压的遍数应根据现场试验确定，一般不少于 4 遍。若采用人力夯或轻型夯实工具；应一夯压半夯，夯夯相连，行行相接，纵横交叉。若采用机械碾压，应控制机械碾压速度。对于机械碾压不能到位的边角部位需补以人工夯实。每层夯压后都应，按规定用环刀取样送检，分层取样试验，符合要求后方可进行上层施工。

2）灰土分段施工时，不得在墙角、柱基及承重窗间墙下接缝。灰土接缝处应做成直槎，上、下两层灰土的接缝距离不得小于 500mm，接缝处应夯压密实。

（5）找平和验收。灰土最上一层完成后，应拉线或用靠尺检查标高和平整度。高的地方用铁锹铲平，低的地方补打灰土，然后请质量检查人员验收。

3. 成品保护

（1）灰土拌和均匀后，应当日铺填夯压；灰土夯压密实后，3d 内不得受水浸泡。

（2）夜间施工时，应合理安排施工顺序，要配备有足够的照明设施，防止回填超厚或配合比错误。

（3）灰土垫层每层验收后应及时铺填下层，同时应禁止车辆碾压通行。

（4）灰土垫层施工时应有临时遮盖措施，防止日晒雨淋。特别是对冬期的冻胀和夏季炎热气温下的干裂应有防护措施。

（5）灰土垫层竣工验收合格后，应及时进行基础施工与基坑回填。

（二）砂石垫层法施工

1. 施工准备

（1）材料准备。砂石垫层宜选用碎石、卵石、角砾、圆砾、砾砂、粗砂、中砂或石屑，并应级配良好，不含植物残体、垃圾等杂质。当使用粉细砂或石粉时，应掺入不少于总质量30％的碎石或卵石。砂石的最大粒径不宜大于50mm。对湿陷性黄土或膨胀土地基，不得选用砂石等透水性材料。

（2）主要机具。振动碾、插入式振动器、平板式振动器、翻斗车、装载机、铁锹、铁耙、胶管、喷壶、铁筛、手推车、靠尺、小线或细铁丝、钢尺等。

（3）作业条件。

1）对级配砂石进行试配，符合设计要求后，开具配合比报告单。

2）铺筑砂石垫层前，已组织有关单位共同验槽，办完隐检手续。

3）在地下水位高于基坑（槽）底面的工程中施工时，应采取排水或降低地下水位的措施，使地下水降低至基坑底500mm以下，保持基坑（槽）无积水。

4）已设置控制铺筑厚度的标志，如水平标准木桩或标高桩，或在固定的建筑物边坡（墙）上钉上水平木桩或弹上水平线。大面积铺设时，应设置5m×5m网格标桩，控制每层铺设厚度。

2. 施工工艺

砂石垫层法施工的工艺流程为：槽底清理→砂石拌和→分层铺筑砂石→洒水→压实→找平和验收。

其施工要点为：

（1）槽底清理。铺设垫层前应将基底表面浮土、淤泥、杂物清除干净，两侧应设一定坡度，防止振捣时塌方。基坑（槽）附近有洞穴等现象时，应先进行填实处理，然后再铺设垫层。

（2）砂石拌和。将砂、石按配合比报告单上的配合比进行计量，拌和均匀。

（3）分层铺筑砂石。

1）砂和砂石地基应分层铺设，分层夯压密实。

2）铺筑砂石的每层厚度，一般为150～250mm，不宜超过300mm，分层厚度可用样桩控制。

3）砂和砂石地基底面宜铺设在同一标高上。如深度不同时，搭接处基土面应挖成踏步或斜坡形，施工应按先深后浅的顺序进行，搭接处应注意压实。

4）分段施工时，接槎处应做成斜坡，每层接槎处的水平距离应错开0.5～1.0m，充分压实。

5）铺筑的砂石应级配均匀，如发现砂窝或石子成堆现象，应将该处的砂子或石子挖出，分别填入级配好的砂石。

（4）洒水。夯实或碾压前，应根据其干湿程度和气候条件，适当地洒水以保持砂石的最佳含水量，一般为 8%～12%。

（5）压实。砂石垫层的压实方法，常采用碾压法、平振法、夯实法、插振法和水撼法等（表 2-12）。施工中应视不同条件，选用最恰当的方法。一般情况下，大面积的砂石垫层，宜采用 6～10t 的压路机碾压，边角不到位处可用人力夯或蛙式打夯机夯实。

夯实或碾压的遍数根据要求的密实度由现场试验确定。用木夯、蛙式打夯机时，要一夯压半夯，行行相接，全面夯实，一般不少于 3 遍。采用压路机往复碾压，一般碾压不少于 4 遍，其轮距搭接不小于 500mm。边缘和转角处应用人工或蛙式打夯机补夯密实。

表 2-12　　　　　　　　　　　　砂石垫层的压实方法

压实方法	每层铺筑厚度（mm）	最优含水量（%）	施工要点	备注
平振法	200～250	15～20	（1）用平板式振捣器往复振捣； （2）振捣器移动时，每行应搭接 1/3	不宜使用于细砂或含泥量较大的砂铺筑砂垫层
插振法	振捣器插入深度	饱和	（1）用插入式振捣器，插入间距可根据机械振捣大小设定； （2）插入振捣完毕，所留的孔洞应用砂填实	不宜使用于细砂或含泥量较大的砂铺筑砂垫层
水撼法	250	饱和	（1）有控制地注水和排水，注水高度应超过每次铺筑面层； （2）用钢叉摇撼捣实，插入点间距为 100mm 左右	湿陷性黄土、膨胀土、细砂地基上不得使用
夯实法	150～200	8～12	用木夯或机械夯，一夯压半夯，全面夯实	适用于砂石垫层
碾压法	250～350	8～12	6～10t 压路机往复碾压；碾压次数以达到要求密实度为准，一般不少于 4 遍；用振动压实机械，振动 3～5min	适用于大面积施工，但不宜用于地下水位以下的砂垫层

当采用水撼法或插振法施工时，以振捣棒振幅半径的 1.75 倍为间距插入振捣，依次振实，以不再冒气泡为准，直至完成；同时应采取措施做到有控制地注水和排水。垫层接头应重复振捣，插入式振动棒振完所留孔洞应用砂填实。在振动首层的垫层时，不得将振捣棒插入原土层或基槽边部，以避免使软土混入砂垫层而降低砂垫层的强度。

（6）找平和验收。

1）砂石垫层夯实或碾压密实后，应分层找平，分层检验。下层密实度合格后，方可进行上层施工。

2）最后一层砂石压（夯）完后，拉线检查标高和平整度，超高处用铁锹铲平，低洼处及时补打砂石。

3. 成品保护

（1）回填砂石时，注意妥善保护定位桩、轴线引桩、高程桩，以防止碰撞产生位移，并应经常复测。

（2）地基范围内不应留孔洞。

（3）当地下水位较高或在饱和的软弱地基上铺设垫层时，应加强基坑内及外侧四周的排水工作；或者将地下水位降低到基坑底 500mm 以下。

（4）垫层铺设完毕，应立即进行下道工序的施工，严禁小车及人在砂石垫层上面行走，必要时应在垫层上铺板行走。

二、强夯法

强夯法是法国人梅纳于 1969 年首创的一种地基加固的方法，即利用起重设备将重锤（一般为 8～40t）提升到较大高度（一般为 10～40m）后，自由落下，将产生的巨大冲击能量和振动能量作用于地基，从而在一定范围内提高地基的强度，降低压缩性，是改善地基抵抗振动液化的能力、消除湿陷性黄土的湿陷性的一种有效的地基加固方法。

强夯法适用于处理碎石土、砂土、低饱和度的粉土与黏性土、湿陷性黄土、素填土和杂填土等地基的深层加固。它具有效果好、速度快、节省材料、施工简便，但是施工时噪声和振动大等特点。地基经强夯加固后，承载能力提高 2～5 倍，压缩性可降低 2～10 倍，其影响深度在 10m 以上。强夯法是我国目前最为常用和最经济的深层地基处理方法之一。但是强夯所产生的振动和噪声很大，对周围建筑物和其他设施有影响，在城市中心不宜采用，必要时应采取挖防振沟（沟深要超过建筑物基础深）等防振、隔振措施。

（一）施工准备

1. 材料准备

（1）回填土料：应选用不含有机质、含水量较小的黏质粉土、粉土或粉质黏土。

（2）柴油、机油、齿轮油、液压油、钢丝绳、电焊条均符合主机使用要求。

2. 主要机具

（1）起重机：20～50t 履带式起重机或汽车起重机，宜优先选用履带式起重机。最大起吊能力大于锤重 1.5～2.0 倍。

（2）夯锤：质量宜为 10～60t，铸钢或钢筒混凝土制作，宜优先选用铸钢夯锤。底面形式宜用圆形，锤的底面宜对称设置若干个上下贯通的排气孔，孔径可取 300～400mm。锤底静接地压力值可取 25～80kPa。单击夯击能高时，取高值，单击夯击能低时，取低值，对于细颗粒土宜取低值。

（3）其他机具：自动脱钩器、推土机、电焊机、经纬仪、水准仪、塔尺和钢卷尺等。

3. 作业条件

（1）施工场地要做到"三通一平"，场地的地上电线、地下管线和其他障碍物得到清理或妥善安置；施工用的临时设施准备就绪。

（2）施工现场周围建筑、构筑物（含文物保护建筑）、古树、名木和地下管线得到可靠的保护。当强夯能量有可能对邻近建筑产生影响时，应在施工区边界开挖隔振沟，隔振沟规模应根据影响度确定。

（3）应具备详细的岩土工程地质及水文地质勘察资料，拟建建筑物平面位置图、基础平面图、剖面图，强夯地基处理施工图及施工组织设计图。

（4）施工放线：依据提供的建筑物控制点坐标、水准点及书面资料，进行施工放线、放点，放线应将强夯处理范围用线画出来，在建筑物控制点埋设木桩。将施工测量控制点引至施工影响的稳固地点。必要时，对建筑物控制点坐标和水准点高程进行验测。要求使用的测量仪器经过检定合格。

（5）设备安装及调试：起吊设备进场后，应及时进行安装及调试，保证吊车行走运转正常；起吊滑轮组与钢丝绳连接紧固，安全起吊挂钩锁定装置应牢固可靠，脱钩自由灵敏，与钢丝绳连接牢固；夯锤重量、直径、高度应满足设计要求，夯锤挂钩与夯锤整体应连接牢固；施工用推土机应运转正常。

（二）施工工艺

1. 工艺流程

强夯法施工的工艺流程为：单点夯试验→施工参数确定→测高程、放点→点夯施工→平夯坑、测高程→满夯施工。

2. 施工要点

（1）单点夯试验。在施工场地附近或场地内，选择具有代表性的适当位置进行单点夯击试验。试验点数量根据工程需要确定，一般不少于2点。

（2）施工参数确定。在完成各单点夯击试验施工及检测后，综合分析施工检测数据，确定强夯施工参数，包括夯击高度、单点夯击次数、点夯施工遍数及满夯夯击能量、夯击次数、夯点搭接范围、满夯遍数等。

（3）测高程、放点。清理并平整施工场地，测量场地高程。根据第一遍点夯施工图，以夯击点中心为圆心，以夯锤直径为圆直径，用白灰画圆，分别标出第一遍夯点位置。

（4）第一遍点夯施工。

1）起重机就位，夯锤置于夯点位置，提起夯锤离开地面，调整吊机使夯锤中心与夯击点中心一致，固定起吊机械，测量夯前锤顶高程。

2）将夯锤起吊到预定高度，开启脱钩装置，夯锤脱钩自由下落，放下吊钩，测量锤顶高程；若发现因坑底倾斜而造成夯锤歪斜时，应及时将坑底整平。

3）重复步骤2），按设计规定的夯击次数及控制标准，完成一个夯点的夯击；当夯坑过深，出现提锤困难，但无明显隆起，而尚未达到控制标准时，宜将夯坑回填至与坑顶齐平后，继续夯击。

4）换夯点，重复步骤1）、2）、3），完成第一遍全部夯点的夯击。

（5）平夯坑、测高程。用推土机把整个场地的夯坑推平，并测量推平后的场地高程。

（6）完成全部遍数的点夯施工。在规定的间隔时间后，按上述步骤逐次完成全部夯击遍数的点夯施工。

（7）满夯施工。

1）点夯施工全部结束，平整场地并测量场地水准高程后，可进行满夯施工。

2）满夯施工应根据满夯施工图进行，并遵循由点到线、由线到面的原则。

3）采用低能量满夯，按设计要求将场地表层松土夯实，并测量夯后场地高程。

3. 施工要求

（1）夯击遍数应根据地基土的性质确定，可采用点夯（2～4）遍，对于渗透性较差的细颗粒土，应适当增加夯击遍数；最后以低能量满夯2遍，满夯可采用轻锤或低落距锤多次夯击，锤印搭接。

（2）两遍夯击之间，应有一定的时间间隔，间隔时间取决于土中超静孔隙水压力的消散时间。当缺少实测资料时，可根据地基土的渗透性确定，对于渗透性较差的黏性土地基，间隔时间不应少于（2～3）周；对于渗透性好的地基可连续夯击。

（3）夯击点位置可根据基础底面形状，采用等边三角形、等腰三角形或正方形布置。第一遍夯击点间距可取夯锤直径的（2.5～3.5）倍，第二遍夯击点应位于第一遍夯击点之间。以后各遍夯击点间距可适当减小。对处理深度较深或单击夯击能较大的工程，第一遍夯击点间距宜适当增大。

（4）强夯处理范围应大于建筑物基础范围，每边超出基础外缘的宽度宜为基底下设计处理深度的 1/2～2/3，且不应小于 3m；对可液化地基，基础边缘的处理宽度，不应小于 5m；对湿陷性黄土地基，应符合现行国家标准《湿陷性黄土地区建筑规范》（GB 50025）的有关规定。

（三）成品保护

（1）强夯施工前应预留 20～30cm 的土层作为保护层，待基础施工时将其清除。

（2）施工过程中应避免夯坑内积水，一旦积水要及时排除，必要时换土再夯。

（3）夯后地基应严禁轮式车辆碾压。

（4）强夯处理后的地基承载力检验，应在施工结束后间隔一定时间进行，对于碎石土和砂土地基，可取（7～14）d，粉土和黏性土地基可取（14～28）d。

（5）强夯地基施工结束后，应根据地基土的性质及所采用的施工工艺，待土层休止期结束后，方可进行基础施工。

任务 5　桩基础工程施工

桩基础是一种由桩和钢筋混凝土承台组成的深基础。桩的种类较多，按桩身材料主要分为混凝土桩和钢桩；按桩的制作方法可分为预制桩和灌注桩；按桩的承载性状可分为摩擦型桩和端承型桩；按桩径（设计直径 d）大小可分为小直径桩（$d \leqslant 250mm$）、中等直径桩（$250mm < d < 800mm$）和大直径桩（$d \geqslant 800mm$）。这里主要介绍混凝土预制桩和灌注桩的施工。

一、混凝土预制桩施工

混凝土预制桩是在工厂或现场预制成型后，用锤击、振动打入、静力压桩等方式送入土中的桩。混凝土预制桩适用于对噪声污染、挤土和振动影响没有严格限制的地区；穿透的中间层较弱或没有坚硬的夹层，且持力层埋置深度和变化不大的地区；地下水位较高或水下工程；大面积桩基础工程。混凝土预制桩施工主要包括预制和沉桩两个阶段。

（一）预制桩的制作、吊装、运输及堆放

1. 制作

混凝土预制桩分钢筋混凝土桩和预应力钢筋混凝土桩两种。预应力钢筋混凝土桩一般采用先张法在工厂制作。钢筋混凝土预制桩一般采用间隔重叠法在工厂或现场制作，且重叠层数一般不宜超过 4 层。间隔重叠法制作预制桩的程序为：现场制作场地压实、整平、浇筑混凝土→支模→绑扎钢筋、安设吊环→浇筑混凝土→养护至 30% 设计强度拆模→支间隔端头模板、刷隔离剂、绑钢筋→浇筑间隔桩混凝土→同法间隔重叠制作第二层桩。

2. 起吊

当桩的混凝土达到设计强度标准值的 70% 后方可起吊，吊点应系于设计规定之处。在吊索与桩间应加衬垫，起吊应平稳提升，并采取措施保护桩身，避免摇晃、撞击和振动。

3. 运输

当桩的混凝土达到设计强度标准值的 100% 后才可运输。装载时桩支承应按设计吊钩位置或接近设计吊钩位置叠放平稳并垫实，支撑或绑扎牢固。一般情况下，应根据打桩顺序和速度随打随运，以减少二次搬运。

4. 堆放

堆放场地应靠近沉桩地点，地面必须平整坚实，设有排水坡度。运到施工现场的桩或在施工现场预制的桩，应有质量合格证，并按规定进行检查编号，按不同规格分别堆放，堆放层数不宜超过 4 层。多层堆放时，各层桩间应置放垫木，垫木的间距可根据吊点位置确定，并应上下对齐，位于同一垂直线上。

（二）沉桩前的准备工作

1. 清除障碍物

沉桩前应认真清除现场（桩基周围 10m 以内）妨碍施工的高空、地面和地下的障碍物（如地下管线、地上电杆线、旧有房基和树木等），同时还必须加固邻近的危房、桥涵等。

2. 平整场地

在建筑物基线以外 4～6m 范围内的整个区域，或桩机进出场地及移动路线上，应做适当平整压实（地面坡度不大于 1%），以满足打桩所需的地面承载力，并保证场地排水良好。

3. 进行沉桩试验

沉桩前应进行不少于 2 根桩的沉桩工艺试验，以了解桩的沉入时间、最终贯入度、持力层的强度、桩的承载力以及施工过程中可能出现的各种问题和反常情况等，确定沉桩设备和施工工艺是否符合设计要求。

4. 抄平放线、定桩位

在沉桩现场或附近区域应设置数量不少于 2 个的水准点，以作抄平场地标高和检查桩的入土深度之用。根据建筑物的轴线控制桩，按设计图纸要求定出桩基础轴线和每个桩位。定桩位的方法是在地面上用小木桩或撒白灰点标出桩位，或用设置龙门板拉线法定桩位。

5. 确定沉桩顺序

沉桩顺序一般有：逐排沉设、自中间向四周沉设、分段沉设等三种情况。为减少挤土影响，确定沉桩顺序的原则如下：

（1）对于密集桩群，自中间向两个方向或四周对称施打。

（2）当一侧毗邻建筑物时，由毗邻建筑物处向另一方向施打。

（3）根据基础的设计标高，宜先深后浅。

（4）根据桩的规格，宜先大后小，先长后短。

（三）沉桩

预制桩沉桩方法，可分为锤击沉桩、静压沉桩、振动沉桩和水冲沉桩等。这里主要介绍锤击沉桩和静压沉桩施工工艺。

1. 锤击沉桩

锤击沉桩又称打桩，是利用打桩设备的冲击动能将桩打入土中的一种方法。锤击沉桩是混凝土预制桩常用的沉桩方法，施工速度快，机械化程度高，适用范围广，但施工时有冲撞噪声和时地表层有振动，在城区和夜间施工有所限制。

（1）打桩设备及选用。打桩设备主要包括桩锤、桩架和动力装置三部分。桩锤是对桩施加冲击，把桩打入土中的主要机具。按目前工程中使用频繁的程度，依次为柴油锤、蒸汽锤、落锤、液压锤、振动锤。桩锤的选用应根据地质条件、桩型、桩的密集程度、单桩竖向承载力及现有施工条件等因素确定。桩架的作用为吊桩就位、悬吊桩锤、打桩时引导桩身方向，主要由底盘、导杆或龙门架、斜杆、滑轮组和动力设备等组成。桩架的种类很多，常用的通用桩架（能适应多种桩锤）有多功能桩架和履带式桩架两种基本形式。打桩机械的动力装置及辅助设备主要根据选定的桩锤种类而定。落锤需配置电动卷扬机、变压器、电缆等；蒸汽锤需配置蒸汽锅炉和卷扬机；空气锤需配置空气压缩机、内燃机等；柴油锤不需外部动力设备。其他辅助机具包括电焊机、桩帽、运桩小车、氧割工具、索具、扳手、撬棍和钢丝刷等。

（2）打桩工艺。打桩的工艺流程为：桩机就位→喂桩→桩身对中调直→打桩→接桩→送桩→检查验收→移桩机至下一桩位。

其施工要点为：

1）桩机就位。桩机设备进场后进行安装调试，然后移机至起点桩位处就位。桩架安装就位后应保证垂直稳定，在施工中不发生倾斜、移动。打桩前应用两台经纬仪对打桩机进场垂直度调整，使导杆保持垂直，并应在打桩期间经常检验。

2）喂桩。先拴好吊桩用的钢丝绳和索具，然后应用索具捆住桩上端吊环附近处，一般不宜超过 30cm；再启动机器起吊预制桩，使桩尖垂直对准桩位中心，缓缓放下插入土中，位置要准确；再在桩顶扣好桩帽或桩箍，即可除去索具。如无吊环的，吊点位置的选择随桩长而异，并应符合起吊弯矩最小的原则。

3）桩身对中调直。桩就位后在桩顶安上桩帽，然后放下桩锤轻轻压住桩帽。要求桩帽与桩周围的间隙应为 5～10mm，锤与桩帽、桩帽与桩之间应加设硬木、麻袋、草垫等弹性衬垫，桩锤、桩帽应和桩身在同一中心线上，桩插入时的垂直度偏差不得超过 0.5%。等桩下沉达到稳定状态后，再一次检查其平面位置和垂直度，校正符合要求后即可进行打桩。为了防止击碎桩顶，应在混凝土桩的桩顶和桩帽之间、桩锤与桩帽之间放上硬木、麻袋等弹性衬垫作缓冲层。桩在打入前，应在桩的侧面或桩架上设置标尺，以便在施工中观测桩的入土深度。

4）打桩。打桩开始时，应先采用短落距 0.5～0.8m 轻击桩顶，使桩正常沉入土中 1～2m 后，检查桩身垂直度及桩尖偏移，符合要求后再逐渐增大至规定落距，直至将桩沉到设计要求的深度。在较厚的软土、粉质黏土层中每根桩要连续施打，中间停歇时间不可太久。

打桩的原则是"重锤低击"，这样可以使桩锤对桩头的冲击小、回弹小，桩头不易损坏，大部分能量用于沉桩。锤重的选择应根据工程地质条件、桩的类型、结构、密集程度及施工条件选用，其落距为：落锤小于 1.0m，单动汽锤小于 0.6m，柴油锤小于 1.5m。

打桩过程中，遇见下列情况应暂停，并及时与有关单位研究处理：贯入度剧变；桩身突然发生倾斜、位移或有严重回弹；桩顶或桩身出现严重裂缝或破碎。

5）接桩。混凝土预制桩按设计要求有时长达 30～40m，但由于打桩机高度有限或预制、运输等因素，只能采用分段预制、分段打入的方法，在打桩现场的打入过程中将桩接长。通常一根桩的接头总数不宜超过 3 个，且接头位置应尽量避开桩尖刚达到硬土层的位置、桩尖将穿透硬土层的位置及桩身承受较大弯矩的位置。接桩前应先检查下节桩的顶部，如有损伤应适当修复，并清除两桩端的污染和杂物等。接桩时，宜在下截桩头露出地面（或水面）1m 左右进行。上下节桩的中心线偏差不得大于 10mm，节点折曲矢高不得大于 0.1% 桩长，接触面应平齐，连接应牢固，接桩处外露铁件应再次补刷防腐漆。

常用的接桩方法有焊接、法兰盘连接和硫黄胶泥锚接（浆锚法）等 3 种。

①焊接。焊接即在上下桩接头处预埋钢帽铁件，上下接头对正后用金属件（如角钢）现场焊牢。施焊时应先将四角点焊固定，然后对称焊接，并应采取措施减少焊缝变形，焊缝应连续焊满，确保焊缝质量和设计尺寸。焊接适用于单桩设计承载力高，细长比大，桩基密集

或须穿过一定厚度软硬土层，估计沉桩较困难的桩。

②法兰盘连接。法兰盘连接即在上下桩接头处预埋带有法兰盘的钢帽预埋件，上下桩对正用螺栓拧紧。接桩时上下节桩之间用石棉或纸板衬垫，拧紧螺母，经锤击数次后再拧紧一次，并焊死螺母。法兰盘连接的适用条件基本上与焊接的适用条件相同。

③硫黄胶泥锚接。硫黄胶泥锚接即在上节桩的下端预留伸出锚筋，长度为其直径的 15 倍，布于方桩的四角，下节桩顶端预留垂直锚筋孔，将熔化的硫黄胶泥注满锚筋孔并溢出桩面，迅速落下上桩头使相互胶结。待其冷却至少 7min 后才能继续沉桩。该接桩方法一般适用于软土层，但由于这种方法接桩的接头可靠性差，因而不推荐采用。

6）送桩。打桩时，如果要将桩顶打入土中一定深度，则应采用送桩器施打，以减少预制的长度、节省材料。送桩是将桩送入地下的工具式短桩，安放在桩顶承受锤击，通常用钢材制作，其长度和截面尺寸视需要而定。送桩施打时，应保证桩与送桩尽量在同一垂直轴线上。送桩器两侧应设置拔出吊环，拔出送桩后，桩孔应及时回填。

桩终止锤击的控制应符合下列规定：

①当桩端位于一般土层时，应以控制桩端设计标高为主，贯入度为辅。

②桩端达到坚硬、硬塑的黏性土、中密以上粉土、砂土、碎石类土及风化岩时，应以贯入度控制为主，桩端标高为辅。

③贯入度已达到设计要求而桩端标高未达到时，应继续锤击 3 阵，并按每阵 10 击的贯入度不应大于设计规定的数值确认，必要时，施工控制贯入度应通过试验确定。

2. 静压沉桩

静压沉桩又称静力压桩或压桩，是在软土地基上，利用桩机本身产生的静压力将预制桩分节压入土中的一种沉桩方法。具有施工时无噪声、无振动，施工迅速简便，沉桩速度快（压桩速度可达 2m/min）等优点，而且在压桩过程中，还可预估单桩承载力。静力压桩适用于软土、填土等软弱土层及一般黏性土层，特别适合于居民稠密或危房附近等环境要求严格的地区沉桩，但不宜用于地下有较多孤石、障碍物或有厚度大于 2m 的中密以上砂夹层以及单桩承载力超过 1600kN 的情况。

（1）施工机具准备。

1）液压静力压桩机。液压静力压桩机由液压装置、行走机构及起吊装置等组成，根据单节桩的长度可选用顶压式液压压桩机和抱压式液压压桩机。此设备采用液压操作，自动化程度高，结构紧凑，行走方便快速，是当前国内较广泛采用的压桩机械。国内常用的有 YZY 系列和 ZYJ 系列液压静力压桩机。

2）送桩器、电焊机、平板车等工具用具。

3）经纬仪、水准仪、钢卷尺、塔尺等检测设备。

（2）施工工艺。静压沉桩的工艺流程为：桩机就位→起吊桩→压桩→接桩→送桩→检查验收→移桩机至下一桩位。

其施工要点为：

1）桩机就位。桩机就位系利用行走装置完成，通过横向和纵向油缸的伸程和回程使桩机实现步履式的横向和纵向行走，这样可使桩机达到要求的位置。

2）起吊桩。利用压桩机自身的工作吊机，将预制桩吊至静压桩机夹具中，并对准桩位，夹紧并放入土中，移动静压桩机调节桩垂直度，垂直度偏差不得超过 0.5%，并使压桩机处于稳定状态。

3）压桩。压桩时桩帽、桩身和送桩的中心线应重合，压同一根桩应缩短停顿时间，以便于桩的压入。长桩的静力压入一般也是分节进行，逐段接长。当第一节桩压入土中，其上端距地面 1m 左右时将第二节桩接上，继续压入。

当出现下列情况之一时，应暂停压桩作业，并分析原因，采取相应措施：

①压力表读数显示情况与勘察报告中的土层性质明显不符。

②桩难以穿越具有软弱下卧层的硬夹层。

③实际桩长与设计桩长相差较大。

④出现异常响声，压桩机械工作状态出现异常。

⑤桩身出现纵向裂缝和桩头混凝土出现剥落等异常现象。

⑥夹持机构打滑。

⑦压桩机下陷。

当符合下列条件时，可以终止压桩。

①根据现场试压桩的试验结果确定终压力标准。

②终压连续复压次数应根据桩长及地质条件等因素确定。对于入土深度大于或等于 8m 的桩，复压次数可为 2～3 次；对于入土深度小于 8m 的桩，复压次数可为 3～5 次。

③稳压压桩力不得小于终压力，稳定压桩的时间宜为 5～10s。

4）接桩、送桩。同锤击沉桩。

二、混凝土灌注桩施工

混凝土灌注桩是直接在施工现场桩位上成孔，然后在孔内安放钢筋笼、浇筑混凝土而形成的桩。与预制桩相比，具有施工振动小、噪声低、挤土影响小、含钢量低、无需接桩等优点，适用于建筑密集区；但成桩工艺复杂，质量影响因素较多，施工后需较长的养护期方可承受荷载。根据成孔工艺的不同，混凝土灌注桩可分为人工挖孔灌注桩、泥浆护壁钻孔灌注桩、干作业成孔灌注桩、沉管灌注桩和爆扩成孔灌注桩等。各种灌注桩的适用范围见表 2-13。这里主要介绍泥浆护壁成孔灌注桩施工。

表 2-13   灌注桩适用范围

序号	成 孔 方 法		适 用 范 围
1	泥浆护壁成孔灌注桩	冲击钻、冲抓钻、回转钻	地下水位以下的黏性土、粉土、砂土、填土、碎（砾）石土及风化岩层
		潜水钻	黏性土、淤泥、淤泥质土及砂土
2	干作业成孔灌注桩	螺旋钻孔	地下水位以上的黏性土、粉土、填土、中等密实以上的砂土、风化岩层
		钻孔扩底	地下水位以上坚硬、硬塑的黏性土及中等密实以上砂土
		机动洛阳铲	地下水位以上黏性土、黄土及人工填土
3	套管成孔灌注桩	锤击沉管、振动沉管	可塑、软塑、流塑的黏性土、粉土、淤泥质土、稍密及松散的砂土、填土。在厚度大、灵敏度高的淤泥和流塑状态的黏性土等软弱土层不宜采用
4	爆扩成孔灌注桩		地下水位以上的黏性土、黄土、碎石土及风化岩等
5	人工挖孔灌注桩		地下水位低，黏性土、粉质黏土及含少量砂、石的黏土层。在地下水位较高，有承压水的砂土层、滞水层、厚度较大的流塑状淤泥、淤泥质土层中不得选用

泥浆护壁成孔灌注桩是指采用成孔机械成孔时，用泥浆保护孔壁防止塌孔，成孔后放入钢筋笼，水下浇筑混凝土而成的桩。

（一）施工准备

1. 材料准备

（1）泥浆护壁用土。应选用塑性指数≥17的黏性土，且泥浆的相对密度应大于1。

（2）水泥。宜用32.5～42.5级普通硅酸盐水泥、火山灰水泥、粉煤灰水泥、硅酸盐水泥的初凝时间不宜早于2.5h，水泥必须具有出厂合格证且经复试合格。

（3）石子。宜优先选用卵石，如采用碎石宜适当增加混凝土的含砂率。最大粒径不应大于导管内径的1/8～1/6和钢筋最小净距的1/4，且不宜大于40mm。含泥量、有害物质含量、针片状颗粒含量、压碎指标等均应符合相应规范要求。

（4）砂子。宜采用级配良好的中砂。含泥量、有害物质含量均应符合有关规范规定。

（5）外加剂。采用水下灌注混凝土时需要添加减水缓凝剂，用于延长混凝土的初凝时间，提高混凝土的和易性。外加剂掺量应通过试验确定。

（6）钢筋。钢筋的级别、直径必须符合设计要求，有出厂证明书和复试报告。

2. 主要机具

（1）成孔机具。成孔机具主要有回转钻、潜水钻、冲击钻、冲抓锥等。各成孔机具的适用范围见表2-14。

表 2-14   成孔机具的适用范围

成 孔 机 具	适 用 范 围
回转钻（正反循环）	碎石类土、砂土、黏性土、粉土、强风化岩、软质与硬质岩
潜水钻	黏性土、粉土、淤泥、淤泥质土、砂土、强风化岩、软质岩
冲抓钻	碎石类土、砂土、砂卵石、黏性土、粉土、强风化岩
冲击钻	适用于各类土层及风化岩、软质岩

（2）浇筑混凝土机具，主要包括混凝土导管、漏斗、隔水栓、振捣器。

（3）其他机具，包括翻斗车或手推车、套管、水泵、水箱等。

3. 作业条件

（1）地上、地下障碍物都处理完毕，达到"三通一平"。

（2）进行测量定位放线工作，设置桩基轴线定位点和水准点。

（3）施工前应做成孔试验，数量不少于两根。

（4）分段制作钢筋笼。

（二）施工工艺

1. 工艺流程

泥浆护壁成孔灌注桩施工的工艺流程如图2-21所示。

图 2-21 泥浆护壁成孔灌注桩施工的工艺流程

2. 施工要点

（1）测定桩位。平整清理好施工场地后，设置桩基轴线定位点和水准点，根据桩平面布置施工图，定出每根桩的位置，并做好标志。自检合格后，报监理单位验收。

（2）埋设护筒。护筒是埋置在桩孔口处的圆筒，一般用 4～8mm 厚钢板制成，内径比钻头直径大 100～200mm，顶面高出地面 0.4～0.6m，上部开 1 或 2 个溢浆孔。

护筒的作用是固定桩孔位置、保护孔口、防止地面水流入孔内、提高桩孔内水压力以防塌孔、成孔时引导钻头方向和固定钢筋笼等。

埋设护筒时，护筒中心应对正桩位中心，其偏差不应大于 50mm；其埋设深度，在黏性土中不宜小于 1m，在砂土中不宜小于 1.5m。护筒埋设后，周围填入 0.5m 以上黏土并分层夯实。

（3）桩机就位。桩机就位时，必须使钻具中心和护筒中心重合，保持桩机平稳，不发生倾斜、位移。为准确控制成孔深度，应在机架上画出控制标尺，以便在施工中进行观测、记录。

（4）制备泥浆。泥浆的作用是护壁、携砂排土、润滑与冷却钻头等，其中以护壁为主。泥浆制备方法应根据土质条件确定。在黏性土中成孔时，可在孔中注入清水，以原土造浆；在其他土层中成孔时，泥浆可选用高塑性的黏土或膨润土制备。制浆一般采用泥浆搅拌机，制成的泥浆可储藏在泥浆池或钢制泥浆箱内备用。

（5）钻机成孔。钻机成孔有潜水钻机成孔、回转钻机成孔、冲击钻机成孔和冲抓钻机成孔等多种方式，这里主要介绍回转钻机成孔。

回转钻机就位后，钻头可潜入水、泥浆中钻孔；边钻孔边向桩孔内注入泥浆，通过正循环或反循环排渣法将孔内切削土粒、石渣排至孔外。

1）正循环排渣法。泥浆由钻杆内部注入，并从钻杆底部喷出，携带钻下的土渣沿孔壁向上流动，由孔口将土渣带出流入沉淀池，经沉淀的泥浆流入泥浆池再注入钻杆，由此进行循环。

2）反循环排渣法。泥浆由钻杆与孔壁间的环状间隙流入钻孔，然后，由砂石泵在钻杆内形成真空，使钻下的土渣由钻杆内腔吸出至地面而流向沉淀池，沉淀后再流入泥浆池。

（6）清孔。当钻孔达到设计深度后，应进行验孔和清孔。验孔是用探测器检查桩位、孔深、孔径和孔的垂直度；清孔即清除孔底沉渣、淤泥浮土，以减少桩的沉降量，提高承载能力。

清孔分两次进行，当验孔符合要求后进行第一次清孔；钢筋骨架、导管安放完毕，浇筑混凝土之前，进行第二次清孔。第一次清孔时利用施工机械，采用换浆、抽浆、掏渣等方法进行；第二次清孔采用正循环、泵吸反循环、泵举反循环等方法进行。不管采用何种方式进行清孔排渣，清孔时必须保证孔内水头高度，防止塌孔。不许采取加深钻孔的方式代替清孔。

二次清孔后，浇筑混凝土前，应检查成孔质量。桩位偏差、沉渣厚度，以及孔底500mm 以内泥浆的密度、黏度和含砂率应符合有关规范规定和设计要求。

（7）钢筋笼制作与安放。

1）钢筋笼制作。钢筋笼一般都在工地制作，制作时要求主筋环向均匀布置，箍筋直径及间距、主筋保护层、加劲箍的间距等均应符合设计要求。分段制作的钢筋笼，其接头采用焊接且应符合施工及验收规范的规定。钢筋笼主筋净距必须大于 3 倍的集料粒径，加劲箍宜设在主筋外侧，钢筋保护层厚度不应小于 35m（水下混凝土不得小于 50mm）。可在主筋外侧安设钢筋定位器，以确保保护层厚度。为了防止钢筋笼变形，可在钢筋笼上每隔 2m 设置一道加强箍，并在钢筋笼内每隔 3～4m 装一个可拆卸的十字形临时加劲架，在吊放入孔后拆除。

2）钢筋笼安放。钢筋笼安放要对准孔位，吊直扶稳，缓慢下沉，避免碰撞孔壁；按要求就位后，应立即采取措施固定好位置。分段制作的钢筋笼，逐段放入孔内接长，其接头宜采用焊接接头。钢筋笼接长时，先将第一段钢筋笼放入孔中，利用其上部架立筋暂时固定在护筒或套管等上部，然后吊起第二段钢筋笼对准后焊接。钢筋笼安放完毕后，检测确认钢筋笼顶端的高度。

（8）浇筑混凝土。钢筋笼下完并检查无误后应立即浇筑混凝土，间隔时间不应超过 4h。一般情况下，可采用导管法浇筑混凝土。

混凝土浇筑前，宜先将安装好的导管吊入桩孔内，导管顶部应高出泥浆面，且于顶部连接好漏斗；导管底部至孔底距离 0.3～0.5m，管内安设隔水栓，通过细钢丝悬吊在导管下口。

灌注混凝土时，先在漏斗中储存足够数量的混凝土，剪断隔水栓提吊钢丝后，混凝土在自重作用下同隔水栓一起冲出导管下口，并将导管底部埋入混凝土内，埋入深度应控制在 0.8m 以上。然后连续灌注混凝土，相应地不断提升导管和拆除导管，提升速度不宜过快，应保证导管底部位于混凝土面以下 2～6m，以免断桩。

当灌注接近桩顶部位时，应控制最后一次灌注量，使得桩顶的灌注标高高出设计标高 0.5～0.8m，以满足凿除桩顶部泛浆层后桩顶标高能达到其设计值。凿除桩头后，还必须保证暴露的桩顶混凝土强度达到其设计值。

（三）成品保护

（1）钢筋笼在制作、运输和安装过程中，应采取措施防止变形。吊入桩孔后，应牢固确定其位置，防止上浮。

（2）灌注桩施工完毕进行基础开挖时，应制订合理的施工顺序和技术措施，防止桩的位移和倾斜，并应检查每根桩的纵横水平偏差。

（3）在钻孔机安装、钢筋笼运输及混凝土浇筑时，均应注意保护好现场的轴线定位桩和高层定位桩，并经常予以校核。

（4）桩头预留的插筋要注意保护，不得任意弯折和压断。

（5）桩头的混凝土强度没有达到 5MPa 时，不得碾压，以防桩头损坏。

（6）混凝土灌注完成后 24h 内，5m 范围内的桩禁止进行成孔施工。

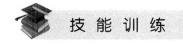 技 能 训 练

一、单项选择

1. 主要用镐，少许用锹、锄头挖掘，部分用撬棍的方式开挖的是（　　）。

　　A. 二类土　　　　　　　　　　　B. 三类土

　　C. 四类土　　　　　　　　　　　D. 五类土

2. 土方开挖前，应首先进行的工序是（　　　）。

    A. 测量定位，抄平放线　　　　　　　B. 人工降低地下水位

    C. 边坡的临时性支撑加固　　　　　　D. 边坡坡度的复测检查

3. 基坑土方开挖应遵循"开槽支撑、（　　　）、严禁超挖"的原则。

    A. 先挖后撑，分层开挖　　　　　　　B. 先撑后挖，分层开挖

    C. 先挖后撑，分段开挖　　　　　　　D. 先撑后挖，分段开挖

4. 当基坑开挖深度不大，地质条件和周围环境允许时，最适宜的开挖方案是（　　　）。

    A. 逆作法挖土　　　　　　　　　　　B. 中心岛式挖土

    C. 盆式挖土　　　　　　　　　　　　D. 放坡挖土

5. 浅基坑土方开挖中，基坑边缘堆置土方和建筑材料，一般应距基坑上部边缘不少于
（　　　）m。

    A. 1.0　　　　　　　　　　　　　　B. 1.2

    C. 1.8　　　　　　　　　　　　　　D. 2.0

6. 基坑验槽时应仔细检查基槽（坑）的开挖平面位置、尺寸和深度，核对是否与（　　　）
相符。

    A. 设计图纸　　　　　　　　　　　　B. 勘察报告

    C. 施工方案　　　　　　　　　　　　D. 钎探记录

7. 地基验槽通常采用观察法。对于基底以下的土层不可见部位，通常采用（　　　）法。

    A. 局部开挖　　　　　　　　　　　　B. 钎探

    C. 钻孔　　　　　　　　　　　　　　D. 超声波检测

8. 验槽时，应重点观察的是（　　　）。

    A. 基坑中心点　　　　　　　　　　　B. 基坑边角处

    C. 受力较大的部位　　　　　　　　　D. 最后开挖的部位

9. 基槽底采用钎探时，钢钎每贯入（　　　）mm，记录一次锤击数。

    A. 200　　　　　　　　　　　　　　B. 230

    C. 300　　　　　　　　　　　　　　D. 350

10. 下列土料中，不能用作填方土料的是（　　　）。

    A. 碎石土　　　　　　　　　　　　　B. 黏性土

    C. 淤泥质土　　　　　　　　　　　　D. 砂土

11. 采用平碾压实土方时，每层虚铺厚度为（　　　），每层压实遍数为（　　　）。

    A. 200～250mm，3～4遍　　　　　　B. 200～250mm，6～8遍

    C. 250～300mm，3～4遍　　　　　　D. 250～300mm，6～8遍

12. 基坑排水明沟边缘与边坡坡脚的距离应不小于（　　　）m。

    A. 0.5　　　　　　　　　　　　　　B. 0.4

    C. 0.3　　　　　　　　　　　　　　D. 0.2

13. 为防止或减少降水对周围环境的影响，常采取回灌技术，回灌井点与降水井点的距
离不宜小于（　　　）m。

    A. 4　　　　　　　　　　　　　　　B. 6

    C. 8　　　　　　　　　　　　　　　D. 10

14. 关于钢筋混凝土预制桩沉桩顺序的说法，正确的是（　　）。

    A. 对于密集桩群，从四周开始向中间施打

    B. 一侧毗邻建筑物时，由毗邻建筑物处向另一方向施打

    C. 对基础标高不一的桩，宜先浅后深

    D. 对不同规格的桩，宜先小后大、先短后长

15. 钢筋混凝土预制桩采用锤击沉桩法施工时，其施工工序包括：①打桩机就位；②确定桩位和沉桩顺序；③吊桩喂桩；④校正；⑤锤击沉桩。通常的施工顺序为（　　）。

    A.①②③④⑤   B.②①③④⑤

    C.①②③⑤④   D.②①③⑤④

16. 关于钢筋混凝土预制桩的接桩方式的说法，不正确的是（　　）。

    A. 焊接法   B. 法兰螺栓连接法

    C. 硫黄胶泥锚接法   D. 高一级别混凝土锚接

17. 钢筋混凝土预制桩采用静力压桩法施工时，其施工工序包括：①打桩机就位；②测量定位；③吊桩插桩；④桩身对中调直；⑤静压沉桩。一般的施工程序为：（　　）。

    A.①②③④⑤   B.②①③④⑤

    C.①②③⑤④   D.②①③⑤④

18. 泥浆护壁钻孔灌注桩施工工艺流程中，"第二次清孔"的下一道工序是（　　）。

    A. 下钢筋笼   B. 下钢导管

    C. 质量验收   D. 浇筑水下混凝土

二、多项选择

1. 土方开挖时，基坑边坡坡度大小与（　　）等因素有关。

    A. 土体含水量   B. 基坑深度

    C. 土体类别   D. 基坑开挖宽度

    E. 周围场地限制

2. 基坑开挖时，应对平面控制桩、（　　）等经常进行检查。

    A. 水准点   B. 基坑平面位置

    C. 水平标高   D. 边坡坡度

    E. 地基承载力

3. 基坑验槽时，必须参加的单位有（　　）。

    A. 施工单位   B. 勘察单位

    C. 监理单位   D. 设计单位

    E. 质量监督单位

4. 填方土料应符合设计要求，一般不能选用的有（　　）。

    A. 砂土   B. 淤泥质土

    C. 膨胀土   D. 有机质含量大于 8% 的土

    E. 碎石土

5. 关于土方的填筑与压实的说法，正确的有（　　）。

    A. 填土应从最低处开始分层进行

    B. 填方应尽量采用同类土填筑

C. 基础墙两侧应分别回填夯实

D. 当天填土，应在当天压实

E. 当填方高度大于 10m 时，填方边坡坡度可采用 1：1.5

6. 降水井井点管安装完毕后应进行试运转，全面检查（　　）。

A. 管路接头　　　　　　　　　　B. 出水状况

C. 观测孔中的水位　　　　　　　D. 排水沟

E. 机械设备运转情况

7. 常用的人工地基处理方法有（　　）。

A. 打桩法　　　　　　　　　　　B. 换填垫层法

C. 强夯法　　　　　　　　　　　D. 重锤夯实法

E. 砂石桩法

三、计算

1. 某基坑底长 85m，宽 60m，深 8m，四边放坡，边坡坡度 1：0.5。

（1）试计算土方开挖工程量。

（2）若混凝土基础和地下室占有体积为 21000m²，则应预留多少回填土（以自然状态土体积计）？

（3）若多余土方外运，问外运土方（以自然状态的土体积计）为多少？

（4）如果用斗容量为 3.5m³ 的汽车外运，需运多少车？（已知土的最初可松性系数 K_s＝1.14，最终可松性系数 K_s'＝1.05）。

2. 某场地如图 2-22 所示，方格边长为 30m。

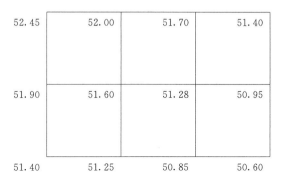

52.45	52.00	51.70	51.40
51.90	51.60	51.28	50.95
51.40	51.25	50.85	50.60

图 2-22　场地方格网及各角点地面标高

（1）试按挖、填平衡原则确定场地平整的设计标高 H_0，然后算出方格角点的施工高度、绘出零线，计算挖方量和填方量（不考虑土的可松性影响）。

（2）当 i_x＝2‰，i_y＝0 时，确定方格角点的设计标高。

（3）当 i_x＝2‰，i_y＝2.5‰时，确定方格角点的设计标高。

项目 3　脚手架与砌体结构工程

任务 1　脚手架工程施工

脚手架是用杆件和配件搭设的临时性结构架，按用途分为支撑架和操作脚手架。支撑架是为钢结构安装或浇筑混凝土构件而搭设的承力支架；操作脚手架是为施工人员在高处作业而搭设的脚手架，可分为结构脚手架和装修脚手架。用于砌筑工程的脚手架属于结构脚手架。

一、脚手架的分类

（1）根据搭设位置不同，脚手架分外脚手架和里脚手架。

1）外脚手架。外脚手架搭设于建筑物外围，既可用于外墙砌筑，又可用于外装饰施工，其主要形式有多立杆式（主要包括扣件式钢管脚手架、碗扣式钢管脚手架等）、门式和桥式等。其中多立杆式应用最广，门式次之。

图 3-1　扣件式钢管脚手架

①扣件式钢管脚手架。扣件式钢管脚手架（图 3-1）是指为建筑施工而搭设的、承受荷载的由扣件和钢管等构成的脚手架与支撑架，有落地式单、双排扣件式钢管脚手架，满堂扣件式钢管脚手架，型钢悬挑扣件式钢管脚手架，满堂扣件式钢管支撑架 5 种类型。其中，单排扣件式钢管脚手架是指只有一排立杆，横向水平杆的一端搁置固定在墙体上的脚手架，简称单排架。双排脚手架是指由内外两排立杆和水平杆等构成的脚手架，简称双排架。单排扣件式脚手架搭设高度不应超过 24m，双排扣件式脚手架搭设高度不应超过 50m。脚手架搭设高度超高时，最适用的是型钢悬挑脚手架。

②碗扣式钢管脚手架。碗扣式钢管脚手架由钢管立杆、横杆、碗扣接头等组成。其基本构造和搭设要求与扣件式钢管脚手架类似，不同之处主要在于碗扣接头。碗扣接头（图 3-2）

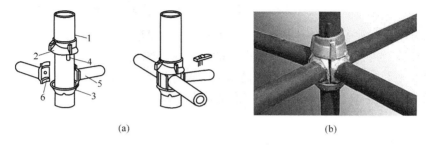

(a)　　　　　　　　　　　　　　　　(b)

图 3-2　碗扣接头

(a) 连接前；(b) 连接后

1—立杆；2—上碗扣；3—下碗扣；4—限位销；5—横杆；6—横杆接头

是该脚手架系统的核心部件，它由上碗扣、下碗扣、横杆接头和上碗扣的限位销等组成。上碗扣、下碗扣和限位销按 60cm 间距设置在钢管立杆之上，其中下碗扣和限位销则直接焊在立杆上。组装时，将上碗扣的缺口对准限位销后，把横杆接头插入下碗扣内，压紧和旋转上碗扣，利用限位销固定上碗扣。碗扣接头可同时连接 4 根横杆，可以互相垂直或偏转一定角度。

③门式钢管脚手架。门式脚手架由门式框架、剪刀撑和水平梁架或脚手板构成基本单元，如图 3-3 （a）所示。将基本单元连接起来即构成整片脚手架，如图 3-3 （b）所示。门式脚手架的主要部件之间的连接形式有制动片式。

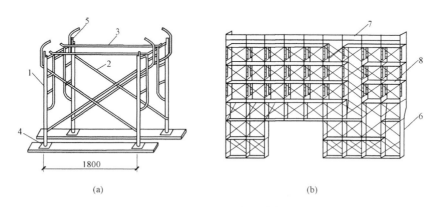

(a)　　　　　　　　　　　　　　　(b)

图 3-3　门式钢管脚手架

（a）基本单元；（b）门式外脚手架

1—门式框架；2—剪刀撑；3—水平梁架；4—螺旋基脚；5—连接器；6—梯子；7—栏杆；8—脚手板

2）里脚手架。里脚手架搭设于建筑物内部，既可用于墙体砌筑，又可用于室内装饰施工，其主要形式有折叠式（图 3-4）、支柱式（图 3-5）和门架式（图 3-6）。

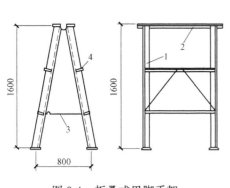

图 3-4　折叠式里脚手架

1—立柱；2—横楞；3—挂钩；4—铰链

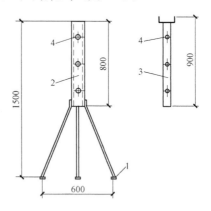

图 3-5　支柱式里脚手架

1—支脚；2—立管；3—插管；4—销孔

角钢折叠式里脚手架的架设间距，砌墙时宜为 1.0～2.0m，粉刷时宜 2.2～2.5m。套管式支柱式搭设间距，砌墙时宜为 2.0m，粉刷时不超过 2.5m。门架式里脚手架由两片 A 形支架与门架组成，其架设高度为 1.5～2.4m，两片 A 形支架间距 2.2～2.5m。

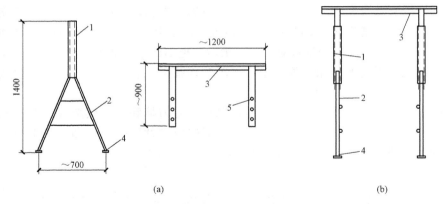

图 3-6 门架式里脚手架

（a）A 形支架与门架；（b）安装示意

1—立管；2—支脚；3—门架；4—垫板；5—销孔

（2）根据搭设的立杆排数不同，分为单排脚手架、双排脚手架和满堂脚手架。

（3）根据脚手架的闭合形式不同，分为封圈型脚手架和开口型脚手架。

（4）根据脚手架的支固形式不同，分为落地式脚手架和非落地式脚手架。非落地式脚手架包括附着升降脚手架、挑脚手架、吊篮和挂脚手架，即采用附着、挑、吊、挂方式设置的悬空脚手架。它们由于避免了落地式脚手架用材多、搭设量大的缺点，因而特别适合高层建筑施工使用，以及各种不便或不必搭设落地式脚手架的情况。其中以型钢悬挑式脚手架较为常用。型钢悬挑式脚手架施工工艺除支撑上部脚手架的悬挑型钢的固定外，其他步骤与落地式脚手架相同。

（5）根据脚手架的杆件材质不同，分为木脚手架、竹脚手架和钢管脚手架等。钢管脚手架主要有扣件式钢管脚手架、门式钢管脚手架、碗扣式钢管脚手架等。脚手架搭设时应分别符合《建筑施工扣件式钢管脚手架安全技术规范》（JGJ 130—2011）、《建筑施工门式钢管脚手架安全技术规范》（JGJ 128—2010）、《建筑施工碗扣式钢管脚手架安全技术规范》（JGJ 166—2008）的相关要求。

目前，竹、木脚手架已逐步淘汰出建筑市场；而门式脚手架、碗扣式脚手架等只在市政、桥梁等少量工程中使用，扣件式钢管脚手架因其维修简单和使用寿命长以及投入成本低等多种优点，占据我国国内 70％以上的市场，并有较大的发展空间。以下重点介绍扣件式钢管脚手架的构造、搭设和拆除。

二、扣件式钢管脚手架的构造

（一）构配件组成及作用

扣件式钢管脚手架包括架体和安全防护设施两大部分，如图 3-7 所示。其中，架体主要包括立杆、大横杆、小横杆、剪刀撑、斜撑、连墙件、扣件、底座、垫板和脚手板等；安全防护设施主要包括栏杆、挡脚板和安全网等。

扣件式钢管脚手架主要杆件及配件的作用见表 3-1。

（二）构配件的材料要求

1．钢管

（1）脚手架钢管应采用现行国家标准《直缝电焊钢管》（GB/T 12793）或《低压流体输

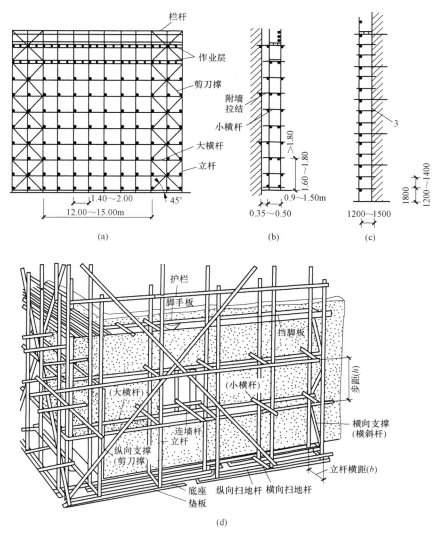

图 3-7　扣件式钢管脚手架

（a）立面；（b）侧面（双排）；（c）侧面（单排）；（d）立体图

表 3-1　　　　　　　　　　　　**扣件式脚手架主要组成构件及配件的作用**

序号	杆件名称		作　用
1	立杆		平行于建筑物并垂直于地面的杆件，既是组成脚手架结构的主要杆件，又是传递脚手架结构自重、施工荷载与风荷载的主要受力杆件
2	水平杆	横向水平杆（小横杆）	垂直于建筑物，在横向连接脚手架内、外排立杆或一端连接脚手架立杆，另一端支于建筑物的水平杆，是组成脚手架结构并传递施工荷载给大横杆的主要受力杆件
		纵向水平杆（大横杆）	平行于建筑物，在纵向连接各立杆的通长水平杆件，既是组成脚手架结构的主要杆件，又是传递施工荷载给立杆的主要受力杆件

序号	杆件名称		作　　用
3	扣件	直角扣件	用于垂直交叉杆件间连接的扣件，是依靠扣件与钢管表面间的摩擦力传递施工荷载、风荷载的受力连接件
		旋转扣件	用于平行或斜交杆件间连接的扣件，用于连接支撑斜杆与立杆或横向水平杆的连接件
		对接扣件	用于杆件对接连接的扣件，也是传递荷载的受力连接件
4	连墙件		连接脚手架与建筑物的部件，是脚手架既要承受、传递风荷载，又要防止脚手架在横向失稳或倾覆的重要受力部件
5	脚手板		供操作人员作业，并承受和传递施工荷载的板件，当设于非操作层时可起防护作用
6	横向斜撑（之字撑）		与双排脚手架内、外排立杆或水平杆斜交呈之字形的斜杆，可增强脚手架的横向刚度、提高脚手架的承载能力
7	剪刀撑（十字撑）		设在脚手架外侧面，与墙面平行，且成对设置的交叉斜杆，可增强脚手架的纵向刚度，提高脚手架的承载能力
8	抛撑		与脚手架外侧面斜交的杆件，可增强脚手架的稳定和抵抗水平荷载的能力
9	扫地杆（贴近地面的水平杆）	纵向扫地杆	连接立杆下端，平行于外墙，距底座下皮200mm处的纵向水平杆，可约束立杆底端纵向发生的位移
		横向扫地杆	连接立杆下端，垂直于外墙，位于纵向扫地杆下方的横向水平杆，可约束立杆底端横向发生的位移
10	垫板		设在立杆下端，承受并传递立杆荷载的配件

送用焊接钢管》（GB/T 3091）中规定的 Q235 普通钢管，钢管的钢材质量应符合现行国家标准《碳素结构钢》（GB/T 700）中 Q235 级钢的规定。

（2）脚手架钢管宜采用 $\phi48.3 \times 3.6$ 钢管。每根钢管的最大质量不应大于 25.8kg。

2. 扣件

扣件（图3-8）是钢管与钢管之间的连接件，其形式有三种，即旋转扣件、直角扣件、对接扣件。旋转扣件用于两根任意角度相交钢管的连接；直角扣件用于两根垂直相交钢管的连接，它依靠的是扣件与钢管之间的摩擦力来传递荷载的；对接扣件用于两根钢管对接接长的连接。

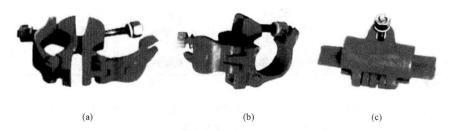

（a）　　　　　　　　　　（b）　　　　　　　　　　（c）

图 3-8　扣件形式
（a）旋转扣件；（b）直角扣件；（c）对接扣件

（1）扣件应采用可锻铸铁或铸钢制作，其质量和性能应符合现行国家标准《钢管脚手架扣件》（GB 15831）的规定，采用其他材料制作的扣件，应经试验证明其质量符合该标准的规定后方可使用。

（2）扣件在螺栓拧紧扭力矩达到 65N·m 时，不得发生破坏。

3．底座

底座一般采用厚 8mm，边长 150～200mm 的钢板作底板，上焊 150mm 高的钢管。底座形式有内插式和外套式两种（图 3-9），内插式的外径 D_1 比立杆内径小 2mm，外套式的内径 D_2 比立杆外径大 2mm。

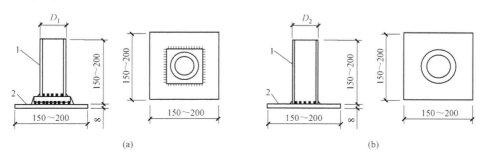

图 3-9　扣件式钢管脚手架底座
（a）内插式底座；（b）外套式底座
1—承插钢管；2—钢板底座

4．脚手板

脚手板是工人施工操作的平台，它承受并传递施工荷载给小横杆，当设于非操作层时，起安全防护的作用。脚手板可分为冲压钢脚手板、木脚手板、竹串片脚手板和竹笆脚手板 4 种（图 3-10）。

图 3-10　脚手板
（a）冲压钢脚手板；（b）木脚手板；（c）竹串片脚手板；（d）竹笆脚手板

（1）脚手板可采用钢、木、竹材料制作，单块脚手板的质量不宜大于 30kg。

（2）冲压钢脚手板的材质应符号现行国家标准《碳素结构钢》（GB/T 700）中 Q235 级钢的规定。

（3）木脚手板材质应符合现行国家标准《木结构设计规范》（GB 50005）中Ⅱa级材质的规定。脚手板厚度不应小于50mm，两端宜各设直径不小于4mm的镀锌钢丝箍两道。

（4）竹脚手板宜采用由毛竹或楠竹制作的竹串片板、竹笆板；竹串片脚手板应符合现行行业标准《建筑施工脚手架安全技术规范》（JGJ 464）的相关规定。

（三）常用单、双排脚手架的设计尺寸

（1）常用密目式安全立网全封闭单、双排脚手架结构的设计尺寸，可按表3-2、表3-3采用。

表3-2　　　　　常用密目式安全立网全封闭式双排脚手架的设计尺寸（m）

连墙件设置	立杆横距 l_b	步距 h	下列荷载时的立杆纵距 l_a				脚手架允许搭设高度 H
			2＋0.35 (kN/m²)	2＋2＋2×0.35 (kN/m²)	3＋0.35 (kN/m²)	3＋2＋2×0.35 (kN/m²)	
二步三跨	1.05	1.50	2.0	1.5	1.5	1.5	50
		1.80	1.8	1.5	1.5	1.5	32
	1.30	1.50	1.8	1.5	1.5	1.5	50
		1.80	1.8	1.2	1.5	1.2	30
	1.55	1.50	1.8	1.5	1.5	1.5	38
		1.80	1.8	1.2	1.5	1.2	22
三步三跨	1.05	1.50	2.0	1.5	1.5	1.5	43
		1.80	1.8	1.2	1.5	1.2	24
	1.30	1.50	1.8	1.5	1.5	1.2	30
		1.80	1.8	1.2	1.5	1.2	17

注　1. 表中所示 2＋2＋2×0.35（kN/m²），包括下列荷载：2＋2（kN/m²）为二层装修作业层施工荷载标准值；2×0.35（kN/m²）为二层作业层脚手板自重荷载标准值。

　　2. 作业层横向水平杆间距，应按不大于 $l_a/2$ 设置。

　　3. 步距是指上下水平杆轴线间的距离；立杆纵（跨）距是指脚手架纵向相邻立杆之间的轴线距离；立杆横距是指脚手架横向相邻立杆之间的距离，单排脚手架为外立杆轴线至墙面的距离；脚手架高度是指自立杆底座下皮至架顶栏杆上皮之间的垂直距离。

表3-3　　　　　常用密目式安全立网全封闭式单排脚手架的设计尺寸（m）

连墙件设置	立杆横距 l_b	步距 h	下列荷载时的立杆纵距 l_a		脚手架允许搭设高度 H
			2＋0.35 (kN/m²)	3＋0.35 (kN/m²)	
二步三跨	1.20	1.50	2.0	1.8	24
		1.80	1.5	1.2	24
	1.40	1.50	1.8	1.5	24
		1.80	1.5	1.2	24
三步三跨	1.20	1.50	2.0	1.8	24
		1.80	1.2	1.2	24
	1.40	1.50	1.8	1.5	24
		1.80	1.2	1.2	24

（2）单排脚手架搭设高度不应超过24m；双排脚手架搭设高度不宜超过50m，高度超过50m的双排脚手架，应采用分段搭设措施。

（四）构配件的构造要求

1. 纵向水平杆

（1）纵向水平杆应设置在立杆内侧，单根杆长度不应小于3跨。

（2）纵向水平杆接长应采用对接扣件连接或搭接。并应符合下列规定：

1）两根相邻纵向水平杆的接头不应设置在同步或同跨内；不同步或不同跨两个相邻接头在水平方向错开的距离不应小于500mm；各接头中心至最近主节点（即立杆、纵向水平杆、横向水平杆三杆紧靠的扣接点）的距离不应大于纵距的1/3（图3-11）。

2）搭接长度不应小于1m，应等间距设置3个旋转扣件固定，端部扣件盖板边缘至搭接纵向水平杆杆端的距离不应小于100mm。

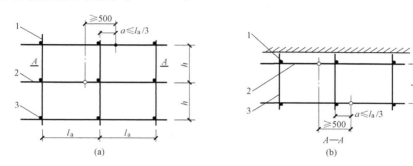

图3-11 纵向水平杆对接接头布置

（a）接头不在同步内（立面）；（b）接头不在同跨内（平面）

1—立杆；2—纵向水平杆；3—横向水平杆

3）当使用冲压钢脚手板、木脚手板、竹串片脚手板时，纵向水平杆应作为横向水平杆的支座，用直角扣件固定在立杆上；当使用竹笆脚手板时，纵向水平杆应采用直角扣件固定在横向水平杆上，并应等间距设置，间距不应大于400mm。

2. 横向水平杆

（1）作业层上非主节点处的横向水平杆，宜根据支承脚手板的需要等间距设置，最大间距不应大于纵距的1/2。

（2）当使用冲压钢脚手板、木脚手板、竹串片脚手板时，双排脚手架的横向水平杆两端均应采用直角扣件固定在纵向水平杆上；单排脚手架的横向水平杆的一端应用直角扣件固定在纵向水平杆上，另一端应插入墙内，插入长度不应小于180mm。

（3）当使用竹笆脚手板时，双排脚手架的横向水平杆两端，应用直角扣件固定在立杆上；单排脚手架的横向水平杆的一端，应用直角扣件固定在立杆上，另一端应插入墙内，插入长度亦不应小于180mm。

（4）主节点处必须设置一根横向水平杆，用直角扣件扣接且严禁拆除。

3. 脚手板

（1）作业层脚手板应铺满、铺稳、铺实。

（2）冲压钢脚手板、木脚手板、竹串片脚手板等，应设置在三根横向水平杆上。当脚手板长度小于2m时，可采用两根横向水平杆支承，但应将脚手板两端与其可靠固定，严防倾翻。脚手板的铺设应采用对接平铺或搭接铺设。脚手板对接平铺时，接头处必须设两根横向水平杆，脚手板外伸长应取 130～150mm，两块脚手板外伸长度的和不应大于 300mm；脚手板搭接铺设时，接头必须支在横向水平杆上，搭接长度不应小于 200mm，其伸出横向水平杆的长度不应小于 100mm。

（3）竹笆脚手板应按其主竹筋垂直于纵向水平杆方向铺设，且采用对接平铺，四个角应用直径不小于 1.2mm 的镀锌钢丝固定在纵向水平杆上。

（4）作业层端部脚手板探头长度应取 150mm，其板的两端均应固定于支承杆件上。

4. 立杆

（1）每根立杆底部应设置底座或垫板。

（2）脚手架必须设置纵、横向扫地杆。纵向扫地杆应采用直角扣件固定在距底座上皮不大于 200mm 处的立杆上。横向扫地杆应采用直角扣件固定在紧靠纵向扫地杆下方的立杆上。

（3）脚手架立杆基础不在同一高度上时，必须将高处的纵向扫地杆向低处延长两跨与立杆固定，高低差不应大于 1m。靠边坡上方的立杆轴线到边坡的距离不应小于 500mm。

（4）单、双排脚手架底层步距均不应大于 2m。

（5）单排、双排与满堂脚手架立杆接长除顶层顶步外，其余各层各步接头必须采用对接扣件连接。

（6）脚手架立杆对接、搭接应符合下列规定：

1）当立杆采用对接接长时，立杆的对接扣件应交错布置，两根相邻立杆的接头不应设置在同步内，同步内隔一根立杆的两个相隔接头在高度方向错开的距离不宜小于 500mm；各接头中心至主节点的距离不宜大于步距的 1/3。

2）当立杆采用搭接接长时，搭接长度不应小于 1m，并应采用不少于 2 个旋转和扣件固定。端部扣件盖板的边缘至杆端距离不应小于 100mm。

（7）脚手架立杆顶端栏杆宜高出女儿墙上端 1m，宜高出檐口上端 1.5m。

5. 连墙件

（1）连墙件设置的位置、数量应按专项施工方案确定。

（2）脚手架连墙件数量的设置除应满足计算要求外，还应符合表 3-4 的规定。

表 3-4 连墙件布置最大间距

搭设方法	高 度	竖向间距 h	水平间距 l_a	每根连墙件覆盖面积（m²）
双排落地	≤50m	$3h$	$3l_a$	≤40
双排悬挑	>50m	$2h$	$3l_a$	≤27
单排	≤24m	$3h$	$3l_a$	≤40

注 h—步距；l_a—纵距。

（3）连墙件的布置应符合下列规定：

1）应靠近主节点设置，偏离主节点的距离不应大于 300mm。

2）应从底层第一步纵向水平杆处开始设置，当该处设置有困难时，应采用其他可靠措施固定。

3）应优先采用菱形布置，或采用方形、矩形布置。

（4）开口型脚手架的两端必须设置连墙件，连墙件的垂直间距不应大于建筑物的层高，并不应大于 4m。

（5）连墙件中的连墙杆应呈水平设置，当不能水平设置时，应向脚手架一端下斜连接。

（6）连墙件必须采用可承受拉力和压力的构造。对高度 24m 以上的双排脚手架，应采用刚性连墙件与建筑物连接。

（7）当脚手架下部暂不能设连墙件时应采取防倾覆措施。当搭设抛撑时，抛撑应采用通长杆件，并用旋转扣件固定在脚手架上，与地面的倾角应为 $45°\sim60°$；连接点中心至主节点的距离不应大于 300mm。抛撑应在连墙件搭设后方可拆除。

（8）架高超过 40m 且有风涡流作用时，应采取抗上升翻流作用的连墙措施。

6．剪刀撑与横向斜撑

（1）双排脚手架应设剪刀撑与横向斜撑，单排脚手架应设剪刀撑。

（2）单、双排脚手架剪刀撑的设置应符合下列规定：

1）每道剪刀撑跨越立杆的根数宜按表 3-5 的规定确定。每道剪刀撑宽度不应小于 4 跨，且不应小于 6m，斜杆与地面的倾角宜在 $45°\sim60°$ 之间。

表 3-5　　　　　　　　　　　　　　　　　**剪刀撑跨越立杆的最多根数**

剪刀撑斜杆与地面的倾角	45°	50°	60°
剪刀撑跨越立杆的最多根数	7	6	5

2）剪刀撑斜杆的接长应采用搭接或对接。

3）剪刀撑斜杆应用旋转扣件固定在与之相交的横向水平杆的伸出端或立杆上，旋转扣件中心线至主节点的距离不宜大于 150mm。

（3）高度在 24m 及以上的双排脚手架应在外侧立面连续设置剪刀撑；高度在 24m 以下的单、双排脚手架，均必须在外侧立面两端、转角及中间间隔不超过 15m 的立面上，各设置一道剪刀撑，并应由底至顶连续设置。

（4）双排脚手架横向斜撑的设置应符合下列规定：

1）横向斜撑应在同一节间，由底至顶层呈之字形连续布置。

2）高度在 24m 以下的封闭型双排脚手架可不设横向斜撑，高度在 24m 以上的封闭型脚手架，除拐角应设置横向斜撑外，中间应每隔 6 跨设置一道。

7．型钢悬挑脚手架

（1）悬挑脚手架是指通过水平构件将架体所受竖向荷载传递到主体结构上的施工用外脚手架。一次悬挑脚手架高度不宜超过 20m。

（2）型钢悬挑梁宜采用双轴对称截面的型钢。悬挑钢梁型号及锚固件应按设计确定，钢梁截面高度不应小于 160mm。

（3）每个型钢悬挑梁外端宜设置钢丝绳或钢拉杆与上一层建筑结构斜拉结。

（4）悬挑梁尾端应在两处及以上固定于钢筋混凝土梁板结构上。锚固型钢悬挑梁的 U 形钢筋拉环或锚固螺栓直径不宜小于 16mm。用于锚固的 U 形钢筋拉环或螺栓应采用冷弯成型。U 形钢筋拉环、锚固螺栓与型钢间隙应用钢楔或硬木楔楔紧。

（5）悬挑钢梁悬挑长度应按设计确定，固定段长度不应小于悬挑段长度的 1.25 倍。型钢悬挑梁固定端应采用 2 个（对）及以上 U 形钢筋拉环或锚固螺栓与建筑结构梁板固定，U 形钢筋拉环或锚固螺栓应预埋至混凝土梁、板底层钢筋位置。

（6）当型钢悬挑梁与建筑结构采用螺栓钢压板连接固定时，钢压板尺寸不应小于100mm×10mm（宽×厚）；当采用螺栓角钢压板连接时，角钢的规格不应小于63mm×63mm×6mm。

（7）型钢悬挑梁悬挑端应设置能使脚手架立杆与钢梁可靠固定的定位点，定位点离悬挑梁端部不应小于100mm。

（8）锚固位置设置在楼板上时，楼板的厚度不宜小于120mm。如果楼板的厚度小于120mm应采取加固措施。锚固型钢的主体结构混凝土强度等级不得低于C20。

（9）悬挑梁间距应按悬挑架架体立杆纵距设置，每一纵距设置一根。

（10）悬挑架的外立面剪刀撑应自下而上连续设置。

三、扣件式钢管脚手架的搭设

（一）施工准备

1. 材料准备

对钢管、扣件、脚手板、底座、垫板、安全网等进行检查验收，不合格产品不得使用。经检验合格的构配件应按品种、规格分类，堆放整齐、平稳，堆放场地不得有积水。

2. 主要机具

扭力扳手、游标卡尺、塞尺、角尺、卷尺、钢板尺、经纬仪、水平仪、吊线等。

3. 作业条件

（1）脚手架搭设前，应按专项施工方案向施工人员进行交底。

（2）应按规范规定和脚手架专项施工方案要求对钢管、扣件、脚手板、可调托撑等进行检查验收，不合格产品不得使用。

（3）经检验合格的构配件应按品种、规格分类，堆放整齐、平稳，堆放场地不得有积水。

（4）应清除搭设场地杂物，平整搭设场地，并使排水畅通。

（5）根据脚手架所受荷载、搭设高度、搭设场地土质情况与现行国家标准《建筑地基基础工程施工质量验收规范》（GB 50202）的有关规定进行脚手架地基与基础的施工。

（6）脚手架基础经验收合格后，按施工组织设计或专项施工方案的要求放线定位。

（7）扣件式钢管脚手架安装人员必须是经考核合格的专业架子工。架子工应持证上岗。

（8）搭设脚手架人员必须戴安全帽、系安全带、穿防滑鞋。

（9）当有六级强风及以上大风、浓雾、雨或雪天气时应停止脚手架搭设作业。雨、雪后上架作业应有防滑措施，并应扫除积雪。

（10）临街搭设脚手架时，外侧应有防止坠物伤人的防护措施。

（11）搭设脚手架时，地面应设安全围栏和警戒标志，并应派专人看守，严禁非操作人员入内。

（二）搭设程序

安放垫板、底座、纵向扫地杆→竖立杆→搭设横向扫地杆→搭设第一步大横杆→搭设第一步小横杆→搭设第二步大横杆、小横杆→加抛撑（临时用，待搭设两道连墙件后可拆除）→搭设第三步大横杆、小横杆→随搭设进程及时装设连墙件、剪刀撑、安全网→装设作业层脚手板、栏杆、挡脚板→搭设安全网。

（三）搭设要求

（1）立杆垫板或底座底面标高宜高于自然地坪50～100mm。

（2）单、双排脚手架必须配合施工进度搭设，一次搭设高度不应超过相邻连墙件以上两步；如果超过相邻连墙件以上两步，无法设置连墙件时，应采取撑拉固定措施与建筑结构拉结。

（3）每搭完一步脚手架后，应校正步距、纵距、横距及立杆的垂直度。

（4）底座、垫板均应准确地放在定位线上；垫板宜采用长度不少于 2 跨、厚度不小于 50mm 宽度不小于 200mm 的木垫板。

（5）脚手架开始搭设立杆时，应每隔 6 跨设置一根抛撑，直至连墙件安装稳定后，方可根据情况拆除；当架体搭设至有连墙件的主节点时，在搭设完该处的立杆、纵向水平杆、横向水平杆后，应立即设置连墙件。

（6）脚手架纵向水平杆应随立杆按步搭设，并应采用直角扣件与立杆固定；在封闭型脚手架的同一步中，纵向水平杆应四周交圈设置，并应用直角扣件与内外角部立杆固定。

（7）双排脚手架横向水平杆的靠墙一端至墙装饰面的距离不应大于 100mm；单排脚手架的横向水平杆不应设置在下列部位：

1）设计上不允许留脚手眼的部位；

2）过梁上与过梁两端成 60°角的三角形范围内及过梁净跨度 1/2 的高度范围内。

3）宽度小于 1m 的窗间墙。

4）梁或梁垫下及其两侧各 500mm 的范围内。

5）砖砌体的门窗洞口两侧 200mm 和转角处 450mm 的范围内；其他砌体的门窗洞口两侧 300mm 和转角处 600mm 的范围内。

6）墙体厚度小于或等于 180mm。

7）独立或附墙砖柱，空斗砖墙、加气块墙等轻质墙体。

8）砌筑砂浆强度等级小于或等于 M2.5 的砖墙。

（8）连墙件的安装应随脚手架搭设同步进行，不得滞后安装；当单、双排脚手架施工操作层高出相邻连墙件以上两步时，应采取确保脚手架稳定的临时拉结措施，直到上一层连墙件安装完毕后再根据情况拆除。

（9）脚手架剪刀撑与双排脚手架横向斜撑应随立杆、纵向和横向水平杆等同步搭设，不得滞后安装。

（10）扣件安装应符合下列规定：

1）扣件规格必须与钢管外径相同。

2）螺栓拧紧扭力矩不应小于 40N·m，且不应大于 65N·m。

3）在主节点处固定横向水平杆、纵向水平杆、剪刀撑、横向斜撑等用的直角扣件、旋转扣件的中心点的相互距离不应大于 150mm。

4）对接扣件开口应朝上或朝内。

5）各杆件端头伸出扣件盖板边缘长度不应小于 100mm。

（11）作业层、斜道的栏杆和挡脚板均应搭设在外立杆的内侧，上栏杆上皮高度应为 1.2m，挡脚板高度不应小于 180mm，中栏杆应居中设置。

（12）作业层脚手板应铺满、铺稳，离墙面的距离不应大于 150mm；脚手板探头应用直径 3.2mm 镀锌钢丝固定在支承杆件上；在拐角、斜道平台口处的脚手板，应用镀锌钢丝固定在横向水平杆上，防止滑动。

（13）作业层脚手板应用安全网双层兜底。作业层以下每隔 10m 应用安全网封闭。

（14）单、双排脚手架、悬挑式脚手架沿架体外围应用密目式安全网（简称密目网）全封闭，密目式安全网宜设置在脚手架外立杆的内侧，并应与架体绑扎牢固。

（四）检查与验收

（1）脚手架搭设完毕必须进行检查验收，合格后方可使用。

（2）脚手架及其地基基础应在下列阶段进行检查与验收：

1）基础完工后及脚手架搭设前。

2）作业层上施加荷载前。

3）每搭设完 6～8m 高度后。

4）达到设计高度后。

5）遇有六级强风及以上风或大雨后；冻结地区解冻后。

6）停用超过一个月。

（3）脚手架检查、验收时，应根据专项施工方案及变更文件、技术交底文件、构配件质量检查表等技术文件进行。

（4）脚手架使用中，应定期检查下列要求内容：

1）杆件的设置和连接，连墙件、支撑、门洞桁架等的构造应符合《建筑施工扣件式钢管脚手架安全技术规范》（JGJ 130—2011）和专项施工方案的要求。

2）地基应无积水，底座应无松动，立杆应无悬空。

3）扣件螺栓应无松动。

4）高度在 24m 以上的双排脚手架，其立杆的沉降与垂直度的偏差应符合《建筑施工扣件式钢管脚手架安全技术规范》（JGJ 130—2011）的规定。

5）安全防护措施应符合要求。

6）应无超载使用。

（5）脚手架搭设的技术要求、允许偏差与检验方法，应符合《建筑施工扣件式钢管脚手架安全技术规范》（JGJ 130—2011）的规定。

（6）安装后的扣件螺栓拧紧扭力矩应采用扭力扳手检查，抽样方法应按随机分布原则进行。抽样检查数目与质量判定标准，应按表 3-6 的规定确定。不合格的应重新拧紧至合格。

表 3-6　　　　　　　　　　　　**扣件拧紧抽样检查数目及质量判定标准**

项次	检　查　项　目	安装扣件数量（个）	抽检数量（个）	允许的不合格数量（个）
1	连接立杆与纵（横）向水平杆或剪刀撑的扣件；接长立杆、纵向水平杆或剪刀撑的扣件	51～90	5	0
		91～150	8	1
		151～280	13	1
		281～500	20	2
		501～1200	32	3
		1201～3200	50	5
2	连接横向水平杆与纵向水平杆的扣件（非主节点处）	51～90	5	1
		91～150	8	2
		151～280	13	3
		281～500	20	5
		501～1200	32	7
		1201～3200	50	10

（五）成品保护

（1）作业层上的施工荷载应符合设计要求，不得超载。

（2）不得将模板支架、缆风绳、泵送混凝土和砂浆的输送管等固定在架体上。

（3）严禁悬挂起重设备，严禁拆除或移动架体上安全防护设施。

（4）当在脚手架使用过程中开挖脚手架基础下的设备基础或管沟时，必须对脚手架采取加固措施。

（5）在脚手架使用期间，严禁拆除主节点处的纵、横向水平杆，纵、横向扫地杆，连墙件。

（6）在脚手架上进行电、气焊作业时，应有防火措施和专人看守。

（7）工地临时用电线路严禁与脚手架接触，离架体较近的输电高压线路应有可靠的隔离措施和专门的安全保护设施。

四、扣件式钢管脚手架的拆除

（一）准备工作

脚手架拆除应按专项施工方案施工，拆除前应做好下列准备工作：

（1）应全面检查脚手架的扣件连接、连墙件、支撑体系等是否符合构造要求。

（2）应根据检查结果补充完善施工脚手架专项方案中的拆除顺序和措施，经审批后方可实施。

（3）脚手架拆除前，先划定安全范围，设置警戒线，并安排专人在警戒线口进行看护，禁止非作业人员进入警戒线内；工长要向拆脚手架施工人员进行书面技术交底工作，交底有交接人签字。

（4）应清除脚手架上杂物及地面障碍物。

（二）拆除要求

（1）架体拆除作业应设专人指挥，当有多人同时操作时，应明确分工、统一行动，且应具有足够的操作面。

（2）单、双排脚手架拆除作业必须由上而下逐层进行，原则上后搭的先拆、先搭的后拆，严禁上下同时作业。

（3）连墙件必须随脚手架逐层拆除，严禁先将连墙件整层或数层拆除后再拆脚手架；分段拆除高差大于两步时，应增设连墙件加固。

（4）当脚手架拆至下部最后一根长立杆的高度（约6.5m）时，应先在适当位置搭设临时抛撑加固后，再拆除连墙件。当脚手架采取分段、分立面拆除时，对不拆除的脚手架两端，应先设置连墙件和横向斜撑加固。

（5）所有杆件与扣件，在拆除时应分离，不允许杆件上附着扣件输送地面，或两杆同时拆下输送地面。所有构配件严禁抛掷至地面。

（6）运至地面的构配件应及时检查、整修与保养，并应按品种、规格分别存放。

任务2 砌体结构工程施工

砌体结构子分部工程包括砖砌体、混凝土小型空心砌块砌体、石砌体、配筋砌体、填充墙砌体5个分项工程，目前应用比较广泛的是配筋砌体工程和填充墙砌体工程。

一、施工准备

（一）材料准备

砌体结构工程所用的材料应有产品合格证书、产品性能形式检验报告，质量应符合国家现行有关标准的要求。块体、水泥、钢筋、外加剂尚应有材料主要性能的进场复验报告，并应符合设计要求。严禁使用国家明令淘汰的材料。砖或小砌块在运输装卸过程中，不得倾倒和抛掷。进场应按强度等级分类堆放整齐，堆置高度不宜超过 2m。

1. 块材

（1）砖。

1）砖的品种、强度等级必须符合设计要求，并应规格一致，且砖的强度等级不小于 MU10，并有出厂合格证、产品性能检测报告。用于清水墙的砖应色泽均匀，边角整齐。砌体结构工程用砖，一般采用烧结多孔砖、烧结普通砖、混凝土多孔砖、混凝土实心砖、蒸压灰砂砖、蒸压粉煤灰砖等，不得采用非蒸压粉煤灰砖及未掺加水泥的各类非蒸压砖，严禁使用黏土实心砖。

2）砌体砌筑时，混凝土多孔砖、混凝土实心砖、蒸压灰砂砖、蒸压粉煤灰砖等块体的产品龄期不应小于 28d。

3）有冻胀环境和条件的地区，地面以下或防潮层以下的砌体，不应采用多孔砖。

4）不同品种的砖不得在同一楼层混砌。

5）砌筑烧结普通砖、烧结多孔砖、烧结空心砖、蒸压灰砂砖、蒸压粉煤灰砖砌体时，砖应提前 1～2d 适度湿润，严禁采用干砖或处于吸水饱和状态的砖砌筑；混凝土多孔砖及混凝土实心砖不需浇水湿润，但在气候干燥炎热的情况下，宜在砌筑前对其喷水湿润。

（2）砌块。

1）普通混凝土小型空心砌块、轻骨料混凝土小型空心砌块、蒸压加气混凝土砌块的产品龄期不应小于 28d。

2）承重墙体使用的小砌块应完整、无破损、无裂缝。小砌块表面的污物应在砌筑时清理干净，灌孔部位的小砌块，应清除掉底部孔洞周围的混凝土毛边。

3）小砌块砌筑时的含水率，对普通混凝土小砌块，宜为自然含水率，不需对小砌块浇水湿润，当天气干燥炎热时，宜在砌筑前对其喷水湿润；不得雨天施工，小砌块表面有浮水时，不得使用。

4）采用普通砌筑砂浆砌筑填充墙时，吸水率较大的轻骨料混凝土小型空心砌块应提前 1～2d 浇（喷）水湿润。吸水率较小的轻骨料混凝土小型空心砌块及采用薄灰砌筑法施工的蒸压加气混凝土砌块，砌筑前不应对其浇（喷）水湿润；在气候干燥炎热的情况下，对吸水率较小的轻骨料混凝土小型空心砌块宜在砌筑前喷水湿润。

5）蒸压加气混凝土砌块、轻骨料混凝土小型空心砌块、烧结空心砖等的运输、装卸过程中，严禁抛掷和倾倒；进场后应按品种、规格堆放整齐，堆置高度不宜超过 2m。蒸压加气混凝土砌块在运输、装卸及堆放过程中应防止雨淋。

（3）石材。

1）石砌体采用的石材应质地坚实，无裂纹和无明显风化剥落，一般采用毛石、毛料石、粗料石、细料石等。

2）用于清水墙、柱的石材外露面，不应存在断裂、缺角等缺陷，并应色泽均匀。

3）石材的放射性应经检验，其安全性应符合现行国家标准《建筑材料放射性核素限量》GB 6566 的有关规定。

4）石材表面的泥垢、水锈等杂质，砌筑前应清除干净。

5）毛石砌体所用毛石应无风化剥落和裂纹，无细长扁薄和尖锥，毛石应呈块状，其中部厚度不宜小于 150mm。

2. 砌筑砂浆

工程中所用砌筑砂浆，应按设计要求对砌筑砂浆的种类、强度等级、性能及使用部位核对后使用。砌体结构工程施工中，所用砌筑砂浆宜选用预拌砂浆，当采用现场拌制时，应按砌筑砂浆设计配合比配制。对非烧结类块材，宜采用配套的专用砂浆。不同种类的砌筑砂浆不得混合使用。

（1）预拌砂浆。

1）砌体结构工程使用的预拌砂浆，应符合设计要求及国家现行标准《预拌砂浆》（GB/T 25181）、《蒸压加气混凝土用砌筑砂浆与抹面砂浆》（JC 890）和《预拌砂浆应用技术规程》（JGJ/T 223）的规定。不同品种和强度等级的产品应分别运输、储存和标识，不得混杂。

2）湿拌砂浆应采用专用搅拌车运输，湿拌砂浆运至施工现场后，应进行稠度检验，除直接使用外，应储存在不吸水的专用容器内，并应根据不同季节采取遮阳、保温和防雨雪措施。湿拌砂浆在储存、使用过程中不应加水。当存放过程中出现少量泌水时，应拌和均匀后使用。

3）干混砂浆及其他专用砂浆在运输和储存过程中，不得淋水、受潮、靠近火源或高温。袋装砂浆应防止硬物划破包装袋。干混砂浆及其他专用砂浆储存期不应超过 3 个月；超过 3 个月的干混砂浆在使用前应重新检验，合格后使用。

4）湿拌砂浆、干混砂浆及其他专用砂浆的使用时间应按厂方提供的说明书确定。

5）优先采用干拌砂浆。干拌砂浆生产厂应提供：法定检测部门出具的、在有效期限内的形式检验报告；干拌砂浆生产厂检测部门出具的出厂检验报告及生产日期证明；干拌砂浆使用说明书（包括砂浆特点、性能指标、使用范围、加水量范围、使用方法及注意事项）。干拌砂浆进场使用前，应分批对其稠度、抗压强度进行复验。存放日期自生产日起不超过 90d。超过 90d，应重新取样进行检验，检验合格后，可以继续使用。

（2）现场拌制砂浆。

1）水泥、砂、建筑生石灰、建筑生石灰粉应符合下列规定：

①水泥进场时应对其品种、等级、包装或散装仓号、出厂日期等进行检查，并应对其强度、安定性进行复验，其质量必须符合现行国家标准《通用硅酸盐水泥》（GB 175）的有关规定。当在使用中对水泥质量有怀疑或水泥出厂超过三个月（快硬硅酸盐水泥超过一个月）时，应复查试验，并按复验结果使用。不同品种、不同强度等级的水泥，不得混合使用。水泥应按品种、强度等级、出厂日期分别堆放，应设防垫层，并应保持干燥。

②砂浆用砂宜采用过筛中砂，毛石砌体宜选用粗砂，不应混有草根、塑料、炉渣等杂物；砂中含泥量、泥块含量、石粉含量等应符合现行行业标准《普通混凝土用砂、石质量及检验方法标准》JGJ 52 的有关规定；人工砂、山砂、海砂及特细砂，应经试配能满足砌筑砂浆技术条件要求。砂子进场时应按不同品种、规格分别堆放，不得混杂。

③建筑生石灰、建筑生石灰粉熟化为石灰膏，其熟化时间分别不得少于 7d 和 2d；沉淀池中储存的石灰膏，应防止干燥、冻结和污染，严禁采用脱水硬化的石灰膏；建筑生石灰粉、消石灰粉不得替代石灰膏配制水泥石灰砂浆。建筑生石灰及建筑生石灰粉保管时应分类、分等级存放在干燥的仓库内，且不宜长期储存。

2）配制砌筑砂浆时，各组分材料应采用质量计量。在配合比计量过程中，水泥及各种外加剂配料的允许偏差为 ±2%；砂、粉煤灰、石灰膏配料的允许偏差为 ±5%。砂子计量时，应扣除其含水量对配料的影响。

3）砌筑砂浆的稠度、保水率、试配抗压强度应同时符合要求；改善砌筑砂浆性能时，宜掺入砌筑砂浆增塑剂；当在砌筑砂浆中掺用有机塑化剂时，应有其砌体强度的形式检验报告，符合要求后方可使用。

4）现场拌制砌筑砂浆时，应采用机械搅拌，搅拌时间自投料完起算，应符合下列规定：

①水泥砂浆和水泥混合砂浆不应少于 120s。

②水泥粉煤灰砂浆和掺用外加剂的砂浆不应少于 180s。

③掺液体增塑剂的砂浆，应先将水泥、砂干拌混合均匀后，将混有增塑剂的拌和水倒入干混砂浆中继续搅拌；掺固体增塑剂的砂浆，应先将水泥、砂和增塑剂干拌混合均匀后，将拌和水倒入其中继续搅拌。从加水开始，搅拌时间不应少于 210s。

④预拌砂浆及加气混凝土砌块专用砂浆的搅拌时间应符合有关技术标准或产品说明书的要求。

5）现场搅拌的砂浆应随拌随用，拌制的砂浆应在 3h 内使用完毕；当施工期间最高气温超过 30℃时，应在 2h 内使用完毕。对掺用缓凝剂的砂浆，其使用时间可根据其缓凝时间的试验结果确定。预拌砂浆及蒸压加气混凝土砌块专用砂浆的使用时间应按照厂方提供的说明书确定。

6）砌体结构工程使用的湿拌砂浆，除直接使用外必须储存在不吸水的专用容器内，并根据气候条件采取遮阳、保温、防雨雪等措施，砂浆在储存过程中严禁随意加水。

3. 其他材料

其他材料包括钢筋、混凝土、预埋件等。混凝土的品种、强度等级及钢筋的牌号、规格、数量应符合设计要求。

（二）主要机具

1. 脚手架

一般砌筑高度在 1.2~1.4m 以上时，即需要安装脚手架以便砌筑施工。脚手架应根据施工进度随砌随搭。外脚手架必须按脚手架专项施工方案搭设，并经检查验收符合安全及使用要求。

2. 运输机具

砌筑工程采用运输机具有手推车、塔吊、井架、施工电梯、灰浆泵等。砌筑前应按施工组织设计的要求组织相应的机具进场、安装、调试。大型施工机械，如塔吊、井架、施工电梯、灰浆泵等应由具有资质的专业公司、人员进行装拆。

3. 搅拌机械

搅拌机械主要包括砂浆搅拌机和混凝土搅拌机。

4．砌筑及检测工具

常用的砌筑及检测工具包括瓦刀、刨锛、大铲、铺灰铲、刀锯、手摇钻、平直架、镂槽器、托线板、线坠、小白线、卷尺、2m 靠尺、楔形塞尺、筛子、水平尺、皮数杆、灰槽、砖夹子、扫帚等。

（三）作业条件

砌体结构施工前，应完成下列工作：

（1）进场原材料的见证取样复验。

（2）砌筑砂浆及混凝土配合比的设计。

（3）砌块砌体应按设计及标准要求绘制排块图、节点组砌图。

（4）检查砌筑施工操作人员的技能资格，并对操作人员进行技术、安全交底。

（5）完成基槽、隐蔽工程、上道工序的验收，且经验收合格。

（6）放线复核。

（7）标志板、皮数杆设置。

（8）施工方案要求砌筑的砌体样板已验收合格。

（9）现场所用计量器具符合检定周期和检定标准规定。

二、配筋砌体工程施工

配筋砌体的类型有配筋砖砌体和配筋砌块砌体两种，其中配筋砖砌体可分为网状配筋砖砌体和组合砖砌体两种。组合砖砌体有"砖砌体和钢筋混凝土面层或钢筋砂浆面层组合砌体""砖砌体和钢筋混凝土构造柱组合墙"两种形式。目前砌体结构房屋的承重墙广泛采用的是"砖砌体和钢筋混凝土构造柱组合墙"。以下重点介绍"砖砌体和钢筋混凝土构造柱组合墙"的施工工艺。

砖砌体和钢筋混凝土构造柱组合墙的施工工艺流程为：绑扎构造柱钢筋→砌砖墙→支构造柱模板→浇筑构造柱混凝土→拆模。绑扎构造柱钢筋、拆模的施工工艺，这里不做介绍，支构造柱模板、浇筑构造柱混凝土的施工工艺，这里只做简要介绍，具体施工要点详见混凝土结构工程部分。这里重点介绍砌砖墙即砖砌体施工。

（一）砖砌体的组砌方式

砖砌体的组砌要求是上下错缝、内外搭接；组砌方式宜采用一顺一丁、梅花丁、三顺一丁。砖砌体的组砌形式及特点见表 3-7。

表 3-7　　　　　　　　　　　　砖砌体的组砌形式特点

组砌形式	组 砌 特 点
满丁满条组砌	最常见的组砌方法。它以上下皮竖缝错开 1/4 砖进行咬合。这种砌法在墙面上又分为十字缝及骑马缝两种形式
梅花丁组砌	这种砌法是在同一皮砖上采用一块顺砖一块丁砖相互交接砌筑，上下皮砖的竖缝也错开 1/4 砖。梅花丁砌法可使内外竖向灰缝每皮都能错开，这样竖向灰缝容易对齐，墙面平整容易控制。适合于清水墙面的砌筑，但工效相对低
三顺一丁	砌三皮顺砖后砌一皮丁砖，上下皮顺砖的竖缝错开 1/2 砖，顺砖与丁砖上下竖缝则错开 1/4 砖。它的优点是墙面容易平整，适用于清水墙

（二）工艺流程

抄平放线→排砖摆底→立皮数杆→盘角挂线→砌筑勾缝→构造柱施工→圈梁施工。

（三）施工要点

1. 抄平放线

（1）抄平。砌筑前，先在砌筑面上根据控制水准点定出结构标高位置。二层以下用水准仪确定，二层以上采用钢尺从底层向上一层传递。如果实际标高与设计有偏差则需进行处理：厚度在不大于 20mm 时用 1：3 水泥砂浆，厚度在大于 20mm 时一般用 C15 细石混凝土找平。砌体砌筑时，当每层砌体砌到约 1.2m 高度时，应随即用水准仪在墙内进行抄平。即在所有墙体内侧弹出该层结构标高加 0.5m 的标高线（现场称为结构五零线）。

（2）放线。砌筑面标高调整好后，还应在砌筑面放出砌体的边线。如果砌体中有形状的变化如门窗洞口等，其位置线也应在砌筑面放出。建筑物底层砌体可按龙门板上轴线定位将砌体中心轴线放到基础面上，根据控制轴线，弹出纵横砌体中心线与边线，定出门洞口位置。二层以上砌体借助于经纬仪把砌体中心轴线引测到楼层上去，或用线锤对准外墙面上的中心线，向上引测。

2. 排砖摆底（摆干砖）

在放线的基面上按选定的组砌方式由一个大角到另一个大角用干砖试摆，砖与砖之间留出 10mm 竖向灰缝宽度。多孔砖的孔洞应垂直于受压面。一般外墙一层砖摆底时，横墙排丁砖，纵墙排顺砖。

为了使砖墙的转角处各皮间竖缝相互错开，必须在外角处砌七分头砖（3/4 砖长）。当采用一顺一丁组砌时，七分头的顺面方向依次砌顺砖，丁面方向依次砌丁砖。砖墙的丁字接头处，应分皮相互砌通，内角相交处竖缝应错开 1/4 砖长，并在横墙端头处加砌七分头砖。砖墙的十字接头处，应分皮相互砌通，交角处的竖缝应相互错开 1/4 砖长。

砖砌体的下列部位不得使用破损砖：

1）砖柱、砖垛、砖拱、砖碹、砖过梁、梁的支承处、砖挑层及宽度小于 1m 的窗间墙部位。

2）起拉结作用的丁砖。

3）清水砖墙的顺砖。

砖砌体在下列部位应使用丁砌层砌筑，且应使用整砖：

1）每层承重墙的最上一皮砖。

2）楼板、梁、柱及屋架的支承处。

3）砖砌体的台阶水平面上。

4）挑出层。

3. 立皮数杆

皮数杆是指在其上划有每皮砖和灰缝厚度，以及门窗洞口、过梁、楼板等高度位置的一种木制标杆。一般可用 50mm×50mm 的方木制作，长度略大于一个楼层高。砌筑时用来控制墙体竖向尺寸及各部位构件的竖向标高，并保证灰缝的均匀性。

砌体结构施工中，在墙的转角处及交接处应设置皮数杆，皮数杆的间距不宜大于 15m。皮数杆基准标高用水准仪校正，使皮数杆上的 ±0.000 与建筑物的 ±0.000 相吻合，以后可以向上接皮数杆，皮数杆标高校正好后，应进行固定。可用卡子或铁钉固定在地面的预埋件上或墙上。

4. 盘角、挂线

砌筑时，一般先砌砌体两端大角，然后再砌中间部位。砌墙角即盘角，每次不应超过五层。墙角砖层高度必须与皮数杆相符合，做到"三皮一吊，五皮一靠"，保证墙角双向垂直。

大角砌好后进行挂线。将准线挂在大角的每一层砖的灰缝中，准线应固定拉紧。两个大角之间的砌体砌筑以此准线进行控制灰缝平直。厚度 240mm 及以下墙体可单面挂线砌筑；厚度为 370mm 及以上的墙体宜双面挂线砌筑。

5. 砌筑、勾缝

砌砖工程宜采用"三一"砌筑法。当采用铺浆法砌筑时，铺浆长度不得超过 750mm；当施工期间气温超过 30℃时，铺浆长度不得超过 500mm。

"三一"砌砖法是指采用一铲灰、一块砖、一挤揉的方法，即满铺、满挤操作法。砌砖时砖要放平、跟线，做到"上跟线，下跟棱，左右相邻要对平"。水平灰缝厚度和竖向灰缝宽度宜为 10mm，但不应小于 8，且不应大于 12mm。砖砌体的灰缝应横平竖直，厚薄均匀。砌体灰缝的砂浆应密实饱满，砖墙水平灰缝的砂浆饱满度不得小于 80％；竖缝宜采用挤浆或加浆方法，不得出现透明缝、瞎缝和假缝。不得用水冲浆灌缝。

砖砌体应随砌随清理干净凸出墙面的余灰。清水墙砌体应随砌随压缝，后期勾缝应深浅一致，深度宜为 8～10mm，并应将墙面清扫干净。混水墙不做勾缝的要求。

6. 构造柱施工

(1) 支模板。构造柱从基础到顶层必须垂直，对准轴线。在逐层安装模板前，必须根据构造柱轴线随时校正竖向钢筋的位置和垂直度。在每层砖墙及其马牙槎砌好后，应立即支设模板，模板必须与所在墙的两侧严密贴紧，支撑牢靠，防止模板缝漏浆。构造柱模板底部应留出 2 皮砖高的孔洞，以便清除模板内的杂物，清除后封闭。

(2) 浇筑混凝土。构造柱浇灌混凝土前，必须将马牙槎部位和模板浇水湿润，将模板内的落地灰、砖渣等杂物清理干净，并在结合面处注入适量与构造柱混凝土相同标号的水泥砂浆。

混凝土随拌随用，拌和好的混凝土应在 1.5h 内浇灌完。构造柱混凝土可分段浇筑，每段高度不宜大于 2m。在施工条件较好并能确保混凝土浇灌密实时，亦可每层一次浇灌。浇筑构造柱混凝土时，应采用小型插入式振动棒边浇筑边振捣的方法，分层振捣，振动棒随振随拔，每次振捣层的厚度不应超过振捣棒长度的 1.25 倍。振捣棒应避免直接碰触砖墙，严禁通过砖墙传振。构造柱与砖墙连接的马牙槎内的混凝土必须密实饱满。

7. 圈梁施工

圈梁虽不属于配筋砌体，但在砌体结构主体工程中，圈梁施工是重要的施工项目。圈梁施工应按照钢筋混凝土结构施工的一般要求进行。圈梁施工的程序为：圈梁钢筋绑扎→圈梁侧模支设→浇混凝土→拆模。

(1) 圈梁钢筋绑扎。砌完砖墙或支完洞口圈梁底模后，即可绑扎圈梁钢筋。圈梁钢筋一般在模内绑扎，按设计图纸要求间距画箍筋位置线，放箍筋后穿受力钢筋，绑扎箍筋。箍筋搭接处应沿受力钢筋互相错开。圈梁与构造柱钢筋交叉处，圈梁钢筋宜放在构造柱受力钢筋内侧。圈架钢筋绑完后，应加水泥砂浆垫块，以控制受力钢筋的保护层。

(2) 圈梁侧模支设。圈梁模板的底模一般为砖混结构的砖墙，安装前宜用砂浆找平。圈梁侧模的支设,一般采用扁担支模法,即在圈梁底面以下一皮砖中,沿墙身每隔0.9~1.2m留一个60mm×120mm洞口,穿50mm×100mm木底楞作扁担,扁担穿墙平面位置距墙两端240mm,每一面墙不宜少于五个洞,在其上紧靠砖墙两侧支侧模,用夹木和斜撑支牢,侧板上口设撑木固定,上口应弹线找平。为简化工序,缩短工期,对圈梁上安装预制板的圈梁模板支设,亦可采用硬架支模法。当模板采用定型组合钢模板时,可采用拉结法。

(3)拆模。圈梁侧模板应在保证混凝土表面及棱角不因拆模而受损伤时方可拆除;如圈梁在拆模后要接着砌筑砖墙,则圈梁混凝土应达到设计强度等级的25%后方可拆除。

(四)技术要求

1. 与构造柱相邻部位砌体的砌筑

与构造柱相邻部位砌体应砌成马牙槎,马牙槎应先退后进,每个马牙槎沿高度方向的尺寸不宜超过300mm,凹凸尺寸不宜小于60mm。砌筑时,砌体与构造柱间应沿墙高每500mm设拉结钢筋,钢筋数量及伸入墙内长度应满足设计要求。

2. 留槎与接槎

(1)砖砌体的转角处和交接处应同时砌筑。在抗震设防烈度8度及以上地区,对不能同时砌筑的临时间断处应砌成斜槎,其中普通砖砌体的斜槎水平投影长度不应小于高度（h）的2/3,多孔砖砌体的斜槎长高比不应小于1/2。砌体临时间断处的高度差,不得超过一步脚手架的高度。

(2)砖砌体的转角处和交接处对非抗震设防及在抗震设防烈度为6度、7度地区的临时间断处,当不能留斜槎时,除转角处外,可留直槎,但应做成凸槎。留直槎处应加设拉结钢筋,其拉结筋应符合下列规定:

1)每120mm墙厚应设置$\phi6$拉结钢筋;当墙厚为120mm时,应设置$2\phi6$拉结钢筋。

2)间距沿墙高不应超过500mm,且竖向间距偏差不应超过100mm。

3)埋入长度从留槎处算起每边均不应小于500mm;对抗震设防烈度6度、7度的地区,不应小于1000mm。

4)末端应设90°弯钩。

(3)砌体接槎时,应将接槎处的表面清理干净,洒水湿润,并应填实砂浆,保持灰缝平直。

3. 拉结钢筋的施工

(1)拉结钢筋应预制加工成型,钢筋规格、数量及长度符合设计要求,且末端应设90°弯钩。埋入砌体中的拉结钢筋,应位置正确、平直,其外露部分在施工中不得任意弯折。

(2)伸入砌体内的拉结钢筋,从接缝处算起,不应小于500mm。对多孔砖墙和砌块墙不应小于700mm。

(3)设置在砌体水平灰缝内的钢筋,应沿灰缝厚度居中放置。灰缝厚度应大于钢筋直径6mm以上。砌体外露面砂浆保护层的厚度不应小于15mm。

(4)由砌体和钢筋混凝土构成的组合砌体构件,其连接受力钢筋的拉结筋应在两端做成弯钩,并在砌筑砌体时正确埋入。

4. 洞口、脚手眼的留置与补砌

(1)设计要求的洞口、沟槽或管道应在砌筑时预留或预埋,并应符合设计规定。未经设计同意,不得随意在墙体上开凿水平沟槽。对宽度大于300mm的洞口上部,应设置过梁。

（2）当墙体上留置临时施工洞口时，应符合下列规定：

1）墙上留置临时施工洞口净宽度不应大于 1m，其侧边距交接处墙面不应小于 500mm。

2）临时施工洞口顶部宜设置过梁，亦可在洞口上部采取逐层挑砖的方法封口，并应预埋水平拉结筋。

3）对抗震设防烈度为 9 度及以上地震区建筑物的临时施工洞口位置，应会同设计单位确定。

4）墙梁构件的墙体部分不宜留置临时施工洞口；当需留置时，应会同设计单位确定。

（3）施工脚手架眼不得设置在下列墙体或部位：

1）120mm 厚墙、清水墙、料石墙、独立柱和附墙柱。

2）过梁上部与过梁成 60°的三角形范围及过梁净跨度 1/2 的高度范围内。

3）宽度小于 1m 的窗间墙。

4）门窗洞口两侧石砌体 300mm，其他砌体 200mm 范围内；转角处石砌体 600mm，其他砌体 450mm 范围内。

5）梁或梁垫下及其左右 500mm 范围内。

6）轻质墙体。

7）夹心复合墙外叶墙。

8）设计不允许设置脚手眼的部位。

（4）当临时施工洞口补砌时，块材及砂浆的强度不应低于砌体材料强度；脚手眼应采用相同块材填塞，且应灰缝饱满。临时施工洞口、脚手眼补砌处的块材及补砌用块材应采用水湿润。

5. 其他

（1）钢筋混凝土构造柱的竖向受力钢筋应在基础梁和楼层圈梁中锚固，锚固长度应符合设计要求。

（2）砌体结构工程施工段的分段位置宜设在结构缝、构造柱或门窗洞口处。相邻施工段的砌筑高度差不得超过一个楼层的高度，也不宜大于 4m。

（3）砌体的垂直度、表面平整度、灰缝厚度及砂浆饱满度，均应随时检查并在砂浆终凝前进行校正。砌筑完基础或每一楼层后，应校核砌体的轴线和标高。

（4）搁置预制梁、板的砌体顶面应找平，安装时应坐浆。当设计无具体要求时，宜采用 1∶3 的水泥砂浆坐浆。

（5）伸缩缝、沉降缝、防震缝中，不得夹有砂浆、块体碎渣和其他杂物。

（6）正常施工条件下，砖砌体每日砌筑高度宜控制在 1.5m 或一步脚手架高度内。

（五）成品保护

（1）砂浆稠度应适宜，砌墙时应防止砂浆溅脏墙面。

（2）在吊放平台脚手架或安装大模板时，指挥人员和起重机司机应认真指挥和操作，防止碰撞已砌好的砖墙。

（3）尚未安装楼板或屋面板的墙和柱，当可能遇到大风时，应采取临时支撑等措施，以保证施工中墙体的稳定性。

（4）雨期施工，应有防止基槽泡水和雨水冲刷砂浆措施，砂浆的稠度应适当减小，每日砌筑高度不宜超过 1.2m，收工时砌体表面应覆盖。

三、填充墙砌体工程施工

填充墙砌体的类型，主要有烧结空心砖砌体、蒸压加气混凝土砌块砌体和轻骨料混凝土小型空心砌块砌体 3 种，目前砌体结构房屋的承重墙广泛采用的是"蒸压加气混凝土砌块砌体"。以下重点介绍"蒸压加气混凝土砌块砌体"的施工工艺。

（一）工艺流程

弹出墙体边线及门窗洞口位置→基层处理（楼面清理、找平）→立皮数杆→确定组砌方式→选砌块、排砌块→铺砂浆→砌块就位→校正→灌缝→墙顶斜砖砌筑与框架顶紧。

（二）施工要点

（1）根据基础或楼层中的控制轴线，测放出填充墙的边线、门窗洞口位置线。

（2）砌筑前应对砌筑部位基层进行清理。将墙体连接处的浮浆、灰尘清扫冲洗干净，并在砌筑前一天浇水使墙与原结构相接处湿润以保证砌体黏结质量。楼面不平整或经排砖后发现灰缝过厚，则应用细石混凝土找平。

（3）砌筑前应立皮数杆，皮数杆尽可能立在填充墙的两端或转角处，间距以 10～15m 为宜。

（4）填充墙的组砌方式一般采用全顺式，上下皮错缝搭砌，搭砌长度不应小于砌块长度的 1/3。

（5）砌筑时应预先试排砌块，并优先使用整体砌块，不够整块可以锯裁成需要的规格，但不得小于砌块长度的 1/3。必须断开砌块时，应使用手锯、切割机等专用工具锯裁整齐，并保护好砌块的棱角，不得用斧子、瓦刀任意砍凿。锯裁砌块的长度不应小于砌块总长度的 1/3；长度小于等于 150mm 的砌块不得上墙。

（6）加气混凝土砌块的砌筑方法为铺浆法，一次铺浆长度不应大于 2m，一般以一块砌块长度为宜，铺浆要厚薄均匀适当、浆面平整。

（7）铺浆后，立即放置端头铺满砂浆的砌块，一次摆正找平，做到"边选材、边砌筑、上跟线、下跟棱、安放要平整"。

（8）砌筑时应随砌随校正，经常检查墙体的垂直度、平整度，并应在砂浆初凝前用小木锤或撬杠轻轻进行校正，做到"高平整、立垂直、砌一块校正一块"。

（9）砌块间竖缝宜用临时夹板夹紧后填满砂浆，并插捣密实，不得有透明缝、瞎缝和假缝；严禁用水冲浆浇灌灰缝，也不得用石子垫灰缝。砌体灰缝要做到横平竖直，水平灰缝和竖缝的砂浆饱满度均不得小于 80%。正、反手墙面均宜进行勾缝。

（10）砌体转角处及纵横墙相交处应同时砌筑，砌块应分皮咬槎、交错搭砌；砌块墙的 T 字交接处，应使横墙砌块隔皮端面露头。当不能同时砌筑时，临时间断应留置在门窗洞口处，或砌成阶梯形斜槎，斜槎长度不小于高度的 2/3。如留斜槎有困难时，也可留直槎，但必须设置拉结网片或其他措施。接槎时，应先处理基面，浇水湿润，然后铺浆砌筑，并做到灰缝饱满。

（11）外墙转角处、与承重墙交接处，均应沿墙高 1m 左右，在水平灰缝中放置拉结钢筋（拉结钢筋一般为 2ϕ6），钢筋伸入墙内不少于 700mm。

（12）砌体与混凝土柱或剪力墙相接处，一般采用混凝土柱或剪力墙上预埋铁件加焊拉结钢筋或化学植筋的方式留置拉结筋或网片，留设应符合设计和规范要求。铺砌时将拉结筋埋直、铺平。

（13）施工过程中应严格按设计要求留设构造柱。当设计无要求时，应在墙的端部、墙角和纵横墙相交处设构造柱；当墙长大于 5m 时，应间隔设置。圈梁宜设在填充墙高度中部。

（14）砌体与门窗的连接可通过预埋木砖实现。木砖经防腐后可埋入预制混凝土块中，随加气混凝土砌块一起砌筑。在门窗洞口两侧，洞口高度在 2m 以内每边砌筑 3 块，洞口高度大于 2m 时砌 4 块。混凝土砌块四周的砂浆要饱满密实。

（15）填充墙顶部与承重主体结构之间的空隙部位，应在填充墙砌筑 14d 后进行砌筑。砌筑时，宜用烧结普通砖或多孔砖斜砌顶紧，其倾斜度为 60°左右，砌筑砂浆应饱满密实。

（16）通常情况下，填充墙砌体每日砌筑高度不宜超过 1.8m 或一步脚手架高度。砌好的填充墙不能撬动、碰撞、松动，否则应重新砌筑。

（三）技术要求

（1）在没有采取有效措施的情况下，不应在下列部位或环境中使用轻骨料混凝土小型空心砌块或蒸压加气混凝土砌块砌体：

1）建筑物防潮层以下墙体。

2）长期浸水或化学侵蚀环境。

3）砌体表面温度高于 80℃的部位。

4）长期处于有振动源环境的墙体。

（2）在厨房、卫生间、浴室等处采用轻骨料混凝土小型空心砌块、蒸压加气混凝土砌块砌筑墙体时，墙体底部宜现浇混凝土坎台，其高度宜为 150mm。

（3）填充墙的拉结筋当采用化学植筋的方式设置时，应按《砌体结构工程施工规范》（GB 50924—2014）附录 B、C 的规定进行拉结钢筋的施工与实体检测。

（4）填充墙砌体与主体结构间的连接构造应符合设计要求，未经设计同意，不得随意改变连接构造方法。

（5）抗震设防地区的填充砌体应按设计要求设置构造柱及水平连系梁，且填充砌体的门窗洞口部位，砌块砌筑时不应侧砌。

（6）填充墙砌体砌筑，应在承重主体结构检验批验收合格后进行。

（7）当蒸压加气混凝土砌块需断开时，应采用无齿锯切割，裁切长度不应小于砌块总长度的 1/3。

（8）蒸压加气混凝土砌块、轻骨料混凝土小型空心砌块等不同强度等级的同类砌块不得混砌，亦不应与其他墙体材料混砌。但在墙底、墙顶及门窗洞口处局部采用烧结砖和多孔砖砌筑不视为混砌。

（9）填充墙砌筑时应上下错缝，搭接长度不宜小于砌块长度的 1/3，且不应小于 150mm。当不能满足时，在水平灰缝中应设置 $2\phi6$ 钢筋或 $\phi4$ 钢筋网片加强，加强筋从砌块搭接的错缝部位起，每侧搭接长度不宜小于 700mm。

（10）蒸压加气混凝土砌块采用薄层砂浆砌筑法砌筑时，应符合下列规定：

1）砌筑砂浆应采用专用黏结砂浆。

2）砌块不得用水浇湿，其灰缝厚度宜为 2～4mm。

3）砌块与拉结筋的连接，应预先在相应位置的砌块上表面开设凹槽；砌筑时，钢筋应居中放置在凹槽砂浆内。

4）砌块砌筑过程中，当在水平面和垂直面上有超过 2mm 的错边量时，应采用钢齿磨板和磨砂板磨平，方可进行下道工序施工。

（11）采用非专用黏结砂浆砌筑时，水平灰缝厚度和竖向灰缝宽度不应超过 15mm。

（四）成品保护

（1）砌块运输和堆放时，应轻吊轻放，堆垛之间应保持适当的通道。

（2）加气混凝土砌块墙上不得留脚手眼，搭拆脚手架时不得冲撞已砌墙体和门窗边角。

（3）各种预留洞、预埋件、预埋管，应按设计要求设置，不得砌筑后剔凿。

（4）在填充墙上钻孔、镂槽或切锯时，应使用专用工具，不得任意剔凿。

（5）雨天施工应有防雨措施。

四、石砌体工程施工

石砌体分为毛石砌体和料石砌体，可用作基础、墙体、挡土墙。房屋建筑工程中常见的石砌体为毛石基础，以下重点介绍毛石基础的施工工艺。

（一）工艺流程

抄平放线→立皮数杆→拉垂线及水平线→砌角石→砌中间石块→检查校正→勾缝。

（二）施工要点

（1）砌筑前，应检查基槽（坑）的土质、轴线、尺寸和标高，清除杂物，打好夯底。地基过湿时，应铺 10cm 厚的砂子、矿渣或砂砾石填平夯实。

（2）根据设置的龙门板或中心桩放出基础轴线及边线，抄平，在两端立好皮数杆，划出分层砌石高度，标出台阶收分尺寸。

（3）毛石基础砌筑时应拉垂线及水平线，采用铺浆法砌筑。先砌转角部分，后砌中间部分。毛石砌体的第一皮及转角处、交接处和洞口处，应采用较大的平毛石砌筑。

（4）砌第一皮毛石时，应按所放的基础边线，先在基坑底铺设砂浆（坐浆），再将毛石的大面向下，放置平稳，并灌浆。

（5）毛石砌体的灰缝应饱满密实，叠砌面的粘灰面积（砌体灰缝的砂浆饱满度）不应小于 80%，外露面的灰缝厚度不宜大于 40mm（一般为 20～30mm），石块间不得有相互接触现象。

（6）砌第二皮以上各皮毛石时，应双面挂线，分皮卧砌，大、中、小毛石搭配使用，每层高度为 300～400mm，大体砌平。毛石砌体应上下错缝，内外搭砌，搭接长度不得小于 80mm；内外搭砌时，不得采用外面侧立石块中间填心的砌筑方法，中间不得有铲口石、斧刃石和过桥石；石块间较大的空隙应先填塞砂浆，后用碎石块嵌实，不得采用先摆碎石后塞砂浆或干填碎石块的方法。砌筑时，不应出现通缝、干缝、空缝和孔洞。

（7）毛石基础必须设置拉结石。拉结石应均匀分布，相互错开，毛石基础同皮内宜每隔 2m 设置一块；毛石墙应每 0.7m² 墙面至少设置一块，且同皮内的中距不应大于 2m。当基础宽度或墙厚不大于 400mm 时，拉结石的长度应与基础宽度或墙厚相等；当基础宽度或墙厚大于 400mm 时，可用两块拉结石内外搭接，搭接长度不应小于 150mm，且其中一块的长度不应小于基础宽度或墙厚的 2/3。

（8）毛石基础的扩大部分，如做成阶梯形，上级阶梯的石块应至少压砌下级阶梯石块的 1/2，相邻阶梯的毛石应相互错缝搭砌。

（9）每砌完一皮，必须检查校正一次，以避免出现偏斜现象。毛石基础最上一皮宜选用较大的平毛石，使其咬劲大。基础侧面要保持大体平整、垂直，不得有倾斜、内陷和外鼓现象。

（10）砌好后外侧石缝应用砂浆勾缝。石砌体勾缝时，应符合下列规定：

1）勾平缝时，应将灰缝嵌塞密实，缝面应与石面相平，并应把缝面压光。

2）勾凸缝时，应先用砂浆将灰缝补平，待初凝后再抹第二层砂浆，压实后应将其捋成宽度为 40mm 的凸缝。

3）勾凹缝时，应将灰缝嵌塞密实，缝面宜比石面深 10mm，并把缝面压平溜光。

（11）毛石砌体的转角处和交接处应同时砌筑。对不能同时砌筑而又需留置的临时间断处，应砌成斜槎，斜槎长度不应小于斜槎高度，斜槎面上毛石不应找平，继续砌筑时应将斜槎面清理干净。基础中的预留孔洞，要按图纸要求预先留出，不得砌完后凿洞。沉降缝应分成两段砌筑，不得搭接。

（12）在砌筑过程中，如需调整石块时，应将毛石提起，刮去原有砂浆重新砌筑。严禁用敲击方法调整，以防松动周围砌体。当基础砌至顶面一层时，上皮石块伸入墙内长度应不小于墙厚的 1/2，亦即上一皮石块排出或露出部分的长度，不应大于该石块的 1/2 长度或宽度。

（13）石砌体每天的砌筑高度不得大于 1.2m。每砌完应在当天砌的砌体上，铺一层灰浆，表面应粗糙。夏季施工时，对刚砌完的砌体，应用草袋覆盖养护 5～7d，避免风吹、日晒、雨淋。毛石基础全部砌完，要及时在基础两边均匀分层回填土，分层夯实。

（三）成品保护

（1）避免在已完成的砌体上修凿石块和堆放石料。

（2）基础顶面要用草帘子盖好，不准人和车辆在上面行走。

（3）基础墙砌筑完毕，应继续加强对龙门板、龙门桩、水平桩的保护，防止碰撞损坏。

（4）基础位于地下水位以下时，砌筑完毕应继续降水，直至回填完成，始可停止降水，以防止浸泡地基和基础。

（5）基础回填土应在两侧同时进行，如仅在一侧回填，未回填的一侧应加支撑。

五、混凝土小型空心砌块砌体工程施工

（一）工艺流程

墙体放线→砌块排列→铺砂浆→砌块就位与校正→竖缝灌砂浆→浇筑芯柱混凝土。

（二）施工要点

1. 墙体放线

砌体施工前，应将基础面或楼层结构面按标高找平，依据砌筑图放出第一皮砌块的轴线、砌体边线和洞口线。

2. 砌块排列

按砌块排列图在墙体线范围内分块定尺、画线，排列砌块的方法和要求如下：

（1）砌块砌体在砌筑前，应根据工程设计施工图，结合砌块的品种、规格、绘制砌体砌块的排列图，经审核无误，按图排列砌块。

（2）砌块排列应从地基或基础面、±0.000 面开始排列，排列时尽可能采用主规格的砌块，砌体中主规格砌块应占总量的 75%～80%。

（3）砌块排列上、下皮应错缝搭砌，搭砌长度一般为砌块的 1/2，不得小于砌块高的 1/3，也不应小于 150mm，如果搭错缝长度满足不了规定的压搭要求，应采取压砌钢筋网片的措施，具体构造按设计规定。

（4）外墙转角及纵横墙交接处，应将砌块分皮咬槎，交错搭砌，如果不能咬槎时，按设计要求采取其他的构造措施，砌体垂直缝与门窗洞口边线应避开同缝，且不得采用砖镶砌。

（5）砌体水平灰缝厚度一般为 15mm，如果加钢筋网片的砌体，水平灰缝厚度为 20～25mm，垂直灰缝宽度为 20mm。大于 30mm 的垂直缝，应用 C20 的细石混凝土灌实。

3. 铺砂浆

按设计要求的砂浆品种、强度制配砂浆，配合比应由试验室确定，采用质量比，计量精度为水泥±2％，砂、灰膏控制在±5％以内，应采用机械搅拌，搅拌时间不少于 1.5min。

将搅拌好的砂浆，通过吊斗、灰车运至砌筑地点，在砌块就位前，用大铲、灰勺进行分块铺灰，较小的砌块量大铺灰长度不得超过 1500mm。

4. 砌块就位与校正

砌块砌筑前一天应进行浇水湿润，冲去浮尘，清除砌块表面的杂物后方可吊、运就位。砌筑就位应先远后近、先下后上、先外后内，每层开始时，应从转角处或定位砌块处开始，应吊砌一皮、校正一皮，皮皮拉线控制砌体标高和墙面平整度。

砌块安装时，起吊砌块应避免偏心，使砌块底面能水平下落，就位时由人手扶控制，对准位置，缓慢地下落，经小撬棒微撬，用托线板挂直、核正为止。

5. 竖缝灌砂浆

每砌一皮砌块，就位校正后，用砂浆灌垂直缝，随后进行灰缝的勒缝（原浆勾缝），深度一般为 3～5mm。

6. 浇筑芯柱混凝土

砌筑芯柱部位的墙体，应采用不封底的通孔小砌块。每根芯柱的柱脚部位应采用带清扫口的 U 形、E 形、C 形或其他异形小砌块砌留操作孔。砌筑芯柱部位的砌块时，应随砌随刮去孔洞内壁凸出的砂浆，直至一个楼层高度，并应及时清除芯柱孔洞内掉落的砂浆及其他杂物。

芯柱混凝土宜采用符合现行行业标准《混凝土砌块（砖）砌体用灌孔混凝土》（JC 861—2008）的灌孔混凝土。芯柱混凝土的拌制、运输、浇筑、养护、成品质量，应符合现行国家标准《混凝土结构工程施工质量验收规范》（GB 50204）的要求。

浇筑芯柱混凝土，应符合下列规定：

（1）应清除孔洞内的杂物，并应用水冲洗，湿润孔壁。

（2）当用模板封闭操作孔时，应有防止混凝土漏浆的措施。

（3）砌筑砂浆强度大于 1.0MPa 后，方可浇筑芯柱混凝土，每层应连续浇筑。

（4）浇筑芯柱混凝土前，应先浇 50mm 厚与芯柱混凝土配比相同的去石水泥砂浆，再浇筑混凝土；每浇筑 500mm 左右局度，应捣实一次，或边浇筑边用插入式振捣器捣实。

（5）应预先计算每个芯柱的混凝土用量，按计量浇筑混凝土。

（6）芯柱与圈梁交接处，可在圈梁下 50mm 处留置施工缝。

（7）芯柱混凝土在预制楼盖处应贯通，不得削弱芯柱截面尺寸。

（三）施工要求

（1）底层室内地面以下或防潮层以下的砌体，应采用水泥砂浆砌筑，小砌块的孔洞应采用强度等级不低于 Cb20 或 C20 的混凝土灌实。防潮层以上的小砌块砌体，宜采用专用砂浆砌筑；当采用其他砌筑砂浆时，应采取改善砂浆和易性和黏结性的措施。

（2）砌筑墙体时，小砌块产品龄期不应小于 28d。承重墙体使用的小砌块应完整、无破损、无裂缝。小砌块表面的污物应在砌筑时清理干净，灌孔部位的小砌块，应清除掉底部孔洞周围的混凝土毛边。砌块砌筑时的含水率，对普通混凝土小砌块，宜为自然含水率，当天气干燥炎热时，可提前浇水湿润；对轻骨料混凝土砌块，宜提前 1～2d 浇水湿润。

（3）当砌筑厚度大于 190mm 的小砌块墙体时，宜在墙体内外侧双面挂线。砌筑小砌块时，宜使用专用铺灰器铺放砂浆，且应随铺随砌，将小砌块生产时的底面朝上反砌于墙上。当未采用专用铺灰器时，砌筑时的一次铺灰长度不宜大于 2 块主规格块体的长度。水平灰缝应满铺下皮小砌块的全部壁肋或单排、多排孔小砌块的封底面；竖向灰缝宜将小砌块一个端面朝上满铺砂浆，上墙应挤紧，并应加浆插捣密实。

（4）小砌块砌体的水平灰缝厚度和竖向灰缝宽度宜为 10mm，但不应小于 8mm，也不应大于 12mm，且灰缝应横平竖直。

（5）小砌块墙内不得混砌黏土砖或其他墙体材料。当需局部嵌砌时，应采用强度等级不低于 C20 的适宜尺寸的配套预制混凝土砌块。

（6）小砌块砌体应对孔错缝搭砌。搭砌应符合下列规定：

1）单排孔小砌块的搭接长度应为块体长度的 1/2，多排孔小砌块的搭接长度不宜小于砌块长度的 1/3。

2）当个别部位不能满足搭砌要求时，应在此部位的水平灰缝中设 $\phi 4$ 钢筋网片，且网片两端与该位置的竖缝距离不得小于 400mm，或采用配块。

3）墙体竖向通缝不得超过 2 皮小砌块，独立柱不得有竖向通缝。

（7）墙体转角处和纵横交接处应同时砌筑。临时间断处应砌成斜槎，斜槎水平投影长度不应小于斜槎高度。临时施工洞口可预留直槎，但在补砌洞口时，应在直槎上下搭砌的小砌块孔洞内用强度等级不低于 Cb20 或 C20 的混凝土灌实。厚度为 190mm 的自承重小砌块墙体宜与承重墙同时砌筑；厚度小于 190mm 的自承重小砌块墙宜后砌，且应按设计要求预留拉结筋或钢筋网片。

（8）砌筑小砌块墙体时，对一般墙面，应及时用原浆勾缝，勾缝宜为凹缝，凹缝深度宜为 2mm；对装饰夹心复合墙体的墙面，应采用勾缝砂浆进行加浆勾缝，勾缝宜为凹圆或 V 形缝，凹缝深度宜为 4～5mm。

（9）需移动砌体中的小砌块或砌筑完成的砌体被撞动时，应重新铺砌。

（10）砌入墙内的构造钢筋网片和拉结筋应放置在水平灰缝的砂浆层中，不得有露筋现象。钢筋网片应采用点焊工艺制作，且纵横筋相交处不得重叠点焊，应控制在同一平面内。

（11）直接安放钢筋混凝土梁、板或设置挑梁墙体的顶皮小砌块应正砌，并应采用强度等级不低于 Cb20 或 C20 混凝土灌实孔洞，其灌实高度和长度应符合设计要求。

（12）固定现浇圈梁、挑梁等构件侧模的水平拉杆、扁铁或螺栓所需的穿墙孔洞，宜在砌体灰缝中预留，或采用设有穿墙孔洞的异型小砌块，不得在小砌块上打洞。利用侧砌的小砌块孔洞进行支模时，模板拆除后应采用强度等级不低于 Cb20 或 C20 混凝土填实孔洞。

（13）砌筑小砌块墙体应采用双排脚手架或工具式脚手架。当需在墙上设置脚手眼时，可采用辅助规格的小砌块侧砌，利用其孔洞作脚手眼，墙体完工后应采用强度等级不低于Cb20或C20的混凝土填实。

（14）正常施工条件下，小砌块砌体每日砌筑高度宜控制在1.4m或一步脚手架高度内。

（四）成品保护

（1）装门窗框时，应注意保护好固定框的埋件，应参照相关图集施工，使门窗框固定牢固。

（2）砌体上的设备槽孔以预留为主，因漏埋或未预留时应采取措施，不因剔凿而损坏砌体的完整性。

（3）砌筑施工应及时清除落地砂浆。

（4）拆除施工架子时，注意保护墙体及门窗口角。

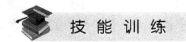

技 能 训 练

一、单项选择

1. 单排扣件式脚手架搭设高度不应超过（　　）m。
　　A. 24　　　　　　　　　　　　　　B. 30
　　C. 40　　　　　　　　　　　　　　D. 50

2. 双排扣件式脚手架搭设高度不应超过（　　）m。
　　A. 24　　　　　　　　　　　　　　B. 30
　　C. 40　　　　　　　　　　　　　　D. 50

3. 脚手架搭设高度超高时，最适用的是（　　）。
　　A. 双立杆脚手架　　　　　　　　　B. 钢管悬挑脚手架
　　C. 型钢悬挑脚手架　　　　　　　　D. 工具式脚手架

4. 一次悬挑脚手架高度不宜超过（　　）m。
　　A. 20　　　　　　　　　　　　　　B. 25
　　C. 30　　　　　　　　　　　　　　D. 35

5. 砖砌体工程中可设置脚手眼的墙体或部位是（　　）。
　　A. 120mm 厚墙　　　　　　　　　　B. 砌体门窗洞口两侧 450mm 处
　　C. 独立柱　　　　　　　　　　　　D. 宽度为 800mm 的窗间墙

6. 关于现场拌制的砌筑砂浆使用时间的说法，正确的是（　　）。
　　A. 常温下（30℃以下）水泥混合砂浆应在 3h 内使用完毕
　　B. 高温下（30℃以上）水泥砂浆应在 3h 内使用完毕
　　C. 水泥砂浆、混合砂浆应分别在 2h 和 3h 内使用完毕
　　D. 水泥砂浆、混合砂浆应分别在 3h 和 2h 内使用完毕

7. 砖砌体留直槎时应加设拉结筋，拉结筋应沿墙高每（　　）mm 留一道。
　　A. 300　　　　　　　　　　　　　　B. 500
　　C. 750　　　　　　　　　　　　　　D. 1000

8. 砖砌体墙体施工时，其分段位置宜设在（　　）。
　　A. 墙长的中间部位　　　　　　　　B. 墙体门窗洞口处

C. 墙断面尺寸较大部位　　　　　　　　　　D. 墙断面尺寸较小部位

9. 关于砖砌体直槎处加设拉结钢筋的说法，正确的是（　　　）。

A. 墙厚每增加 120mm 应多放置 1φ6 拉结钢筋

B. 间距沿墙高不应超过 800mm

C. 埋入长度从留槎处算起每边均不应小于 300mm

D. 末端应有 135°弯钩

10. 下列砌筑加气混凝土砌块时错缝搭接的做法中，正确的是（　　　）。

A. 搭砌长度不应小于 1/4 砌块长

B. 搭砌长度不应小于 100mm

C. 搭砌长度不应小于砌块长度的 1/3

D. 搭砌的同时应在水平灰缝内设 2 批的钢筋网片

11. 关于小砌块砌筑方式的说法，正确的是（　　　）。

A. 底面朝下正砌　　　　　　　　　　　　　B. 底面朝外垂直砌

C. 底面朝上反砌　　　　　　　　　　　　　D. 底面朝内垂直砌

二、多项选择

1. 下列选项中，关于连墙件设置位置的要求，叙述正确的有（　　　）。

A. 偏离主节点的距离不应大于 300mm

B. 偏离主节点的距离不应大于 600mm

C. 宜靠近主节点设置

D. 应从脚手架底层第一步纵向水平杆处开始设置

E. 应在脚手架第二步纵向水平杆处开始设置

2. 关于砖砌体工程施工的说法，正确的有（　　　）。

A. 砌体水平灰缝的砂浆饱满度不得小于 85％

B. 砌筑砖砌体时，砌块应提前 1～2d 浇水润湿

C. 砖过梁底部的模板，在灰缝砂浆强度高于设计强度的 50％时可以拆除

D. 地面以下或防潮层以下的砌体可采用多孔烧结砖砌筑

E. 砖砌体组砌方法应正确，上下错缝，内外搭接，砖柱可采用包心砌法

3. 关于填充墙砌体工程的说法，正确的有（　　　）。

A. 砌筑前加气混凝土砌块应提前 2d 浇水湿透

B. 用轻骨料混凝土小型空心砌块砌筑墙体时，墙体底部可用烧结多孔砖砌筑

C. 蒸压加气混凝土砌块墙体下部可现浇混凝土坎台，高度不小于 200mm

D. 蒸压加气混凝土砌块堆置高度不宜超过 2m，并应防止雨淋

E. 轻骨料混凝土小型空心砌块搭砌长度不应小于砌块长度的 1/3

4. 关于混凝土小型空心砌块砌体工程的说法，正确的有（　　　）。

A. 施工时所用小砌块的龄期不应小于 28d

B. 空心砌块在天气炎热干燥的情况下可提前洒水润湿

C. 所有墙体中严禁使用断裂的小砌块

D. 砌筑时小砌块应底面朝上反砌

E. 小砌块墙体应错孔错缝搭砌

项目4 混凝土结构工程

混凝土结构是以混凝土为主制成的结构，包括素混凝土结构、钢筋混凝土结构和预应力混凝土结构。按施工方法可分为现浇结构和装配式结构。目前广泛采用的是现浇钢筋混凝土结构，其次是预应力混凝土结构。混凝土结构工程作为子分部工程，包括模板工程、钢筋工程、混凝土工程、预应力工程等分项工程。现浇钢筋混凝土墙、柱施工的主要工序是：钢筋绑扎→模板安装→混凝土浇筑养护→模板拆除；现浇钢筋混凝土梁、板、楼梯施工的主要工序是：模板安装→钢筋绑扎→混凝土浇筑养护→模板拆除。

任务1 模板工程施工

模板工程的主要内容包括模板的设计、制作、安装和拆除。模板工程除应符合《建筑施工模板安全技术规范》（JGJ 162—2008）的要求外，尚应符合《混凝土结构工程施工规范》（GB 50666—2011）等国家现行有关标准的规定。模板工程应编制专项施工方案。

一、模板构造

（一）模板组成

由面板、支架和连接件三部分系统组成的体系称为模板体系，一般简称为"模板"。面板是指直接接触新浇混凝土的承力板，包括拼装的板和加肋楞带板。面板的种类有钢、木、胶合板、塑料板等。支架是指支撑面板用的楞梁、立柱、斜撑、剪刀撑和水平拉条等构件的总称。连接件是指面板与楞梁的连接、面板自身的拼接、支架结构自身的连接和其中二者相互间连接所用的零配件，包括卡销、螺栓、扣件、卡具、拉杆等。

模板及其支架应满足实用性、安全性、经济性要求。模板要保证构件形状尺寸和相互位置的正确，且构造简单，支拆方便、表面平整、接缝严密不漏浆等。模板及其支架具有足够的强度、刚度和稳定性，保证施工中不变形、不破坏、不倒塌。在确保工程质量、安全和工期的前提下，尽量减少一次性投入，增加模板周转，减少支拆用工。

（二）模板分类

1. 按施工方法分类

模板按施工方法分为：现场拆装式模板、固定式模板、移动式模板和永久性模板。

（1）现场拆装式模板。现场拆装式模板是在施工现场按照设计要求的结构形状、尺寸及空间位置现场组装的模板，当混凝土达到拆模强度后拆除模板，如普通模板（又称组合式模板）、早拆模板等。早拆模板是指在模板支架立柱的顶端，采用柱头的特殊构造装置来保证国家现行标准所规定的拆模原则下，达到早期拆除部分模板的体系。

（2）固定式模板。固定式模板是按照构件的形状、尺寸在现场或预制构件制作模板，然后涂刷隔离剂，浇筑混凝土。当混凝土达到规定的拆模强度后，脱模，清理模板，涂刷隔离剂，再制作下一批构件。固定式模板多用于制作预制构件的模板。各种胎模即属于固定式模板。

（3）移动式模板。移动式模板（又称工具式模板），是随着混凝土的浇筑可以移动的模板。如滑动模板、大模板、爬模、飞模、台模、隧道模等。

1）滑动模板。模板一次组装完成，上面设置有施工作业人员的操作平台，并从下而上采用液压或其他提升装置沿现浇混凝土表面边浇筑混凝土边进行同步滑动提升和连续作业，直到现浇结构的作业部分或全部完成。其特点是施工速度快、结构整体性能好、操作条件方便和工业化程度较高。

2）大模板。它由板面结构、支撑系统、操作平台和附件等组成。是现浇墙壁结构施工的一种工具式模板。其特点是以建筑物的开间、进深和层高为大模板尺寸，由于面板为钢板组成，其优点是模板整体性好、抗振性强、无拼缝等；缺点是模板重量大，移动安装需起重机械吊运。

3）爬模。以建筑物的钢筋混凝土墙体为支承主体，依靠自升式爬升支架使大模板完成提升、下降、就位、校正和固定等工作的模板系统。

4）飞模。飞模主要由平台板、支撑系统（包括梁、支架、支撑、支腿等）和其他配件（如升降和行走机构等）组成。它是一种大型工具式模板，由于可借助起重机械，从已浇好的楼板下吊运飞出，转移到上层重复使用，称为飞模。因其外形如桌，故又称桌模或台模。

5）台模。台模是一种大型工具模板，用于浇筑楼板。台模由面板、纵梁、横梁和台架等组成的一个空间组合体。台架下装有轮子，以便移动。有的台模没有轮子，用专用运模车移动。利用台模浇筑楼板可省去模板的装拆时间，能节约模板材料和降低劳动消耗，但一次性投资较大，且须大型起重机械配合施工。

6）隧道模。一种组合式的、可同时浇筑墙体和楼板混凝土的、外形像隧道的定型模板。

（4）永久性模板。永久性模板在钢筋混凝土结构施工时起模板作用，而当浇筑的混凝土结硬后模板不再取出而成为结构本身的组成部分。如压型钢板模板、钢筋混凝土薄板模板等。

2. 普通模板按面板材料分类

普通模板按面板材料可分为组合钢模板、木模板、胶合板模板、塑料模板等。

（1）组合钢模板。组合钢模板由钢模板和配件两大部分组成。其中，钢模板包括平面模板、阳角模板、阴角模板、联接角模等通用模板（图 4-1）和倒棱模板、梁腋模板、柔性模板、搭接模板、可调模板及嵌补模板等专用模板；配件由连接件和支承件两部分组成。连接

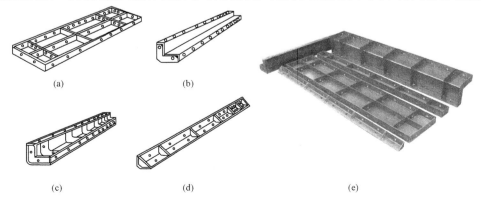

(a)　　　　　　　　(b)

(c)　　　　　　　　(d)　　　　　　　　(e)

图 4-1　钢模板

（a）平面模板；（b）阳角模板；（c）阴角模板；（d）联接角模；（e）实物图

件包括 U 形卡、L 形插销、钩头螺栓、紧固螺栓、对拉螺栓、扣件等；支承件包括钢楞、柱箍、钢支柱、斜撑、扣件式支架、梁卡具和桁架等。

组合钢模板的优点是轻便灵活、拆装方便、通用性强、周转率高等；缺点是接缝多且严密性差，导致混凝土成型后外观质量差。

（2）木模板。木模板的基本元件是拼板（图 4-2），拼板由板条和拼条（木档）组成。木模板的优点是较适用于外形复杂或异形截面的混凝土构件及冬期施工的混凝土工程；缺点是制作量大，木材资源浪费大等。

（3）胶合板模板。胶合板模板又称钢（木）框胶合板模板，可分为木胶合板模板、竹胶合板模板（图 4-3）和复合纤维板模板三种类型。与组合钢模板相比，其特点为自重轻、用钢量少、面积大、模板拼缝少、维修方便等。木胶合板模板的周转次数在 10 次以内，复合纤维板模板的成本较高，因而使用这两种模板的广泛性受到一定限制。竹胶合板模板综合效益高，目前广泛应用于楼板模板、墙体模板、柱模板等大面积模板。

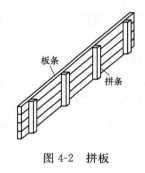

图 4-2　拼板

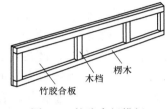

图 4-3　竹胶合板模板

（4）塑料模板。塑料用作模板材料，优点是质轻，易加工成小曲率的曲面模板；缺点是材料价格偏高，模板刚度小。塑料模板主要用于现浇密肋楼板施工。

3. 按现浇结构构件种类分类

模板按现浇结构构件种类可分为基础模板、柱模板、墙模板、梁模板、楼板模板、楼梯模板等。

（1）柱模板。柱模板主要由侧模（包括加劲肋）、柱箍、底部固定框、清理孔四个部分组成。柱箍应采用扁钢、角钢、槽钢和木楞制成。柱的横断面较小，混凝土浇筑速度快，柱侧模上所受的新浇筑混凝土压力较大，特别要求柱模板拼缝严密、底部固定牢靠，柱箍间距适当，并保证其垂直度。此外，对高的柱模板，为便于浇筑混凝土，可沿柱高度每隔 2m 开设浇筑孔。

（2）墙模板。墙模板由侧模（面板）、内楞、外楞、斜撑、对拉螺栓及撑块五个部分组成。墙模板的侧模可采用组合钢模板、钢框胶合板模板等。内外楞可采用方木、内卷边槽钢、圆钢管或矩形钢管等。

（3）梁、板模板。现浇混凝土楼面结构多为梁板结构，梁和楼板的模板通常一起拼装。梁模板由底模及侧模组成。底模承受竖向荷载，刚度较大，下设支撑；侧模承受混凝土侧压力，其底部用夹条夹住，顶部由支承楼板模板的小楞顶住或斜撑顶住。

梁与楼板模板的垂直支撑可选用可调式钢支柱、扣件式钢管支架、碗扣式钢管支架、门式钢管支架以及方塔钢管支架等。单管钢支柱的支承高度为 3～4m；支架在承载能力允许范围内可搭设任意高度。

楼板模板的水平支撑主要有小楞、大楞或桁架等。小楞支承模板，大楞支承小楞。当层间高度大于 5m 或需要扩大施工空间时，可选用桁架等来支承小楞。

二、模板安装

(一) 施工准备

1. 材料准备

模板、支架杆件和连接件的进场检查，应符合下列规定：

(1) 模板表面应平整；胶合板模板的胶合层不应脱胶翘角；支架杆件应平直，应无严重变形和锈蚀；连接件应无严重变形和锈蚀，并不应有裂纹。

(2) 模板的规格和尺寸，支架杆件的直径和壁厚，连接件的质量，应符合设计要求。

(3) 施工现场组装的模板，其组成部分的外观和尺寸，应符合设计要求。

(4) 必要时，应对模板、支架杆件和连接件的力学性能进行抽样检查。

(5) 应在进场时和周转使用前全数检查外观质量。

2. 主要机具

木工圆锯、木工平刨、压刨、手提电锯、打眼电钻、扳手、钳子、线坠、靠尺板、方尺等。

3. 作业条件

(1) 模板应按照配模图编号，并均匀涂刷脱模剂，分规格码放，并有防雨，防潮、防砸措施。

(2) 柱子、墙钢筋绑扎完毕，水电管线及预埋件已安装，绑好钢筋保护层垫块，并办理好隐蔽验收手续。

(3) 竖向模板和支架立柱支承部分安装在基土上时，应加设垫板，垫板应有足够强度和支承面积，且应中心承载。基土应坚实，并应有排水措施。对湿陷性黄土应有防水措施；对特别重要的结构工程可采用混凝土、打桩等措施防止支架柱下沉。对冻胀性土应有防冻融措施。

(4) 模板及其支架在安装过程中，必须设置有效防倾覆的临时固定设施。

(5) 当模板安装高度超过 3.0m 时，必须搭设脚手架，除操作人员外，脚手架下不得站其他人。

(二) 施工工艺

1. 柱模板安装

(1) 工艺流程。弹柱位置线→抹找平层做定位墩→安装柱模板→安柱箍→安拉杆或斜撑。

(2) 施工要点。

1) 按标高抹好水泥砂浆找平层，按位置线做好定位墩台，以便保证柱轴线、边线与标高的准确，或者按照放线位置，在柱四边离地 5～8cm 处的主筋上焊接支杆，从四面顶住模板以防止位移。

2) 安装柱模板：通排柱，先装两端柱，经校正、固定、拉通线校正中间各柱。模板按柱子大小，预拼成一面一片（一面的一边带一个角模），或两面一片，就位后先用铅丝与主筋绑扎临时固定，用 U 形卡将两侧模板连接卡紧，安装完两面再安另外两面模板。钢模板之间应加海绵条夹紧，防止漏浆。

3）安装柱箍：柱箍可用角钢、钢管等制成，柱箍应根据柱模尺寸、混凝土侧压力大小，在模板设计中确定柱箍尺寸间距。

4）安装柱模的拉杆或斜撑：柱模每边设 2 根拉杆，固定于事先预埋在楼板内的钢筋环上，用经纬仪控制，用花篮螺栓调节校正模板垂直度。拉杆与地面夹角宜为 45°，预埋的钢筋环与柱距离宜为 3/4 柱高。柱高 4m 或 4m 以上时，一般应四面支撑，柱高超过 6m 时，不宜单柱支撑，宜几根柱同时支撑连成构架。

5）柱模与梁模连接处应保证柱模的长度符合模数，不符合部分应作节点处理；或以梁底标高为准，由上往下配模，不符合模数的部分放到柱根处。

6）浇筑混凝土的自由倾落高度不应超过 2m，当柱模超过 2m 以上时，应留设门子板或设串筒。

7）复查柱模垂直度、位移、对角线以及支撑、连接件稳固情况，将柱模内清理干净，封闭清理口，办理柱模预检。

2. 梁模板安装

（1）工艺流程。弹轴线、水平线→安装梁底支柱→安装梁底模→绑梁钢筋→安装侧模。

（2）施工要点。

1）在柱模板或柱子混凝土上弹出梁的轴线及水平线（梁底标高引测用），并复核。

2）在支柱下脚要铺设通长脚手板，并且楼层间的上下支座应在一条直线上。支柱一般采用双排（设计定），间距以 60～100cm 为宜。支柱上连固 10cm×10cm 木楞（或定型钢楞）或梁卡具。支柱中间和下方加横杆或斜杆，支柱双向加剪刀撑和水平拉杆，离地 50cm 设一道，以上每隔 2m 设一道。立杆加可调底座。

3）在支柱上调整预留梁底模板的高度，符合设计要求后，拉线安装梁底模板并找直。

4）在底模上绑扎钢筋，经验收合格后，清除杂物，安装梁侧模板，用梁卡具或安装上下锁口楞及外竖楞，附以斜撑，其间距一般宜为 75cm。当梁高超 60cm 时，需加腰楞，并穿对拉螺栓，加固。侧梁模上口要拉线找直，用定型夹固定。有楼板模板时，在梁上连接好阴角模，与楼板模板拼接。

5）梁口与柱头模板的连接可采用角模拼接，或设计专门的模板，不应用碎拼模板。

6）需在梁上预留孔洞时，应采用钢管预埋，并尽量使穿梁孔洞分散，穿孔位置宜设置在梁中，孔沿梁跨度方向的间距不少于梁高度，以防削弱梁截面。

7）钢模板之间应加海绵条夹紧，防止漏浆。

8）复核检查梁模尺寸，与相邻梁柱模板连接固定。有楼板模板时，与板模拼接固定。

3. 楼板模板安装

（1）工艺流程。地面夯实→支立柱→安大小龙骨→铺模板→校正标高及起拱加立杆的水平拉杆。

（2）施工要点。

1）模板安装在基土上时，基土地面应夯实，并垫通长脚手板，楼层地面立支柱前也应垫通长脚手板。采用多层支架支模时，支柱应垂直，上下层支柱应在同一竖向中心线上。

2）从边跨一侧开始安装，先安第一排龙骨和支柱，临时固定；再安第二排龙骨和支柱，依次逐排安装。支柱与龙骨间距应根据模板设计规定。一般支柱间距为 80～120cm，大龙骨间距为 60~120cm，小龙骨间距为 40~60cm。

3）调节支柱高度，将大龙骨找平。

4）铺定型组合钢模板块：可从一侧开始铺，每两块板间边肋用 U 形卡连接，U 形卡安装间距一般不大于 30cm（即每隔一孔插一个）。每个 U 形卡卡紧方向应正反相间，不要安在同一方向。楼板在大面积上均应采用大尺寸的定型组合钢模板块，在拼缝处可用窄尺寸的拼缝模板或木板代替，但均应拼缝严密，钢模板之间应加海绵条夹紧，防止漏浆。

（3）用水平仪测量模板标高，进行校正，并用靠尺找平。支柱之间应加水平拉杆。根据支柱高度决定水平拉杆设几道。一般情况下离地面 20~30cm 处一道，往上纵横方向每隔 1.6m 左右一道，并应经常检查，保证完整牢固。

（三）模板安装要求

（1）安装模板时，应进行测量放线，并应采取保证模板位置准确的定位措施。

（2）模板安装应按设计与施工说明书顺序拼装。木杆、钢管、门架等支架立柱不得混用。

（3）当层间高度大于 5m 时，应选用桁架支模或钢管立柱支模。当层间高度小于或等于 5m 时，可采用木立柱支模。

（4）对现浇多层、高层混凝土结构，上、下楼层模板支架的立柱宜对准。

（5）当梁跨度≥4m 时，跨中梁底处模板应按设计要求起拱，如设计无要求，起拱高度宜为梁跨度的 1/1000~3/1000。起拱不得减少构件的截面高度。

（6）模板与混凝土接触面应清理干净并涂刷脱模剂，脱模剂不得污染钢筋和混凝土接槎处。

（7）后浇带的模板及支架应独立设置。

（8）固定在模板上的预埋件、预留孔和预留洞，均不得遗漏，且应安装牢固、位置准确。

（四）成品保护

（1）模板安装时不得用重物冲击已安装好的模板及支撑。

（2）模板支好后，应保持模内清洁，防止掉入砖头、砂浆、木屑等杂物。

（3）工作面已安装完毕的墙、柱模板，不准在吊运其他模板时碰撞，不准在预拼装模板就位前作为临时倚靠，以防止模板变形或产生垂直偏差。

（4）工作面已安装完毕的平面模板，不可作临时堆料和作业平台，以保证支架的稳定，防止平面模板标高和平整产生偏差。

（5）不得在模板平台上行车和堆放大量材料和重物。

（6）在模板上进行钢筋、铁件等焊接工作时，必须用石棉板或薄钢板隔离。

三、模板拆除

（一）施工准备

1. 主要机具

锤子、斧子、打眼电钻、活动扳子、手锯、撬棍等。

2. 作业条件

（1）作业及防护用脚手架搭设完毕。

（2）不承重的侧模板，包括梁、柱、墙的侧模板，只要混凝土强度能保证其表面及棱角不因拆模而受损坏，即可拆除。一般墙体大模板在常温条件下，混凝土强度达到 $1N/mm^2$ 时，方可拆除。

（3）底模及支架应在混凝土强度达到设计要求后再拆除；当设计无具体要求时，同条件养护的混凝土立方体试件抗压强度应符合表 4-1 的规定。

表 4-1　　　　　　　　　　　　现浇结构拆模时所需混凝土强度

构件类型	构件跨度（m）	达到设计混凝土强度等级值的百分率（%）
板	≤2	≥50
	＞2，48	≥75
	＞8	≥100
梁、拱、壳	≤8	≥75
	＞8	≥100
悬臂构件		≥100

（二）施工工艺

模板拆除时，可采取先支的后拆、后支的先拆，先拆非承重模板、后拆承重模板的顺序，并应从上而下进行拆除。框架结构模板的拆除顺序一般是：柱模板→梁侧模板→楼板模板→梁底模板。

1. 柱子模板拆除工艺

（1）工艺流程。拆除拉杆或斜撑→自上而下拆掉穿柱螺栓（或柱箍）→拆除竖楞→自上而下拆模板。

（2）施工要点。柱模拆除的方法有分散拆和分片拆两种。

分散拆除柱模时，应自上而下、分层拆除。拆除第一层时，用木锤或带橡皮垫的锤向外侧轻击模板上口，使之松动，脱离混凝土。依次拆下一层模板时，要轻击模边肋，切不可用撬棍从柱角撬离。拆掉的模板及配件用滑板滑到地面或用绳子绑扎吊下。

分片拆除柱模板时，要从上口向外侧轻击和轻撬连接角模，使之松动。要适当加设临时支撑或在柱上口留一个松动穿墙螺栓，以防整片柱模倾倒伤人。

2. 楼板、梁模板拆除工艺

（1）工艺流程。拆除支架部分水平拉杆和剪刀撑→拆除梁连接件及侧模板→下调楼板模板支柱螺丝使主次龙骨与楼板模板脱开→分段分片拆除楼板模板、钢（木）楞→拆除梁底模板及支撑系统→清理拆下的模板。

（2）施工要点。

1）先拆除梁侧模板，再拆除楼板模板。拆除楼板模板时，应先拆除水平拉杆，然后拆除支柱。楼板正在浇筑混凝土时，下一层楼板的模板支柱不得拆除，再下层楼板模板的支柱，仅可拆除一部分。每根主楞梁留 1～2 根支柱先不拆。跨度 4m 及 4m 以上的梁下均应保留支柱，其间距不得大于 3m。

2）操作人员站在已拆除模板的空当，再拆除余下的支柱，使主楞梁自由落下。

3）用钩子将模板钩下，或用撬棍轻轻撬动模板，使模板脱离，待该段模板全部脱模后，集中堆放或运走。

4）楼层较高，支模采用双层排架时，先拆除上层排架，使主、次楞梁和模板落在底层排架上，上层模板全部运出后，再拆下层排架。

5）梁底模板拆除时，先拆除梁托架，再拆除梁底模。拆除跨度较大的梁下支柱时，应先从跨中开始，分别向两端拆除。

（三）成品保护

（1）拆除模板时，不得用大锤、撬棍硬砸猛撬，以免混凝土的外形和内部受到损伤。

（2）模板与墙面黏结时，禁止用塔吊吊拉模板，防止将墙面拉裂。

（3）模板搬运时应轻拿轻放，不准碰撞柱、墙、梁、板等混凝土，以防模板变形和损坏构件。

（4）拆下的模板应及时清理黏结物，修理并涂刷隔离剂，分类堆放整齐。

（5）拆下的连接件及配件及时收集，集中管理。

任务 2 钢 筋 工 程 施 工

钢筋工程的主要内容包括钢筋配料与代换、钢筋加工、钢筋连接和钢筋安装。

一、钢筋配料与代换

（一）钢筋配料

钢筋配料就是根据结构施工图、标准图集、规范要求、施工方案等，先绘制出各种形状和规格的钢筋简图，并加以编号，然后分别计算构件中各种钢筋的下料长度、根数及重量，并编制钢筋配料单制作料牌。钢筋配料是确定钢筋材料计划、进行钢筋加工和结算的依据。

钢筋配料的程序是：绘制钢筋简图→计算下料长度→填写钢筋配料单→制作料牌。

1. 绘制钢筋简图

根据结构施工图、标准图集、规范要求、施工方案等，绘制出各种形状和规格的钢筋简图，并加以编号，标明其数量、牌号、直径、间距、锚固长度等。

2. 计算下料长度

（1）计算依据。

1）外包尺寸。外包尺寸是指钢筋外缘之间的长度，结构施工图中所指钢筋长度和施工中量度成型钢筋所得的长度均视为钢筋的外包尺寸。

2）钢筋的混凝土保护层厚度。构件中普通钢筋及预应力筋的混凝土保护层厚度应满足下列要求：

①构件中受力钢筋的保护层厚度不应小于钢筋的公称直径 d。

②设计使用年限为 50 年的混凝土结构，最外层钢筋的保护层厚度应符合表 4-2 的规定；设计使用年限为 100 年的混凝土结构，最外层钢筋的保护层厚度不应小于表 4-2 中数值的 1.4 倍。

3）弯折量度差值。钢筋弯折后，外边缘伸长，内边缘缩短，而中心线既不伸长也不缩短。这样钢筋的外包尺寸与钢筋中心线长度之间存在一个差值，这个差值称为量度差值。

表 4-2	混凝土保护层的最小厚度	（mm）
环 境 类 别	板、墙、壳	梁、柱、杆
一	15	20
二 a	20	25
二 b	25	35
三 a	30	40
三 b	40	50

注 1. 混凝土强度等级不大于 C25 时，表中保护层厚度数值应增加 5mm。

　　2. 钢筋混凝土基础宜设置混凝土垫层，基础中钢筋的混凝土保护层厚度应从垫层顶面算起，且不应小于 40mm。

计算钢筋下料长度时必须扣除量度差值，否则由于钢筋下料太长，一方面造成浪费；另一方面可引起钢筋的保护层不够以及钢筋安装的不方便甚至影响钢筋的位置（特别是钢筋密集时）。

钢筋弯折处的量度差值见表 4-3。

表 4-3	钢筋弯折量度差值
弯 折 角 度	量 度 差 值
30°	$0.35d$
45°	$0.5d$
60°	$0.9d$
90°	$2.0d$

4）弯钩增加长度。相关规范规定，光圆钢筋末端做 180°弯钩时，其弯弧内直径不应小于钢筋直径的 2.5 倍，弯钩的弯后平直段长度不应小于钢筋直径的 3 倍。显然，此类钢筋下料长度要大于钢筋的外包尺寸，此时，计算中每个弯钩应增加一定的长度即弯钩增加长度。每个弯钩增加长度为 $6.25d$。

5）箍筋调整值。箍筋的量度方法有"量外包尺寸"和"量内包尺寸"两种。为了计算方便，一般将箍筋弯钩增加值和量度差值两项合并成箍筋调整值一项，见表 4-4。计算时，将箍筋外（内）包尺寸加上箍筋调整值即为箍筋下料长度。

表 4-4	箍筋调整值（量内包尺寸）	
箍筋类型	135°/135°弯钩（非地震区）	135°/135°弯钩（地震区）
光圆钢筋	$17d$	$27d$
热轧带肋钢筋	$18d$	$28d$

（2）计算公式。钢筋下料是根据需要将钢筋切断成一定长度的直线段。钢筋的下料长度就是钢筋的中心线长度。计算钢筋下料长度可按以下公式进行

一般钢筋下料长度＝外包尺寸＋弯钩增加长度－弯折量度差值

箍筋下料长度＝箍筋内包尺寸＋箍筋调整值

（3）钢筋配料计算注意事项。

1）在设计图纸中，钢筋配置的细节问题未注明时，应按构造要求处理。

2）配料计算时，要考虑钢筋的形状和尺寸在满足设计要求的前提下还应有利于加工和

安装。

3）配料时，还必须考虑施工中所需要的附加钢筋。例如，基础双层钢筋网中保证上层钢筋网位置用的钢筋撑脚，墙板双层钢筋网中保证钢筋间距用的钢筋撑铁，柱钢筋骨架增加的四面斜撑等。

3. 填写钢筋配料单

根据钢筋下料长度计算结果，填写钢筋配料单（表4-5）。在钢筋配料单中必须反映出构件名称、钢筋编号、钢筋简图及尺寸、直径、钢筋级别、下料长度、数量、质量等。钢筋单位理论质量为 $0.006\,165d^2\,\mathrm{kg/m}$，式中 d 为钢筋公称直径（mm）。

表 4-5 　　　　　　　　　　　　　　　　　　　　钢筋配料单

构件名称	钢筋编号	钢筋简图	直径（mm）	钢筋级别	下料长度	单位根数	合计根数	质量（kg）
备注								

4. 制作料牌

根据列入加工计划的配料单，将每一编号的钢筋制作一块料牌（图4-4）作为钢筋加工的依据，并在钢筋安装中作为区别各构件各种编号钢筋的标志。

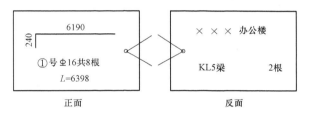

图 4-4　钢筋料牌

【例 4-1】 某办公楼第一层楼共有 2 根楼层框架梁 KL5，梁的平法施工图如图 4-5 所示，该梁采用的混凝土强度等级为 C30，所在环境类别为一级，抗震等级为一级，两侧柱截面尺寸分别为 600mm×600mm 和 500mm×500mm，梁混凝土保护层厚度为25mm，柱混凝土保护层厚度为30mm。试编制该 KL5 的钢筋配料单。

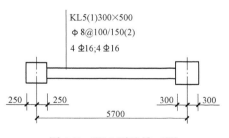

图 4-5　KL5 平法施工图

【解析】 KL5 有一跨，上部只有一排，是 4 根直径 16mmHRB335 级贯通钢筋，在左右两端支座锚固。下部也只有 4 根直径16mmHRB335 级钢筋伸入端支座锚固。箍筋为双肢箍，加密区间距为 100mm，非加密区间距为 150mm，加密区间为 max（$2h_b$，500mm）。h_b 为梁截面高度，h_c 为柱截面高度，c 为保护层厚度。

解 （1）计算净跨。

$$l_n = 5700 - 250 - 300 = 5150 \text{(mm)}$$

（2）计算锚固长度。

$$l_{aE} = 0.14 \times (300/1.43) \times 1.15 \times 16 = 540 \text{(mm)}$$

右端支座 $h_c - c = 600 - 30 = 570 > 540$ 因此，右支座处钢筋采用直锚

左端支座 $h_c - c = 500 - 30 = 470 < 540$ 因此，左支座处钢筋采用弯锚，弯折长度 $15d = 15 \times 16 = 240 \text{(mm)}$

（3）绘制钢筋简图。

①号钢筋直段长度 $= 470 + 5150 + 570 = 6190 \text{(mm)}$

②号钢筋直段长度 $= 470 + 5150 + 570 = 6190 \text{(mm)}$

③号箍筋内包宽度尺寸 $= 300 - 2 \times 20 - 2 \times 8 = 244 \text{(mm)}$

内包高度尺寸 $= 500 - 2 \times 20 - 2 \times 8 = 444 \text{(mm)}$

钢筋简图如图 4-6 所示。

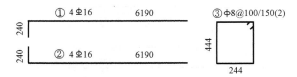

图 4-6　钢筋简图

（4）计算纵筋下料长度

①号钢筋下料长度 $= 6190 + 240 - 2 \times 16 = 6398 \text{(mm)}$

②号钢筋下料长度 $= 6190 + 240 - 2 \times 16 = 6398 \text{(mm)}$

（5）计算箍筋下料长度及箍筋根数

③号箍筋下料长度 $= (244 + 444) \times 2 + 27 \times 8 = 1592 \text{(mm)}$

一级抗震等级，箍筋加密区范围为：$\max(2h_b, 500) = 1000 \text{(mm)}$

箍筋根数 $= [(1000 - 50)/100 + 1] \times 2 + [(5150 - 2000)/150 - 1] = 42 \text{(根)}$

（6）填写钢筋配料单

钢筋配料单见表 4-6。

表 4-6　钢筋配料单

构件名称	钢筋编号	钢筋简图	直径（mm）	钢筋级别	下料长度（mm）	单位根数	合计根数	质量（kg）
KL5 共 2 根	①	240 ⌐ 6190	16	HRB335	6398	4	8	80.87
	②	240 ⌐ 6190	16	HRB335	6398	4	8	80.87
	③	444 □ 244	8	HPB300	1592	42	84	52.82

（二）钢筋代换

当施工中如果遇到供应的钢筋品种、级别或规格与设计要求不符时，在征得设计单位同意后可以进行钢筋代换。进行钢筋代换时，应办理设计变更文件。

1. 钢筋代换原则

（1）等强度代换：不同级别钢筋的代换，按强度相等的原则进行代换，代换公式为

$$n_2 d_2^2 f_{y2} \geqslant n_1 d_1^2 f_{y1} \tag{4-1}$$

式中　f_{y1}，f_{y2}——原设计钢筋和拟代换钢筋的抗拉强度设计值，N/mm^2；

　　　　n_1，n_2——原设计钢筋和拟代换钢筋的根数，根；

　　　　d_1，d_2——原设计钢筋和拟代换钢筋的直径，mm。

（2）等面积代换：构件按最小配筋率配筋时，或同钢号钢筋之间的代换，按代换前后面积相等的原则进行代换，代换公式为

$$n_2 d_2^2 \geqslant n_1 d_1^2 \tag{4-2}$$

式中符号同上。

钢筋代换后，有时由于受力钢筋根数增多而使钢筋排数增加，这样构件截面的有效高度 h_0 减少，截面强度降低。通常对这种影响可凭经验适当增加钢筋面积，然后再做截面强度复核。

2. 钢筋代换注意事项

钢筋代换应办理设计变更文件，还要注意下列事项：

（1）不同种类钢筋代换，应按钢筋受拉承载力设计值相等的原则进行。

（2）对重要受力构件，如薄腹梁、吊车梁、桁架下弦等，不宜用 HPB300 级光面钢筋代换 HRB335 级、HRB400 级、RRB400 级钢筋，以免裂缝开展过大。

（3）钢筋代换后，应满足混凝土结构设计规范中所规定的钢筋间距、最小钢筋直径、锚固长度、根数等。

（4）当构件受裂缝宽度或挠度控制时，钢筋代换后应进行裂缝、刚度计算。

（5）梁的纵向受力钢筋与弯起钢筋应分别进行代换。偏心受拉构件或偏心受压构件（如有吊车的厂房柱、框架柱、桁架上弦等）作钢筋代换时，不取整个截面配筋量计算，应按受力面（受拉或受压）分别代换。

（6）有抗震要求的梁、柱和框架，不宜以强度等级高的钢筋代换原设计中的钢筋。如果必须代换时，其代换的钢筋还要符合抗震钢筋的要求。

（7）预制构件的吊环，必须采用未经冷拉的 HPB300 级热轧钢筋制作，严禁以其他钢筋代换。

二、钢筋加工

钢筋加工是指对经过质量检验符合质量规定标准的钢筋，按配料单和料牌进行的钢筋制作，分为施工现场加工和钢筋加工厂加工两种。

（一）施工准备

1. 材料准备

（1）钢筋验收。钢筋进场时，应检查钢筋质量证明文件、查对标牌、检查外观质量、按国家现行相关标准的规定抽取试件作力学性能和重量偏差检验，检验结果必须符合有关标准的规定。

1）钢筋应平直、无损伤，表面不得有裂纹、油污、颗粒状或片状老锈。

2）对有抗震设防要求的结构，其纵向受力钢筋的性能应满足设计要求；当设计无具体要求时，对按一、二、三级抗震等级设计的框架和斜撑构件（含梯段）中的纵向受力钢筋应

采用 HRB335E、HRB400E、HRB500E、HRBF335E、HRBF400E 或 HRBF500E 钢筋，其钢筋的抗拉强度实测值与屈服强度实测值的比值不应小于 1.25；钢筋的屈服强度实测值与屈服强度标准值的比值不应大于 1.30；钢筋的最大力下总伸长率不应小于 9%。

3）当发现钢筋脆断、焊接性能不良或力学性能显著不正常等现象时，应对该批钢筋进行化学成分检验或其他专项检验。

（2）钢筋存放。

1）验收后的钢筋，应按不同等级、牌号、规格及生产厂家分批、分别堆放，不得混杂，且宜立牌以便识别。钢筋应设专人管理，建立严格的管理制度。

2）钢筋宜堆放在料棚内，如条件不具备时，应选择地势较高、无积水、无杂草，且高于地面 200mm 的地方放置，堆放高度应以最下层钢筋不变形为宜，必要时应加遮盖。

3）钢筋不得和酸、盐、油等物品存放在一起，堆放地点应远离有害气体，以防钢筋锈蚀或污染。

2. 主要机具

主要机具包括钢筋除锈机、钢筋调直机、钢筋切断机、钢筋弯曲机、钢丝刷、断线钳、无齿锯、手摇扳子、顺口扳子、横口扳子、操作台、卷尺（15～25m）、盒尺（5m）、钢筋转盘等。

3. 作业条件

（1）钢筋加工棚及操作平台已安装完成，钢筋的各种加工机械已安装、调试完毕，并通过安全部门的验收。

（2）详细的技术交底及加工翻样图，分别明示于各自的操作台前。

（3）钢筋加工前应将表面清理干净。表面有颗粒状、片状老锈或有损伤的钢筋不得使用。

（4）钢筋加工宜在常温状态下进行，加工过程中不应对钢筋进行加热。

（5）成型钢筋的堆放场地已清理、平整完毕，放置钢筋的木方、垫板已设置齐全。

（二）施工工艺

1. 工艺流程

钢筋除锈→钢筋调直→钢筋切断→钢筋弯曲成型。

2. 施工要点

（1）钢筋除锈。

1）光圆盘条钢筋表面的浮锈、陈锈等采用在冷拉或钢筋调直过程中除锈。

2）对直条钢筋采用电动除锈机进行除锈，操作时应将钢筋放平握紧，操作人员必须侧身送料，钢筋与钢丝刷松紧程度要适当，保证除锈效果。

3）对于局部少量的钢筋除锈采用人工除锈方法，直接用钢丝刷清刷干净。

（2）钢筋调直。钢筋宜采用无延伸功能的机械设备进行调直，也可采用冷拉方法调直。冷拉是指在常温下以超过钢筋屈服强度的拉应力拉伸钢筋，使钢筋产生塑性变形，不但可以提高强度，而且还可以同时完成调直、除锈工作。当钢筋采用冷拉方法调直时，HPB300 光圆钢筋的冷拉率不宜大于 4%；HRB335、HRB400、HRB500、HRBF335、HRBF400、HRBF500 及 RRB400 带肋钢筋的冷拉率，不宜大于 1%。钢筋调直过程中不应损伤带肋钢筋的横肋。调直后的钢筋应平直，不应有局部弯折。

（3）钢筋切断。

1）钢筋下料时须按钢筋配料单中的下料长度切断，钢筋的下料长度应力求准确，其允许偏差为±10mm。

2）钢筋切断可采用钢筋切断机或手动切断器。钢筋切断机可切断直径 40mm 以内的钢筋；手动切断器只用于切断直径小于 16mm 的钢筋。在大中型建筑工程施工中，宜采用钢筋切断机。

3）断料时应避免用短尺量长料，防止断料过程中产生累积误差，为此，可在工作台上标出尺寸刻度线并设置控制断料尺寸用的挡板。

4）同规格钢筋应根据不同长度长短搭配，统筹排料，一般应先断长料，后断短料。

5）断料时应确保钢筋断口垂直钢筋轴线，不出现马蹄形或翘曲现象。

6）在切断过程中，如发现钢筋有劈裂、缩头严重的弯头等必须切除，如发现钢筋的硬度与该钢种有较大的出入，应及时向有关人员反映，查明原因。

（4）钢筋弯曲成型。

1）钢筋弯曲成型前，对形状复杂的钢筋应根据钢筋料牌上标明的尺寸，用石笔将各弯曲点的位置画出。

2）HPB300 级钢筋末端应做 180°弯钩，其弯弧内直径不应小于钢筋直径的 2.5 倍，弯钩的弯后平直部分长度不应小于钢筋直径的 3 倍。当设计要求钢筋末端需做 135°弯钩时，HRB335 级、HRB400 级钢筋的弯弧内直径不应小于钢筋直径的 4 倍，弯钩的弯后平直部分长度应符合设计要求。钢筋作不大于 90°的弯折时，弯折处的弯弧内直径不应小于钢筋直径的 5 倍。500MPa 级带肋钢筋的弯弧内直径，当直径为 28mm 以下时不应小于钢筋直径的 6 倍，当直径为 28mm 及以上时不应小于钢筋直径的 7 倍。

3）除焊接封闭环式箍筋外，箍筋的末端应做弯钩。弯钩形式应符合设计要求，当设计无具体要求时，对一般结构构件，箍筋弯钩的弯折角度不应小于 90°，弯折后平直段长度不应小于箍筋直径的 5 倍；对有抗震设防要求或设计有专门要求的结构构件，箍筋弯钩的弯折角度不应小于 135°，弯折后平直段长度不应小于箍筋直径的 10 倍和 75mm 两者之中的较大值。箍筋弯折处的弯弧内直径不应小于纵向受力钢筋直径；箍筋弯折处纵向受力钢筋为搭接钢筋或并筋时，应按钢筋实际排布情况确定箍筋弯弧内直径。

4）钢筋弯曲成型一般采用钢筋弯曲机进行，在缺乏机具设备的条件下，也可采用手摇扳手弯制细钢筋，采用卡盘与横口扳手弯制粗钢筋。

5）钢筋应一次弯折到位，对 HRB335 与 HRB400 钢筋，不能弯过头再弯过来，以免钢筋弯曲点处发生裂纹。

（三）成品保护

（1）同一部位、规格的一批钢筋加工成型完成后，应立即进行预检，对不合格的产品进行调整或重新加工成型。

（2）经检验合格的成品钢筋应及时分类打捆，挂上标志牌，运至成型钢筋堆放场地按顺序堆放整齐，并做好总标志。

（3）成品钢筋的存放应采取有效措施，防止钢筋变形、锈蚀和油污。

（4）成品钢筋应尽快运往工地安装使用，不宜长期存放。

三、钢筋连接

工程中钢筋往往因长度不足或施工工艺要求必须进行连接，钢筋连接的常用方式有绑扎连接、焊接和机械连接等。

（一）钢筋连接接头的设置

1. 接头类型的选择

钢筋连接，应按结构要求、施工条件及经济性等，选用合适的接头。钢筋连接接头可分为绑扎连接接头、焊接接头和机械连接接头等。其中，焊接接头可分为闪光对焊接头、电弧焊接头、电渣压力焊接头、气压焊接头等；机械连接接头可分为挤压套筒接头、锥螺纹套筒接头、直螺纹套筒接头、填充介质套筒接头等。

对于直径大于 12mm 以上的钢筋，应优先采用焊接接头或机械连接接头，焊接有困难时优先采用机械连接接头。钢筋在工厂或工地加工多选用闪光对焊接头。现场施工中，除采用传统的绑扎搭接接头以外，对多高层建筑结构中的竖向钢筋直径 $d>20$mm 时多选用电渣压力焊接头，水平钢筋多选用螺纹套筒接头；对受疲劳荷载的高耸、大跨结构钢筋直径 $d>20$mm 时，选用与母材等强的直螺纹套筒接头。

轴心受拉及小偏心受拉杆件的纵向受力钢筋不得采用绑扎连接接头；其他构件中的钢筋采用绑扎连接接头时，受拉钢筋直径不宜大于 25mm，受压钢筋直径不宜大于 28mm。

2. 接头设置要求

（1）一般要求。钢筋接头宜设置在受力较小处；有抗震设防要求的结构中，梁端、柱端箍筋加密区范围内不宜设置钢筋接头，且不应进行钢筋搭接。同一纵向受力钢筋不宜设置两个或两个以上接头。接头末端至钢筋弯起点的距离，不应小于钢筋直径的 10 倍。

（2）机械连接接头或焊接接头设置要求。

1）同一构件内的接头宜分批错开。

2）接头连接区段的长度为 35d，且不应小于 500mm，凡接头中点位于该连接区段长度内的接头均应属于同一连接区段；其中 d 为相互连接两根钢筋中较小直径。

3）同一连接区段内，纵向受力钢筋接头面积百分率为该区段内有接头的纵向受力钢筋截面面积与全部纵向受力钢筋截面面积的比值；纵向受力钢筋的接头面积百分率应符合下列规定：

①受拉接头，不宜大于 50%；受压接头，可不受限制。

②板、墙、柱中受拉机械连接接头，可根据实际情况放宽；装配式混凝土结构构件连接处受拉接头，可根据实际情况放宽。

③直接承受动力荷载的结构构件中，不宜采用焊接；当采用机械连接时，不应超过 50%。

（3）绑扎连接接头设置要求。

1）同一构件内的接头宜分批错开。各接头的横向净间距不应小于钢筋直径，且不应小于 25mm。

2）接头连接区段的长度为 1.3 倍搭接长度，凡接头中点位于该连接区段长度内的接头均应属于同一连接区段；搭接长度可取相互连接两根钢筋中较小直径计算。纵向受力钢筋的最小搭接长度应符合《混凝土结构工程施工规范》（GB 50666—2011）附录 C 的规定。在任何情况下，受拉钢筋的搭接长度不应小于 300mm，受压钢筋的搭接长度不应小于 200mm。

3）同一连接区段内，纵向受力钢筋接头面积百分率为该区段内有接头的纵向受力钢筋截面面积与全部纵向受力钢筋截面面积的比值。纵向受压钢筋的接头面积百分率可不受限制；纵向受拉钢筋的接头面积百分率应符合下列规定：

①梁类、板类及墙类构件，不宜超过 25%；基础筏板，不宜超过 50%。

②柱类构件，不宜超过 50%。

③当工程中确有必要增大接头面积百分率时，对梁类构件，不应大于 50%；对其他构件，可根据实际情况适当放宽。

4）在梁、柱类构件的纵向受力钢筋搭接长度范围内应按设计要求配置箍筋，并应符合下列规定：

①箍筋直径不应小于搭接钢筋较大直径的 25%。

②受拉搭接区段的箍筋间距不应大于搭接钢筋较小直径的 5 倍，且不应大于 100mm。

③受压搭接区段的箍筋间距不应大于搭接钢筋较小直径的 10 倍，且不应大于 200mm。

④当柱中纵向受力钢筋直径大于 25mm 时，应在搭接接头两个端面外 100mm 范围内各设置两个箍筋，其间距宜为 50mm。

（二）施工准备

1. 材料准备

（1）成型钢筋进场时，应检查成型钢筋的质量证明文件、成型钢筋所用材料质量证明文件及检验报告，并应抽样检验成型钢筋的屈服强度、抗拉强度、伸长率和重量偏差。

（2）焊剂应有出厂合格证。焊剂应存放在干燥的库房内，防止受潮。如受潮，使用前须经 250～300℃烘焙 2h。使用中回收的焊剂，应除去熔渣和杂物，并应与新焊剂混合均匀后使用。

（3）连接套（套筒）应有明显的规格标记。连接套应分类包装存放，不得混淆和锈蚀。

2. 主要机具

对焊机及配套的对焊平台、空压机、焊剂罐、焊接夹具、焊接机头、量规、力矩扳手、钢筋钩、绑扎架。

3. 作业条件

（1）焊工必须持有有效的焊工考试合格证。

（2）设备应符合要求。

（3）电源应符合要求。当电源电压下降大于 5%，不宜进行焊接。

（4）作业场地应有安全防护、防火和必要的通风措施。

（5）熟悉料单，弄清接头位置，做好技术交底。

（三）施工工艺

1. 工艺流程

（1）闪光对焊。检查设备→选择焊接工艺及参数→试焊、作模拟试件→送试→确定焊接参数→焊接→质量检查。

（2）电渣压力焊。检查设备、电源→钢筋端头制备→选择焊接参数→安装焊接夹具和钢筋→安放铁丝球→安放焊剂罐、填装焊剂→试焊、做试件→确定焊接参数→施焊→回收焊剂→卸下夹具→质量检查。

（3）机械连接。钢筋下料→钢筋套丝→接头单体试件试验→钢筋连接→质量检查。

2．施工要点

（1）钢筋焊接施工。

1）从事钢筋焊接施工的焊工应持有钢筋焊工考试合格证，并应按照合格证规定的范围上岗操作。

2）在钢筋工程焊接施工前，参与该项工程施焊的焊工应进行现场条件下的焊接工艺试验，经试验合格后，方可进行焊接。

焊接过程中，如果钢筋牌号、直径发生变更，应再次进行焊接工艺试验。工艺试验使用的材料、设备、辅料及作业条件均应与实际施工一致。

3）细晶粒热轧钢筋及直径大于 28mm 的普通热轧钢筋，其焊接参数应经试验确定；余热处理钢筋不宜焊接。

4）电渣压力焊只应使用于柱、墙等构件中竖向受力钢筋的连接。

5）钢筋焊接接头的适用范围、工艺要求、焊条及焊剂选择、焊接操作及质量要求等应符合现行行业标准《钢筋焊接及验收规程》（JGJ 18）的有关规定。

（2）钢筋机械连接施工。

1）加工钢筋接头的操作人员应经专业培训合格后上岗，钢筋接头的加工应经工艺检验合格后方可进行。

2）机械连接接头的混凝土保护层厚度宜符合现行国家标准《混凝土结构设计规范》（GB 50010）中受力钢筋的混凝土保护层最小厚度规定，且不得小于 15mm。接头之间的横向净间距不宜小于 25mm。

3）螺纹接头安装后应使用专用扭力扳手校核拧紧扭力矩。挤压接头压痕直径的波动范围应控制在允许波动范围内，并使用专用量规进行检验。

4）机械连接接头的适用范围、工艺要求、套筒材料及质量要求等应符合现行行业标准《钢筋机械连接技术规程》（JGJ 107）的有关规定。

（3）钢筋绑扎连接施工。

1）钢筋的绑扎搭接接头应在接头中心和两端用铁丝扎牢。

2）墙、柱、梁钢筋骨架中各竖向面钢筋网交叉点应全数绑扎；板上部钢筋网的交叉点应全数绑扎，底部钢筋网除边缘部分外可间隔交错绑扎。

3）梁、柱的箍筋弯钩及焊接封闭箍筋的焊点应沿纵向受力钢筋方向错开设置。

4）构造柱纵向钢筋宜与承重结构同步绑扎。

5）梁及柱中箍筋、墙中水平分布钢筋、板中钢筋距构件边缘的起始距离宜为 50mm。

（4）质量检查。

1）钢筋焊接和机械连接施工前均应进行工艺检验。机械连接应检查有效的形式检验报告。

2）钢筋焊接接头和机械连接接头应全数检查外观质量，搭接连接接头应抽检搭接长度。

3）螺纹接头应抽检拧紧扭矩值。

4）钢筋焊接施工中，焊工应及时自检。当发现焊接缺陷及异常现象时，应查找原因，并采取措施及时消除。

5）施工中应检查钢筋接头百分率。

6）应按现行行业标准《钢筋机械连接技术规程》（JGJ 107）、《钢筋焊接及验收规程》（JGJ 18）的有关规定抽取钢筋机械连接接头、焊接接头试件作力学性能检验。

（四）成品保护

（1）闪光对焊：焊接后稍冷却才能松开电极钳口，取出钢筋时必须平稳，以免接头弯折。

（2）钢筋电渣压力焊：接头焊毕，应停歇 20～30s 后才能卸下夹具，以免接头弯折。

（3）钢筋锥螺纹连接：注意对连接套和已套丝钢筋丝扣的保护，不得损坏丝扣，丝扣上不得粘有水泥浆等污物。

（4）锥（直）螺纹连接的钢筋端部螺纹保护帽在存放及运输装卸过程中不得取下。

四、钢筋安装

（一）施工准备

1. 材料准备

（1）钢筋：成型钢筋已经过质量检查验收合格。

（2）铁丝：可采用 20～22 号铁丝（火烧丝）或镀锌铁丝（铅丝）。铁丝的切断长度要满足使用要求。

（3）备齐控制混凝土保护层用的砂浆垫块、塑料卡、各种挂钩或撑杆等。

2. 主要机具

钢筋钩、撬棍、扳子、绑扎架、尺子等。

3. 作业条件

（1）按施工现场平面图规定的位置，将钢筋堆放场地进行清理、平整。准备好垫木，按钢筋绑扎顺序分类堆放，并对锈蚀进行清理。

（2）核对钢筋的级别，型号、形状、尺寸及数量是否与设计图纸及加工配料单相同。熟悉图纸，确定钢筋穿插就位顺序。

（3）做好抄平放线工作，弹好水平标高线，柱、墙外皮尺寸线。

（4）根据弹好的外皮尺寸线，检查下层预留搭接钢筋的位置、数量、长度。

（5）根据标高检查下层伸出搭接筋处的混凝土表面标高（柱顶、墙顶）是否符合图纸要求，剔凿、清理接头处表面混凝土浮浆、松动石子、混凝土块等，整理接头处插筋。

（6）模板安装完并办理预检，将模板内杂物清理干净。

（7）按要求搭好脚手架。

（二）施工工艺

1. 钢筋绑扎的一般要求

（1）钢筋的绑扎搭接接头应在接头中心和两端用铁丝扎牢。

（2）墙、柱、梁钢筋骨架中各垂直面钢筋网交叉点应全部扎牢；板上部钢筋网的交叉点应全部扎牢，底部钢筋网除边缘部分外可间隔交错扎牢。

（3）梁、柱的箍筋弯钩及焊接封闭箍筋的对焊点应沿纵向受力钢筋方向错开设置。构件同一表面，焊接封闭箍筋的对焊接头面积百分率不宜超过 50%。

（4）填充墙构造柱纵向钢筋宜与框架梁钢筋共同绑扎。

（5）梁及柱中箍筋、墙中水平分布钢筋及暗柱箍筋、板中钢筋距构件边缘的距离宜为 50mm。

（6）构件交接处的钢筋位置应符合设计要求。当设计无具体要求时，应保证主要受力构件和构件中主要受力方向的钢筋位置。框架节点处梁纵向受力钢筋宜放在柱纵向钢筋内侧；当主次梁底部标高相同时，次梁下部钢筋应放在主梁下部钢筋之上；剪力墙中水平分布钢筋宜放在外侧，并宜在墙端弯折锚固。

（7）钢筋安装应采用定位件固定钢筋的位置，并宜采用专用定位件。混凝土框架梁、柱保护层内，不宜采用金属定位件。

（8）采用复合箍筋时，箍筋外围应封闭。梁类构件复合箍筋内部宜选用封闭箍筋，单数肢也可采用拉筋；柱类构件复合箍筋内部可部分采用拉筋。当拉筋设置在复合箍筋内部不对称的一边时，沿纵向受力钢筋方向的相邻复合箍筋应交错布置。

2. 基础钢筋绑扎

基础钢筋绑扎的工艺流程为：画钢筋位置线→运钢筋到使用部位→绑基础底板及基础梁钢筋→绑墙（柱）钢筋插筋。

基础钢筋绑扎的施工要点如下：

（1）完成基础垫层施工后，将基础垫层清扫干净，用石笔和墨斗弹放钢筋位置线。

（2）按钢筋位置线布放基础钢筋。

（3）钢筋网的绑扎。四周两行钢筋交叉点应每点扎牢，中间部分交叉点可相隔交错扎牢，但必须保证受力钢筋不位移；双向主筋的钢筋网，则需将全部钢筋相交点扎牢；绑扎时应注意相邻绑扎点的钢丝扣要呈八字形，以免网片歪斜变形。

（4）基础底板采用双层钢筋网时，在上层钢筋网下面应设置钢筋撑脚，以保证钢筋位置正确。

（5）钢筋的弯钩应朝上，不要倒向一边；但双层钢筋网的上层钢筋弯钩应朝下。

（6）独立柱基础底板采用双向钢筋时，其底面短边的钢筋应放在长边钢筋的上面。

（7）现浇柱与基础连接用的插筋，一定要固定牢靠，位置准确，以免造成柱轴线偏移。

3. 柱子钢筋绑扎

柱子钢筋绑扎的工艺流程为：套柱箍筋→搭接绑扎竖向受力筋→画钢筋间距线→绑箍筋。

柱子钢筋绑扎的施工要点如下：

（1）每层柱第一个钢筋接头位置距楼地面高度不宜小于 500mm、柱高的 1/6 及柱截面长边（或直径）的较大值。

（2）框架梁、牛腿及柱帽等钢筋，应放在柱子纵向钢筋的内侧。

（3）柱中的竖向钢筋搭接时，角部箍筋的弯钩应与模板成 45°（多边形柱为模板内角的平分角，圆柱形应与模板切线垂直），中间箍筋的弯钩应与模板成 90°。

（4）箍筋的接头（弯钩叠合处）应交错布置在四角纵向钢筋上；箍筋转角与纵向钢筋交叉点均应扎牢（钢筋平直部分与纵向钢筋交叉点可间隔扎牢），绑扎箍筋时绑扣相互间成八字形。

（5）如设计无特殊要求，当柱中纵向受力钢筋直径大于 25mm 时，应在搭接接头两个端面外 100mm 范围内各设置两个箍筋，其间距宜为 50mm。

4. 梁板钢筋绑扎

梁钢筋绑扎的工艺流程为：

在梁底模上画主次梁箍筋间距→放主梁次梁箍筋→穿主梁底层纵筋及弯起筋并与箍筋绑扎固定→穿次梁底层纵筋并与箍筋绑扎固定→穿主梁上层纵向架立筋并与箍筋绑扎固定→穿次梁上层纵向钢筋并与箍筋绑扎固定→封梁侧模。

板钢筋绑扎工艺流程为：

清理模板→模板上弹线→绑板下层钢筋→绑板上层钢筋→设置马凳及保护层垫块。

梁、板钢筋绑扎的施工要点如下：

（1）连续梁、板的上部钢筋接头位置宜设置在跨中 1/3 跨度范围内，下部钢筋接头位置宜设置在梁端 1/3 跨度范围内。

（2）当梁的高度较小时，梁的钢筋架空在梁模板顶上绑扎，然后再落位；当梁的高度较大（大于等于 1.0m）时，梁的钢筋宜在梁底模上绑扎，其两侧或一侧模板后安装。板的钢筋在模板安装后绑扎。

（3）梁纵向受力钢筋采取双层排列时，两排钢筋之间应垫以不小于 25mm 的短钢筋，以保证其设计距离。箍筋的接头（弯钩叠合处）应交错布置在两根架立钢筋上，其余同柱。

（4）板的钢筋网绑扎，四周两行钢筋交叉点应每点扎牢，中间部分交叉点可相隔交错扎牢，但必须保证受力钢筋不移位。双向主筋的钢筋网，则需将全部钢筋相交点扎牢。采用双层钢筋网时，在上层钢筋网下面应设置钢筋撑脚，以保证钢筋位置正确。绑扎时应注意相邻绑扎点的铁丝要成八字形，以免网片歪斜变形。

（5）板上部的负筋要防止被踩下，特别是雨篷、挑檐、阳台等悬臂板，要严格控制负筋位置，以免拆模后断裂。

（6）板、次梁与主梁交叉处，板的钢筋在上，次梁的钢筋居中，主梁的钢筋在下；当有圈梁或垫梁时，主梁的钢筋在上。

（7）梁板钢筋绑扎时，应防止水电管线位置影响钢筋位置。

（三）成品保护

（1）悬挑阳台、雨篷及较大的挑沿的受力主筋，都应设置钢筋支架，确保主筋不产生下压位移，并要逐个进行钢筋工程隐蔽验收。

（2）绑扎完楼板钢筋后，浇筑混凝土前应及时搭设铁马凳、人行马道，防止下道工序施工时使负弯矩钢筋产生位移及变形。

（3）绑扎墙筋时应搭临时架子，不准蹬踩钢筋。

（4）安装电线管、暖卫管线或其他设施时，不得任意切断和移动钢筋。

（5）浇筑混凝土过程中，安排专职钢筋工值班，发现钢筋位移和变形后及时修复，保证钢筋间距、位置、保护层始终符合设计要求。

（6）采取有效措施防止钢筋受到污染。

任务 3　混凝土工程施工

混凝土工程的主要内容包括混凝土拌和料的制备、运输、浇筑、振捣、养护等。混凝土工程施工宜采用预拌混凝土。目前大多数城市已经实现了由场外商品混凝土搅拌站集中预拌混凝土，商品化供应混凝土拌和料，从而使施工现场的混凝土工程施工工艺减少了制备过程。但是，在施工现场制备混凝土拌和料的传统工艺依然在一定范围内存在。

一、混凝土现场制备

（一）施工准备

1. 材料准备

（1）根据工程量的大小、施工进度计划安排情况，提前做出原材料需求计划、复试计划。

（2）按计划组织原材料进场并及时取样，进行原材料的复试工作。

（3）对所有原材料的规格、品种、产地、牌号及质量进行检查。

2. 主要机具

（1）施工机械。混凝土搅拌机、装载机、自动砂石输料设备（采用电子计量设备）。

（2）工具用具。手推车、铁锹等。

（3）检测设备。台秤、磅秤、坍落度筒、试模。

3. 作业条件

（1）搅拌机和配套设备、上料设备应运转灵活，安全可靠。

（2）磅秤下面及周围的砂、石清理干净。计量器灵敏可靠，并设专人按施工配合比定磅、监磅。

（3）首次使用新的混凝土配合比时，应进行开盘鉴定。开盘鉴定结果应符合要求。

（二）施工工艺

1. 工艺流程

施工配合比换算及施工配料→原材料计量→投料→混凝土搅拌→出料→质量检查。

2. 施工要点

（1）施工配合比换算及施工配料。在实验室根据混凝土的施工配制强度经过试配和调整而确定的混凝土的配合比，称为实验室配合比。为保证混凝土配合比的准确，在施工中应适当扣除使用砂、石的含水量，经调整后的配合比，称为施工配合比。设混凝土实验室配合比为：水泥∶砂子∶石子＝$1∶x∶y$，水灰比 W/C，现场砂、石含水率分别为 W_x、W_y，则施工配合比为：

水泥∶砂∶石＝$1∶x(1+W_x)∶y(1+W_y)$，水灰比 W/C 不变，但加水量应扣除砂、石中的含水量。

施工配料是确定每拌一次需用的各种原材料用量，它根据施工配合比和搅拌机的出料容量计算。

【例 4-2】 已知 C20 混凝土的试验室配合比为 $1∶2.55∶5.12$，水灰比 W/C 为 0.65，经测定砂的含水率为 3％，石子的含水率为 1％，1m³ 混凝土的水泥用量 300kg，求施工配合比。若采用 JZ250 型搅拌机，出料容量为 0.25m³，求每搅拌一次的材料用量。

解 施工配合比，水泥∶砂∶石为

$1∶x(1+W_x)∶y(1+W_y)＝1∶2.55(1+3％)∶5.12(1+1％)＝1∶2.63∶5.17$

采用 JZ250 型搅拌机，出料容量为 0.25m³，每拌一次材料用量为

水泥：$300×0.25＝75(kg)$

砂：$75×2.63＝197.25(kg)$

石：$75×5.17＝387.75(kg)$

水：$75×0.65-75×2.55×3\%-75×5.12×1\%=39.17(kg)$

（2）原材料计量。混凝土搅拌时应对原材料用量准确计量。计量设备的精度应符合现行国家标准《建筑施工机械与设备　混凝土搅拌站（楼）》（GB 10171—2016）的有关规定，并应定期校准。使用前设备应归零。原材料的计量应按重量计，水和外加剂溶液可按体积计，其允许偏差应符合表 4-7 的规定。现场搅拌时原材料计量允许偏差应满足每盘计量允许偏差要求；累计计量允许偏差指每一运输车中各盘混凝土的每种材料累计称量的偏差，该项指标仅适用于采用计算机控制计量的搅拌站；骨料含水率应经常测定，雨、雪天施工应增加测定次数。

表 4-7　　　　　　　　　混凝土原材料计量允许偏差　　　　　　　　（％）

原材料品种	水泥	细骨料	粗骨料	水	矿物掺和料	外加剂
每盘计量允许偏差	±2	±3	±3	±1	±2	±1
累计计量允许偏差	±1	±2	±2	±1	±1	±1

（3）投料。混凝土搅拌方式有人工搅拌与机械搅拌两种。机械搅拌又可分为自落式搅拌机搅拌、强制式搅拌机搅拌两种。工程中宜采用强制式搅拌机搅拌，只有在混凝土用量不大而又缺乏搅拌机械时才采用人工搅拌。

采用机械搅拌时，普通混凝土的投料方法可分为一次投料法和分次投料法。

1）一次投料法。一次投料法是目前最普遍采用的方法。它是将砂、石、水泥和水一起同时加入搅拌筒中进行搅拌。为了减少水泥的飞扬和水泥的黏罐现象，向搅拌机上料斗中投料的。投料顺序宜先倒砂子（或石子）再倒水泥，然后倒入石子（或砂子），将水泥加在砂、石之间，最后由上料斗将干物料送入搅拌筒内，加水搅拌。

2）分次投料法。采用分次投料搅拌方法时，应通过试验确定投料顺序、数量及分段搅拌的时间等工艺参数。矿物掺和料宜与水泥同步投料，液体外加剂宜滞后于水和水泥投料；粉状外加剂宜溶解后再投料。分次投料法可分为二次投料法和水泥裹砂法等。

①二次投料法。二次投料法又分为预拌水泥砂浆法和预拌水泥净浆法。预拌水泥砂浆法是先将水泥、砂和水加入搅拌筒内进行充分搅拌，成为均匀的水泥砂浆后，再加入石子搅拌成均匀的混凝土。国内一般是用强制式搅拌机拌制水泥砂浆约 1～1.5min。然后再加入石子搅拌约 1～1.5min。国外对这种工艺还设计了一种双层搅拌机（称为复式搅拌机），其上层搅拌机搅拌水泥砂浆，搅拌均匀后，再送入下层搅拌机与石子一起搅拌成混凝土。

预拌水泥净浆法是先将水泥和水充分搅拌成均匀的水泥净浆后，再加入砂和石搅拌成混凝土。国外曾设计一种搅拌水泥净浆的高速搅拌机，其不仅能将水泥净浆搅拌均匀，而且对水泥还有活化作用。国内外的试验表明，二次投料法搅拌的混凝土与一次投料法相比较，混凝土的强度可提高 15％，在强度相同的情况下，可节约水泥 15％～20％。

②水泥裹砂法又称 SEC 法。采用水泥裹砂法拌制的混凝土称为 SEC 混凝土或造壳混凝土。该法的搅拌程序是先加一定量的水使砂表面的含水量调到某一规定的数值后（一般为 15％～25％），再加入石子并与湿砂拌匀，然后将全部水泥投入与砂石共同拌和使水泥在砂石表面形成一层低水灰比的水泥浆壳，最后将剩余的水和外加剂加入搅拌成混凝土。采用 SEC 法制备的混凝土与一次投料法相比较，强度可提高 20％～30％，混凝土不易产生离析和泌水现象，工作性好。

（4）混凝土搅拌。

1）第一盘混凝土拌制。

①每班拌制第一盘混凝土前，先加水使搅拌筒空转数分钟，搅拌筒被充分湿润后，将剩余积水倒净。

②搅拌第一盘时，由于砂浆粘筒壁而损失，因此，石子的用量应按配合比减量。从第二盘开始，按给定的配合比投料。

2）搅拌时间控制。混凝土搅拌时间指从全部材料装入搅拌筒中起，到开始卸料时止的时间段。混凝土搅拌的最短时间可按表 4-8 采用，当能保证搅拌均匀时可适当缩短搅拌时间。当掺有外加剂与矿物掺和料时，搅拌时间应适当延长；搅拌强度等级 C60 及以上的混凝土时，搅拌时间应适当延长；采用自落式搅拌机时，搅拌时间宜延长 30s；当采用其他形式的搅拌设备时，搅拌的最短时间也可按设备说明书的规定或经试验确定。

表 4-8   混凝土搅拌的最短时间   （s）

混凝土坍落度 (mm)	搅拌机机型	搅拌机出料量（L）		
		<250	250～500	>500
≤40	强制式	60	90	120
>40，且<100	强制式	60	60	90
≥100	强制式	60		

（5）出料。出料时，先少许出料，目测拌和物的外观质量，如目测合格方可出料。每盘混凝土拌和物必须出尽。

（6）质量检查。

1）检查拌制混凝土所用原材料的品种、规格和用量，每一个工作班至少两次。

2）检查混凝土的坍落度及和易性，每一工作班至少两次。混凝土拌和物搅拌均匀、颜色一致，具有良好的流动性、黏聚性和保水性，不泌水、不离析。不符合要求时，应查找原因，及时调整。

3）在每一工作班内，当混凝土配合比由于外界影响有变动时（如下雨或原材料有变化），应及时检查。

4）混凝土的搅拌时间应随时检查。

5）按《混凝土结构工程施工质量验收规范》（GB 50204—2015）的有关规定留置试块。

二、混凝土运输

（一）运输方式

混凝土的运输可分为地面水平运输、垂直运输和楼面水平运输三种方式。

（1）地面水平运输：当采用商品混凝土或运距较远时，最好采用混凝土搅拌运输车。混凝土搅拌运输车是一种用于长距离输送混凝土的高效能机械。它是将运送混凝土的搅拌筒安装在汽车底盘上，将混凝土搅拌站生产的混凝土拌和物装入搅拌筒内，直接运至施工现场的大型混凝土运输工具。该车在运输过程中，搅拌筒可缓慢转动进行拌和，防止了混凝土的离析。当距离过远时，可装入干料在到达浇筑现场前 15～20min 放入搅拌水，可边行走、边进行搅拌。

如现场搅拌混凝土，可采用载重 1t 左右容量为 400L 的小型机动翻斗车或手推车运输。

运距较远，运量又较大时，可采用皮带运输机或窄轨翻斗车。

（2）垂直运输：可采用塔式起重机、混凝土泵、快速提升斗和井架。

混凝土泵一般用于大体积混凝土工程及连续性强和浇筑效率要求高的混凝土工程。混凝土泵通过输送管将混凝土送到浇筑地点，混凝土输送管道一般是用钢管制成，管径通常有100mm、125mm 和 150mm，标准管管长 3m，配套管有 1m 和 2m 两种，另配有 90°、45°、30°和 15°等不同角度的弯管，以供管道转折处使用。输送管的管径选择主要根据混凝土骨料的最大粒径以及管道的输送距离、输送高度和其他工程条件决定。

（3）楼面水平运输：多采用双轮手推车，塔式起重机亦可兼顾楼面水平运输，如用混凝土泵，则可采用布料杆布料。

（二）运输要求

（1）运输工作应保证混凝土的浇筑工作连续进行。

（2）运送混凝土的容器应严密，其内壁应平整光洁，不吸水，不漏浆，黏附的混凝土残渣应经常清除。

（3）运输过程中应保持混凝土的均匀性，避免产生分层离析现象。

（4）混凝土运至浇筑地点，应符合浇筑时所规定的坍落度（表 4-9）。

表 4-9　　　　　　　　　　　　混凝土浇筑时的坍落度

结　构　种　类	坍落度（mm）
基础或地面等的垫层、无配筋的大体积结构（挡土墙、基础或厚大的块体等）或配筋稀疏的结构	10～30
板、梁、大型及中型截面的柱子	30～50
配筋密列的结构（薄壁、斗仓、筒仓、细柱等）	50～70
配筋特密的结构	70～90

（5）混凝土从搅拌机中卸出到浇筑完毕的延续时间不宜超过表 4-10 的规定，对掺用外加剂或采用快硬水泥拌制的混凝土，其延续时间应按试验确定。对于轻骨料混凝土，其延续时间应适当缩短。

表 4-10　　　　　　　　混凝土从搅拌机中卸出到浇筑完毕的延续时间

混凝土强度等级	气　温	
	不高于 25℃	高于 25℃
不高于 C30	120	90
高于 C30	90	60

注　1. 对掺用外加剂或采用快硬水泥拌制的混凝土，其延续时间应按试验确定。

　　2. 对轻集料混凝土，其延续时间应适当缩短。

（三）施工要点

1. 搅拌运输车运送混凝土

（1）混凝土必须能在最短的时间内均匀、无离析地排出。出料干净、方便，能满足施工的要求。如与混凝土泵联合输送时，其排料速度应相匹配。

（2）从搅拌输送车卸运的混凝土中分别取 1/4 和 3/4 处试样进行坍落度试验，两个试样的坍落度值之差不得超过 30mm。

（3）混凝土搅拌输送车在运送混凝土时，通常的搅动转速为 2～4r/min；整个输送过程中拌筒的总转数应控制在 300r 以内。

（4）若采用干料由搅拌输送车途中加水自行搅拌时，搅拌速度一般应为 6～18r/min；搅拌转数应以混合料加水入搅拌筒起直至搅拌结束控制在 70～100r/min。

（5）混凝土搅拌输送车因途中失水，到工地需加水调整混凝土的坍落度时，搅拌筒应以 6～8r/min 搅拌速度搅拌，并另外再转动至少 30r。

2. 泵送混凝土

（1）混凝土泵安装场地应平整坚实、道路畅通、接近排水设施、便于配管、尽可能靠近浇筑地点。

（2）混凝土泵的支腿应伸出调平并插好安全销，支腿支撑应牢固。

（3）输送管线宜直，转弯宜缓，接头应严密。用于垂直输送的管路应采用支架与结构牢固连接，用于水平输送的管路应采用支架固定。混凝土输送管的固定应可靠稳定。

（4）手动布料设备不得支承在脚手架上，也不得直接支承在钢筋上，宜设置钢支撑将其架空。

（5）混凝土泵与输送管连通后，应按所用混凝土泵使用说明书的规定进行全面检查，符合要求后，方可开机进行空载试运转。

（6）混凝土泵送施工前应检查混凝土送料单，核对配合比，检查坍落度，必要时还应测定混凝土扩展度，在确认无误后方可进行混凝土泵送。泵送混凝土的入泵坍落度不宜小于 100mm，对强度等级超过 C60 的泵送混凝土，其入泵坍落度不宜小于 180mm。

（7）混凝土泵启动后，应先泵送适量清水，以湿润混凝土泵的料斗、活塞及输送管内壁等直接与混凝土接触部位。泵送清水完毕后，应清除泵内积水。

（8）确认混凝土泵和输送管中无异物后，应采取泵送水泥浆、泵送 1：2 水泥砂浆、泵送与混凝土内除粗骨料外的其他成分相同配合比的水泥砂浆等方法润滑混凝土泵和输送管内壁。润滑用浆料泵出后应妥善回收，不得作为结构混凝土使用。

（9）开始泵送时，混凝土泵应处于匀速缓慢运行并随时可反泵的状态。泵送速度应先慢后快，逐步加速。同时，应观察混凝土泵的压力和各系统的工作情况，待各系统运转正常后，方可以正常速度进行泵送。

（10）泵送应连续进行。当混凝土供应不及时，宜采取间歇泵送方式，放慢泵送速度。间歇泵送可采用每隔 4～5min 进行两个行程反泵，再进行两个行程正泵的泵送方式。如必须中断时，其中断时间不得超过混凝土从搅拌至浇筑完毕所允许的延续时间。

（11）当混凝土泵出现压力升高且不稳定、油温升高、输送管明显振动等现象而泵送困难时，不得强行泵送，并应立即查明原因，采取措施排除故障。当输送管堵塞时，应及时拆除管道，排除堵塞物。拆除的管道重新安装前应湿润。

（12）泵送完毕时，应将混凝土泵和输送管清洗干净。

三、混凝土浇筑

（一）施工准备

混凝土浇筑前，应根据工程对象、结构特点，结合具体条件，制订混凝土浇筑的施工方案。

1. 材料准备

（1）订货与交货。购买预拌混凝土时，供需双方应先签订合同。合同签订后，供方（即预拌混凝土生产单位）应按订货单组织生产和供应。交货时，供方应按分部工程向需方提供同一配合比混凝土的出厂合格证，并应随每一辆运输车向需方提供该车混凝土的发货单；需方（即施工单位）应指定专人及时对供方所供预拌混凝土的质量管理、数量进行确认。

（2）交货检验。预拌混凝土的质量验收以交货检验结果为依据。交货检验应在施工现场混凝土运输车卸料点进行。对进场的每一车混凝土均应在施工企业、监理单位、预拌混凝土生产单位的见证下进行交货检验。交货检验主要包括：

1）查验预拌混凝土的类别、强度等级、数量和配合比。

2）查验预拌混凝土的拌和时间，记录搅拌车的进场时间，计算运输时间。

3）检验预拌混凝土的和易性，并做好记录。

4）制作试块，检验预拌混凝土的强度、耐久性及长期性能。

2. 主要机具

（1）输送泵、平仓机、振捣器、料斗、溜槽、串筒、铁锹、铁耙、抹子、刮杠等机具设备应按需要准备充足。

（2）重要工程应有备用的搅拌机和振捣器。特别是采用泵送混凝土，一定要有备用泵。

3. 作业条件

（1）模板系统检查。在浇筑混凝土之前，应对模板系统进行检查和控制，符合要求时，方可进行浇筑。检查时应注意以下几点：

1）检查模板的轴线位置、标高、截面尺寸，以及预留孔洞和预埋件的位置是否与设计相一致；构件的预留拱度是否正确。

2）检查所安装的模板支撑是否牢固和稳定，对于妨碍浇筑的支撑应加以调整，以免在浇筑过程中产生变形、位移和影响浇筑。

3）检查模板安装时是否认真涂刷隔离剂，对模板内的泥土和木屑等杂物应清除。

4）木模板应浇水加以润湿，但不允许留有积水。湿润后，木模板中尚未胀密的缝隙应用纸筋灰或水泥袋纸嵌塞；对于缝隙较大处，应用木片等填塞，以防漏浆。金属模板的缝隙和孔洞也应堵塞。

（2）钢筋及预埋件检查。

1）钢筋及预埋件的规格、尺寸、数量、安装位置应与设计相一致，其偏差值应符合现行国家标准《混凝土结构工程施工质量验收规范》（GB 50204—2015）的规定。

2）检查钢筋上的油污、砂浆等是否已清除，并按规定加垫好钢筋的混凝土保护层塑料卡。

3）检查钢筋的焊接、绑扎与安装是否牢固。

4）协同有关人员做好隐蔽工程验收记录。

（3）水电及原材料供应。

1）在混凝土浇筑期间，要保证水、电、照明不中断，应考虑临时停水、断电措施。

2）应在混凝土浇筑地点储备一定数量并满足配合比要求的水泥、砂、石、水等原材料及人工拌和捣固用的工具，以保证浇筑的连续性，防止出现意外的施工停歇缝。

（4）地基的检查与清理。

1) 在地基上直接浇筑混凝土时（例如基础、地面），应对其轴线位置、标高和各部分尺寸进行复核和检查，如有不符，应立即修正。

2) 清除地基底面上的杂物和淤泥浮土，地基面上凹凸不平处应加以修理整平。

3) 对于干燥的非黏土地基，应洒水润湿，对于岩石地基或混凝土基础垫层，应用清水清洗，但不得留有积水；对于有地下水涌出或地表水流入地基时，应考虑排水，并应考虑混凝土浇筑后及硬化过程中的排水措施，以防冲刷新浇筑的混凝土。

（5）其他工作。

1) 所用的机具设备应在浇筑前进行检查和试运转，同时配有专职人员，随时检修。

2) 对各项安全设施要认真检查，并进行安全技术交底工作，以消除事故隐患。

3) 对施工班组进行施工技术交底。

（二）施工工艺

1. 泵送混凝土的浇筑

（1）混凝土的浇筑顺序，应符合下列规定：

1) 当采用输送管输送混凝土时，宜由远而近浇筑。

2) 同一区域的混凝土，应按先竖向结构后水平结构的顺序分层连续浇筑。

（2）混凝土的布料方法，应符合下列规定：

1) 混凝土输送管末端出料口宜接近浇筑位置。浇筑竖向结构混凝土，布料设备的出口离模板内侧面不应小于50mm。应采取减缓混凝土下料冲击的措施，保证混凝土不发生离析。

2) 浇筑水平结构混凝土，不应在同一处连续布料，应水平移动分散布料。

2. 多层钢筋混凝土框架结构的浇筑

（1）浇筑多层框架结构首先要划分施工层和施工段，施工层一般按结构层划分，而每一施工层的施工段划分，则要考虑工序数量、技术要求、结构特点等，多以结构平面的伸缩缝分段。

（2）混凝土的浇筑顺序：在每层中先浇捣柱子，在柱子浇捣完毕后，停歇1~1.5h，使混凝土达到一定强度后，再浇捣梁和板。

（3）柱子浇筑宜在梁、板模板安装后，梁、板钢筋未绑扎前进行，以便利用梁板模板稳定柱模和作为浇筑柱混凝土操作平台之用。

（4）在浇筑竖向结构（墙、柱）混凝土前，应先在底部填以30~50mm厚与混凝土中水泥、砂配比成分相同的水泥砂浆。

（5）柱、墙模板内的混凝土浇筑时，当无可靠措施保证混凝土不产生离析，其自由倾落高度应符合如下规定，当不能满足时，应加设串筒、溜管、溜槽等装置。

1) 粗骨料粒径大于25mm时，不宜超过3m。

2) 粗骨料粒径不大于25mm时，不宜超过6m。

（6）剪力墙浇筑应注意门窗洞口应从两侧同时下料，浇筑高差不能太大，以免门窗洞口发生位移或变形。应先浇筑窗台下部，后浇筑窗间墙，以防窗台出现蜂窝孔洞。

（7）浇筑竖向尺寸较大的结构物时，应分层浇筑，每层浇筑厚度宜控制在300~350mm；高强混凝土浇筑的分层厚度不宜大于500mm，上下层同一位置浇筑的间隔时间不宜超过120min。

（8）梁和板宜同时浇筑混凝土，有主次梁的楼板宜顺着次梁方向浇筑，单向板宜沿着板的长边方向浇筑；拱和高度大于 1m 时的梁等结构，可单独浇筑混凝土。

（9）浇筑肋形楼板时，应先将梁根据高度分层浇捣成阶梯形，当达到板底位置时即与板的混凝土一起浇捣，随着阶梯形的不断延长，则可连续向前推进。倾倒混凝土的方向应与浇筑方向相反。

（10）浇筑无梁楼盖时，在离柱帽下 5cm 处暂停，然后分层浇筑柱帽，下料必须倒在柱帽中心，待混凝土接近楼板底面时，即可连同楼板一起浇筑。

（11）楼板混凝土浇筑完毕，在混凝土初凝前和终凝前宜分别对混凝土裸露表面进行抹面处理。

3. 大体积钢筋混凝土结构的浇筑

大体积混凝土是指混凝土结构物实体最小几何尺寸不小于 1m 的大体量混凝土，或预计会因混凝土中胶凝材料水化引起的温度变化和收缩而导致有害裂缝产生的混凝土。一般多为工业建筑中的设备基础及高层建筑中厚大的桩基承台或基础底板等。

大体积混凝土结构的特点是混凝土浇筑面和浇筑量大，浇筑后水泥的水化热量大且聚集在构件内部，形成较大的内、外温差，当形成的温度应力大于混凝土抗拉强度时，在受到基岩或硬化混凝土垫层约束的情况下，易造成混凝土表面产生收缩裂缝。这类结构整体性要求较高，通常不允许留施工缝，应在下一层混凝土初凝之前，将上一层混凝土浇筑完毕。因此，必须保证混凝土搅拌、运输、浇筑、振捣各工序协调配合，使浇筑工作连续进行。

（1）浇筑方案。根据结构大小、钢筋疏密、捣实方法和混凝土供应能力等具体情况，大体积混凝土施工可选用以下浇筑方案：

1）全面分层：即在第一层浇筑完毕后，再回头浇筑第二层，如此逐层浇筑，直至完工为止。全面分层法要求的混凝土浇筑强度较高。

2）分块分层：混凝土从底层开始浇筑，进行 2～3m 后再回头浇第二层，同样依次浇筑各层。

3）斜面分层：目前应用较多的是斜面分层法，要求斜坡坡度不大于 1/3，适用于结构长度大大超过厚度 3 倍的情况。

（2）施工要点。

1）混凝土入模温度，一般不宜超过 28℃，可在运输设备上搭设简易遮阳装置或覆盖草包等隔热材料，采用低温水或冰水拌制混凝土或在气温较低时浇筑混凝土。

2）采用多条输送泵管浇筑时，输送泵管间距不宜大于 10m，并宜由远及近浇筑。

3）采用汽车布料杆输送浇筑时，应根据布料杆工作半径确定布料点数量，各布料点浇筑速度应保持均衡。

4）宜先浇筑深坑部分再浇筑大面积基础部分。

5）宜采用斜面分层浇筑方法，也可采用全面分层、分块分层浇筑方法，层与层之间混凝土浇筑的间歇时间应能保证混凝土浇筑连续进行。

6）混凝土分层浇筑应采用自然流淌形成斜坡，并沿高度均匀上升，分层厚度不应大于 500mm。

7）尽量扩大浇筑面和散热面，减少浇筑层厚度和浇筑速度，必要时在结构内部埋设管道或预留孔道（如混凝土大坝内）。

8）浇筑完毕后，应及时排除泌水，必要时进行二次振捣。

4. 自密实混凝土的浇筑

自密实混凝土（简称 SCC）是指具有高流动性、均匀性和稳定性，浇筑时无需外力振捣，能够在自重作用下流动并充满模板空间的混凝土。自密实混凝土技术目前在我国尚属于起步阶段，主要应用于浇筑量大、浇筑深度、高度大的工程结构；形体复杂、配筋密集、薄壁、钢管混凝土等受施工操作空间限制的工程结构；工程进度紧、严格环境噪声限制或普通混凝土无法实现的工程结构。自密实混凝土的浇筑要点为：

（1）检查模板拼缝不得有大于 1.5mm 的缝隙。

（2）泵管使用前用水冲净，并用同配比减石砂浆冲润泵管，以利于垂直运输。

（3）卸料前罐车高速旋罐 90s 左右，再卸入混凝土输送泵，由于触变作用可使混凝土处于最佳工作状态，有利于混凝土自密实成型。

（4）保持连续泵送，必要时降低泵送速度。

（5）自密实混凝土浇筑时，尽量减少泵送过程对混凝土高流动性的影响，使其和易性能不变。

（6）浇筑过程中设置专门的专业技术人员在施工现场值班，确保混凝土质量均匀稳定，发现问题及时调整。

（7）浇筑时在浇筑范围内尽可减少浇筑分层（分层厚度取为 1m），使混凝土的重力作用得以充分发挥，并尽量不破坏混凝土的整体黏聚性。

（8）使用钢筋插棍进行插捣，并用锤子敲击模板，起到辅助流动和辅助密实的作用。

（9）自密实混凝土浇筑至设计高度后可停止浇筑，20min 后再检查混凝土标高，如标高略低再进行复筑，以保证达到设计要求。

5. 混凝土施工缝的设置与处理

施工缝是指按设计要求或施工需要分段浇筑，先浇筑混凝土达到一定强度后继续浇筑混凝土所形成的接缝。由于施工技术（安装上部钢筋、重新安装模板和脚手架、限制支撑结构上的荷载等）或施工组织（工人换班、设备损坏、待料等）的原因，有时不能连续将结构整体浇筑完成，且停歇时间可能超过混凝土的初凝时间，这时就需要留设施工缝。

（1）施工缝的留设位置。施工缝的位置应在混凝土浇筑之前确定，并设置在结构受剪力较小且便于施工的部位。留设施工缝应符合下列规定：

1）柱、墙水平施工缝可留设在基础、楼层结构顶面，柱施工缝与结构上表面的距离宜为 0～100mm，墙施工缝与结构上表面的距离宜为 0～300mm。

2）柱、墙水平施工缝也可留设在楼层结构底面，施工缝与结构下表面的距离宜为 0～50mm；当板下有梁托时，可留设在梁托下 0～20mm。

3）高度较大的柱、墙、梁以及厚度较大的基础可根据施工需要在其中部留设水平施工缝；必要时，可对配筋进行调整，并应征得设计单位认可。

4）有主次梁的楼板竖向施工缝应留设在次梁跨度中间的 1/3 范围内。

5）单向板的竖向施工缝应留设在平行于板短边的任何位置。

6）楼梯梯段的竖向施工缝宜设置在梯段板跨度端部的 1/3 范围内。

7）墙的竖向施工缝宜设置在门洞口过梁跨中 1/3 范围内，也可留设在纵横墙交接处。

8）特殊结构部位留设竖向施工缝应征得设计单位同意。

（2）施工缝的处理。在施工缝处继续浇筑混凝土时，应符合下列规定：

1）已浇筑的混凝土，其抗压强度不应小于 1.2N/mm²。

2）在已硬化的混凝土表面上，应清除水泥薄膜和松动石子以及软弱混凝土层，并加以充分湿润和冲洗干净，且不得积水。

3）在浇筑混凝土前，宜先在施工缝处铺一层水泥浆（可掺适量界面剂）或与混凝土内成分相同的水泥砂浆，厚度为 10～15mm。

4）从施工缝处开始继续浇筑时，要注意避免直接靠近缝边下料。机械振捣前，宜向施工缝处逐渐推进，并距 80～100cm 处停止振捣，但应加强对施工缝接缝的捣实工作，使其紧密结合。

6. 后浇带的设置和处理

后浇带是指为适应环境温度变化、混凝土收缩、结构不均匀沉降等因素影响，在梁、板（包括基础底板）、墙等结构中预留的具有一定宽度且经过一定时间后再浇筑的混凝土带。

后浇带宜留设在结构受剪力较小且便于施工的位置。后浇带的留设位置，通常根据设计要求在混凝土浇筑前确定。后浇带的间距一般为 20～30m，带宽 1.0m 左右。后浇带留设界面，应垂直于结构构件和纵向受力钢筋。结构构件厚度或高度较大时，后浇带界面宜采用专用材料封挡。

设置后浇带处应采取钢筋防锈或阻锈等保护措施，在主体结构保留一段时间（若设计无要求，则至少保留 28d）后，用比原结构强度高 5～10N/mm² 的混凝土填筑，并保持不少于14d 的潮湿养护。

（三）质量要求

（1）在混凝土浇筑过程中，应控制其均匀性和密实性。在混凝土拌和物运至浇筑地点后，应立即浇筑入模；在浇筑过程中，如发现混凝土拌和物的均匀性和稠度发生较大的变化，应及时处理。

（2）混凝土浇筑时，应注意防止其产生分层离析。当混凝土由料斗、漏斗内卸出进行浇筑时，其自由倾落高度一般不宜超过 2m，在竖向结构中浇筑混凝土的高度不得超过 3m；对于配筋较密不便捣实的结构，不宜超过 600mm，否则应采用窜筒、斜槽、溜槽等下料。溜槽一般用木板制作，表面包铁皮，使用时其水平倾角不宜超过 30°；窜筒用薄钢板制成，每节筒长 700mm 左右，用钩环连接，筒内设有缓冲挡板。

（3）混凝土宜分层浇筑，分层振捣；浇筑振捣过程中，混凝土不得发生离析现象。

（4）浇筑混凝土应连续进行。如由于技术或施工组织上的原因必须间歇时，其间歇时间尽可能缩短，并应在前层混凝土初凝前，将次层混凝土浇筑完毕；否则，应留施工缝。

（5）浇筑混凝土时，应经常观察模板、支架、钢筋、预埋件和预留孔洞的情况。当发现有变形、移位时，应立即停止浇筑，并及时采取措施加以处理。

（6）混凝土在浇筑及静置过程中，应采取措施防止产生裂缝。混凝土因沉降及干缩产生的非结构性的表面裂缝，应在混凝土终凝前予以修整。

（7）在混凝土浇筑过程中，应及时认真填写施工记录。

四、混凝土振捣

混凝土拌和物浇筑之后，需经密实成型才能赋予混凝土结构一定的外形和内部结构，使混凝土强度、耐久性、抗渗性等达到设计要求。混凝土密实成型的方法有人工捣实法、机械振捣法、离心法、真空作业法、自密实混凝土法等，目前应用较多的是机械振捣法。机械振捣法采用的振捣机械有内部振动器、表面振动器、外部振动器、振动台四种（图4-7）。

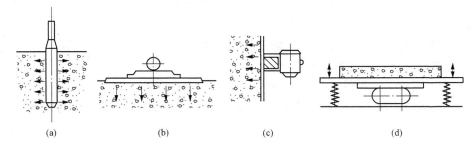

图4-7　振动机械示意图
（a）内部振动器；（b）表面振动器；（c）外部振动器；（d）振动台

（一）振捣机械的选择

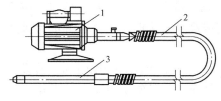

图4-8　插入式振动器
1—电动机；2—软轴；3—振动棒

1. 内部振动器

内部振动器又称插入式振动器（图4-8），其工作部分是一棒状空心圆柱体，内部装有偏心振子，在电动机带动下高速转动而产生高频微幅的振动。多用于振实梁、柱、墙、厚板和大体积混凝土结构等。

2. 表面振动器

表面振动器又称平板振动器，是将电动机轴上装有左、右两个偏心块的振动器固定在一块平板上。其振动力可通过平板直接传递于混凝土面层上。这种振动器适用于振捣楼板、地面、薄壳、路面等平面面积大而厚度较小的混凝土结构构件。

3. 外部振动器

外部振动器又称附着式振动器。它是利用螺栓或夹钳等直接安装在模板上进行振捣，通过模板来将振动能量传递给混凝土，达到使混凝土密实的目的。适用于振捣截面较小而钢筋较密的柱、梁、板及墙等构件。

4. 振动台

振动台是混凝土预制厂中的固定生产设备，用于振实干硬性混凝土和轻骨料混凝土预制构件。

（二）施工要点

1. 内部振动器

（1）振捣棒尽可能垂直地插入混凝土中，快插慢拔，逐点移动，顺序进行。如振捣棒较长或把手位置较高，垂直插入感到操作不便时，也可略带倾斜，但与水平面夹角不宜小于45°，且每次倾斜方向应保持一致。否则下部混凝土将会发生漏振。这时作用轴线应平行，如不平行也会出现漏振点。

（2）振捣器各插点的间距应均匀，不要忽远忽近。插点间距一般不要超过振动棒有效作用半径 R 的 1.4 倍，一般为 30～50cm；振动器与模板的距离不应大于其作用半径 R 的 50%，一般为 20～30cm。

插点的布置方式有行列式与交错式两种，如图 4-9 所示。其中交错式重叠、搭接较多，能更好地防止漏振，以保证混凝土的密实性。

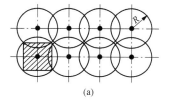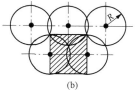

（a）　　　　　　　　　　　　　　　（b）

图 4-9　振捣点的布置

（a）行列式；（b）交错式

R—振动棒有效作用半径

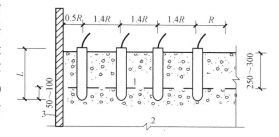

图 4-10　插入式振捣器的插入深度

1—新浇筑的混凝土；2—下层已振捣
但尚未初凝的混凝土；3—模板

（3）使用插入式振动器时，要使振动棒插入下一层混凝土中 50～100mm，使上、下层混凝土结合成整体。振动棒不能插入太深，最好应使棒的尾部留露 1/3～1/4，软轴部分不要插入混凝土中。振捣时应将棒上下抽动 50～100mm，以保证上、下部分的混凝土振捣均匀，如图 4-10 所示。

（4）振动棒在各插点的振动时间，一般为 20～30s，以见到混凝土表面基本平坦，泛出水泥浆，混凝土不再显著下沉，无气泡排出为止，避免过振。过振则骨料下沉、砂浆上翻，产生离析。

（5）使用振动器时，不允许将其支承在结构钢筋上，振动棒应避免碰撞钢筋、模板、芯管、吊环和预埋件等。

2. 表面振动器

使用表面振动器时，振动器的底部应与混凝土面保持接触，在一个位置振动捣实到混凝土不再下沉、表面出浆时，即可移至下一位置，继续进行振动捣实。每次移动的间距应保证底板能覆盖已被振捣完毕区段边缘 50mm 左右，以保证衔接处混凝土的密实性。

3. 外部振动器

对于小截面直立构件，插入式振动器的振动棒很难插入，可使用外部振动器，其设置间距应通过试验确定，一般情况下可每隔 1～1.5m 设置一个。

4. 振动台

振动台通常采用加压振动的方法，加压力为 1～3kPa。

五、混凝土养护

（一）养护方法

混凝土的养护方法有自然养护和加热养护两大类。现场施工一般为自然养护。自然养护又可分洒水养护（覆盖浇水养护）、覆盖养护（薄膜布养护）和喷涂养护剂养护（养生液养护）等。具体养护方法应根据现场条件、环境温湿度、构件特点、技术要求、施工操作等因素确定。对已浇筑完毕的混凝土，应在混凝土终凝前（通常为混凝土浇筑完毕后 8～12h

内），开始进行自然养护。

1. 洒水养护

(1) 洒水养护宜在混凝土裸露表面覆盖麻袋或草帘后进行，也可采用直接洒水、蓄水等养护方式；洒水养护应保证混凝土表面处于湿润状态。

(2) 洒水养护用水应符合现行行业标准《混凝土用水标准》（JGJ 63）的有关规定。

(3) 当日最低温度低于5℃时，不应采用洒水养护。

2. 覆盖养护

(1) 覆盖养护宜在混凝土裸露表面覆盖塑料薄膜、塑料薄膜加麻袋、塑料薄膜加草帘进行。

(2) 塑料薄膜应紧贴混凝土裸露表面，塑料薄膜内应保持有凝结水。

(3) 覆盖物应严密，覆盖物的层数应按施工方案确定。

3. 喷涂养护剂养护

(1) 应在混凝土裸露表面喷涂覆盖致密的养护剂进行养护。

(2) 养护剂应均匀喷涂在结构构件表面，不得漏喷；养护剂应具有可靠的保湿效果，保湿效果可通过试验检验。

(3) 养护剂使用方法应符合产品说明书的有关要求。

(二) 养护要点

1. 基础大体积混凝土

基础大体积混凝土裸露表面应采用覆盖养护方式；当混凝土浇筑体表面以内40～100mm位置的温度与环境温度的差值小于25℃时，可结束覆盖养护。覆盖养护结束但尚未达到养护时间要求时，可采用洒水养护方式直至养护结束。

2. 柱、墙混凝土

(1) 地下室底层和上部结构首层柱、墙混凝土带模养护时间，不应少于3d；带模养护结束后，可采用洒水养护方式继续养护，也可采用覆盖养护或喷涂养护剂养护方式继续养护。

(2) 其他部位柱、墙混凝土可采用洒水养护，也可采用覆盖养护或喷涂养护剂养护。

(三) 养护时间

(1) 采用硅酸盐水泥、普通硅酸盐水泥或矿渣硅酸盐水泥配制的混凝土，不应少于7d；采用其他品种水泥时，养护时间应根据水泥性能确定。

(2) 采用缓凝型外加剂、大掺量矿物掺和料配制的混凝土，不应少于14d。

(3) 抗渗混凝土、强度等级C60及以上的混凝土，不应少于14d。

(4) 后浇带混凝土的养护时间不应少于14d。

(5) 地下室底层墙、柱和上部结构首层墙、柱，宜适当增加养护时间。

(6) 大体积混凝土养护时间应根据施工方案确定。

(四) 成品保护

(1) 混凝土强度达到1.2MPa前，不得在其上踩踏、堆放物料、安装模板及支架。

(2) 对阳角等易碰坏的地方，应采取保护措施。

（3）拆除模板时，应防止碰坏混凝土构件。

六、混凝土质量检查与缺陷修复

（一）混凝土质量检查

（1）混凝土浇筑前应检查混凝土送料单，核对混凝土配合比，确认混凝土强度等级，检查混凝土运输时间，测定混凝土坍落度，必要时还应测定混凝土扩展度。

（2）混凝土结构施工过程中，应进行下列检查：

1）模板及支架位置、尺寸；模板的变形和密封性；模板涂刷脱模剂及必要的表面湿润；模板内杂物清理。

2）钢筋的规格、数量；钢筋的位置；钢筋的混凝土保护层厚度；预埋件规格、数量、位置及固定。

3）混凝土拌和物的坍落度、入模温度等；大体积混凝土的温度测控。混凝土输送、浇筑、振捣等；混凝土浇筑时模板的变形、漏浆等；混凝土浇筑时钢筋和预埋件位置；混凝土试件制作；混凝土养护。

（3）混凝土结构拆除模板后，应检查构件的轴线位置、标高、截面尺寸、表面平整度、垂直度；预埋件的数量、位置；构件的外观缺陷；构件的连接及构造做法；结构的轴线位置、标高、全高垂直度。

（二）混凝土缺陷修整

混凝土结构缺陷可分为尺寸偏差缺陷和外观缺陷。尺寸偏差缺陷和外观缺陷可分为一般缺陷和严重缺陷。混凝土结构尺寸偏差超出规范规定，但尺寸偏差对结构性能和使用功能未构成影响时，应属于一般缺陷；而尺寸偏差对结构性能和使用功能构成影响时，应属于严重缺陷。

1. 缺陷产生的原因

施工过程中发现混凝土结构缺陷时，应认真分析缺陷产生的原因。

（1）蜂窝。蜂窝产生的原因是混凝土一次下料过厚，振捣不实或漏振，模板有缝隙使水泥浆流失，钢筋较密而混凝土坍落度过小或石子过大，柱、墙根部模板有缝隙，以致混凝土中的砂浆从下部涌出。

（2）露筋。钢筋垫块位移、间距过大、漏放或钢筋紧贴模板会造成露筋，梁、板底部振捣不实，也可能出现露筋。

（3）孔洞。孔洞产生的原因是钢筋较密的部位混凝土被卡，未经振捣就继续浇筑上层混凝土。

（4）缝隙与夹渣层。施工缝处杂物清理不净或未浇底浆振捣不实等原因，易造成缝隙、夹渣层。

（5）梁、柱连接处断面尺寸偏差过大。主要原因是柱接头模板刚度差、支撑不牢固或支此部位模板时未认真控制断面尺寸。

（6）现浇楼板面和楼梯踏步上表面平整度偏差太大。主要原因是混凝土浇筑后，表面未用抹子认真抹平。冬季施工在覆盖保温层时，上人过早或未垫板进行操作。

2. 缺陷修整要点

（1）一般缺陷修整。

1）对于露筋、蜂窝、孔洞、夹渣、疏松、外表缺陷等混凝土结构外观一般缺陷，应凿除胶结不牢固部分的混凝土，清理表面，洒水湿润后用 1∶2～1∶2.5 水泥砂浆抹平；裂缝应封闭；连接部位缺陷、外形缺陷可与面层装饰施工一并处理。

2）混凝土结构尺寸偏差一般缺陷，可结合装饰工程进行修整。

（2）严重缺陷修整。

对严重缺陷施工单位应制定专项修整方案，方案应经论证审批后再实施，不得擅自处理。

1）对于露筋、蜂窝、孔洞、夹渣、疏松、外表缺陷等混凝土结构外观严重缺陷，应凿除胶结不牢固部分的混凝土至密实部位，清理表面，支设模板，洒水湿润，涂抹混凝土界面剂，采用比原混凝土强度等级高一级的细石混凝土浇筑密实，养护时间不应少于 7d。

2）对于开裂严重缺陷，民用建筑及无腐蚀介质工业建筑的地下室、卫生间、屋面等接触水介质的构件，以及有腐蚀介质的所有构件，均应注浆封闭处理；民用建筑及无腐蚀介质工业建筑不接触水介质的构件，可采用注浆封闭、聚合物砂浆粉刷或其他表面封闭材料进行封闭。

3）清水混凝土的外形和外表严重缺陷，宜在水泥砂浆或细石混凝土修补后用磨光机械磨平。

4）混凝土结构尺寸偏差严重缺陷，应会同设计单位共同制定专项修整方案，结构修整后应重新检查验收。

任务 4　预应力混凝土工程施工

预应力混凝土工程施工应由具有相应资质等级的预应力专业施工单位承担。预应力混凝土工程的施工方法按预加应力的方法不同可分先张法和后张法。

先张法是在台座或钢模上先张拉预应力筋并用夹具临时固定，再浇筑混凝土，待混凝土达到一定强度后，放张预应力筋，使混凝土产生预压应力的施工方法，一般用于生产中小型预制构件，如预应力空心板、预应力屋面梁（屋架）等。先张法的特点是：预应力是靠预应力筋与混凝土之间的黏结力传递给混凝土，并使其产生预压应力；施工时夹具可以重复利用。

后张法是在混凝土达到一定强度的构件或结构中，张拉预应力筋并用锚具永久固定，使混凝土产生预压应力的施工方法，主要用于大型预制构件的生产及预应力结构的现场施工，如预应力平板结构等。按预应力筋黏结状态，后张法又可分为有黏结后张法和无黏结后张法。有黏结后张法需要在构件或结构中预留孔道，并在张拉后灌浆。无黏结后张法是在构件或结构中预先铺设无黏结预应力筋，不需要留孔灌浆。后张法的特点是：预应力是靠锚具传递给混凝土，并使其产生预压应力；施工时不需要固定台座设备，不受地点限制，但工序多、工艺复杂，锚具不能重复利用。

一、先张法施工

先张法的主要施工工程如图 4-11 所示。

先张法预应力施工的主要方法有台座法和机组流水法，一般采用台座法较多。采用台座法时，预应力筋的张拉、锚固，混凝土的浇筑、养护及预应力筋放松等均在台座上进行；预应力筋放松前，其拉力由台座承受。采用机组流水法时，构件连同钢模通过固定的机组，按流水方式完成（张拉、锚固、混凝土浇筑和养护）每一生产过程；预应力筋放松前，其拉力由钢模承受。这里主要介绍台座法施工。

1. 材料准备

（1）预应力筋。先张法施工中常用的预应力筋有钢丝和钢筋两种，其规格品种、数量应符合设计要求和有关国家标准规定，有产品合格证和出厂检验报告，并应按现行国家标准《预应力混凝土用钢铰线》（GB/T 5224）等的规定抽取试件进行力学性能检验，其质量必须符合有关标准的规定。

（2）混凝土。先张法施工中常采用高强度等级的混凝土。配制时，宜采用大粒径、强度高的骨料；含砂率不超过 0.4；水泥用量不宜超过 $500kg/m^3$；水灰比不超过 0.45；

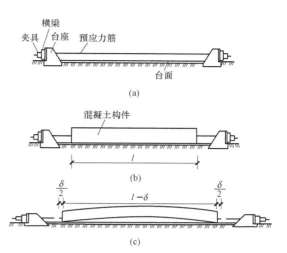

图 4-11　先张法主要施工工程
（a）预应力筋张拉；（b）混凝土浇筑和养护；（c）放松预应力筋

一般可采用低塑性混凝土，坍落度不大于 3cm，以减少因徐变和收缩所引起的预应力损失。

2. 主要机具

（1）台座。台座由台面、横梁和承力结构等组成，是先张法生产的主要设备。台座应具有足够的强度、刚度和稳定性。台面应平整、光滑，沿其纵向设 0.3% 的排水坡度，每隔 10～20m 设宽 30～50mm 的伸缩缝。台座按构造形式分为墩式台座和槽式台座两类。

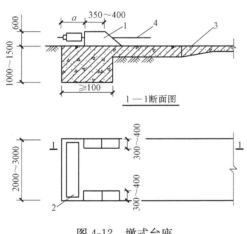

图 4-12　墩式台座
1—台墩；2—横梁；3—台面；4—预应力筋

墩式台座，又称长线台座，由承力台墩、台面和横梁组成，长度通常为 100～150mm，宽度为 2～4m，如图 4-12 所示。目前常用的是现浇钢筋混凝土制成的由承力台墩与台面共同受力的台座。墩式台座张拉一次可生产多根预应力混凝土构件。

槽式台座由钢筋混凝土端柱、传力柱、柱垫、上下横梁、台面、和砖墙组成，长度一般不大于 76mm，宽度一般不小于 1m，如图 4-13 所示。槽式台座既可承受拉力，又可作蒸汽养护槽，适用于张拉吨位较高的大型构件，如屋架、吊车梁等。

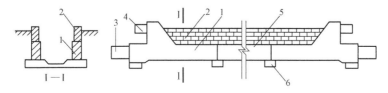

图 4-13　槽式台座
1—钢筋混凝土端柱；2—砖墙；3—下横梁；4—上横梁；5—传力柱；6—柱垫

（2）夹具。夹具是先张法构件施工时保持预应力筋拉力，并将其固定在张拉台座（或设备）上的临时性锚固装置。按其工作用途不同分为锚固夹具和张拉夹具。

1）钢丝锚固夹具。钢丝锚固夹具分为钢质锥形夹具和镦头夹具。钢质锥形夹具主要用来锚固直径为3～5mm的单根钢丝。镦头夹具适用于预应力钢丝固定端的锚固。采用镦头夹具时，将预应力筋端部热镦或冷镦，通过承力分孔板锚固。

2）钢筋锚固夹具。钢筋锚固常用圆套筒三片式夹具，由套筒和夹片组成。其型号有YJ12、YJ14，适用于先张法；用YC-18型千斤顶张拉时，适用于锚固直径为12mm、14mm的单根冷拉HRB335、HRB400、RRB400级钢筋。

3）张拉夹具。张拉夹具是夹持住预应力筋后，与张拉机械连接起来进行预应力筋张拉的机具。常用的张拉夹具有月牙形夹具、偏心式夹具、楔形夹具等，适用于张拉钢丝和直径16mm以下的钢筋。

（3）张拉设备。常用的张拉设备有油压千斤顶、卷扬机、电动螺杆张拉机等。油压千斤顶可用来张拉单根或多根成组的预应力筋。在长线台座上张拉钢筋时，由于千斤顶行程不能满足要求，小直径钢筋可采用卷扬机张拉，用杠杆或弹簧测力。电动螺杆张拉机由螺杆、电动机、变速箱、测力计及顶杆等组成，可单根张拉预应力钢丝或钢筋。

3．作业条件

（1）原材料已经过复试合格，台座表面已清理干净。

（2）施加预应力的拉伸机已经过配套校验并有记录。压力表已经过校验并在校验周期内使用。张拉前试车检查张拉机具与设备是否正常、可靠。

（3）张拉的两端应有安全防护措施。

（4）将预应力筋的张拉吨位与相应的压力表指针读数、钢筋计算伸长值写在牌上，并挂在明显位置处，以便操作时观察掌握。

（5）混凝土配合比已经试验确定。

二、施工工艺

1．工艺流程

先张法施工工艺流程如图4-14所示。

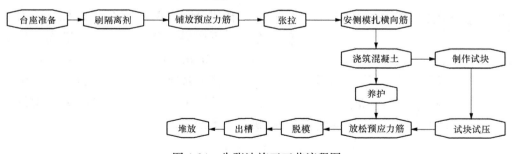

图4-14　先张法施工工艺流程图

2．施工要点

（1）刷隔离剂。长线台座台面（或胎模）在铺放钢丝前应涂隔离剂。隔离剂不应沾污钢丝，以免影响钢丝与混凝土的黏结。如果预应力筋遭受污染，应使用适宜的溶剂加以清洗干净。在生产过程中，应防止雨水冲刷掉台面上的隔离剂。

（2）铺放预应力筋。隔离剂干燥后，铺设预应力筋。预应力筋宜用牵引车铺设，一端用夹具锚固在台座横梁的定位承力板上，另一端卡在台座张拉端的承力板上。预应力筋之间的连接或预应力筋与螺杆之间的连接，可采用连接器。如遇钢丝需接长，可借助于钢丝拼接器用 20～22 号镀锌钢丝密排绑扎。

（3）张拉预应力筋。预应力筋的张拉应根据设计要求采用合适的张拉方法、张拉顺序及张拉程序进行，并应有可靠的质量保证措施和安全技术措施。

在先张法中，施加预应力宜采用一端张拉工艺，张拉控制应力和程序按图纸设计要求进行。当采用单根张拉时，其张拉顺序宜由下向上，由中到边（对称）进行。施工中预应力筋需要超张拉时，可比设计要求提高 3%～5%。预应力筋的张拉可按 $0 \rightarrow 1.03\sigma_{con}$ 或 $0 \rightarrow 1.05\sigma_{con}$（持荷 2min）$\rightarrow \sigma_{con}$ 两种程序之一进行。预应力钢丝张拉工作量大时，宜采用第一种张拉程序；为了减少应力松弛损失，预应力钢筋宜采用第二种张拉程序。

预应力筋的张拉力，一般用伸长值校核。预应力筋的实际伸长值，宜在初应力约为 $0.1\sigma_{con}$ 时开始测量，并加上初应力以内的推算伸长值。如实际伸长值与计算伸长值的偏差超过 ±6% 时，应暂停张拉，查明原因并采取措施予以调整后，方可继续张拉。

先张法预应力筋张拉后与设计位置的偏差不得大于 5mm，且不得大于构件界面短边边长的 4%。在浇筑混凝土前，发生断裂或滑脱的预应力筋必须予以更换。超过 24h 尚未浇筑混凝土时，必须对预应力筋进行再次检查；如检查的应力值与允许值差超过误差范围时，必须重新张拉。

（4）混凝土的浇筑与养护。预应力钢丝张拉、钢筋绑扎、预埋铁件安装及立模工作完成后，应立即浇筑混凝土，每条生产线应一次连续浇筑完成。采用机械振捣密实时，要避免碰撞钢丝。混凝土未达到一定强度前，不允许碰撞或踩踏钢丝。

预应力混凝土可采用自然养护或湿热养护，自然养护不得少于 14d。干硬性混凝土浇筑完毕后，应立即覆盖进行养护。当预应力混凝土采用湿热养护时，要尽量减少由于温度升高而引起的预应力损失。为了减少温差造成的应力损失，采用湿热养护时，在混凝土未达到一定强度前，温差不要太大，一般不超过 20℃。

（5）预应力筋的放张。

1）放张方法。对于中小型预应力混凝土构件，预应力丝的放张宜从生产线中间处开始，以减少回弹量且有利于脱模；对于大型构件应从外向内对称、交错逐根放张，以免构件扭转、端部开裂或钢丝断裂。放张单根预应力筋，一般采用千斤顶放张。构件预应力筋较多时，整批同时放张可采用砂箱、楔块等放松装置。对于配置预应力筋数量不多的混凝土构件放张时，可以采用钢丝钳剪断、锯割、熔断方法放张，但对钢丝、热处理钢筋不得用电弧切割。

2）放张顺序。预应力筋放张顺序应符合设计要求。当设计未规定时，承受轴心预应力构件的所有预应力筋应同时放张；承受偏心预压力构件，应先同时放张预压力较小区域的预应力筋，再同时放张预压力较大区域的预应力筋；长线台座生产的钢弦构件，剪断钢丝宜从台座中部开始；叠层生产的预应力构件，宜按自上而下的顺序进行放松；板类构件放松时，从两边逐渐对称向中心进行。

3）放张要求。预应力筋放张时，混凝土强度应符合设计要求；当设计无要求时，不应低于设计的混凝土立方体抗压强度标准值的 75%。放张预应力筋前应拆除构件的侧模使放张时构件能自由伸缩，以免模板损坏或造成构件开裂。对有横肋的构件（如大型屋面板），其横肋断面应有适宜的斜度，也可以采用活动模板以免放张时构件端肋开裂。预应力筋放张时，应缓慢放松锚固装置，使各根预应力筋缓慢放松。

三、有黏结后张法施工

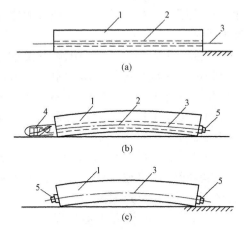

图 4-15　预应力混凝土后张法生产示意图
(a) 制作混凝土构件；(b) 张拉钢筋；
(c) 锚固和孔道灌浆
1—混凝土构件；2—预留孔道；3—预应力筋；
4—千斤顶；5—锚具

有黏结后张法的主要施工过程如图 4-15 所示。

（一）施工准备

1. 材料准备

（1）预应力筋。根据设计要求选用的预应力筋，其规格、外观质量和力学性能必须符合现行国家标准《预应力混凝土用钢丝》（GB/T 5223）和《预应力混凝土用钢绞线》（GB/T 5224）等的规定。预应力筋进场时，每一合同批应附有质量证明书。每盘应挂有标牌，在标牌上应注明供方、预应力筋品种，强度级别、规格、盘号、净重、执行标准号等。

1）钢丝的外观质量应逐盘检查，钢丝表面不得有油污、氧化铁皮，裂纹或机械损伤，表面允许有回火色和轻微浮锈。钢丝的力学性能应按批抽样试验。

2）钢绞线的外观质量应逐盘检查，钢绞线表面不得有油污、锈斑或机械损伤，允许有轻微浮锈；钢绞线的捻距应均匀，切断后不松散。钢绞线的力学性能应按批抽样检验。

3）精轧螺纹钢筋的外观质量应逐根检查，钢筋表面不得有裂纹、起皮或局部缩颈，其螺纹制作面不得有凹凸、擦伤或裂痕，端部应切割平直。精轧螺纹钢筋的力学性能应按批抽样试验。

（2）预应力筋用锚具，夹具和连接器。预应力筋用锚具、夹具和连接器的性能应符合现行国家标准《预应力筋用锚具，夹具和连接器》（GB/T 14370）的规定。每一合同批应附有质量证明书、合格证与标牌，并在进场时按规定进行验收。

（3）金属波纹管。金属波纹管的尺寸和性能应符合现行行业标准《预应力混凝土用金属波纹管》（JG 225）的规定。波纹管进场时每一合同批应附有质量证明书，并做进场复验。波纹管的内径、波高和壁厚等尺寸偏差不应超过允许值；其内外表面应清洁、无油污，无锈蚀，无孔洞、无不规则的褶皱，咬口不应有开裂或脱扣。

（4）孔道灌浆用水泥浆及外加剂。孔道灌浆用水泥浆应采用强度等级不低于 42.5 级的普通硅酸盐水泥，其质量应符合现行国家标准《通用硅酸盐水泥》（GB 175）的规定；孔道灌浆用外加剂的质量及应用技术应符合现行国家标准《混凝土外加剂》（GB 8076）和《混凝土外加剂应用技术规范》（GB 50119）的规定。水泥浆的水灰比不应大于 0.45，强度不应小于 $30 N/mm^2$。

（5）后张有黏结预应力施工使用的其他材料。承压板、螺旋筋、塑料弧形压板、海绵、热塑管或粘胶带，钢筋支架等，应符合设计与施工方案的要求。

2. 主要机具

（1）液压千斤顶张拉设备。

1）预应力筋张拉设备及仪表应满足预应力筋张拉的要求，张拉千斤顶与油泵压力表应配套标定，并配套使用、标定时千斤顶活塞的运行方向应与实际张拉工作状态一致。

2）张拉设备的标定期限不应超过半年；当在使用过程中更换压力表、千斤顶维修后或张拉设备出现反常现象时应重新标定。

（2）电动高压油泵。电动高压油泵的额定油压和流量必须满足配套千斤顶与机具的要求，并应配套标定和使用。

（3）混凝土机具。搅拌机、灌浆泵、真空泵（真空辅助孔道灌浆使用）、储浆桶机具及试模等应符合施工要求。

（4）金属加工机具。金属波纹管成型机、固定端挤压机、钢绞线压花机、钢丝镦头器等设备应符合加工制作、组装与施工要求。

3. 作业条件

（1）施加预应力的拉伸机已经过校验并有记录。试车检查张拉机具与设备是否正常、可靠，如发现有异常情况，应修理好后才能使用。灌浆机具准备就绪。

（2）混凝土构件（或块体）的强度必须达到设计要求，如设计无要求时，不应低于设计强度的75%。构件尺寸、外观质量、预留孔道及埋件应经检查验收合格。

孔道留设的工艺流程为：安装底模→安装钢筋骨架、立侧模→埋管→浇捣混凝土→抽管→养护、拆模→清理孔道。孔道留设一般采用钢管抽芯法、胶管抽芯法和预埋管法。钢管抽芯法只用于直线孔道，胶管抽芯法和预埋管法则适用于直线、曲线和折线形孔道。在留设预应力筋孔道的同时，尚应按要求合理留设灌浆孔、排气孔和泌水管。孔道留设的基本要求为：孔道应按设计要求的位置、尺寸埋设准确、牢固，浇筑混凝土时不应出现移位和变形。孔道直径应保证预应力筋（束）能顺利穿过。灌浆孔及泌水管的孔径应能保证浆液畅通。

（3）锚夹具、连接器应准备齐全，并经过检查验收。

（4）预应力筋或预应力钢丝束已制作完毕。

1）预应力筋制作或组装时，不得采用加热、焊接或电弧切割。在预应力筋近旁对其他部件进行气割或焊接时，应防止预应力筋受焊接火花或接地电流的影响。

2）预应力筋应在平坦、洁净的场地上采用砂轮锯或切割机下料，其下料长度宜采用钢尺丈量。

3）钢丝束预应力筋的编束、镦头锚板安装及钢丝镦头宜同时进行。钢丝的一端先传入镦头锚板并镦头，另一端按相同的顺序分别编扎内外圈钢丝，以保证同一束内钢丝平行排列且无扭绞情况。

4）钢绞线挤压锚具挤压时，在挤压模内腔或挤压套外表面应涂专用润滑油，压力表读数应符合操作使用说明书的规定。挤压锚具组装后，采用紧楔机将其压入承压板锚座内固定。

（5）灌浆用的水泥浆（或砂浆）的配合比以及封端混凝土的配合比已经试验确定。

（6）张拉场地应平整、通畅，张拉的两端有安全防护措施。

（7）已进行技术交底，并应将预应力筋的张拉吨位与相应的压力表指针读数、钢筋计算伸长值写在牌上，并挂在明显位置处。

（二）施工工艺

1. 工艺流程

穿筋→预应力筋张拉→孔道灌浆及锚具防护。

2. 施工要点

（1）穿筋。

1）预应力筋可在浇筑混凝土前（先穿束法）或浇筑混凝土后（后穿束法）穿入孔道，根据结构特点和施工条件等要求确定。固定端埋入混凝土中的预应力束采用先穿束法安装，波纹管端头设灌浆管或排气管，使用封堵材料可靠密封。

2）混凝土浇筑后，对后穿束预应力孔道，应及时采用通孔器通孔或其他措施清理成孔管道。

3）预应力筋穿束可采用人工、卷扬机或穿束机等动力牵引或推送穿束；依据具体情况可逐根传入或编束后整束传入。

4）竖向孔道的穿束，宜采用整束由下向上牵引工艺，也可单根由上向下逐根传入孔道。

5）浇筑混凝土前先传入孔道的预应力筋，应采用端部临时封堵与包裹外露预应力筋等防止腐蚀的措施。

（2）预应力筋张拉。用后张法张拉预应力筋时，混凝土强度应符合设计要求，如设计无规定时，不应低于设计强度等级的75%。

1）预应力筋的张拉控制应力应符合设计要求，施工时预应力筋需超张拉，可比设计要求提高3%～5%。

2）预应力筋张拉顺序应按设计规定进行；如设计无规定时，应根据结构体系与受力特点、施工方便、操作安全等综合因素确定。预应力构件中预应力筋的张拉顺序，应遵循对称与分级循环张拉原则。对配有多根不对称预应力筋的构件，应采用分批分阶段对称张拉。平卧重叠浇筑的预应力混凝土构件，张拉预应力筋的顺序是先上后下，逐层进行。在现浇预应力混凝土楼盖结构中，宜先张拉楼板、次梁，后张拉主梁。

3）预应力筋的张拉方法，应根据设计和施工计算要求采取一端张拉或两端张拉。对于曲线预应力筋和长度大于24m的直线预应力筋，应采用两端同时张拉的方法。采用两端张拉时，宜两端同时张拉，也可一端先张拉，另一端补张拉。长度等于或小于24m的直线预应力筋，可一端张拉，但张拉端宜分别设置在构件两端。对预埋波纹管孔道曲线预应力筋和长度大于30m的直线预应力筋宜在两端张拉，长度等于或小于30m的直线预应力筋可在一端张拉。

对同一束预应力筋，应采用相应吨位的千斤顶整束张拉。对直线束或平行排放的单波曲线束，如不具备整束张拉的条件，也可采用小型千斤顶逐根张拉。安装张拉设备时，对于直线预应力筋，应使张拉力的作用线与孔道中心线重合；对于曲线预应力筋，应使张拉力的作用线与孔道中心线末端的切线方向重合。

4）预应力筋的张拉程序，主要根据构件类型、张锚体系、松弛损失取值等因素来确定。用超张拉方法减少预应力筋的松弛损失时，预应力筋的张拉程序宜为：$0 \rightarrow 1.05\sigma_{con}$（持荷 2min）$\rightarrow \sigma_{con}$。如果预应力筋张拉吨位不大，根数很多，而设计中又要求采取超张拉以减少应力松弛损失时，其张拉程序可为：$0 \rightarrow 1.03\sigma_{con}$。

预应力筋的张拉应从零应力加载至初拉力，并测量伸长值初读数，再以均匀速度分级加载分级测量伸长值至终拉力。达到终拉力后，对多根钢绞线束宜持荷 2min，对单根钢绞线可适当持荷后锚固。

5）预应力筋张拉过程中实际伸长值与计算伸长值的允许偏差为 ±6％，如超过允许偏差，应查明原因采取措施后方可继续张拉。预应力筋张拉时，应按要求对张拉力、压力表读数、张拉伸长值、异常现象等进行详细记录。

（3）孔道灌浆及锚具防护。

1）灌浆前应全面检查预应力筋孔道、灌浆管、排气管与泌水管等是否畅通，必要时可采用压缩空气清孔。

2）灌浆设备的配备必须保证连续工作和施工条件的要求。灌浆泵应配备计量校验合格的压力表。灌浆前应检查配套设备、灌浆管和阀门的可靠性。注入泵体的水泥浆应经过筛滤，滤网孔径不宜大于 2mm。与输浆管连接的出浆孔孔径不宜小于 10mm。

3）掺入高性能外加剂拌制的水泥浆，其水灰比宜为 0.35～0.38mm，外加剂掺量严格按试验配比执行。严禁掺入各种含氯盐或对预应力筋有腐蚀作用的外加剂。

4）水泥浆的可灌性用流动度控制：采用流淌法测定时宜为 130～180mm，采用流锥法测定时宜为 12～18s。

5）水泥浆宜采用机械拌制，应确保灌浆材料的拌和均匀。运输和间歇过长产生沉淀离析时，应进行二次搅拌。

6）灌浆顺序宜先灌下层孔道，后灌上层孔道。灌浆工作应匀速连续进行，直至排气管排出浓浆为止。在灌满孔道封闭排气管后，应再继续加压至 0.5～0.7MPa，稳压 1～2min，之后封闭灌浆孔。当发生孔道阻塞、串孔或中断灌浆时，应及时冲洗孔道或采取其他措施重新灌浆。

7）当孔道直径较大，或采用不掺微膨胀剂和减水剂的水泥净浆灌浆时，可采用二次压浆法和重力补浆法灌浆。

8）竖向孔道灌浆应自下而上进行，并应设置阀门，阻止水泥浆回流。为确保其灌浆密实性，除掺微膨胀剂和减水剂外，并应采用重力补浆。

9）采用真空辅助孔道灌浆时，在灌浆端先将灌浆阀、排气阀全部关闭、在排浆端启动真空泵，使孔道真空度达到 -0.08～-0.1MPa 并保持稳定；然后启动灌浆泵开始灌浆。在灌浆过程中，真空泵保持连续工作，待抽真空端有浆体经过时关闭通向真空泵的阀门，同时打开位于排浆端上方的排浆阀门，排出少量浆体后关闭。灌浆工作继续按常规方法完成。

10）当室外温度低于 5℃时，孔道灌浆应采取抗冻保温措施。当室外温度高于 35℃时，宜在夜间进行灌浆。水泥浆灌前的温度不应超过 35℃。

11）预应力筋的外露部分宜采用机械方法切割。预应力筋的外露长度，不宜小于其直径的 1.5 倍，且不宜小于 30mm。

12）锚具封闭前应将周围混凝土凿毛并清理干净，对凸出式锚具应配置保护钢筋网片。

13）锚具封闭防护宜采用与构件同强度等级的细石混凝土，也可采用膨胀混凝土、低收缩砂浆等材料。

（三）成品保护

（1）在施工中，严禁振捣棒触及波纹管灌浆孔和排气孔。

（2）钢绞线下料时，采用砂轮切割机，严禁使用电焊和气焊。

（3）钢绞线顺直无旁弯，切口无松散，如遇死弯必须切掉。

（4）堆放场地应平整、坚实，垫块要上下一致。

（5）构件起吊时不得发生扭曲和损坏。

四、无黏结后张法施工

（一）施工准备

1. 材料准备

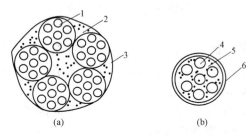

图 4-16　无黏结筋截面示意图

（a）无黏结钢绞线束；

（b）无黏结钢丝束或单根钢绞线

1—钢绞线；2—沥青涂料；3—塑料布外包层；

4—钢丝；5—油脂涂料；6—塑料管、外包层

（1）无黏结预应力筋。无黏结预应力筋是由 7 根 $\phi5mm$ 高强钢丝组成的钢丝束或扭结成的钢绞线，通过专门设备涂包涂料层和包裹外包层构成的（图 4-16）。涂料层一般采用防腐沥青。无黏结预应力筋的质量要求应符合现行行业标准《无黏结预应力钢绞线》（JG 161）的规定。

（2）锚具。无黏结预应力筋锚具的选用，应根据无黏结预应力筋的品种，张拉力值及工程应用的环境类别选定。对常用的单根钢绞线无黏结预应力筋，其张拉端宜采用夹片锚具，即圆套筒式或垫板连体式夹片锚具；埋入式固定端宜采用挤压锚具或经预紧的垫板连体式夹片锚具。无黏结预应力筋锚具系统应按设计图纸的要求选用，其锚固性能的质量检验和合格验收应符合现行国家标准《预应力筋用锚具、夹具和连接器》（GB/T 14370—2007）及现行行业标准《预应力筋用锚具，夹具和连接器应用技术规程》（JGJ 85—2010）的规定。在一类环境条件下，无黏结预应力锚固系统采用混凝土或专用密封砂浆防护。对处于二类、三类环境条件下的无黏结预应力锚固系统，应采用连续封闭的防腐蚀体系。

（3）其他材料。无黏结预应力施工使用的其他材料，如承压板、螺旋筋、穴模、黏胶带、钢筋支架等，应符合设计与施工方案的要求。

2. 主要机具

张拉机具包括便携式千斤顶和油泵等，配套设备有下料切割机具、挤压锚具挤压机、专用紧楔器、液压剪及手持锯等。

3. 作业条件

（1）预应力筋线张拉或放张时，混凝土强度应符合设计要求。当设计无具体要求时，不应低于设计的混凝土立方体抗压强度标准值的 75%，并有同条件养护试件试验报告。

（2）无黏结筋配制及钢筋加工已经完成。

（3）锚具已经检查验收完毕。

（4）预应力筋张拉机具设备及仪表已经过校验合格，机具已准备就绪。

（5）张拉部位的脚手架及防护栏搭设已完成，并符合作业要求。

（二）施工工艺

1. 工艺流程

无黏结预应力筋制作→无黏结预应力筋下料组装→无黏结预应力筋铺放→浇筑混凝土→无黏结筋张拉→锚具系统封闭。

2. 施工要点

（1）无黏结预应力筋的制作。无黏结预应力筋是由 7 根 φ5mm 高强钢丝组成的钢丝束或扭结成的钢绞线，通过专门设备涂包涂料层和包裹外包层构成的（图 4-17）。无黏结预应力筋的制作采用挤塑成型工艺，由专业化工厂生产，涂料层的涂敷和护套的制作应连续一次完成，涂料层防腐油脂应完全填充预应力筋与护套之间的空间，外包层应松紧适度。无黏结预应力筋在工厂加工完成后，可按使用要求整盘包装并符合运输要求。

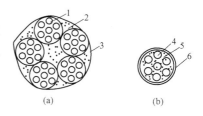

图 4-17　无黏结预应力筋横
截面示意图
（a）无黏结钢绞线束；（b）无黏结钢丝束
或单根钢绞线
1—钢绞线；2—沥青涂料；
3—塑料布外包层；4—钢丝；5—油脂
涂料；6—塑料管、外包层

（2）无黏结预应力筋下料组装。

1）挤塑成型后的无黏结预应力筋应按工程所需的长度和锚固形式进行下料和组装，并应采取局部清除油脂或加防护帽等措施防止防腐油脂从筋的端头溢出，沾污非预应力钢筋等。

2）无黏结预应力筋下料长度，应综合考虑其曲率、锚固端保护层厚度、张拉伸长值及混凝土压缩变形等因素，并应根据不同的张拉工艺和锚固形式预留张拉长度。

3）钢绞线挤压锚具挤压时，在挤压模内腔或挤压套外表面应涂专用润滑油，压力表读数应符合操作使用说明书的规定。挤压锚具组装后，采用紧楔机将其压入承压板锚座内固定。

4）下料组装完成的无黏结预应力筋应编号、加设标记或标牌、分类存放以备使用。

（3）无黏结预应力筋铺放。

1）无黏结预应力筋铺放之前，应及时检查其规格尺寸和数量，逐根检查并确认其端部组装配件可靠无误后，方可在工程中使用。

2）张拉端端部模板预留孔应按施工图中规定的无黏结预应力筋的位置编号和钻孔。

3）张拉端的承压板应采用与端模板可靠的措施固定定位，且应保持张拉作用线与承压面相垂直。

4）无黏结预应力筋应按设计图纸的规定进行铺放。铺放时应符合有关规定的要求。

（4）浇筑混凝土。无黏结预应力筋铺放、安装完毕后，应进行隐蔽工程验收，当确认合格后方可浇筑混凝土；浇筑混凝土时，除按有关规范的规定执行外，严禁踏压撞碰无黏结预应力筋、支撑架以及端部预埋部件；不得对无黏结预应力筋、张拉与固定端组件直接冲击和持续接触振捣；张拉端、固定端混凝土必须振捣密实。

（5）无黏结筋张拉。

1）安装锚具前，应清理穴模与承压板端面的混凝土或杂物，清理外露预应力筋表面。检查锚固区域混凝土的密实性。锚具安装时，锚板应调整对中，夹片安装缝隙均匀并用套管打紧。

2）预应力筋张拉时，对直线的无黏结预应力筋，应保证千斤顶的作用线与无黏结预应力筋中心线重合；对曲线的无黏结预应力筋，应保证千斤顶的作用线与无黏结预应力筋中心线末端的切线重合。

3）当采用超张拉方法减少无黏结预应力筋的松弛损失时，无黏结预应力筋的张拉程序宜为：$0 \rightarrow 1.03\sigma_{con}$。

4）当采用应力控制方法张拉时，应校核无黏结预应力筋的伸长值，当实际伸长值与设计计算伸长值相对偏差超过±6％时，应暂停张拉，查明原因并采取措施予以调整后，方可继续张拉。

5）无黏结预应力筋的张拉顺序应符合设计要求，如设计无要求时，可采用分批、分阶段对称或依次张拉。通常在预应力混凝土楼盖中的张拉顺序是先张拉楼板、后张拉楼面梁。板中的无黏结筋可依次张拉，梁中的无黏结筋可对称张拉。

6）当无黏结预应力筋长度超过 30m 时，宜采取两端张拉；当筋长超过 60m 时，宜采取分段张拉和锚固。当有设计与施工实测依据时，无黏结预应力筋的长度可不受此限制。

7）当无黏结预应力筋设计为纵向受力钢筋时，侧模可在张拉前拆除，但下部支撑体系应在张拉工作完成之后拆除，提前拆除部分支撑应根据计算确定。

8）张拉后应采用砂轮锯或其他机械方法切割夹片外露部分的无黏结预应力筋，其切断后露出锚具夹片外的长度不得小于 30mm。

（6）锚具系统封闭。

1）无黏结预应力筋张拉完毕后，应及时对锚固区进行保护。当锚具采用凹进凝土表面布置时，宜先切除外露无黏结预应力筋多余长度，在夹片及无黏结预应力筋端头外露部分应涂专用防腐油脂或环氧树脂，并罩帽盖进行封闭，该防护帽与锚具应可靠连接；然后应采用微膨胀混凝土或专用密封砂浆进行封闭。

2）锚固区也可用后浇的外包钢筋混凝土圈梁进行封闭，但外包圈梁不宜突出在外墙面以外。当锚具凸出混凝土表面布置时，锚具的混凝土保护层厚度不应小于 50mm；外露预应力筋的混凝土保护层厚度要求：处于一类室内正常环境时，不应小于 30mm；处于二类、三类易受腐蚀环境时，不应小于 50mm。

（三）成品保护

（1）无黏结筋应按不同规格分类成捆、成盘挂牌堆放整齐。

（2）露天堆放时，需覆盖苫布，下面应加垫木。防止锚具及无黏结筋锈蚀。

（3）严禁碰撞踩压堆放成品，避免损坏塑料套管及锚具，供现场张拉使用的锚夹具，需涂油包封在室内存放，严防锈蚀。

（4）无黏结筋在运输中，应轻装轻卸，严禁摔掷及锋利物品损坏无黏结筋表面及配件。

（5）吊具用钢丝绳需套胶管，避免装卸时破坏无黏结筋塑料套管，若有损坏应及时用塑料胶条修补，其缠绕搭接长度为胶条的 1/3 宽度。

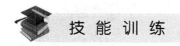

技 能 训 练

一、单项选择

1. 适宜用于外形复杂或异形截面的混凝土构件及冬期施工的混凝土工程的常见模板是（　　）。

　　A. 组合钢模板　　　　B. 木模板　　　　C. 滑升大钢模　　　　D. 爬升钢模

2. 具有模板整体性好、抗震性强、无拼缝等优点的模板是（　　）。

　　A. 木模板　　　　B. 大模板　　　　C. 组合钢模板　　　　D. 压型钢板模板

3. 跨度为 8m 的现浇钢筋混凝土梁，其模板设计时，起拱高度宜为（   ）mm。

　　A. 4　　　　　　　　B. 6　　　　　　　　C. 16　　　　　　　　D. 25

4. 某跨度为 2m 的混凝土板，设计强度等级为 C20，其同条件养护的标准立方体试块的抗压强度标准值达到（   ）N/mm² 时即可拆除底模。

　　A. 5　　　　　　　　B. 10　　　　　　　　C. 15　　　　　　　　D. 20

5. 某悬挑长度为 1.2m，设计强度等级为 C30 的现浇混凝土阳台板，拆除底模时，其混凝土强度至少应达到（   ）N/mm²。

　　A. 15　　　　　　　B. 21　　　　　　　C. 22.5　　　　　　　D. 30

6. 一般墙体大模板在常温条件下，混凝土强度最少要达到（   ）N/mm² 时，方可拆模。

　　A. 0.5　　　　　　　B. 1.0　　　　　　　C. 1.5　　　　　　　D. 2.0

7. 关于柱钢筋绑扎的说法，正确的是（   ）。

　　A. 框架梁、牛腿及柱帽等钢筋，应放在柱子纵向钢筋外侧

　　B. 柱中的竖向钢筋搭接时，角部钢筋的弯钩应与模板成 60°

　　C. 圆形柱竖向钢筋搭接时，角部钢筋的弯钩应与模板切线垂直

　　D. 柱中的竖向钢筋搭接时，中间钢筋的弯钩应与模板成 45°

8. 关于梁、板钢筋绑扎的说法，正确的是（   ）。

　　A. 梁的高度较小时，梁的钢筋宜在梁底模上绑扎

　　B. 梁的高度较大时，梁的钢筋宜架空在梁模板顶上绑扎

　　C. 板、次梁与主梁交叉处，板的钢筋在上，次梁的钢筋居中，主梁的钢筋在下

　　D. 框架节点处钢筋穿插十分稠密时，应保证梁顶面主筋间的净距最小值 10mm

9. 混凝土施工缝宜留在结构受（   ）较小且便于施工的部位。

　　A. 荷载　　　　　　　B. 弯矩　　　　　　　C. 剪力　　　　　　　D. 压力

10. 关于施工缝处继续浇筑混凝土的说法，正确的是（   ）。

　　A. 已浇筑的混凝土，其抗压强度不应小于 1.0N/mm²

　　B. 清除硬化混凝土表面水泥薄膜和松动石子以及软弱混凝土层

　　C. 硬化混凝土表面微湿润

　　D. 浇筑混凝土前，宜先在施工缝处铺一层 1:1 水泥砂浆

11. 关于主体结构梁、板混凝土浇筑顺序的说法，正确的是（   ）。

　　A. 宜同时浇筑混凝土

　　B. 有主次梁的楼板宜顺着主梁方向浇筑

　　C. 单向板宜沿着板的短边方向浇筑

　　D. 拱和高度大于 0.6m 时梁可单独浇筑混凝土

12. 当采用插入式振捣器振捣混凝土时，振捣器插入下层混凝土内的深度应不小于（   ）mm。

　　A. 30　　　　　　　　B. 50　　　　　　　　C. 80　　　　　　　　D. 100

13. 对于采用缓凝型外加剂、大掺量矿物掺和料配制的混凝土，覆盖浇水养护的时间不应小于（   ）。

　　A. 7d　　　　　　　　B. 10d　　　　　　　　C. 14d　　　　　　　　D. 15d

14. 在已浇筑的混凝土强度未达到（　　）以前，不得在其上踩踏或安装模板及支架等。

A. 1.2N/mm² 　　B. 2.5N/mm² 　C. 设计强度的 25% 　D. 设计强度的 50%

15. 先张法预应力施工中，预应力筋放张时，混凝土强度应符合设计要求，当设计无要求时，混凝土强度不应低于标准值的（　　）。

A. 70% 　　　　B. 75% 　　　　C. 80% 　　　　D. 85%

16. 后张法有黏结预应力施工中，孔道灌浆所使用的水泥浆强度不应小于（　　）。

A. 10N/mm² 　　B. 15N/mm² 　C. 20N/mm² 　　D. 30N/mm²

17. 后张法无黏结预应力混凝土梁板施工中，预应力筋的张拉顺序是（　　）。

A. 先张拉梁，后张拉板 　　　　B. 先张拉板，后张拉梁

C. 梁和板交替张拉 　　　　　　D. 根据施工方便确定

二、多项选择

1. 模板的拆除顺序一般为（　　）。

A. 先支先拆，后支后拆 　　　　B. 后支先拆，先支后拆

C. 先拆非承重部分，后拆承重部分 　D. 先拆承重部分，后拆非承重部分

E. 先下后上，先内后外

2. 混凝土强度必须达到设计的混凝土立方体抗压强度标准值的 100% 才能拆除底模及支架的混凝土构件有（　　）。

A. 悬臂构件 　　　　　　　　　　B. 跨度小于等于 8m 板

C. 跨度大于 8m 拱 　　　　　　　D. 跨度大于 8m 梁

E. 跨度小于等于 8m 梁

3. 常用的钢筋的连接方法有（　　）。

A. 焊接连接 　　　　　　　　　　B. 铆钉连接

C. 化学黏结 　　　　　　　　　　D. 机械连接

E. 绑扎连接

4. 关于钢筋安装工程的说法，正确的有（　　）。

A. 框架梁钢筋一般应安装在柱纵向钢筋外侧

B. 柱箍筋转角与纵向钢筋交叉点均应扎牢

C. 楼板的钢筋中间部分可以相隔交叉绑扎

D. 现浇悬挑板上部负筋被踩下可以不修理

E. 主次梁交叉处主梁钢筋通常在下

5. 关于混凝土施工缝的留置位置的做法，正确的是（　　）。

A. 柱的施工缝留置在基础的顶面

B. 单向板的施工缝留置在平行于板的长边的任何位置

C. 有主次梁的楼板，施工缝留置在主梁跨中 1/3 范围内

D. 墙体留置在门洞口过梁跨中 1/3 范围内

E. 墙体留置在纵横墙的交接处

6. 关于混凝土自然养护的说法，正确的有（　　）。

A. 掺有缓凝型外加剂的混凝土，不得少于 21d

B. 在混凝土浇筑完毕后，应在 8～12h 以内加以覆盖和浇水

  C. 硅酸盐水泥拌制的混凝土，不得少于 7d

  D. 矿渣硅酸盐水泥拌制的混凝土，不得少于 7d

  E. 有抗渗性要求的混凝土，不得少于 14d

7. 关于先张法与后张法相比的不同点的说法，正确的有（　　）。

  A. 张拉机械不同

  B. 张拉控制应力不同

  C. 先张法的锚具可取下来重复使用，后张法则不能

  D. 施工工艺不同

  E. 先张法适用于生产大型预应力混凝土构件，后张法适用于生产中小型构件

8. 关于后张法有黏结预应力施工中孔道留设的方法，正确的有（　　）。

  A. 预埋金属螺旋管留孔   B. 预埋塑料波纹管留孔

  C. 预埋泡沫塑料棒留孔   D. 抽拔钢管留孔

  E. 胶管充气抽芯留孔

三、计算

1. 计算图 4-18 所示钢筋的下料长度。

图 4-18　钢筋简图

2. 某梁设计主筋为 3 根直径为 18mm 的 HRB 335 级钢筋（$f_{y1}=335\text{N/mm}^2$），今现场无该级钢筋，拟用直径为 20mm 的 HRB400 级钢筋（$f_{y2}=400\text{N/mm}^2$）代换，试计算需几根钢筋？

3. 某混凝土实验室配合比为 $1:2.12:4.37$，$W/C=0.62$，每立方米混凝土水泥用量为 290kg，实测现场砂含水率 3%，石含水率 1%。

试求：（1）施工配合比。

（2）当用 250 升（出料容量）搅拌机搅拌时，每拌一次投料水泥、砂、石、水各多少？

项目5   钢 结 构 工 程

　　钢结构建筑具有施工周期短、抗震性能好、绿色环保、可循环利用等综合优势，被称为21世纪的绿色建筑工程。随着我国钢铁工业的发展，国家建筑技术政策由以往限制使用钢结构转变为积极推广合理应用钢结构，从而推动了建筑钢结构的快速发展。钢结构工程即将成为城市建筑和工业建筑的主要形式之一。

　　钢结构工程施工不同于混凝土工程，其首先是将建筑结构按一定方式离散为一系列相对独立的零部件，并在工厂进行加工制作，继而将加工合格的零部件组装为钢构件，再将钢构件在安装现场组装成整体结构。钢结构工程一般由专业厂家或承包单位负责详图设计、构件加工制作及安装任务。其工作程序一般为：工程承包→详图设计→材料订货、运输→钢结构构件加工→成品运输→现场安装→验收。

　　钢结构工程作为子分部工程，包括钢零部件加工工程、钢构件组装及预拼装工程、单层钢结构安装工程、多层及高层钢结构安装工程、钢结构焊接工程、紧固件连接工程、压型金属板工程、防腐涂料涂装工程、防火涂料涂装工程等分项工程。钢结构工程的施工，应遵守现行《钢结构工程施工规范》（GB 50755—2012）、《钢结构焊接规范》（GB 50661—2011）、《钢结构高强度螺栓连接技术规程》（JGJ 82—2011）、《钢结构工程施工质量验收规范》（GB 50205—2001）等规范、规程的规定。

任务1   钢结构构件加工制作

一、施工准备

（一）材料准备

（1）需要加工的零（部）件的原材料，如钢板、型材等。

（2）用来制作样板的材料如铁皮、扁钢等。

（3）搭设组装平台用的钢板及型材、道木等。

（4）焊接材料如电焊条、焊丝等。

（5）相关的防腐、防火涂料。

（二）主要机具

（1）切割及焊接主要机具包括砂轮切割机、剪板机或剪切机、锯床、气割机、等离子切割机、电焊机等。

（2）矫正和成型主要机具包括卷板机、型钢滚圆机、液压弯管机、压力机、型钢矫正机、辊式平板机、烤枪、折弯机、千斤顶、加热炉等。

（3）边缘加工主要机具包括刨边机、铣床、碳弧气刨工具、坡口机、砂轮磨光机等。

（4）制孔主要机具包括机械冲床、液压冲孔机、手工冲孔机、钻床、电钻、风钻、磁座钻等。

（5）构件组装主要机具包括型钢组立机、电焊机、行车、吊具、直角尺、焊缝量规、割枪、胎具、夹具、千斤顶、钢卷尺等。

（三）作业条件

（1）施工机具检查合格、耗材准备就绪。

（2）检查已加工的零（部）件，质量合格后方可组装。

（3）构件组装场地必须平整、坚实，且具有足够的平面尺寸。

（4）钢构件组装平台须平整牢固，满足组装需要。

（5）钢构件组装场地用电应保持畅通。

（6）钢构件组装场地周围 5m 以内严禁堆放易燃品，用火场所要备有消防器材；现场用空压机罐、乙炔瓶、氧气瓶等，应在安全可靠地点存放。

（7）安全防护装置配备到位。

二、施工工艺

（一）零件及部件加工

1. 工艺流程

放样→号料→切割→矫正、成型→边缘加工→制孔。

2. 施工要点

（1）放样。放样是钢结构制作工艺中的第一道工序，其工作的准确与否将直接影响到整个产品的质量，至关重要。为了提高放样和号料的精度和效率，有条件时，应采用计算机辅助设计。

放样工作包括如下内容：核对图纸的安装尺寸和孔距；以 1∶1 的大样放出节点；核对各部分的尺寸；制作样板和样杆作为下料、弯制、铣、刨、制孔等加工的依据。

放样时以 1∶1 的比例在样板台上弹出大样。放样弹出的十字基准线，二线必须垂直。然后据此十字线逐一画出其他各个点及线，并在节点旁注上尺寸，以备复查及检验。

样板（或样杆）上应注明工号、图号、零件号、数量及加工边、坡口部位、弯折线和弯折方向、孔径和滚圆半径等。

样板一般分为四种类型，号孔样板、卡型样板、成型样板及号料样板。号孔样板专用于号孔；卡型样板分为内卡型样板和外卡型样板两种，是用于煨曲或检查构件弯曲形状的样板；成型样板用于煨曲或检查弯曲件平面形状；号料样板是供号料或号料同时号孔的样板。

放样时，铣、刨的工件要所有加工边均考虑加工余量，焊接构件要按工艺要求放出焊接收缩量。

（2）号料。号料（也称画线），即利用样板、样杆或根据图纸，在板料及型钢上画出孔的位置和零件形状的加工界线。号料的一般工作内容包括：检查核对材料；在材料上画出切割、铣、刨、弯曲、钻孔等加工位置，打冲孔，标注出零件的编号等。

号料一般先根据料单检查清点样板和样杆、点清号料数量、准备号料的工具、检查号料的钢材规格和质量，然后依据先大后小的原则依次号料，并注明接头处的字母、焊缝代号。号料完毕，应在样板、样杆上注明并记下实际数量。

常采用的号料方法有：集中号料法、套料法、统计计算法、余料统一号料法。

1）集中号料法。由于钢材的规格多种多样，为减少原材料的浪费，提高生产效率，应把同厚度的钢板零件和相同规格的型钢零件，集中在一起进行号料，这种方法称为集中号料法。

2）套料法。在号料时，精心安排板料零件的形状位置，把同厚度的各种不同形状的零件和同一形状的零件进行套料，这种方法称为套料法。

3）统计计算法。统计计算法是在型钢下料时采用的一种方法。号料时应将所有同规格型钢零件的长度归纳在一起，先把较长的排出来，再算出余料的长度，然后把和余料长度相同或略短的零件排上，直接整根料被充分利用为止。这种先进行统计安排再号料的方法，称为统计计算法。

4）余料统一号料法。将号料后剩下的余料按厚度、规格与形状基本相同的集中在一起，把较小的零件放在余料上进行号料，此法称为余料统一号料法。

（3）切割。切割的目的就是将放样和号料的零件形状从原材料上进行下料分离。钢材的切割可以通过切削、冲剪、摩擦机械力和热切割来实现。常用的切割方法有：气割法、机械切割法和等离子切割三种方法。

气割法是利用氧气与可燃气体混合产生的预热火焰加热金属表面达到燃烧温度并使金属发生剧烈的氧化，放出大量的热促使下层金属也自行燃烧，同时通以高压氧气射流，将氧化物吹除而引起一条狭小而整齐的割缝。随着割缝的移动，使切割过程连续切割出所需的形状。除手工切割外常用的机械有火车式半自动气割机、特型气割机等。这种切割方法设备灵活、费用低廉、精度高，是目前使用最广泛的切割方法，能够切割各种厚度的钢材，特别是带曲线的零件或厚钢板。气割前，应将钢材切割区域表面的铁锈、污物等清除干净，气割后，应清除熔渣和飞溅物。

机械切割法可利用上、下两剪刀的相对运动来切断钢材，或利用锯片的切削运动把钢材分离，或利用锯片与工件间的摩擦发热使金属熔化而被切断。常用的切割机械有剪板机、联合冲剪机、弓锯床、砂轮切割机等。其中剪切法速度快、效率高，但切口略粗糙；锯割可以切割角钢、圆钢和各类型钢，切割速度和精度都较好。机械剪切的零件，其钢板厚度不宜大于12mm，剪切面应平整。

等离子切割法是利用高温高速的等离子焰流将切口处金属及其氧化物熔化并吹掉来完成切割，所以能切割任何金属，特别是熔点较高的不锈钢及有色金属铝、铜等。

（4）矫正和成型。由于材料内部的残余应力及存放、运输、吊运不当等原因，会引起钢结构原材料变形；在加工成型过程中，由于操作和工艺原因会引起成型件变形；构件连接过程中会存在焊接变形等。为了保证钢结构的制作及安装质量，必须对不符合技术标准的材料、构件进行矫正。

矫正的主要形式有矫直、矫平及矫形矫直。矫正是利用钢材的塑性、热胀冷缩的特性，以外力或内应力作用迫使钢材反变形，消除钢材的弯曲、翘曲、凹凸不平等缺陷。

矫正按加工工序分有原材料矫正、成型矫正、焊后矫正等。矫正可采用机械矫正、火焰矫正、手工矫正等。根据矫正时的温度分有冷矫正、热矫正。

1）火焰矫正。钢材的火焰矫正是利用火焰对钢材进行局部加热，被加热处理的金属由于膨胀受阻而产生压缩塑性变形，使较长的金属纤维冷却后缩短而完成的。

影响火焰矫正效果的因素有三个：火焰加热位置、加热的形式和加热的热量。火焰加热的位置应选择在金属纤维较长的部位。加热的形式有点状加热、线状加热和三角形加热三种。用不同的火焰热量加热，可获得不同的矫正变形的能力。低碳钢和普通低合金结构钢构件用火焰矫正时，常采用 600～800℃的加热温度。

2）机械矫正。钢材的机械矫正是在专用矫正机上进行的。

机械矫正的实质是使弯曲的钢材在外力作用下产生过量的塑性变形，以达到平直的目的。它的优点是作用力大、劳动强度小、效率高。

钢材的机械矫正有拉伸机矫正、压力机矫正、多辊矫正机矫正等。拉伸机矫正（图 5-1）适用于薄板扭曲、型钢扭曲、钢管、带钢和线材等的矫正。压力机矫正适用于板材、钢管和型钢的局部矫正；多辊矫正机可用于型材、板材等的矫正，如图 5-2 所示。

图 5-1　拉伸矫正机

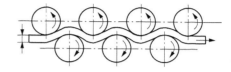

图 5-2　多辊矫正机

3）手工矫正。手工矫正是采用锤击或小型工具进行矫正的方法，其操作简单灵活，但矫正力较小仅适用于矫正尺寸较小的钢材，有时在缺乏或不便使用矫正设备时也采用。

在钢结构制作中，弯制成型的加工主要是卷板（滚圆）、弯曲（煨弯）、折边和模具压制等几种加工方法。弯制成型的加工工序是由热加工或冷加工来完成的。

把钢材加热到一定温度后进行的加工方法，通称热加工。热加工常用的有两种加热方法，一种是利用乙炔火焰进行局部加热；这种方法简便，但是加热面积较小。另一种是放在工业炉内加热，其加热面积很大。温度能够改变钢材的机械性能，能使钢材变硬，也能使钢材变软。钢材在常温中有较高的抗拉强度，但加热到 500℃以上时，随着温度的增加，钢材的抗拉强度急剧下降，其塑性、延展性大大增加，钢材的机械性能逐渐降低。

钢材在常温下进行加工制作，通称冷加工。冷加工绝大多数是利用机械设备和专用工具进行的。应注意低温时不宜进行冷加工。低温中的钢材，其韧性和延伸性均相应减小，极限强度和脆性相应增加，若此时进行冷加工受力，易使钢材产生裂纹。

与热加工相比，冷加工具有如下优点：

①使用的设备简单，操作方便。

②节约材料和燃料。

③钢材的机械性能改变较小，材料的减薄量甚少。

滚圆是在外力的作用下，使钢板的外层纤维伸长，内层纤维缩短而产生弯曲变形（中层纤维不变）。当圆筒半径较大时，可在常温状态下卷圆，如半径较小和钢板较厚时，应将钢板加热后卷圆。在常温状态下进行滚圆钢板的方法有：机械滚圆、胎模压制和手工制作三种加工方法。机械滚圆是在卷板机（又叫滚板机、轧圆机）上进行的。

在卷板机上进行板材的弯曲是通过上滚轴向下移动时所产生的压力来达到的。卷板机按轴辊数目和位置可分为三辊卷板机和四辊卷板机两类，三辊卷板机又分为对称式与不对称式两种。

用三辊弯（卷）板机弯板，其板的两端需要进行预弯。预弯可采用压力机模压预弯或用托板在滚圆机内预弯（图 5-3）。

在进行圆柱面的卷弯时，根据板料温度的不同分为冷卷、热卷与温卷。其中，冷卷一般

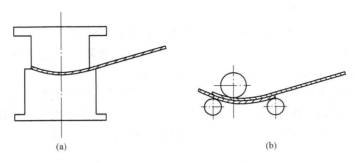

图 5-3　钢板预弯示意

采用快速进给法和多次进给法滚弯，调节上辊（在二辊卷板机上）或侧辊（在四辊卷板机上）的位置，使板料发生初步的弯曲，然后来回滚动而弯曲。冷卷时必须控制变形量。当碳素钢板的厚度 t 大于或等于内径 D 的 1/40 时，一般认为应该进行热卷。热卷前，通常必须将钢板在室内加热炉内均匀加热，加热温度范围视钢材成分而定。温卷作为一种新工艺，吸取了冷、热卷板中的优点，避免了冷、热卷板时存在的困难。温卷是将钢板加热至 500～600℃，使板料比冷卷时有更好的塑性，同时减少了卷板超载的可能，又可减少卷板时氧化皮的危害，操作也比热卷方便。由于温卷的加热温度通常在金属的再结晶温度以下，因此，温卷工艺方法实质上仍属于冷加工范围。

在钢结构的制造过程中，弯曲成形的应用相当广泛，其加工方法分为压弯、滚弯和拉弯等几种。压弯是用压力机压弯钢板，此种方法适用于一般直角弯曲（V 形件）、双直角弯曲（U 形件），以及其他适宜弯曲的构件。滚弯是用滚圆机滚弯钢板，此种方法适用于滚制圆筒形构件及其他弧形构件。拉弯是用转臂拉弯机和转盘拉弯机拉弯钢板，它主要用于将长条板材拉制成不同曲率的弧形构件。

弯曲按加热程度分为冷弯和热弯。冷弯是在常温下进行弯制加工，此法适用于一般薄板、型钢等的加工；热弯是将钢材加热至 950～1100℃，在模具上进行弯制加工，它适用于厚板及较复杂形状构件、型钢等的加工。

弯曲加工设备有型钢滚圆机、液压弯管机及压力机床等。弯曲过程是材料经过弹性变形后再达到塑性变形的过程。在塑性变形时，材料外层受拉，内层受压。拉伸和压缩在材料内部存在一定的弹性变形，当外力失去后有一定程度的回弹。因此，弯曲件的圆角半径不宜过大，圆角半径过大易引起回弹，影响构件精度。但圆角半径也不宜过小，半径过小会产生裂纹。

（5）边缘加工。在钢结构加工中一般需要边缘加工，除图纸要求外，在梁翼缘板、支座支承面、焊接坡口及尺寸要求严格的加劲板、隔板、腹板和有孔眼的节点板等部位应进行边缘加工。常用的边缘加工方法主要有：铲边、刨边、铣边、碳弧气刨、气割和坡口机加工等。

在钢结构制造中，将构件的边缘压弯成倾角或一定形状的操作称为折边。折边广泛用于薄板构件，它有较长的弯曲线和很小的弯曲半径。薄板经折边后可以大大提高结构的强度和刚度。

板料的弯曲折边是通过折边机来完成的。板料折弯压力机用于将板料弯曲成各种形状，一般在上模作一次行程后，便能将板料压成一定的几何形状，当采用不同形状模具或通过几次冲压，还可得到较为复杂的各种截面形状。当配备相应的装备时，还可用于剪切和冲孔。

（6）制孔。在钢结构制孔中包括铆钉孔、普通螺栓连接孔、高强度螺栓孔、地脚螺栓孔等，制孔方法通常有冲孔和钻孔两种。主要构件连接和直接承受动力荷载重复作用且需要进行疲劳计算的构件，其连接高强度螺栓孔应采用钻孔成型。次要构件连接且板厚小于或等于12mm 时可采用冲孔成型，孔边应无飞边、毛刺。

1）钻孔。钻孔是钢结构制造中普遍采用的方法，能用于几乎任何规格的钢板、型钢的孔加工。

钻孔的加工方法分为画线钻孔、钻模钻孔和数控钻孔。

画线钻孔在钻孔前先在构件上画出孔的中心和直径，并在孔中心打样冲眼，作为钻孔时钻头定心用；在孔的圆周上（90°位置）打四只冲眼，作钻孔后检查用。画线工具一般用画针和钢尺。

当钻孔批量大、孔距精度要求较高时，应采用钻模钻孔。钻模有通用型、组合式和专用钻模，图 5-4 是一种节点板的钻模示意图。

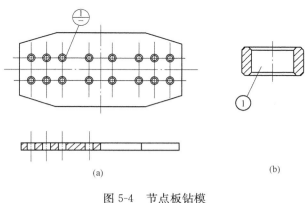

图 5-4　节点板钻模
（a）钻模；（b）钻套

数控钻孔是近年来发展的新技术，它无需在工件上画线，打样冲眼。加工过程自动化，高速数控定位、钻头行程数字控制。钻孔效率高、精度高，它是今后钢结构加工的发展方向。

2）冲孔。冲孔是在冲孔机（冲床）上进行，一般适用于非圆孔。也可用于较薄的钢板和型钢上冲孔，单孔径一般不小于钢材的厚度，此外，还可用于不重要的节点板、垫板和角钢拉撑等小件加工。冲孔生产效率较高，但由于孔的周围产生冷作硬化，孔壁质量较差，有孔口下塌、孔的下方增大的倾向，所以，一般用于对质量要求不高的孔及预制孔（非成品孔），在钢结构主构件中较少直接采用。

3. 成品保护

（1）构件在吊运、堆放过程中，吊点和支承点应选择在节点上，不得随意在构件上开孔或切断任何杆件，不得受到撞击。

（2）钢结构的加工面（不包括摩擦面）、轴孔和螺纹，均应涂以润滑油脂和贴上油纸，或用塑料薄膜包裹。螺栓孔应用木楔塞住。

（3）钢结构有孔的板状吊件，可穿长螺栓或用铁丝打捆；较小零件应涂底漆并装在一起，用木方垫起，以防锈蚀、失散和变形。

（4）构件摩擦面，在雨、雪天应采取必要的措施加以适当覆盖保护，以防污染、锈蚀。

（二）构件组装

组装是将已加工好的零件组装成单件构件，或先组装成部件再组装成单件构件。

1. 工艺流程

小装配→焊接→矫正→总装配→焊接→端部铣平→矫正→成品制孔→铲磨除锈→油漆包装。

2. 施工要点

(1) 组装的一般要求。

1) 零（部）件连接接触面和沿焊缝边缘 30~50mm 范围内的铁锈、毛刺、污垢、冰雪等应在组装前清理干净。

2) 构件组装宜在组装平台、组装支承架或专用设备上进行，组装平台及组装支承架应有足够的强度和刚度，并应便于构件的装卸、定位。在组装平台或组装支承架上宜画出构件的中心线、端面位置线、轮廓线和标高线等基准线。

3) 构件组装可采用地样法、仿形复制装配法、胎模装配法和专用设备装配法等方法；组装时可采用立装、卧装等方式。

地样法是用 1:1 的比例在组装平台上放出构件实样，然后根据零件在实样上的位置，分别组装后形成构件。这种组装方法适用于批量较小的构件。

仿形复制装配法是先用地样法组装成平面（单片）构件，并将其定位点焊牢固，然后将其翻身，作为复制胎模在其上面装配另一平面（单片）构件，往返两次组装。这种组装方法适用于横断面对称的构件。

胎模装配法是将构件的各个零件用胎模定位在其组装位置上的组装方法。这种组装方法适用于批量大、精度要求高的构件。

专用设备装配法是将构件的各个零件直接放到设备上进行组装的方法。这种组装方法精度高、速度快、效率高、经济性好。

立装是根据构件的特点，选择自上而下或自下而上的组装方法。这种组装方法适用于放置平稳、高度不高的构件。

卧装是将构件放平后进行组装的方法，这种组装方法适用于断面不大、长度较长的细长构件。

4) 确定合理的组装次序，一般宜先组装主要零件，后次要零件；先中间后两端；先横向后纵向；先内部后外部，以减少焊接变形。

5) 构件组装间隙应符合设计和工艺文件要求，当设计和工艺文件无规定时，组装间隙不宜大于 2.0mm。

6) 焊接构件组装时应预设焊接收缩量，并应对各部件进行合理的焊接收缩量分配。重要或复杂构件宜通过工艺性试验确定焊接收缩量。

7) 设计要求起拱的构件，应在组装时按规定的起拱值进行起拱，起拱允许偏差为起拱值的 0~10%，且不应大于 10mm。设计未要求但施工工艺要求起拱的构件，起拱允许偏差不应大于起拱值的 ±10%，且不应大于 ±10mm。

8) 拆除临时工装夹具、临时定位板、临时连接板等，严禁用锤击落，应在距离构件表面 3~5mm 处采用气割切除，施焊部位应打磨平整，且不得损伤母材。

9) 构件端部铣平后顶紧接触面应有 75% 以上的面积密贴，应用 0.3mm 的塞尺检查，其塞入面积应小于 25%，边缘最大间隙不应大于 0.8mm。

（2）焊接 H 型钢组装。

1）焊接 H 型钢应以一端为基准，使翼缘板、腹板的尺寸偏差累积到另一端。

2）腹板、翼缘板组装前，应在翼缘板上标志出腹板定位基准线。

3）焊接 H 型钢应采用 H 型钢组立机进行组装。

4）腹板定位采用定位点焊，应根据 H 型钢具体规格确定点焊焊缝的间距及长度；一般点焊焊缝间距为 300～500mm；焊缝长度为 20～30mm，腹板与翼缘板应顶紧，局部间隙不应大于 1mm。

5）H 型钢焊接一般采用自动或半自动埋弧焊。

6）机械矫正应采用 H 型钢翼缘矫正机对翼缘板进行矫正；矫正次数应根据翼板宽度、厚度确定，一般为 1～3 次；使用的 H 型钢翼缘矫正机必须与所矫正的对象尺寸相符合。

7）当 H 型钢出现侧向弯曲、扭曲、腹板表面平整度达不到标准时，应采用火焰矫正法进行矫正。

（3）桁架组装。

1）无论弦杆、腹杆，应先单肢拼配焊接矫正，然后进行大拼装。

2）支座、与钢柱连接的节点板等，应先小件组焊，矫平后再定位大拼装。

3）桁架的大拼装有胎模装配法和复制法两种。前者较为精确，后者则较快；前者适合大型桁架，后者适合一般中、小型桁架。

4）桁架结构组装时，杆件轴线交点偏移不应大于 3mm。

5）放拼装胎时放出收缩量，一般放至上限（跨度 $L \leqslant 24m$ 时放 5mm，$L > 24m$ 时放 8mm）。

6）对跨度大于等于 18m 的梁和桁架，应按设计要求起拱；对于设计没有作起拱要求的，但由于上弦焊缝较多，可以少量起拱，以防下挠。

7）吊车梁和吊车桁架组装、焊接完成后不应允许下挠。吊车梁的下翼缘和重要受力构件的受拉面不得焊接工装夹具、临时定位板、临时连接板等。

3. 成品保护

（1）经检验合格后的钢构件，应按种类、型号、出厂顺序分区存放，钢构件存放场地应平整、坚实、无积水，钢构件底层垫木应有足够的支承面，并应防止支点下沉。相同型号钢构件叠放时，各层钢构件的支点应在同一垂直线上，防止钢构件被压坏和变形。

（2）钢构件上不得焊接与设计无关的零件、吊环、卡具等；绑扎吊运时，在吊绳部位应用木板、麻袋或轮胎保护。

（3）构件包装运输应在涂层干燥后进行，包装应保护构件涂层不受损伤，保证构件、零件不变形、不损坏、不散失。

（4）钢柱宜侧立放置以防止侧向刚度差而产生下挠或扭曲。钢屋架应立放，支撑处应设垫木，多榀屋架排放应绑扎在一起或在侧向设置支撑以防倾倒变形。

（5）钢构件上高强度螺栓连接的摩擦面、构件上刷防锈漆未干时以及雨天时应适当护盖防锈，吊运、堆放时应防止底漆和编号损坏。

（6）外露铣平面，加工完后应用胶带或油脂加以防护，防止生锈，安装时应清除此保护层。

任务2　钢结构连接工程施工

采用一定方式将各个钢构件连接成整体，称为钢结构连接。钢结构连接通常采用焊接和紧固件连接两种方式。其中，紧固件连接主要有普通紧固件连接和高强度螺栓连接两种。目前应用最多的钢结构连接是焊接和高强度螺栓连接。

一、焊接施工

（一）施工准备

1. 材料准备

（1）建筑钢结构用钢材及焊接填充料的选用应符合设计图纸的要求，并应具有钢厂和焊接材料厂出具的质量证明书或检验报告；其化学成分、力学性能和其他质量要求必须符合国家现行标准规定。当采用其他钢材和焊接材料替代设计选用的材料时，必须经原设计单位同意。

（2）钢材的成分、性能复验应符合国家现行标准的规定。

（3）施工用的小型材料应尽可能放置在库房中，防止因为受潮、雨淋而造成失效。

（4）焊接材料应符合以下要求：

1）严禁使用药皮脱落或焊芯生锈的焊条、焊丝。

2）焊丝、焊钉在使用前应清除油污、铁锈。

3）用于焊接瓷环的焊条、焊剂和栓钉施焊之前应进行烘焙。

2. 主要机具

交流焊机、直流焊机、碳弧气刨、自动埋弧焊机、CO_2气体保护焊机、电弧栓焊机、空压机、焊条烘干箱、焊接滚轮架、超声波探伤仪、数字温度仪、温湿度仪、焊缝检查尺、游标卡尺、钢卷尺等。

3. 作业条件

（1）焊接时，作业区环境温度、相对湿度和风速等应符合下列规定，当超出本条规定且必须进行焊接时，应编制专项方案：

1）作业环境温度不应低于−10℃。

2）焊接作业区的相对湿度不应大于90％。

3）当采用手工电弧焊和自保护药芯焊丝电弧焊时，焊接作业区最大风速不应超过8m/s；当采用气体保护电弧焊时，焊接作业区最大风速不应超过2m/s。

（2）现场高空焊接作业应搭设稳固的操作平台和防护棚。

（3）焊接前，应采用钢丝刷、砂轮等工具清除待焊处表面的氧化皮、铁锈、油污等杂物，焊缝坡口宜按现行国家标准《钢结构焊接规范》（GB 50661）的有关规定进行检查。

（4）焊接作业应按工艺评定的焊接工艺参数进行。

（5）当焊接作业环境温度低于0℃且不低于−10℃时，应采取加热或防护措施，应将焊接接头和焊接表面各方向大于或等于钢板厚度的2倍且不小于100mm范围内的母材，加热到规定的最低预热温度且不低于20℃后再施焊。

（二）施工工艺

1. 工艺流程

焊接工艺设计→焊条烘烤→焊口检查清理→定位点焊→焊前预热→施焊→焊后热处理。

2. 施工要点

（1）焊接工艺设计。焊接工艺设计内容主要包括确定焊接方法与焊缝形式、确定焊接参数及焊条、焊丝、焊剂的规格型号等。

1）焊接方法的选择。钢结构焊接时，常用的焊接方法有电弧焊、电渣焊、气焊等，其特点及适用范围见表 5-1，其中电弧焊是工程中应用最普遍的焊接形式。

表 5-1　　　　　　　　　　　　**各种焊接方法的特点、适用范围**

焊接类别			特　点	适　用　范　围
电弧焊	手工焊	交流焊机	设备简单，操作灵活，可进行各种位置的焊接。是建筑工地应用最广泛的焊接方法	焊接普通结构
		直流焊机	焊接技术与交流焊机同。成本比交流焊机高，但焊接时电弧稳定	焊接要求较高的钢结构
	埋弧自动焊		效率高，质量好，操作技术要求低，劳动条件好，宜于工厂中使用	焊接长度较大的对接、贴角焊缝，一般是有规律的直焊缝
	半自动焊		与埋弧自动焊基本相同，操作较灵活，但使用不够方便	焊接较短的或弯曲的对接、贴角焊缝
	CO_2 气体保护焊		用 CO_2 或惰性气体保护的光焊条焊接，可全位置焊接，质量较好，焊接时应避风	薄钢板和其他金属焊接
电渣焊			利用电流通过液态熔渣所产生的电阻热焊接，能焊接大厚度焊缝	大厚度钢板、粗直径圆钢和铸钢等焊接
气焊			利用乙炔、氧气混合燃烧火焰熔融金属进行焊接。焊接有色金属、不锈钢时需气焊粉保护	薄钢板、铸铁件、连接件和堆焊

2）焊缝形式的选择。焊缝形式按构件相对位置可分为平接、搭接和顶接；按施焊位置可分为俯焊、立焊、横焊和仰焊；按构造可分为对接焊缝和角焊缝。

3）确定焊接参数。焊接参数包括电源极性、弧长与焊接电压、焊接电流、焊接速度、运条方式、焊接层次等。

（2）焊条烘焙。焊条和药芯焊丝在使用前，必须按质量要求进行烘焙，低氢型焊条经过烘焙后，应放在保温箱内随用随取。

（3）焊口检查清理。焊接坡口可用火焰加工或机械切割。施焊前，焊工应检查焊接部位的组装质量情况，如坡口角度、钝边大小、组装间隙等；清理焊接部位，去除油污及锈迹。焊接区域表面潮湿或有冰雪时，必须清除干净方可施焊。严禁在接头间隙中填塞焊条头、铁块等杂物。

（4）定位点焊。焊接结构在拼接、组装时，要确定零件的准确位置，要先进行定位点焊。定位点焊的长度、厚度应由计算确定。电流要比正式焊接提高 $10\% \sim 15\%$，定位点焊的位置应尽量避开构件的端部、边角等应力集中的地方。

（5）焊前预热。预热可降低热影响区的冷却速度，防止焊接延迟裂纹的产生。预热区焊缝两侧，每侧宽度均应大于焊件厚度的 1.5 倍以上，且不应小于 100mm。

（6）施焊。施焊时，一般从焊件的中心开始向四周扩展；先焊接收缩量大的焊缝，后焊接收缩量小的焊缝；尽量对称施焊；焊缝相交时，先焊接纵向焊缝，待冷却至常温后，再焊接横向焊缝；钢板较厚时，分层施焊。

（7）焊后热处理。焊后热处理主要是对焊缝进行脱氢处理，以防止冷裂纹的产生。焊后热处理应在焊后立即进行。消氢处理的加热温度应为 200～250℃；保温时间应根据板厚确定，按每 25mm 板厚不小于 0.5h 且总保温时间不得小于 1h 确定。预热及后热均可采用散发式火焰枪进行。

3. 施工要求

（1）定位焊。

1）定位焊所用焊接材料应与正式施焊相同。定位焊缝与正式焊缝应具有相同的焊接工艺和焊接质量要求。

2）定位焊焊缝的厚度不应小于 3mm，不宜超过设计焊缝厚度的 2/3；长度不宜小于 40mm 和接头中较薄部件厚度的 4 倍；间距宜为 300～600mm，并应填满弧坑。

3）多道定位焊焊缝的端部应为阶梯状。采用钢衬垫板的焊接接头，定位焊宜在接头坡口内进行。

4）定位焊焊接时预热温度宜高于正式施焊预热温度 20～50℃。当定位焊焊缝上有气孔或裂纹时，必须清除后重焊。

（2）引弧板、引出板和衬垫板。

1）焊接接头的端部应设置焊缝引弧板、引出板。当引弧板、引出板和衬垫板为钢材时，应选用屈服强度不大于被焊钢材标称强度的钢材，且焊接性应相近。

2）焊条电弧焊和气体保护电弧焊焊缝引出长度应大于 25mm，埋弧焊缝引出长度应大于 80mm。

3）钢衬垫板应与接头母材密贴连接，其间隙不应大于 1.5mm，并应与焊缝充分熔合。手工电弧焊和气体保护电弧焊时，钢衬垫板厚度不应小于 4mm；埋弧焊接时，钢衬垫板厚度不应小于 6mm；电渣焊时钢衬垫板厚度不应小于 25mm。

4）焊接完成并完全冷却后，可采用火焰切割、碳弧气刨或机械等方法除去引弧板、引出板，并应修磨平整，严禁用锤击落。

5）引弧板、引出板、垫板割除时，应沿拐角处切割成圆弧过渡，且切割表面不得有深沟、不得伤及母材。

（3）预热和道间温度控制。

1）预热和道间温度控制宜采用电加热、火焰加热和红外线加热等加热方法，并应采用专用的测温仪器测量。预热的加热区域应在焊接坡口两侧，宽度应为焊件施焊处板厚的 1.5 倍以上，且不应小于 100mm。温度测量点，当为非封闭空间构件时，宜在焊件受热面的背面离焊接坡口两侧不小于 75mm 处；当为封闭空间构件时，宜在正面离焊接坡口两侧不小于 100mm 处。

2）焊接接头的预热温度和道间温度，应符合现行国家标准《钢结构焊接规范》（GB 50661）的有关规定；当工艺选用的预热温度低于现行国家标准《钢结构焊接规范》（GB 50661）的有关规定时，应通过工艺评定试验确定。

（4）焊接变形的控制。

1）采用的焊接工艺和焊接顺序应使构件的变形和收缩最小，可采用下列控制变形的焊接顺序：

①对接接头、T 形接头和十字接头，在构件放置条件允许或易于翻转的情况下，宜双面对称焊接；有对称截面的构件，宜对称于构件中性轴焊接；有对称连接杆件的节点，宜对称

于节点轴线同时对称焊接。

②非对称双面坡口焊缝，宜先焊深坡口侧部分焊缝，然后焊满浅坡口侧，最后完成深坡口侧焊缝。特厚板宜增加轮流对称焊接的循环次数。

③长焊缝宜采用分段退焊法、跳焊法或多人对称焊接法。

2）构件焊接时，宜采用预留焊接收缩余量或预置反变形方法控制收缩和变形，收缩余量和反变形值宜通过计算或试验确定。

3）构件装配焊接时，应先焊收缩量较大的接头、后焊收缩量较小的接头，接头应在拘束较小的状态下焊接。

（5）焊后消除应力处理。

1）设计文件或合同文件对焊后消除应力有要求时，需经疲劳验算的结构中承受拉应力的对接接头或焊缝密集的节点或构件，宜采用电加热器局部退火和加热炉整体退火等方法进行消除应力处理；仅为稳定结构尺寸时，可采用振动法消除应力。

2）焊后热处理应符合现行行业标准《碳钢、低合金钢焊接构件　焊后热处理方法》（JB/T 6046）的有关规定。当采用电加热器对焊接构件进行局部消除应力热处理时，应符合下列规定：

①使用配有温度自动控制仪的加热设备，其加热、测温、控温性能应符合使用要求。

②构件焊缝每侧面加热板（带）的宽度应至少为钢板厚度的 3 倍，且不应小于 200mm。

③加热板（带）以外构件两侧宜用保温材料覆盖。

3）用锤击法消除中间焊层应力时，应使用圆头手锤或小型振动工具进行，不应对根部焊缝、盖面焊缝或焊缝坡口边缘的母材进行锤击。

4）采用振动法消除应力时，振动时效工艺参数选择及技术要求，应符合现行行业标准《焊接构件振动时效工艺参数选择及技术要求》（JB/T 10375）的有关规定。

（6）焊接缺陷返修。

1）焊缝金属或母材的缺欠超过相应的质量验收标准时，可采用砂轮打磨、碳弧气刨、铲凿或机械等方法彻底清除。采用焊接修复前，应清洁修复区域的表面。

2）焊缝缺陷返修应符合下列规定：

①焊缝焊瘤、凸起或余高过大，应采用砂轮或碳弧气刨清除过量的焊缝金属。

②焊缝凹陷、弧坑、咬边或焊缝尺寸不足等缺陷应进行补焊。

③焊缝未熔合、焊缝气孔或夹渣等，在完全清除缺陷后应进行补焊。

④焊缝或母材上裂纹应采用磁粉、渗透或其他无损检测方法确定裂纹的范围及深度，应用砂轮打磨或碳弧气刨清除裂纹及其两端各 50mm 长的完好焊缝或母材，并应用渗透或磁粉探伤方法确定裂纹完全清除后，再重新进行补焊。

⑤焊缝缺陷返修的预热温度应高于相同条件下正常焊接的预热温度 30～50℃，并应采用低氢焊接方法和焊接材料进行焊接。

⑥焊缝返修部位应连续焊成，中断焊接时应采取后热、保温措施。

⑦焊缝同一部位的缺陷返修次数不宜超过两次。当超过两次时，返修前应先对焊接工艺进行工艺评定，并应评定合格后再进行后续的返修焊接。返修后的焊接接头区域应增加磁粉或着色检查。

（三）成品保护

（1）焊接成形的成品应当自然冷却，不准往刚焊完的焊缝上浇水。

（2）不得随意在焊缝外的母材上引弧。

（3）焊后不准砸焊接接头，禁止拖动、撞击已施工完的成品。

（4）低温焊接不准立即清渣，应待焊缝降温后进行。

二、高强度螺栓连接施工

高强度螺栓连接是目前与焊接并举的钢结构主要连接方法之一。其特点是施工方便，可拆可换，传力均匀，接头刚性好，承载能力大，抗疲劳强度高，螺母不易松动，结构安全可靠。高强度螺栓连接按其受力状况，可分为摩擦型连接和承压型连接。摩擦型连接接头处用高强度螺栓紧固，使连接板层夹紧，利用由此产生于连接板层之间接触面间的摩擦力来传递外力，通常所指的高强度螺栓连接就是这种摩擦型连接，是目前应用最广泛的连接形式。承压型连接接头靠连接接触面间的摩擦力、螺栓杆剪切及连接板孔壁承压三方共同传递外力，承载力高、经济性能好但连接变形大，可应用在非重要的构件连接中。

高强度螺栓从外形上可分为大六角头高强度螺栓（即扭矩型高强度螺栓）和扭剪型高强度螺栓两种。高强度大六角头螺栓，按性能等级分为 8.8 和 10.9 两种等级，扭剪型高强度螺栓只有 10.9 一种等级。

（一）施工准备

1. 材料准备

（1）高强度螺栓连接副的进场、保管、使用。高强度螺栓连接副应按批配套进场，并附有出厂质量保证书。高强度螺栓连接副应在同批内配套使用。高强度螺栓连接副在运输、保管过程中，应轻装、轻卸，防止损伤螺纹。高强度螺栓连接副应按包装箱上注明的批号、规格分类保管；室内存放、堆放应有防止生锈、潮湿及沾染脏物等措施。高强度螺栓连接副在安装使用前严禁随意开箱。高强度螺栓连接副的保管时间不应超过 6 个月。当保管时间超过6 个月后使用时，必须按要求重新进行扭矩系数或紧固轴力试验，检验合格后，方可使用。

（2）连接构件的制作。高强度螺栓连接构件的栓孔孔径应符合设计要求。高强度螺栓连接构件制孔允许偏差、栓孔孔距允许偏差应符合《钢结构高强度螺栓连接技术规程》（JGJ 82—2011）的有关规定。采用标准圆孔连接处板叠上所有螺栓孔，均应采用量规检查，凡量规不能通过的孔，必须经施工图编制单位同意后，方可扩钻或补焊后重新钻孔。扩钻后的孔径不应超过 1.2 倍螺栓直径。补焊时，应用与母材相匹配的焊条补焊，严禁用钢块、钢筋、焊条等填塞。每组孔中经补焊重新钻孔的数量不得超过该组螺栓数量的 20%。处理后的孔应做出记录。

高强度螺栓连接处的钢板表面处理方法及除锈等级应符合设计要求。连接处钢板表面应平整、无焊接飞溅、无毛刺、无油污。经处理后的摩擦型高强度螺栓连接的摩擦面抗滑移系数应符合设计要求。经处理后的高强度螺栓连接处摩擦面应采取保护措施，防止沾染脏物和油污。严禁在高强度螺栓连接处摩擦面上做标记。

2. 主要机具

活动扳手、呆扳手、梅花扳手、套筒扳手、内六角扳手、专用扳手和圆头锤、电动扭矩扳手及控制仪、手动扭矩扳手、手工扳手、钢丝刷、冲子、锤子等。

3. 作业条件

（1）施工图纸必须经过设计交底。

（2）检查螺栓孔的孔径尺寸，孔边毛刺必须清除掉。

（3）紧固件的连接钢板应紧固密贴，外观排列整齐，应清除飞边、毛刺、焊接飞溅物。

（4）高强度螺栓连接摩擦面应按设计要求进行抗滑移系数复验。摩擦面保持干燥、整洁。

（5）同一批号、规格的螺栓、螺母、垫圈，应配套装箱待用。

（6）力矩扳手应经过校验。

（二）施工工艺

1. 工艺流程

选择螺栓并配套→摩擦面处理→接头组装→安装临时螺栓→安装高强度螺栓→高强度螺栓紧固→检查验收。

2. 施工要点

（1）选择螺栓并配套。高强度螺栓和与之配套的螺母、垫圈总称为高强度螺栓连接副。大六角头高强度螺栓连接副由一个大六角头螺栓、一个螺母和两个垫圈组成；扭剪型高强度螺栓连接副由一个螺栓、一个螺母和一个垫圈组成。高强度螺栓连接副的使用组合应符合表5-2 的规定。高强度螺栓长度应以螺栓连接副终拧后外露2～3 螺纹为标准计算。选用的高强度螺栓公称长度应取修约后的长度，应根据计算出的螺栓长度按修约间隔5mm 进行修约。

表 5-2　　　　　　　　　　　　　高强度螺栓连接副的使用组合

螺　栓	螺　母	垫　圈
10.9S	10H	（35～45）HRC
8.8S	8H	（35～45）HRC

（2）摩擦面处理。

1）高强度螺栓连接处的摩擦面可根据设计抗滑移系数的要求选择处理工艺，抗滑移系数应符合设计要求。常见的摩擦面处理方法有喷砂或喷丸处理、喷砂后生赤锈处理、喷砂后涂无机富锌漆处理、酸洗法处理、砂轮打磨、手工钢丝刷清理等。采用手工砂轮打磨时，打磨方向应与受力方向垂直，且打磨范围不应小于螺栓孔径的 4 倍。

2）经表面处理后的高强度螺栓连接摩擦面，应符合下列规定：

①连接摩擦面应保持干燥、清洁，不应有飞边、毛刺、焊接飞溅物、焊疤、氧化铁皮、污垢等。

②经处理后的摩擦面应采取保护措施，不得在摩擦面上做标记。

③摩擦面采用生锈处理方法时，安装前应以细钢丝刷垂直于构件受力方向除去摩擦面上的浮锈。

（3）接头组装。

1）连接处的钢板或型钢应平整，板边、孔边无毛刺；接头处有翘曲、变形必须进行校正，并防止损伤摩擦面，保证摩擦面紧贴。

2）装配前检查摩擦面，试件的摩擦系数是否达到设计要求，浮锈用钢丝刷除掉，油污、油漆清除干净。

3）板叠接触面应平整，对因板厚公差、制造偏差或安装偏差等产生的接触面间隙，应按下列规定进行处理：

①接触面间隙小于 1.0mm 时不予处理。

②接触面间隙为 1.0～3.0mm 时将厚板一侧磨成 1：10 缓坡，使间隙小于 1.0mm。

③接触面间隙大于 3.0mm 时加垫板，垫板厚度不小于 3mm，最多不超过三层，垫板材质和摩擦面处理方法应与构件相同。

（4）安装临时螺栓。高强度螺栓连接安装时应先使用临时螺栓和冲钉。在每个节点上穿入的临时螺栓和冲钉的数量，应根据安装时所承受的荷载计算确定，并应符合下列规定：

1）不应少于安装孔总数的 1/3。

2）安装螺栓不应少于 2 个。

3）冲钉穿入数量不宜多于安装螺栓的 30%。

4）不准用高强度螺栓作临时螺栓。

（5）安装高强度螺栓。

1）在高强度螺栓安装过程中，不得使用螺纹损伤及沾染脏物的高强度螺栓连接副，构件的摩擦面应保持干燥，不得在雨中作业。

2）高强度螺栓的安装应在结构构件中心位置调整后进行，其穿入方向应以施工方便为准，并力求一致。高强度螺栓连接副组装时，螺母带圆台面的一侧应朝向垫圈有倒角的一侧。对于大六角头高强度螺栓连接副组装时，螺栓头下垫圈有倒角的一侧应朝向螺栓头。

3）高强度螺栓现场安装时应能自由穿入螺栓孔，不得强行穿入。当不能自由穿入时，该孔应用铰刀进行修整，严禁气割扩孔。修孔前应将四周螺栓全部拧紧，使板迭密贴后再进行铰孔；铰孔后要用砂轮机清除孔边毛刺，并清除铁屑。修整后孔的最大直径不应大于 1.2 倍螺栓直径，且修孔数量不应超过该节点螺栓数量的 25%。

4）穿入高强度螺栓用扳手紧固后，再卸下临时螺栓，以高强度螺栓替换。

（6）高强度螺栓紧固。高强度螺栓应在构件安装精度调整后进行拧紧。

1）紧固（施拧）顺序。高强度螺栓紧固一般分初拧和终拧两次进行，对于大型螺栓群或接头刚度较大、钢板较厚的节点，应分为初拧、复拧和终拧 3 次紧固。初拧或复拧后应对螺母涂画颜色标记。终拧后的大六角头高强度螺栓应用另一种颜色在螺母上标记。扭剪型高强度螺栓的终拧应以拧掉螺栓尾部梅花头为准，一般不需做标记。高强度螺栓连接副的初拧、复拧、终拧，宜在 24h 内完成。高强度螺栓和焊接混用的连接节点，当设计文件无规定时，宜按先螺栓紧固后焊接的施工顺序。

高强度螺栓连接节点螺栓群初拧、复拧和终拧，应采用合理的施拧顺序。确定施拧顺序的原则为由螺栓群中央顺序向外拧紧，从接头刚度大的部位向约束小的方向拧紧。常见施拧顺序：一般接头应从接头中心顺序向两端进行；工字形柱对接螺栓紧固顺序为先翼缘后腹板；两个或多个接头栓群的拧紧顺序应先主要构件接头，后次要构件接头。

2）大六角头高强度螺栓连接副的紧固方法。大六角头高强度螺栓施工所用的扭矩扳手，班前必须校正，其扭矩相对误差应为 ±5%，合格后方准使用。大六角头高强度螺栓拧紧时，应只在螺母上施加扭矩。大六角头高强度螺栓连接副一般采用扭矩法和转角法紧固。

①扭矩法。使用可直接显示扭矩值的专用扳手，按特定的扭矩值进行施拧。初拧扭矩可取施工终拧扭矩的 50%，复拧扭矩应等于初拧扭矩。终拧扭矩按《钢结构工程施工规范》

（GB 50775—2012）的有关规定进行计算。

②转角法。根据构件紧密接触后，螺母的旋转角度与螺栓的预拉力成正比的关系确定紧固的一种方法。初拧可用短扳手将螺母拧至使构件靠拢，并做标记。终拧用长扳手将螺母从标记位置拧至规定的终拧位置。初拧（复拧）后连接副的终拧转角度应符合表 5-3 的要求。

3）扭剪型高强度螺栓的紧固方法。扭剪型高强度螺栓有一特制尾部，采用带有两个套筒的专用电动扳手紧固。紧固时用专用扳手的两个套筒分别套住螺母和螺栓尾部的梅花头，接通电源后，两个套筒按反向旋转，拧断尾部后即达相应的扭矩值。一般用定扭矩扳手初拧，用专用电动扳手终拧。初拧拧矩值取可按表 5-4 选用，复拧拧矩应等于初拧拧矩。终拧以拧掉螺栓尾部梅花头为准。

表 5-3　　　　　　　　　　　**初拧（复拧）后连接副的终拧转角度**

螺栓长度 L	螺母转角	连接状态
L≤4d	1/3 圈（120°）	
4d<L≤8d 或 200mm 及以下	1/2 圈（180°）	连接形式为一层芯板加两层盖板
8d<L≤12d 或 200mm 以上	2/3 圈（240°）	

表 5-4　　　　　　　　**扭剪型高强度螺栓初拧（复拧）扭矩值**　　　　　　（N·m）

螺栓公称直径（mm）	M16	M20	M22	M24	M27	M30
初拧（复拧）扭矩	115	220	300	390	560	760

图 5-5 为扭剪型高强度螺栓紧固过程。先将扳手内套筒套入梅花头上，再轻压扳手，再将外套筒套在螺母上，按下扳手开关，外套筒旋转，使螺母拧紧、切口拧断；关闭扳手开关，将外大套筒从螺母上卸下，将内套筒中的梅花头顶出。

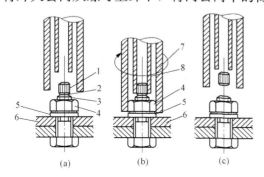

图 5-5　扭剪型高强度螺栓紧固过程

（a）紧固前；（b）紧固中；（c）紧固后

1—梅花头；2—断裂切口；3—螺栓；4—螺母；5—垫圈；6—被紧固的构件；7—扳手外套筒；8—扳手内套筒

（7）检查验收。

1）高强度大六角头螺栓连接用扭矩法施工紧固时，应进行下列质量检查：

①应检查终拧颜色标记，并应用 0.3kg 重小锤敲击螺母对高强度螺栓进行逐个检查。

②终拧扭矩应按节点数 10% 抽查，且不应少于 10 个节点；对每个被抽查节点应按螺栓数的 10% 抽查，且不应少于 2 个螺栓。

③检查时应先在螺杆端面和螺母上画一直线，然后将螺母拧松约 60°；再用扭矩扳手重新拧紧，使两线重合，测得此时的扭矩应为 $0.9T_{ch}\sim1.1T_{ch}$（T_{ch} 为检查扭矩）。

④发现有不符合规定时，应再扩大 1 倍检查，如仍有不合格者，则整个节点的高强度螺栓应重新施拧。

⑤扭矩检查宜在螺栓终拧 1h 以后、24h 之前完成，检查用的扭矩扳手，其相对误差不得大于±3％。

2）高强度大六角头螺栓连接转角法施工紧固，应进行下列质量检查：

①应检查终拧颜色标记，同时应用约 0.3kg 重小锤敲击螺母对高强度螺栓进行逐个检查。

②终拧转角应按节点数抽查 10％，且不应少于 10 个节点；对每个被抽查节点应按螺栓数抽查 10％，且不应少于 2 个螺栓。

③应在螺杆端面和螺母相对位置画线，然后全部卸松螺母，应再按规定的初拧扭矩和终拧角度重新拧紧螺栓，测量终止线与原终止线画线间的角度，应符合表 5-3 的要求，误差在＋30°者应为合格。

④发现有不符合规定时，应再扩大 1 倍检查；仍有不合格者时，则整个节点的高强度螺栓应重新施拧。

⑤转角检查宜在螺栓终拧 1h 以后、24h 之前完成。

3）扭剪型高强度螺栓终拧检查，应以目测尾部梅花头拧断为合格。不能用专用扳手拧紧的扭剪型高强度螺栓，应按高强度大六角头螺栓连接用扭矩法施工紧固质量检查的规定进行质量检查。

3. 质量要求

（1）主控项目。

1）高强度大六角头螺栓连接副终拧完成 1h 后、48h 内应进行终拧扭矩检查，检查结果应符合《钢结构工程施工质量验收规范》（GB 50205—2001）附录 B 的规定。

2）扭剪型高强度螺栓连接副终拧后，除因构造原因无法使用专用扳手终拧掉梅花头者外，未在终拧中拧掉梅花头的螺栓数不应大于该节点螺栓数的 5％。对所有梅花头未拧掉的扭剪型高强度螺栓连接副应采扭矩法或转角法进行终拧并做标记，且按《钢结构工程施工质量验收规范》（GB 50205—2001）的规定进行终拧扭矩检查。

（2）一般项目。

1）高强度螺栓连接副的施拧顺序和初拧、复拧扭矩应符合设计要求和国家现行行业标准《钢结构高强度螺栓连接技术规程》（JGJ 82—2011）的规定。

2）高强度螺栓连接副终拧后，螺栓螺纹外露应为 2～3 扣，其中允许有 10％的螺栓螺纹外露 1 扣或 4 扣。

3）高强度螺栓连接摩擦面应保持干燥、整洁，不应有飞边、毛刺、焊接飞溅物焊疤、氧化铁皮、污垢等，除设计要求外摩擦面不应涂漆。

4）高强度螺栓应自由穿入螺栓孔。高强度螺栓孔不应采用气割扩孔，扩孔数量应征得设计同意，扩孔后的孔径不应超过 1.2d（d 为螺栓直径）。

（三）成品保护

（1）工地安装时，应按当天高强度螺栓连接副需要使用的数量领取。当天安装剩余的必须妥善保管。在安装过程中，不得碰伤螺纹及沾染脏物，以防扭矩系数发生变化。

（2）经处理后的高强度螺栓连接摩擦面，应采取保护措施，防止沾染脏物和油污。严禁在高强度螺栓连接摩擦面上做任何标记。

（3）对于露天使用或接触腐蚀性气体的钢结构，在高强度螺栓拧紧检查验收合格后，连接处板缝应及时用腻子封闭。

（4）经检查合格后的高强度螺栓连接处，防腐、防火应按设计要求涂装。

任务3 起重设备及索具设备选择

结构安装工程中常用的起重设备有塔式起重机和自行式起重机（履带式起重机、轮胎式起重机、汽车式起重机）两种；索具设备有钢丝绳、吊具、卷扬机、地锚等。

一、塔式起重机

常用的塔式起重机的类型有附着式起重机、爬升式起重机、轨道式塔式起重机，广泛应用于多层及高层建筑工程施工中。

1. 附着式塔式起重机

附着式塔式起重机是固定在建筑物近旁混凝土基础上的起重机械，它可借助顶升系统随着建筑施工进度而自行向上接高。为了减小塔身的计算长度，规定每隔20m左右将塔身与建筑物用锚固装置连接起来。这种塔式起重机宜用于高层建筑施工。

附着式塔式起重机的型号有：QT4-10型（起重量30～100kN）、QT1-4型（起重量16～40kN）、ZT-120型（起重量40～80kN）、ZT-100型（起重量30～60kN）等。

QT4-10型起重机（图5-6），每顶升一次升高2.5m，常用的起重臂长为30m，此时最大起重力矩为1600kN·m，起重量5t～10t，起重半径为3～30m，起重高度160m。

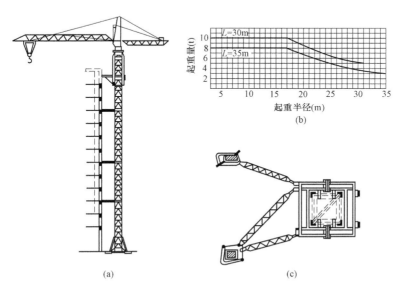

图 5-6 QT4-10 型塔式起重机

（a）全貌图；（b）性能曲线；（c）锚固装置图

2. 爬升式塔式起重机

高层装配式结构施工，若采用一般轨道式塔式起重机，其起重高度已不能满足构件的吊装要求，需采用自升式塔式起重机。爬升式塔式起重机是自升式塔式起重机的一种，它安装在高层装配式结构的框架梁上，每吊装 1～2 层楼的构件后，向上爬升一次。这类起重机主要用于高层（10 层以上）框架结构安装。其特点是机身体积小，重量轻，安装简单，适于现场狭窄的高层建筑结构安装。

爬升式塔式起重机由底座，套架、塔身、塔顶、行车式起重臂，平衡臂等部分组成。起重机型号有：QT5-4/40 型、QT3-4 型等。

QT5-4/40 型塔式起重机的底座及套架上均设有可伸出和收回的活动支腿，在吊装构件过程中及爬升过程中分别将支腿支承在框架梁上。每层楼的框架梁上均需埋设地脚螺栓，用以固定活动支腿。

3. 轨道式塔式起重机

轨道式塔式起重机是一种能在轨道上行驶的起重机，又称自行式塔式起重机。这种起重机可负荷行驶，有的只能在直线轨道上行驶，有的可沿"L"形或"U"形轨道上行驶。常用的轨道式塔式起重机有：QT1-2 型塔式起重机、QT1-6 型塔式起重机、QT-60/8 型塔式起重机。

（1）QT1-2 型塔式起重机。QT1-2 型塔式起重机是一种塔身回转式轻型塔式起重机，主要由塔身，起重臂和底盘组成。

这种起重机塔身可以折叠，能整体运输。起重力矩 16t·m（160kN·m），起重量 1～2t（10～20kN），轨距 2.8m。适用于五层以下民用建筑结构安装和预制构件厂装卸作业。

（2）QT1-6 型塔式起重机。QT1-6 型塔式起重机是一种中型塔顶旋转式塔式起重机，由底座、塔身、起重臂、塔顶及平衡重等组成。塔顶有齿式回转机构，塔顶通过它围绕塔身回转 360°。起重机底座有两种，一种有 4 个行走轮，只能直线行驶；另一种有 8 个行走轮能转弯行驶，内轨半径不小于 5m。QT1-6 型塔式起重机的最大起重力矩为 400kN·m，起重量 20～60kN。适用于一般工业与民用建筑的安装和材料仓库的装卸作业。

（3）QT-60/80 型塔式起重机。QT-60/80 型塔式起重机是一种塔顶旋转式塔式起重机，起重力矩 600～800kN·m，最大起重量 10t。这种起重机适用于多层装配式工业与民用建筑结构安装，尤其适合装配式大板房屋施工。

二、自行式起重机

自行式起重机可分为履带式起重机、汽车式起重机与轮胎式起重机，广泛应用于单层建筑工程施工中。

1. 履带式起重机

履带式起重机主要由行走装置、回转机构、机身和起重臂四部分组成，如图 5-7 所示。为减小对地面的压力，行走装置采用链条履带，回转机构装在底盘上可使机身回转 360°，机身内部有动力装置、卷构机和操纵系统。起重臂为角钢组成的格构式杆件，下端铰接在机身上，随机身回转。起重臂可分节接长，设置有起重滑轮组与变幅滑轮组，钢丝绳通过起重臂顶端连到机身内的卷扬机上。在结构安装工程中，常用的履带式起重机有 W1-50 型、W1-100 型、W1-200 型及一些进口机型。

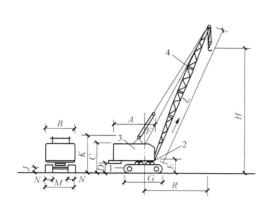

图 5-7 履带式起重机
1—行走装置；2—回转机构；3—机身；4—起重臂

履带式起重机的特点是操纵灵活，使用方便，机身可回转360°，可以负荷行驶，并可原地回转，在一般平整坚实的场地上行驶与工作，是结构安装中的主要起重机械。缺点是稳定性较差，不宜超负荷吊装，在需要起重臂接长或超负荷吊装时，要进行稳定性验算并采取相应的技术措施。

履带式起重机主要技术性能包括三个主要参数：起重量 Q、起重半径 R 和起重高度 H。其中，起重量 Q 是指起重机安全工作所允许的最大起重重物的质量，起重高度 H 指起重吊钩中心至停机面的距离，起重半径 R 指起重机回转中心至吊钩的水平距离。这三个参数之间存在着相互制约的关系，其数值变化取决于起重臂长及其仰角的大小。当臂长一定时，随着起重臂仰角的增大起重量和起重高度增加，而起重半径减小。当起重臂仰角不变时，随着起重臂长度的增加，起重半径和起重高度增加而起重量减少。

2. 汽车式起重机

汽车式起重机是将起重机构安装在普通载重汽车或专用汽车底盘上的一种自行式全回转起重机，其构造基本上与履带式起重机相同。优点是行驶速度快，转移灵活，对路面破坏性小，缺点是吊装作业时稳定性差，不能负荷行驶，为此，起重机装有可伸缩的支腿，作业时，支腿落地，以增加机身的稳定。

汽车式起重机按起重量大小分为轻型、中型和重型三种。起重量在 200kN 以内的为轻型，500kN 以上的为重型，按起重臂形式分为桁架或箱形臂两种；按传动装置形式分为机械传动、电力传动、液压传动三种。目前液压传动应用比较普遍，适用于中小型构件及大型构件的吊装。

3. 轮胎式起重机

轮胎式起重机的外形和构造基本上与履带式起重机相似，但其行驶装置采用轮胎，起重机构与机身装在由加重型轮胎和轮轴组成的特制底盘上，能全回转。底盘下装有若干根轮轴，根据起重量的大小，配备 4~10 个或更多个轮胎，并装有 4 个可伸缩的支腿，起重时，支腿落地，以增加机身的稳定，并保护轮胎。

轮胎式起重机的优点是运行速度较快，能迅速转移工作地点，不损伤路面，但不适合在松软或泥泞的地面上作业。

常用的轮胎式起重机按传动方式分为机械式、电动式和液压式。近几年来，机械式已被淘汰，液压式已逐步替代了电动式。常用的液压式轮胎起重机主要有 QLY16 和 QLY25 两种。最大起重量为 160kN 和 250kN。适用于构件装卸和一般工业厂房的结构安装。

三、索具设备

1. 钢丝绳

在结构吊装中常用的钢丝绳由六股钢丝和一股绳芯（一般为麻芯）捻成。它具有强度高、韧性好、耐磨性好等优点。钢丝绳的种类很多，按钢丝和钢丝绳股的搓捻方向分反捻绳和顺捻绳两种。反捻绳多用于吊装工作中，顺捻绳多用于拖拉或牵引装置。

2. 吊具

在构件安装过程中，常要使用一些吊装工具，如吊索、卡环、花篮螺丝、横吊梁等。

（1）吊索。吊索是用钢丝绳制成的。主要用来绑扎构件以便起吊，可分为环状吊索和开式吊索两种。在吊装中，吊索与所吊构件的水平面夹角应不小于 30°，一般为 45°～60°。

（2）卡环。用于吊索与吊索或吊索与构件吊环之间的连接。它由弯环和销子两部分组成，按销子与弯环的连接形式分为螺栓卡环和活络卡环。活络卡环的销子端头和弯环孔眼无螺纹，可直接抽出，常用于柱子吊装。绑扎时应使柱子起吊后销子尾部朝下。它的优点是在柱子就位后，在地面用系在销子尾部的绳子将销子拉出，解开吊索，避免了高空作业。

（3）钢丝绳夹头（卡扣）。钢丝绳夹头是用来连接两根钢丝绳的。常用的钢丝绳夹头，有骑马式、压板式和拳握式三种，其中骑马式连接力最强，应用也最广，压板式其次，拳握式由于没有底座，容易损坏钢丝绳，连接力也差，因此，只用于次要的地方。

（4）吊钩。吊钩有单钩和双钩两种。在吊装施工中常用的是单钩，双钩多用于桥式和塔式起重机上。

（5）横吊梁。横吊梁（又称铁扁担）常用形式有钢板横吊梁和钢管横吊梁。柱吊装采用直吊法时，用钢板横吊梁，使柱保持垂直；吊屋架时，用钢管横吊梁，可减小索具高度。

3. 卷扬机

在建筑施工中常用的电动卷扬机有快速和慢速两种。快速电动卷扬机（JJK 型）主要用于垂直、水平运输和打桩作业，慢速电动卷扬机（JJM 型）主要用于结构吊装、钢筋冷拉和预应力钢筋张拉作业。常用的电动卷扬机的牵引能力一般为 10～100kN。

4. 地锚

地锚按设置形式分有桩式地锚和水平地锚两种。桩式地锚适用于固定受力不大的缆风，结构吊装中很少使用。水平地锚是将几根圆木（方木或型钢）用钢丝绳捆绑在一起，横放在地锚坑底，钢丝绳的一端从坑前端的槽中引出，绳与地面的夹角应等于缆风与地面的夹角，然后用土石回填夯实。圆木埋入深度及圆木的数量应根据地锚受力的大小和土质而定，一般埋入深度为 1.5～2m 时，可受力 30～150kN，圆木的长度为 1～1.5m。当拉力超过 75kN 时，地锚横木上应增加压板。当拉力大于 150kN 时，应用立柱和木壁加强，以增加土的横向抵抗力（图 5-8）。

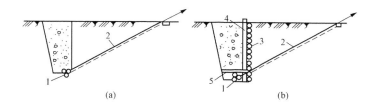

图 5-8　水平地锚

(a) 普通水平地锚；(b) 有压板及木壁的水平地锚

1—横木；2—拉索；3—木壁；4—立柱；5—压板

任务 4　钢结构安装工程施工

一、单层钢结构安装工程施工

（一）施工准备

1. 材料准备

（1）安装前，应按构件明细表核对进场的构件，查验产品合格证；工厂预拼装过的构件在现场组装时，应根据预拼装记录进行。钢构件应符合设计要求和规范的规定。

（2）钢结构安装现场应设置专门的构件堆场，并应采取防止构件变形及表面污染的保护措施。运输、堆放和吊装等造成的钢构件变形及涂层脱落，应进行矫正和修补。构件吊装前应清除表面上的油污、冰雪、泥沙和灰尘等杂物。

（3）钢柱等主要构件的中心线及标高基准点等标记应齐全。

2. 主要机具

（1）机械设备。起重机械：履带式起重机、轮胎式起重机或塔吊等；运输机械：载重汽车、平板拖车；焊接、气焊设备等。

（2）主要工具。水准仪、全站仪、经纬仪、测力扳手、水平尺、钢尺、扳手、千斤顶等。

3. 作业条件

（1）钢结构构件应按安装程序成套供应，现场构件堆放场地应满足堆置及拼装的需要。

（2）钢构件应分类堆放，刚度大的构件可铺垫木水平搁置；多层叠放时，垫木应在同一垂直线上，垫木位置和间距以保证构件不产生过大的变形为原则。堆垛高度一般不大于 2m，以保证安全，堆垛之间需留出必要的通道，一般宽度不小于 2m。

（3）施工现场应修筑吊装和运输机械的行走道路，排水良好，架设好临时用电线路。

（4）安装好供高空作业人员上下的梯子、扶手、操作平台（或脚手架）、栏杆等。

（5）钢构件吊装前应清除其表面上的油污、冰雪、泥沙和灰尘等杂物。

（二）施工工艺

1. 工艺流程

基础、支承面和预埋件检查→构件检查→安装方法和顺序确定→钢柱安装→吊车梁安装→钢屋架安装。

2. 施工要点

（1）基础、支承面和预埋件检查。

1) 钢结构安装前应对建筑物的定位轴线、基础轴线和标高、地脚螺栓位置等进行检查，并应办理交接验收。当基础工程分批进行交接时，每次交接验收不应少于一个安装单元的柱基基础。基础混凝土强度应达到设计要求；基础周围回填夯实应完毕；基础的轴线标志和标高基准点应准确、齐全。

2) 基础顶面直接作为柱的支承面、基础顶面预埋钢板（或支座）作为柱的支承面时，其支承面、地脚螺栓（锚栓）的允许偏差应符合《钢结构工程施工规范》（GB 50755—2012）的有关规定。

3) 锚栓及预埋件安装宜采取锚栓定位支架、定位板等辅助固定措施；锚栓和预埋件安装到位后，应可靠固定；当锚栓埋设精度较高时，可采用预留孔洞、二次埋设等工艺；锚栓应采取防止损坏、锈蚀和污染的保护措施；钢柱地脚螺栓紧固后，外露部分应采取防止螺母松动和锈蚀的措施。

（2）构件检查。

1) 将柱子的就位轴线弹测在柱基表面。

2) 对柱基标高进行找平。

3) 混凝土柱基标高浇筑一般预留 50～60mm（与钢柱底设计标高相比），在安装时用钢板或提前采用坐浆承板找平。

4) 当采用钢垫板做支承板时，钢垫板的面积应根据基础混凝土的抗压强度、柱脚底板下二次灌浆前柱底承受的荷载和地脚螺栓的紧固拉力计算确定。垫板与基础面和柱底面的接触应平整、紧密。

5) 采用坐浆承板时应采用无收缩砂浆，柱子吊装前砂浆垫块的强度应高于基础混凝土强度一个等级，且砂浆垫块应有足够的面积以满足承载的要求。

6) 钢垫板面积应根据基础混凝土的抗压强度、柱脚底板下细石混凝土二次浇灌前柱底承受的荷载和地脚螺栓（锚栓）的紧固拉力计算确定。

7) 垫板应设置在靠近地脚螺栓（锚栓）的柱脚底板加劲板或柱肢下，每根地脚螺栓（锚栓）侧应设 1～2 组垫板，每组垫板不得多于 5 块。垫板与基础面和柱底面的接触应平整、紧密。当采用成对斜垫板时，其叠合长度不应小于垫板长度的 2/3。二次浇灌混凝土前，垫板间应焊接固定。

（3）安装方法和顺序确定。

1) 单层钢结构安装工程施工时对于柱子、柱间支撑和吊车梁一般采用单件流水法吊装。可一次性将柱子安装并校正后再安装柱间支撑、吊车梁等构件。此种方法尤其适合履带起重机操作。对于采用汽车式起重机时，考虑到移动不便，可以以 2～3 个轴线为一个单元进行作业。

2) 屋盖系统吊装通常采用"节间综合法"，即将一个节间全部安装完，形成空间刚度单元，以此为基准，再展开其他单元的安装。

3) 单跨结构宜从跨端一侧向另一侧、中间向两端或两端向中间的顺序进行吊装。多跨结构，宜先吊主跨、后吊副跨；当有多台起重设备共同作业时，也可多跨同时吊装。

4) 单层钢结构在安装过程中，应及时安装临时柱间支撑或稳定缆绳，应在形成空间结构稳定体系后再扩展安装。

5) 构件的安装过程主要有绑扎、吊升、就位、临时固定、校正、最后固定等工序。

（4）钢柱安装。

1）钢柱吊装。钢柱的刚性较好，吊装时为了便于校正最好采用一点吊装法。对大型钢柱，根据起重机配备和现场条件确定，可单机、二机、三机吊装等。常用的钢柱吊装方法有旋转法、滑行法和递送法。

①旋转法：钢柱摆放时，柱脚在基础边，起重机边起钩边回转，使柱子绕柱脚旋转立起。

②滑行法：单机或双机抬吊钢柱时起重机只起钩，使钢柱脚滑行而将其吊起。为减少柱脚与地面的摩阻力，需要在柱脚下铺设滑行道。

③递送法：双机或三机抬吊，其中一台为副机，吊点在钢柱下面，起吊时配合主机起钩，随着主机的起吊，副机要行走或回转，在递送过程中，副机承担了一部分荷重，将钢柱脚递送到柱基础上面。

钢柱吊装时应注意：

①在吊装前先将杯底清理干净。

②操作人员在钢柱吊至杯口上方后，各自站好位置，稳住柱脚并将其插入杯口。

③在柱子降至杯底时停止落钩，用撬棍用力使其中线对准杯底中线，然后缓慢将柱子落至底部。

④拧紧柱脚螺栓。

双机或多机抬吊时应注意：

①尽量选用同类型起重机。

②根据起重机的能力，对起吊点进行荷载分配。

③各起重机的荷载不宜超过其相应起重能力的 80%。

④多机抬吊时，注意柱子运动或倾斜角度变化造成各机起重力的变化，严禁超载。

⑤信号指挥准确、有效。

2）钢柱校正。钢柱校正的内容包括柱基标高调整、平面位置校正、柱身垂直度校正。柱校正时，先校正偏差大的一面，后校正偏差较小的一面；柱子的垂直度在两个方向校好后，再复查一次平面轴线和标高，符合要求后，打紧柱子四周的八个楔子，八个楔子的松紧要一致，以防止柱子在风力的作用下向楔子松的一侧倾斜。

①柱基标高调整。根据钢柱实长，柱底平整度，钢牛腿顶部与柱底的距离（重点要保证钢牛腿顶部标高值）来确定基础标高的调整数值，如图 5-9 所示。

调整方法：柱安装时，在柱子底板下的地脚螺栓上加一个调整螺母，把螺母上表面的标高调整到与柱底板标高齐平，放上柱子后，利用底板下的螺母控制柱子的标高，精度可达 ±1mm 以内。柱子底板下面预留的空隙，用无收缩砂浆以捻浆法填实。

②平面位置校正。钢柱底部制作时，在柱底板侧面打上通过安装中心的互相垂直的四个点，作为柱底定位

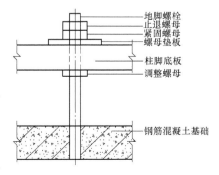

图 5-9　柱基标高调整示意图

线。在起重机不脱钩的情况下，将柱底定位线与基础定位轴线对准缓慢落至标高位置。就位后，若有微小的偏差，用钢楔子或千斤顶侧向顶移动校正。预埋螺杆与柱底板螺孔有偏差

时，适当将螺孔加大，上压盖板后焊接。

③柱身垂直度校正。柱身的垂直度校正可采用两台经纬仪测量，也可采用线坠测量。柱身校正的方法有用千斤顶校正法、撑杆校正法、缆风绳校正法等。

3）钢柱固定。钢柱柱脚按设计要求焊接固定。

（5）钢吊车梁安装。

1）钢吊车梁吊装。钢吊车梁吊装在柱子最后固定、柱间支撑安装完毕后进行。吊装时，一般利用梁上的工具式吊耳作为吊点或捆绑法进行吊装。钢梁宜采用两点起吊；当单根钢梁长度大于 21m，采用两点吊装不能满足构件强度和变形要求时，宜设置 3～4 个吊装点吊装或采用平衡梁吊装，吊点位置应通过计算确定。

在屋盖吊装前安装吊车梁，可采用单机吊、双机抬吊等各种吊装方法。在屋盖吊装后安装吊车梁，最佳的吊装方法是利用屋架端头或柱顶拴滑轮组来抬吊，或用短臂起重机或独脚桅杆吊装。吊车梁就位后应立即临时固定连接。

2）钢吊车梁校正。钢吊车梁的校正包括：标高、垂直度、平面位置（中心轴线）和跨距的校正。一般除标高外，应在钢柱校正和屋盖吊装完成并校正固定后进行。

①标高的校正。用水准仪对每根吊车梁两端标高进行测量，用千斤顶或倒链将吊车梁一端吊起，用调整吊车梁垫板厚度的方法，使各点标高满足设计要求。

②平面位置的校正。平面位置的校正通常采用通线校正法，即用经纬仪在吊车梁两端定出吊车梁的中心线，用一根 16～18 号钢丝在两端中心点间拉紧，钢丝两端用 20mm 小钢板垫高，松动安装螺栓，用千斤顶或撬杠拨动偏移的吊车梁，使吊车梁中心线与通线重合。

③垂直度的校正。在平面位置校正的同时用线坠和钢尺校正其垂直度。当一侧支撑面出现空隙，应用楔形铁片塞紧。

④跨距的校正。在同一跨吊车梁校正好之后，应用拉力计数器和钢尺检查吊车梁的跨距，其偏差值不得大于 10mm，如偏差过大，应按校正吊车梁中心轴的方法进行纠正。

钢吊车梁校正完成后，应将全部安装螺栓上紧，并将支承面垫板焊接固定。

（6）钢屋架安装。

1）吊点选择。钢屋架的吊点（绑扎点）应选在屋架上弦节点处，左右对称于钢屋架的重心，否则应采取防止屋架倾斜的措施。由于钢屋架的侧向刚度较差，吊装前应验算钢屋架平面外刚度，如刚度不足时，可采取增加吊点的位置或采用加铁扁担的施工方法。

2）吊升就位。屋架吊升时，先将屋架吊离地面约 200mm，检查无误后，将屋架吊升超过柱顶约 300mm，随即将屋架缓缓放至柱顶。屋架吊装就位时，应根据屋架下弦两端的定位标记和柱顶的轴线标记进行定位，并做初步校正，然后进行临时固定。

3）临时固定。第一榀屋架吊升就位后，在屋架上弦两侧对称设缆风绳进行临时固定，然后再使起重机脱钩。第二榀屋架及以后各榀屋架吊升就位后，每坡用一个屋架间调节器或工具式支撑，临时固定在前一榀屋架上。每一榀屋架就位后应在两端支座处用螺栓或点焊临时固定。

4）校正及最后固定。钢屋架校正主要是屋架垂直度的校正。检查屋架垂直度的方法，一般采用吊线、拉线、经纬仪和钢尺进行现场实测。规范规定，屋架跨中垂直度的允许偏差不应大于 $h/250$（h 为屋架高度），且不应大于 15.0mm。如超过偏差允许值，可通过调整屋架间调节器或工具式支撑加以纠正，并在屋架端部支撑面垫入薄钢片。

钢屋架校正完毕后，拧紧连接螺栓或用电焊焊牢作为最后固定。

（三）成品保护

（1）钢柱绑扎吊点处柱子的突出部位如翼缘板等，需用硬木支撑，以防变形。棱角处必须用厚胶皮、短方木或用厚壁钢管做成的保护件将吊索与构件棱角隔开，以免损坏棱角。

（2）不得在已安装的钢柱上开孔、切断或焊接任何杆件，亦不得在钢柱上焊接与设计无关的锚固件或杆件。

（3）安好的钢柱和钢构件不准碰撞，用低合金钢制作的钢柱和钢构件校正时不准锤击。

（4）柱脚在地面以下的部分应采用强度等级较低的混凝土包裹（保护层厚度不应小于50mm），并应使包裹的混凝土高出地面不小于150mm。当柱脚底面在地面以上时，柱脚底面应高出地面不小于100mm。

二、多层及高层钢结构安装工程施工

（一）施工准备

1. 材料准备

（1）安装前，应按构件明细表核对进场的构件，查验产品合格证；工厂预拼装过的构件在现场组装时，应根据预拼装记录进行。钢构件应符合设计要求和规范的规定。

（2）钢结构安装现场应设置专门的构件堆场，并应采取防止构件变形及表面污染的保护措施。运输、堆放和吊装等造成的钢构件变形及涂层脱落，应进行矫正和修补。构件吊装前应清除表面上的油污、冰雪、泥砂和灰尘等杂物。

（3）压型钢板、堵头板、封边板、E43××的焊条应符合设计要求。

2. 主要机具

起重机、载重汽车、平板拖车、电焊机、空气等离子弧切割机、云石机、手提式砂轮机、经纬仪、水准仪、塔尺、全站仪、天顶铅垂仪、扳手、线坠、钢尺、水平尺、倒链、钢丝绳、绳夹、卡环、铁扁担、滑车、钢（木）楔、垫板、千斤顶、钣金工剪刀等。

3. 作业条件

（1）钢构件已运抵安装现场，构件质量已经过确认。

（2）在钢构件上根据就位和校正的需要，弹好轴线安装位置线及安装中心线等。

（3）柱基础已经完成，强度符合要求；周围已回填土、整平，并办理交验手续。

（4）吊装用起重设备、配套机具、工具和绳索齐全完好，保持良好状态。

（5）压型钢板施工之前应及时办理有关楼层的钢结构安装、焊接、节点处高强度螺栓、油漆等工程的施工隐蔽验收。

（二）施工工艺

1. 工艺流程

多层及高层钢结构安装工程施工的工艺流程为：

基础、支承面和预埋件检查→构件检查→安装方法和顺序确定→钢柱安装→钢柱校正→标准框架安装→基准柱垂直度校正→钢梁安装→压型钢板组合楼板施工。

2. 施工要点

（1）基础、支承面和预埋件检查。

1）钢结构安装前应对建筑物的定位轴线、基础轴线和标高、地脚螺栓位置等进行检查，并应办理交接验收。当基础工程分批进行交接时，每次交接验收不应少于一个安装单元的柱基基础。基础混凝土强度应达到设计要求；基础周围回填夯实应完毕；基础的轴线标志和标高基准点应准确、齐全。

2）基础顶面直接作为柱的支承面、基础顶面预埋钢板（或支座）作为柱的支承面时，其支承面、地脚螺栓（锚栓）的允许偏差应符合《钢结构工程施工规范》（GB 50755—2012）的有关规定。

3）锚栓及预埋件安装宜采取锚栓定位支架、定位板等辅助固定措施；锚栓和预埋件安装到位后，应可靠固定；当锚栓埋设精度较高时，可采用预留孔洞、二次埋设等工艺；锚栓应采取防止损坏、锈蚀和污染的保护措施；钢柱地脚螺栓紧固后，外露部分应采取防止螺母松动和锈蚀的措施。

（2）构件检查。柱基的轴线、标高必须与图纸相符；螺栓预埋准确。标高控制在＋5mm 以内，定位轴线的偏差控制在±2mm 以内。应会同设计、监理、总包共同验收。

（3）安装方法和顺序确定。

1）多层与高层钢结构吊装宜划分多个流水作业段进行安装，流水段宜以每节框架为单位。多层及高层钢结构流水作业段内的构件吊装宜符合下列规定：

①吊装可采用整个流水段内先柱后梁，或局部先柱后梁的顺序；单柱不得长时间处于悬臂状态。

②钢楼板及压型金属板安装应与构件吊装进度同步。

③特殊流水作业段内的吊装顺序应按安装工艺确定，并应符合设计文件的要求。

2）一般是从中间或某一对称节间开始，以一个节间的柱网为吊装单元，按钢柱、钢梁、支撑顺序吊装，并向四周扩展，垂直方向由下至上组成稳定结构后，分层安装次要结构，当第一个区间完成后，即进行测量、校正、高强螺栓的初拧工作。然后再进行四周几个区间钢构件安装测量和校正以及高强度螺栓的终拧、焊接。采用对称安装、对称固定的工艺，减小安装误差积累和节点焊接变形。

3）多层及高层钢结构安装校正应依据基准柱进行，并应符合下列规定：

①基准柱应能够控制建筑物的平面尺寸并便于其他柱的校正，宜选择角柱为基准柱。

②钢柱校正宜采用合适的测量仪器和校正工具。

③基准柱应校正完毕后，再对其他柱进行校正。

（4）钢柱安装。

1）吊点设置，钢柱刚度较好，吊点采用一点正吊。吊点设在柱顶处，柱身竖直，吊点通过柱重心位置，易于起吊、对线、校正。

2）多采用单机起吊，对于特殊或超重的构件，也可采用双机起吊。但注意的是尽量采用同类型起重机，各机荷载不宜超过其相应起重能力的 80%，起吊时互相配合，如采用铁扁担起吊，应使铁扁担保持平衡，避免一台失重而另一台超载造成安全事故。不要多头指挥，指挥要准确。

3）起吊时钢柱保持垂直，根部不拖。回转就位时，防止与其他构件相碰撞，吊索应有一定的有效高度。

4）钢柱安装前应将挂篮和直梯固定在钢柱预定位置。就位后临时固定地脚螺栓，校正垂直度。钢柱两侧装有临时固定用的连接板，上节钢柱对准下节钢柱柱顶中心线后，即用螺栓固定连接板做临时固定。

5) 钢柱安装到位, 对准轴线, 必须等地脚螺栓固定后才能松开吊索。

(5) 钢柱校正。

1) 柱基标高调整, 利用柱底板下螺母或垫板调整块控制钢柱的标高 (有些钢柱过重, 螺栓螺母无法承受其重量, 故需加设标高调整块——钢板调整标高), 精度可达到±1mm。柱底板下预留的空隙, 可以用高强度、无膨胀、无收缩砂浆以捻浆法填实。当仅使用螺母进行调整时, 应对地脚螺栓的强度和刚度进行核算。

2) 轴线调整, 对线法, 当起重机不松钩的情况下, 将柱底板的四个点与钢柱控制轴线对齐缓慢降落到设计标高位置。如果这四个点与钢柱的控制轴线有微小差别, 可借线。

3) 垂直校正, 采用缆风绳或千斤顶、钢柱校正器等校正。在校正过程中, 微调柱底板下的螺母, 直至校正完毕, 将柱底板上面的两个螺母拧上, 缆风或调整装置松开不受力, 柱身呈自由状态, 再用经纬仪复查, 如有偏差, 重复上述过程, 直至无误, 将上面螺母拧紧。螺母多为双螺母, 可在全部拧紧后焊实。

4) 柱顶标高调整和其他节框架钢柱标高控制可以用两种方法: 一是按相对标高安装, 另一种是按设计标高安装, 通常按相对标高安装。钢柱安装就位后, 用大六角高强度螺栓固定连接上下钢柱的连接耳板, 先不拧紧, 通过起重机起吊, 撬棍可微调柱间间隙。量取上下柱顶先标定的标高值, 符合后打入钢楔、点焊限制钢柱下落, 考虑到焊缝及压缩变形, 标高偏差调整至4mm以内。

5) 第二节柱轴线调整, 为使上下柱不出现错口, 尽量做到上下柱中心线重合。如有偏差, 钢柱中心线偏差调整每次3mm以内, 如偏差过大, 分2~3次调整。

6) 每一节柱的定位轴线决不允许使用下一节钢柱的定位轴线, 应从地面控制线引至高空, 以保证每节钢柱安装正确无误, 避免产生过大的积累误差。

7) 第二节柱垂直度校正, 钢柱垂直度校正的重点是对钢柱有关尺寸的预检, 即对影响钢柱垂直度因素的预先控制。经验值测定, 梁与柱焊接收缩小于2mm, 柱与柱焊接收缩约3.5mm。

(6) 标准框架安装。

1) 为保证钢结构整体安装的质量精度, 在每一层都要选择一个标准框架结构体, 依次向外发展安装。

2) 安装标准化框架的原则, 指建筑物核心部分, 几根基准柱能组成不可变的框架结构, 便于其他柱安装及流水段的划分。

(7) 基准柱的垂直度校正。基准柱的垂直度校正, 采用两台经纬仪对钢柱及钢梁安装跟踪观测。其垂直度可分两步。

1) 采用无缆风校正。在钢柱偏斜方向的一侧打入钢楔或顶升千斤顶。临时连接耳板的螺栓孔应比螺栓直径大4mm, 利用螺栓孔扩大足够余量调节钢柱制作误差为−1~5mm。

2) 将标准框架体的梁安装上。先安装上层梁, 再安装中、下层梁, 安装过程中会对柱垂直度有影响, 可采取钢丝绳缆索 (只适宜跨内柱)、千斤顶、钢楔和手拉开葫芦进行, 其他框架柱依次标准框架体向四面发展。

(8) 框架梁吊装。

1) 钢梁吊装宜采用专用卡具, 两点吊装, 而且必须保证梁在起吊后呈水平状态。

2) 一节柱一般有2层、3层或4层梁, 原则竖向构件由上向下逐件安装, 由于上部和周边都处于自由状态,易于安装且保住质量。一般在钢结构安装实际操作中,同一列柱的钢梁从中间跨开始对称向两端扩展安装,同一跨钢梁,先安装上层梁再安装中下层梁。

3)在安装柱与柱之间的主梁时,会把柱与柱之间的开档撑开或缩小。测量必须跟踪校正,预留偏差值,留出节点焊接收缩量。

4)柱与柱节点和梁与柱节点的焊接,以互相协调为好。一般可以先焊顶层梁,再从下向上焊接各层梁与柱的节点。柱与柱的节点可以先焊,也可以后焊。

5)次梁根据实际施工情况一层一层安装完成。

6)柱底灌浆,在第一节柱及柱间梁安装完成后,即可进行柱底灌浆。

7)补漆为人工涂刷,在钢结构按设计安装就位后进行。补漆前应清渣,除锈、去油污,自然风干,并经检查合格。

(9)压型钢板组合楼板施工。多高层钢结构楼板,一般多采用压型钢板与混凝土叠合层组合而成。一节柱的各层梁安装校正后,应立即安装本节柱范围内的各层楼梯,并铺好各层楼面的压型钢板,进行叠合楼板施工。

压型钢板组合楼板施工的工艺流程是:压型钢板安装铺设→栓钉焊接→钢筋绑扎→混凝土浇筑、养护。

1)压型钢板安装铺设。

①压型金属板安装前,应绘制各楼层压型金属板铺设的排板图;图中应包含压型金属板的规格、尺寸和数量,与主体结构的支承构造和连接详图,以及封边挡板等内容。

②铺设前将梁顶面清理干净,涂刷油漆,在铺板区弹出钢梁的中心线,标出压型金属板的位置线。主梁的中心线是铺设压型钢板固定位置的控制线,并决定压型钢板与钢梁熔透焊接的焊点位置;次梁的中心线决定熔透焊栓钉的焊接位置。因压型钢板铺设后难以观察次梁翼缘的具体位置,故将次梁的中心线及次梁翼缘反弹在主梁的中心线上,固定栓钉时再将其反弹在压型钢板上。

③将压型钢板分层分区按料单清理、编号,并用专用吊具吊运至施工指定部位,严禁直接采用钢丝绳绑扎吊装。吊运时,应保证压型钢板板材整体不变形、局部不卷边。

④压型板应按图纸要求放线铺设、调直、压实。铺设时,变截面梁处,一般从梁中向两端进行,至端部调整补缺;等截面梁处,则可从一端开始,至另一端调整补缺。压型钢板铺设应平整、顺直,相邻压型金属板端部的波形槽口应对准,板与梁搭接在凹槽部位;压型钢板与钢梁的锚固支承长度应符合设计要求,且不应小于50mm;压型金属板与钢梁顶面的间隙应控制在1mm以内。

⑤采用等离子切割机或剪板钳裁剪边角。裁减放线时,富余量应控制在5mm范围内。

⑥压型钢板固定。压型钢板与压型钢板侧板间连接采用咬口钳压合,使单片压型钢板间连成整板;然后用点焊将整板侧边及两端头与钢梁固定,最后采用栓钉固定。为了浇筑混凝土时不漏浆,端部肋做封端处理。

⑦安装边模封口板时,应与压型金属板波距对齐,偏差不大于3mm。

⑧转运至楼面的压型金属板应当天安装和连接完毕,当有剩余时应固定在钢梁上或转移到地面堆场。

2)栓钉焊接。为使组合楼板与钢梁有效地共同工作,抵抗叠合面间的水平剪力作用。通常采用栓钉穿过压型钢板焊于钢梁上。栓钉焊接的材料与设备有栓钉、焊接瓷环和栓钉焊机。

焊接时，先将焊接用的电源及制动器接上，把栓钉插入焊枪的长口，焊钉下端置入母材上面的瓷环内。按焊枪电钮，栓钉被提升，在瓷环内产生电弧，在电弧发生后规定的时间内，用适当的速度将栓钉插入母材的融池内。焊完后，立即除去瓷环，并在焊缝的周围去掉卷边。

3）钢筋绑扎与混凝土浇筑、养护。栓钉焊接完毕后，即可进行钢筋绑扎与混凝土浇筑、养护。

楼面混凝土施工程序是由下而上，逐层支撑，顺序浇筑。施工时，钢筋绑扎和模板支撑可同时交叉进行，临时支撑应待浇筑的混凝土强度达到规定强度后方可拆除。混凝土采用泵送浇筑，浇筑时应避免在压型金属板上集中堆载。

（三）成品保护

（1）钢结构构件存放场地应平整、坚实、无积水；钢构件应按种类、型号、安装顺序分区存放，钢构件底层垫木应有足够的支撑面；相同型号的钢构件叠放时，各层钢构件的支点应在同一垂直线上，以防止钢构件变形被压坏。

（2）构件安装吊点和绑扎方法，应保证钢构件不产生变形，尽量不损伤涂层。

（3）不得在已安装的构件上，随意开孔和切断任何杆件或割断已安好的永久螺栓，亦不得在构件上焊接设计以外的铁件。

（4）压型金属板需预留设备孔洞时，应在混凝土浇筑完毕后使用等离子切割或空心钻开孔，不得采用火焰切割。

三、压型金属板围护结构安装

（一）施工准备

1. 材料准备

根据设计文件详细核对各类材料的规格和数量。对损坏了的压型金属板、泛水板、包角板及时修复或更换。

板材堆放地点应设在离安装较近的位置。压型金属板应按材质、板型规格分别叠置堆放，板型规格的堆放顺序应与施工安装顺序相配合。工地露天堆放时，一般采用衬有橡胶衬垫的架空枕木堆放，并应采取遮雨措施。在室内堆放时，压型金属板一般采用组装式货架堆放，并堆放在无污染的地带。

2. 主要机具

机具按施工组织计划的要求准备齐全，并能正常运转。主要机具为：

（1）提升设备。汽车吊、卷扬机、滑轮、桅杆、吊盘等。

（2）手提工具。电钻、自攻枪、拉铆枪、手提圆盘锯、钳、螺丝刀、铁剪、手提工具袋等。

3. 作业条件

（1）压型金属板围护结构施工安装之前必须进行排板，并有施工排板图纸。

（2）复核与压型金属板施工安装有关的钢构件的安装精度。

（3）按施工组织计划要求搭设脚手架、安全网。

（二）施工工艺

1. 工艺流程

压型金属板围护结构安装的工艺流程为：放线→板材吊装→压型金属板铺设与固定→防

水与密封→防腐。

2. 施工要点

（1）放线。放线前应对安装面上的已有建筑成品进行测量复核，对达不到安装要求的部分进行记录，提出相应的修改意见。

檩条上的固定支架在纵横两个方向均应成行成列，各在一条直线上。在安装墙板和屋面板时墙梁和檩条应保持平直。每个固定支架与檩条的连接均应施满焊，并应清除焊渣和补刷涂料。

屋面板及墙面板安装完毕后应对配件的安装作二次放线，以保证檐口线、屋脊线、窗口门口和转角线等的水平度和垂直度。

（2）板材吊装。金属压型板和夹芯板的吊装可采用汽车吊提升、塔吊提升、卷扬机提升和人工提升等多种方法。

1）汽车吊提升、塔吊提升。提升时，采用加设吊装钢梁、多吊点的方法，一次提升多块板，提升方便，被提升的板材不易损坏。

在大面积屋面工程施工时，一次提升的板材不易送到安装点，屋面的人工长距离搬运多，人在屋面上行走困难，易破坏已安装好的金属压型板，这种方法不能充分发挥吊车的提升能力，机械使用率低，费用高。

2）卷扬机提升。这种方法不用大型机械，卷扬机设备可灵活移动到需要安装的地点，每次提升数量少，屋面移动距离短，操作方便，成本低，是屋面安装时经常采用的方法。

3）人工提升。人工提升常用于板材不长的工程中，这种方法简单方便，成本最低，但易损伤板材，使用的人力较多，劳动强度较大。

4）钢丝滑升法。钢丝滑升法是在建筑的山墙处设若干道钢丝，钢丝上设钢管，板置于钢管上，屋面上工人用绳沿钢丝拉动钢管，把特长板提升到屋面上，由人工搬运到安装地点。

（3）压型金属板铺设与固定。

1）实测压型金属板材的实际长度，必要时对板材进行剪裁。

2）屋面、墙面压型金属板均应逆主导方向铺设。

3）压型金属板应从屋面或墙面的一端开始铺设。屋面第一列高波压型金属板安放在檩条一端的第一个和第二个固定支架上，屋面第一列低波压型金属板和墙面第一列压型金属板分别对准各自的安装基准线铺设。

4）屋面、墙面压型金属板安装时，应边铺设，边调整其位置，边固定。对于屋面，在铺设压型金属板的同时，还应根据设计图纸的要求，敷设防水密封材料。

5）在屋面、墙面上开洞，可先安装压型金属板，然后再切割洞口；也可先在压型金属板上切割洞口，然后再安装。切割时，必须核实洞口的尺寸和位置。

6）铺设屋面压型金属板时，应在压型金属板上设置临时人行木板。

7）屋面低波压型金属板的屋脊端应弯折截水，其高度不应小于5mm。

8）紧固自攻螺钉时应控制紧固的程度，不可过紧，过紧会使密封垫圈上翻，甚至将板面压得下凹而积水。紧固不够也会使密封不到位而出现漏雨。

9）屋面板搭接处均应设置胶条。纵横方向搭接边设置的胶条应连续。胶条本身应拼接。

（4）防水和密封。压型金属板的安装除了保证安全可靠外，防水和密封问题事关建筑物的使用功能和寿命，在进行压型金属板的安装施工中应注意以下几点：

1）自攻螺钉、拉铆钉一般要求设在波峰上（墙板可设在波谷上），自攻螺钉所配密封橡胶盖、垫必须齐全，且外露部分使用防水垫圈和防锈螺盖。外露拉铆钉须采用防水型，外露钉头须涂密封膏。

2）屋脊板、封檐板、包角板及泛水板等配件之间的搭接宜背主导风向，搭接部位接触面宜采用密封胶密封，连接拉铆钉尽可能避开屋面板波谷。

3）夹芯板保温板之间的搭接（或插接）部位应设置密封条，密封条应通长，一般采用软质泡沫聚氨酯密封胶条。

4）在压型金属板的两端，应设置与板型一致的泡沫堵头进行端部密封，一般采用软质泡沫聚氨酯制品，用不干胶粘贴。

（5）防腐。压型金属板适用于无侵蚀作用、弱侵蚀作用和中等侵蚀作用的建筑物围护结构和楼板结构。压型金属板围护结构暴露在大气中，易受雨水、湿气、腐蚀介质的侵蚀，必须根据侵蚀作用分类，采用相应的防腐蚀措施。

1）压型铝板与钢构件接触时，在钢构件的接触表面上至少涂刷一道铬酸锌底漆或设置其他绝缘隔离层。压型铝板与混凝土、砂浆、砖石、木材接触时，在混凝土、砂浆、砖石、木材的接触表面上至少涂刷一道沥青漆。

2）压型金属板配套使用的钢质连接件和固定支架必须进行镀锌防护。镀锌层厚度不应小于 17μm。

（三）成品保护

（1）装卸无外包装的压型金属板时，应采用吊具起吊，严禁直接使用钢丝绳起吊。

（2）应采取措施，避免压型金属板遭受污染、磨损、雨水浸泡或外物冲击。

（3）不得在压型金属板上堆放重物。

（4）压型金属板的切割应用冷作、空气等离子弧等方法切割，严禁用氧气乙炔焰切割。

（5）压型金属板板面不得有施工残留物和污物。

任务 5　钢结构涂装工程施工

一、防腐涂装工程施工

钢结构防腐涂装分为油漆类防腐涂装、金属热喷涂防腐涂装、热浸镀锌防腐涂装三种，其中油漆类防腐涂装应用最广泛，以下重点介绍油漆类防腐涂装。

（一）施工准备

1. 材料准备

涂装施工前，应对防腐涂料（底漆、面漆、稀料等）型号、名称和颜色进行校对，同时检查制造日期。如超过贮存期，应重新取样检验，质量合格后才能使用，否则禁止使用。涂料选定后，通常要进行开桶、搅拌、配比、熟化、稀释、过滤等处理操作程序，然后才能施涂。

2. 主要机具

（1）除锈机具：除锈机、空气压缩机、钢丝刷、角向磨光机、手砂轮、尖头锤、铲刀或刮刀等。

（2）涂装机具：喷漆枪、喷漆油泵、压缩机、滚刷、干漆膜测厚仪、漆膜附着度试验仪等。

3．作业条件

（1）构件组装和预拼装工程检验批的施工质量已经验收合格。

（2）涂装前，钢结构表面已按要求进行除锈，钢结构表面应清洁无杂物。

（3）遇雨、雾、雪、强风天气时应停止露天涂装，避免在强烈阳光照射下施工。

（4）涂装现场配备必要的通风和防火设施。

（5）被施工物体表面不得有凝露。

（6）钢结构涂装时的环境温度和相对湿度，应符合涂料产品说明书的要求；当产品说明书对涂装环境温度和相对湿度未作规定时，环境温度宜为 5～38℃，相对湿度不应大于85％，钢材表面温度应高于露点温度 3℃，且钢材表面温度不应超过 40℃。

（二）施工工艺

1．工艺流程

基面处理→遮蔽保护→涂装→二次涂装。

2．涂装方法

油漆防腐涂装可采用涂刷法、手工滚涂法、空气喷涂法和高压无气喷涂法（表 5-5）。宜根据涂装场所的条件、被涂物体的大小、涂料品种及设计要求，选择合适的涂装方法。

表 5-5　　　　　　　　　　　　　油漆防腐涂装常用方法

施工方法	适用涂料的特性			被涂物	使用工具或设备	主要优缺点
	干燥速度	黏度	品种			
刷涂法	干燥较慢	塑性小	油性漆、酚醛漆、醇酸漆等	一般构件及建筑物，各种设备管道等	各种毛刷	优点是投资少，施工方法简单，适于各种形状及大小面积的涂装；缺点是装饰性较差，施工效率低
手工滚涂法	干燥较慢	塑性小	油性漆、酚醛漆、醇酸漆等	一般大型平面构件和管道等	辊子	优点是投资少，施工方法简单，适用于大面积涂装；缺点是装饰性较差，施工效率低
空气喷涂法	挥发快，干燥适中	黏度小	各种硝基漆、橡胶漆、建筑乙烯漆、聚氨酯漆等	各种大型构件及设备和管道	喷枪、空气压缩机、油水分离器等	优点是设备投资较小，施工方法较复杂，施工效率比刷涂法高；缺点是消耗溶剂量大，有污染现象，易引起火灾
高压无气喷涂法	具有高沸点溶剂的涂料	不挥发分高，有触变性	厚浆型涂料和高不挥发型涂料	各种大型钢结构、桥梁、管道、车辆和船舶等	高压无气喷枪、空气压缩机等	优点是设备投资较大，施工方法较复杂，效率比空气喷涂法高，能获得厚涂层；缺点是要损失部分涂料，装饰性较差

3．施工要点

（1）表面处理。

1）防腐涂装施工前，钢材应按《钢结构工程施工规范》（GB 50755—2012）和设计文件要求进行表面处理，将需要涂装部位的铁锈、焊接药皮、焊接飞溅物、油污、尘土等杂物清理干净。

2）油污的清除采用溶剂清洗或碱液清洗。方法有槽内浸洗法、擦洗法、喷射清洗和蒸汽法等。

3）为钢构件表面的除锈根据要求不同，可采用手工、机械、喷射、酸洗除锈等方法。

4）处理后的钢材表面不应有焊渣、焊疤、灰尘、油污、水和毛刺等。

（2）遮蔽保护。设计要求或钢结构施工工艺要求禁止涂装的部位，为防止误涂，在涂装前必须进行遮蔽保护，如地脚螺栓和底板、高强度螺栓结合面、与混凝土紧贴或埋入的部位等。

（3）涂装。

1）表面除锈处理与涂装的间隔时间宜在4h之内，在车间内作业或湿度较低的晴天不应超过12h。

2）涂料调制应搅拌均匀，随拌随用，不得随意添加稀释剂。

3）涂装遍数、涂层厚度均应符合设计要求。当设计对涂层厚度无要求时，涂层干漆膜总厚度：室外应为150μm，室内应为125μm，其允许偏差为－25μm。每遍涂层干漆膜厚度的允许偏差为－5μm。

4）不同涂层间的施工应有适当的重涂间隔时间，最大及最小重涂间隔时间应符合涂料产品说明书的规定，应超过最小重涂间隔再施工，超过最大重涂间隔时应按涂料说明书的指导进行施工。

5）涂刷第一层底漆时，涂刷方向应该一致，接槎整齐。

6）工地焊接部位的焊缝两侧宜留出暂不涂装的区域，焊缝及焊缝两侧也可涂装不影响焊接质量的防腐涂料。

7）钢结构安装后，进行防腐涂料二次涂装。涂装前，首先利用砂布、电动钢丝刷、空气压缩机等工具将钢构件表面处理干净，然后对涂层损坏部位和未涂部位进行补涂，最后按照设计要求规定进行二次涂装施工。

8）构件油漆补涂应符合下列规定：

①表面涂有工厂底漆的构件，因焊接、火焰校正、曝晒和擦伤等造成重新锈蚀或附有白锌盐时，应经表面处理后再按原涂装规定进行补漆。

②运输、安装过程的涂层碰损、焊接烧伤等，应根据原涂装规定进行补涂。

9）构件表面不应误涂、漏涂，涂层不应脱皮和返锈等。涂层应均匀、无明显皱皮、流坠、针眼和气泡等。涂层有缺陷时，应分析并确定缺陷原因，及时修补。修补的方法和要求与正式涂层部分相同。

10）涂装完毕后，宜在构件上标注构件编号；大型构件应标明重量、重心位置和定位标记。

（三）成品保护

（1）涂装所用涂料开启后应一次性用完，否则应密闭保存，与空气隔绝。

（2）钢构件涂装后，应加以临时围护隔离，防止踏踩，损伤涂层。

（3）钢构件涂装后，在4h之内如遇大风或下雨，应加以覆盖，防止沾染灰尘或水汽，以免影响涂层的附着力。

（4）防腐涂装施工必须重视防火、防爆、防毒工作。

（5）构件涂装完毕后，应当禁止碰撞和堆放其他构件。

二、防火涂装工程施工

(一) 施工准备

1. 材料准备

(1) 钢结构防火涂料的性能、涂层厚度及质量要求应符合设计要求和《钢结构防火涂料通用技术条件》(GB 14907) 和《钢结构防火涂料应用技术规范》(CECS 24) 的规定。

(2) 钢结构防火涂料生产厂家必须有防火监督部门核发的生产许可证。防火涂料应通过国家检测机构检测合格。产品必须具有国家检测机构的耐火极限检测报告和理化性能检测报告,并应附有涂料品种、名称、技术性能、制造批量、储存期限和使用说明书。

(3) 选用的防火涂料应具有抗冲击能力和黏结强度,不应腐蚀钢材。在施工前应复验防火涂料的黏结强度和抗压强度。

2. 主要机具

混合机、灰浆泵、剪刀、铁锹、手推车、喷枪、空气压缩机、计量容器、带刻度钢针、钢尺、抹灰刀等。

3. 作业条件

(1) 防火涂料涂装前,钢材表面除锈及防腐涂装应符合设计文件和国家现行有关标准的规定。

(2) 通常情况下,应在钢结构安装就位,与其相连的吊杆、马道、管架及其他相关联的构件安装完毕,并经验收合格之后,才能进行喷涂施工。

(3) 喷涂前,钢结构表面的尘土、油污、杂物等应清除干净。当钢构件表面已涂防锈面漆,涂层硬而光亮,会明显影响防火涂料黏结力时,应采用砂纸适当打磨再喷。

(4) 钢结构防火涂料施工应在室内装饰之前和不被后续工程所损坏的条件下进行。施工时,对不需作防火保护的墙面、门窗、机器设备和其他构件应采用塑料布遮挡保护。

(5) 对大多数防火涂料,施工过程中和涂层干燥固化前,环境温度宜保持在 5～38℃,相对湿度不宜大于 85%,空气应流动。当风速大于 5m/s 或雨天或构件表面结露时,不宜作业。化学固化干燥的涂料,施工温度、湿度范围可放宽。

(二) 施工工艺

1. 工艺流程

防火涂料配料、搅拌→基层表面处理→涂装。

2. 施工要点

(1) 防火涂料可按产品说明书要求在现场进行搅拌或调配。当天配置的涂料应在产品说明书规定的时间内用完。

(2) 基层表面应无油污、灰尘和泥砂等污垢,且防锈层应完整、底漆无漏刷。构件连接处的缝隙应采用防火涂料或其他防火材料填平。

(3) 防火涂料施工可采用喷涂、抹涂或滚涂等方法。

(4) 防火涂料涂装施工应分层施工,应在上层涂层干燥或固化后,再进行下道涂层施工。

(5) 厚涂型防火涂料,属于下列情况之一时,宜在涂层内设置与构件相连的钢丝网或其他相应的措施:

1）承受冲击、振动荷载的钢梁。

2）涂层厚度大于或等于 40mm 的钢梁和桁架。

3）涂料黏结强度小于或等于 0.05MPa 的构件。

4）钢板墙和腹板高度超过 1.5m 的钢梁。

（6）厚涂型防火涂料有下列情况之一时，应重新喷涂或补涂：

1）涂层干燥固化不良，黏结不牢或粉化、脱落。

2）钢结构接头和转角处的涂层有明显凹陷。

3）涂层厚度小于设计规定厚度的 85％。

4）涂层厚度未达到设计规定厚度，且涂层连续长度超过 1m。

（7）薄涂型防火涂料面层涂装施工应符合下列规定：

1）面层应在底层涂装干燥后开始涂装。

2）面层涂装应颜色均匀、一致，接槎应平整。

（三）成品保护

（1）钢构件涂装后应加以临时围护隔离，防止踏踩，损伤涂层。

（2）钢构件涂装后，在 4h 之内如遇有大风或下雨时，应加以覆盖，防止沾染尘土和水汽，影响涂层的附着力。

（3）涂装后的构件需要运输时，应注意防止磕碰，禁止在地面拖拉，防止涂层损坏。

（4）涂装后的钢构件不得接触酸类液体，防止腐蚀涂层。

（5）防火涂料硬化后强度仍然不高，施工中应对可能发生碰撞部位加以临时保护，减少损坏。

（6）防火涂料喷涂前对其他半成品做好保护，特别是临近喷涂部位应用塑料布、胶带等保护好。

（7）露天堆放时，按设计要求不涂装的部位应采取防雨淋措施，防止构件生锈。

技 能 训 练

一、单项选择

1．机械剪切的零件，其钢板厚度不宜大于（　　）mm，剪切面应平整。

　　A. 10　　　　　　B. 12　　　　　　C. 14　　　　　　D. 16

2．钢结构组装时，顶紧接触面紧贴面积至少应达到（　　）。

　　A. 50％　　　　　B. 60％　　　　　C. 75％　　　　　D. 80％

3．定位焊焊缝的厚度不应小于（　　）mm，不宜超过设计焊缝厚度的 2/3。

　　A. 2　　　　　　B. 3　　　　　　C. 4　　　　　　D. 5

4．钢结构制作和安装单位应按规范规定，分别进行高强度螺栓连接摩擦面的（　　）试验和复验，其结果应符合设计要求。

　　A. 抗拉力　　　　B. 扭矩系数　　　C. 紧固轴力　　　D. 抗滑移系数

5．高强度螺栓连接钢结构时，其紧固次序应为（　　）。

　　A. 从中间开始，对称向两边进行　　　B. 从两边开始，对称向中间进行

C. 从一边开始，依次向另一边进行   D. 根据施工方便情况而定

6. 关于高强度螺栓安装的说法，正确的是（   ）。

    A. 可用电焊切割高强度螺栓梅花头

    B. 扩孔后的孔径不应超过 $1.5d$（d 为螺栓直径）

    C. 安装环境气温不宜低于$-15℃$

    D. 露天使用的钢结构，连接处板缝及时用防水或耐腐蚀的腻子封闭

7. 高强度大六角头螺栓连接副终拧完成（   ）应进行终拧扭矩检查。

    A. 1h 后，24h 内   B. 1h 后，48h 内   C. 2h 后，24h 内   D. 2h 后，48h 内

8. 扭剪型高强度螺栓连接副终拧后，未在终拧中拧掉梅花头的螺栓数（   ）。

    A. 包括因构造原因无法使用专用扳手拧掉的在内，不应大于该节点螺栓数的 3%

    B. 包括因构造原因无法使用专用扳手拧掉的在内，不应大于该节点螺栓数的 5%

    C. 除因构造原因无法使用专用扳手拧掉的以外，不应大于该节点螺栓数的 3%

    D. 除因构造原因无法使用专用扳手拧掉的以外，不应大于该节点螺栓数的 5%

9. 在多高层钢结构工程柱子安装时，每节柱的定位轴线应从（   ）直接引上。

    A. 柱子控制轴   B. 地面控制轴线   C. 上层柱的轴线   D. 下层柱的轴线

10. 钢结构的防腐涂料施涂顺序是（   ）。

    A. 先上后下，先易后难   B. 先下后上，先易后难

    C. 先上后下，先难后易   D. 先下后上，先难后易

二、多项选择

1. 高强螺栓施工中，摩擦面处理方法有（   ）。

    A. 喷砂法   B. 手工钢丝刷清理   C. 酸洗法

    D. 碱洗法   E. 砂轮打磨法

2. 关于高强度螺栓连接施工的说法，正确的有（   ）。

    A. 在施工前对连接副实物和摩擦面进行检验和复验

    B. 把高强螺栓作为临时螺栓使用

    C. 高强度螺栓的安装可采用自由穿入和强行穿入两种

    D. 高强度螺栓连接中连接钢板的孔必须采用钻孔成型的方法

    E. 高强螺栓不能作为临时螺栓使用

3. 钢结构厂房吊装前的准备工作包括（   ）。

    A. 验算钢屋架的吊装稳定性   B. 钢柱基础的准备

    C. 钢结构厂房内桥式吊车或设备准备   D. 设备基础准备

    E. 构件位置弹线

4. 单层钢结构安装工程中，不得在其上焊接悬挂物和卡具的构件有（   ）。

    A. 吊车梁受拉翼缘   B. 直接承受动力荷载的梁受压翼缘

    C. 吊车桁架受压弦杆   D. 直接承受动力荷载的桁架受拉弦杆

    E. 主梁受拉翼缘

5. 关于高层钢结构安装的说法，正确的有（   ）。

    A. 采取对称安装、对称固定的工艺

    B. 按吊装程序先划分吊装作业区域，按划分的区域、平等顺序同时进行

C. 钢柱通常以 2～4 层为一节，吊装一般采用两点正吊

D. 每节钢柱的定位轴线应从地面控制轴线直接引上

E. 同一节柱、同一跨范围内的钢梁，宜从下向上安装

6. 钢结构构件防腐涂料涂装施工的常用方法有（　　　）。

A. 涂刷法　　　　　B. 喷涂法　　　　　C. 滚涂法　　　D. 弹涂法　　　E. 粘贴法

项目6 屋面与防水保温工程

任务1 屋面工程施工

屋面工程作为分部工程，包括找平层工程、保温层工程、卷材防水层工程、涂膜防水层工程、隔离层工程和保护层工程等分项工程。屋面工程施工应遵照"按图施工、材料检验、工序检查、过程控制、质量验收"的原则，符合《屋面工程技术规范》（GB 50345—2012）、《屋面工程质量验收规范》（GB 50207—2012）等国家现行有关标准的规定。屋面工程施工前，应通过图纸会审，并应掌握施工图中的细部构造及有关技术要求；施工单位应编制屋面工程的专项施工方案或技术措施，并应进行现场技术安全交底。

一、屋面工程的技术要求

1. 屋面防水等级和设防要求

（1）屋面防水工程应根据建筑物的类别、重要程度、使用功能要求确定防水等级，并应按相应等级进行防水设防；对防水有特殊要求的建筑屋面，应进行专项防水设计。屋面防水等级和设防要求应符合表 6-1 的规定。

表 6-1 屋面防水等级和设防要求

防 水 等 级	建 筑 类 别	设 防 要 求
Ⅰ级	重要建筑和高层建筑	两道防水设防
Ⅱ级	一般建筑	一道防水设防

（2）下列情况不得作为屋面的一道防水设防：

1）混凝土结构层。

2）Ⅰ型喷涂硬泡聚氨酯保温层。

3）装饰瓦及不搭接瓦。

4）隔汽层。

5）细石混凝土层。

6）卷材或涂膜厚度不符合规范规定的防水层。

（3）每道卷材防水层最小厚度应符合表 6-2 的规定。

表 6-2 每道卷材防水层最小厚度 （mm）

防水等级	合成高分子防水卷材	高聚物改性沥青防水卷材		
		聚酯胎、玻纤胎、聚乙烯胎	自粘聚酯胎	自粘无胎
Ⅰ级	1.2	3.0	2.0	1.5
Ⅱ级	1.5	4.0	3.0	2.0

（4）每道涂膜防水层最小厚度应符合表 6-3 的规定。

表 6-3	每道涂膜防水层最小厚度		（mm）
防水等级	合成高分子防水涂膜	聚合物水泥防水涂膜	高聚物改性沥青防水涂膜
Ⅰ级	1.5	1.5	2.0
Ⅱ级	1.5	2.0	3.0

（5）复合防水层最小厚度应符合表 6-4 的规定。

表 6-4	复合防水层最小厚度			（mm）
防水等级	合成高分子防水卷材＋合成高分子防水涂膜	自粘聚合物沥青防水卷材（无胎）＋合成高分子防水涂膜	高聚物改性沥青防水卷材＋高聚物改性沥青防水涂膜	聚乙烯丙纶卷材＋聚合物水泥防水胶结材料
Ⅰ级	1.2＋1.5	1.5＋1.5	3.0＋2.0	(0.7＋1.3)×2
Ⅱ级	1.0＋1.0	1.2＋1.0	3.0＋1.2	0.7＋1.3

2. 材料要求

（1）屋面工程所采用的防水、保温材料应有产品合格证书和性能检测报告，材料的品种、规格、性能等应符合设计和产品标准的要求。材料进场后，应按规定抽样检验，提出检验报告。工程中严禁使用不合格的材料。

（2）屋面工程所用材料的燃烧性能和耐火极限，应符合现行国家标准《建筑设计防火规范》（GB 50016）的有关规定。

（3）屋面工程所用防水、保温材料应符合有关环境保护的规定，不得使用国家明令禁止及淘汰的材料。

（4）屋面工程所使用的防水材料在下列情况下应具有相容性：

1）卷材或涂料与基层处理剂。

2）卷材与胶黏剂或胶黏带。

3）卷材与卷材复合使用。

4）卷材与涂料复合使用。

5）密封材料与接缝基材。

（5）屋面工程用防水及保温材料的主要性能指标，应符合《屋面工程技术规范》（GB 50345—2012）附录 B 的要求。

3. 构造要求

（1）屋面的基本构造层次宜符合表 6-5 的要求。设计人员可根据建筑物的性质、使用功能、气候条件等因素进行组合。

表 6-5	屋面的基本构造层次
屋面类型	基本构造层次（自下而上）
卷材、涂膜屋面	结构层、找坡层、找平层、保温层、找平层、防水层、隔离层、保护层
	结构层、找坡层、找平层、防水层、保温层、保护层
	结构层、找坡层、找平层、保温层、找平层、防水层、耐根穿刺防水层、保护层、种植隔热层
	结构层、找坡层、找平层、保温层、找平层、防水层、架空隔热层
	结构层、找坡层、找平层、保温层、找平层、防水层、隔离层、蓄水隔热层

注　1. 表中结构层包括混凝土基层和木基层；防水层包括卷材和涂膜防水层；保护层包括块体材料、水泥砂浆、细石混凝土保护层；

　　2. 有隔汽要求的屋面，应在保温层与结构层之间设隔汽层。

（2）混凝土结构层宜采用结构找坡，坡度不应小于 3%；当采用材料找坡时，宜采用质量轻、吸水率低和有一定强度的材料，坡度宜为 2%。

（3）卷材、涂膜的基层宜设找平层。找平层厚度和技术要求应符合表 6-6 的规定。保温层上的找平层应留设分格缝，缝宽宜为 5～20mm，纵横缝的间距不宜大于 6m。

表 6-6   找平层厚度和技术要求

找平层分类	适用的基层	厚度（mm）	技术要求
水泥砂浆	整体现浇混凝土板	15～20	1∶2.5 水泥砂浆
	整体材料保温层	20～25	
细石混凝土	装配式混凝土板	30～35	C20 混凝土，宜加钢筋网片
	板状材料保温层		C20 混凝土

（4）当严寒及寒冷地区屋面结构冷凝界面内侧实际具有的蒸汽渗透阻小于所需值，或其他地区室内湿气有可能透过屋面结构层进入保温层时，应在结构层上、保温层下设置隔汽层。隔汽层应选用气密性、水密性好的材料；隔汽层应沿周边墙面向上连续铺设，高出保温层上表面不得小于 150mm。

（5）保温层及其保温材料应符合表 6-7 的规定。

表 6-7   保温层及其保温材料

保温层	保温材料
板状材料保温层	聚苯乙烯泡沫塑料，硬质聚氨酯泡沫塑料，膨胀珍珠岩制品，泡沫玻璃制品，加气混凝土砌块，泡沫混凝土砌块
纤维材料保温层	玻璃棉制品，岩棉、矿渣棉制品
整体材料保温层	喷涂硬泡聚氨酯，现浇泡沫混凝土

（6）结构易发生较大变形、易渗漏和损坏的部位，应设置卷材或涂膜附加层。檐沟、天沟与屋面交接处、屋面平面与立面交接处，以及水落口、伸出屋面管道根部等部位，应设置卷材或涂膜附加层；屋面找平层分格缝等部位，宜设置卷材空铺附加层，其空铺宽度不宜小于 100mm；附加层最小厚度应符合表 6-8 的规定。涂膜附加层应夹铺胎体增强材料。

表 6-8   附加层最小厚度   （mm）

附 加 层 材 料	最 小 厚 度
合成高分子防水卷材	1.2
高聚物改性沥青防水卷材（聚酯胎）	3.0
合成高分子防水涂料、聚合物水泥防水涂料	1.5
高聚物改性沥青防水涂料	2.0

胎体增强材料宜采用聚酯无纺布或化纤无纺布；胎体增强材料长边搭接宽度不应小于 50mm，短边搭接宽度不应小于 70mm；上下层胎体增强材料的长边搭接缝应错开，且不得小于幅宽的 1/3；上下层胎体增强材料不得相互垂直铺设。

（7）防水卷材接缝应采用搭接缝，卷材搭接宽度应符合表 6-9 的规定。

表 6-9 卷材搭接宽度 （mm）

卷材类别		搭接宽度
合成高分子防水卷材	胶黏剂	80
	胶黏带	50
	单缝焊	60，有效焊接宽度不小于 25
	双缝焊	80，有效焊接宽度 10×2＋空腔宽
高聚物改性沥青防水卷材	胶黏剂	100
	自粘	80

（8）钢筋混凝土檐沟、天沟净宽不应小于 300mm，分水线处最小深度不应小于 100mm；沟内纵向坡度不应小于 1‰，沟底水落差不得超过 200mm；檐沟、天沟排水不得流经变形缝和防火墙。金属檐沟、天沟的纵向坡度宜为 0.5％。檐沟外侧高于屋面结构板时，应设置溢水口。檐口、檐沟外侧下端及女儿墙压顶内侧下端等部位均应作滴水处理，滴水槽宽度和深度不宜小于 10mm。

（9）卷材防水屋面檐口 800mm 范围内的卷材应满粘，卷材收头应采用金属压条钉压，并应用密封材料封严。涂膜防水屋面檐口的涂膜收头，应用防水涂料多遍涂刷。

檐沟和天沟的防水层下应增设附加层，附加层伸入屋面的宽度不应小于 250mm；檐沟防水层和附加层应由沟底翻上至外侧顶部，卷材收头应用金属压条钉压，并应用密封材料封严，涂膜收头应用防水涂料多遍涂刷。

女儿墙压顶可采用混凝土或金属制品。压顶向内排水坡度不应小于 5％，压顶内侧下端应做滴水处理。女儿墙泛水处的防水层下应增设附加层，附加层在平面和立面的宽度均不应小于 250mm。低女儿墙泛水处的防水层可直接铺贴或涂刷至压顶下；高女儿墙泛水处的防水层泛水高度不应小于 250mm，泛水上部的墙体应作防水处理。卷材收头应用金属压条钉压固定，并应用密封材料封严；涂膜收头应用防水涂料多遍涂刷。女儿墙泛水处的防水层表面，宜采用涂刷浅色涂料或浇筑细石混凝土保护。

变形缝泛水处的防水层下应增设附加层，附加层在平面和立面的宽度不应小于 250mm；防水层应铺贴或涂刷至泛水墙的顶部；变形缝内应预填不燃保温材料，上部应采用防水卷材封盖，并放置衬垫材料，再在其上干铺一层卷材；等高变形缝顶部宜加扣混凝土或金属盖板；高低跨变形缝在立墙泛水处，应采用有足够变形能力的材料和构造做密封处理。

伸出屋面管道周围的找平层应抹出高度不小于 30mm 的排水坡；管道泛水处的防水层下应增设附加层，附加层在平面和立面的宽度均不应小于 250mm；管道泛水处的防水层泛水高度不应小于 250mm；卷材收头应用金属箍紧固和密封材料封严，涂膜收头应用防水涂料多遍涂刷。

屋面垂直出入口泛水处应增设附加层，附加层在平面和立面的宽度均不应小于 250mm；防水层收头应在混凝土压顶圈下。屋面水平出入口泛水处应增设附加层和护墙，附加层在平面上的宽度不应小于 250mm；防水层收头应压在混凝土踏步下。

（10）除采用已带保护层的卷材作防水层面层的屋面、架空隔热屋面或倒置式屋面的卷材防水层上可不另做保护层外，卷材或涂膜防水层上应设置保护层。不上人屋面保护层可采用浅色涂料、铝箔、矿物粒料、水泥砂浆等材料，上人屋面保护层可采用块体材料、细石混凝土等材料。采用淡色涂料做保护层时，应与防水层黏结牢固，厚薄应均匀，不得漏涂。采用水泥砂浆做保护层时，表面应抹平压光，并应设表面分格缝，分格面积宜为 $1m^2$。采用块体材料做保护层时，宜设分格缝，其纵横间距不宜大于 10m，分格缝宽度宜为 20mm，并应用密封材料嵌填。采用细石混凝土做保护层时，表面应抹平压光，并应设分格缝，其纵横向距不应大于 6m，分格缝宽度宜为 $10\sim20mm$，并应用密封材料嵌填。水泥砂浆、块体材料、细石混凝土保护层与女儿墙或山墙之间，应预留宽度为、30mm 的缝隙，缝内宜填塞聚苯乙烯泡沫塑料，并应用密封材料嵌填。需经常维护的设施周围和屋面出入口至设施之间的人行道，应铺设块体材料或细石混凝土保护层。

卷材、涂膜防水屋面可采用 20mm 厚水泥砂浆、30mm 厚细石混凝土（宜掺微膨胀剂）或铺砌块材料做刚性保护层，易积灰屋面宜采用刚性保护层。卷材屋面保护层可用热玛碲脂黏结粒径 $3\sim5mm$、色浅、耐风化和颗粒均匀的细砂，亦可采用冷玛碲脂黏结云母或蛭石等片状材料。涂膜防水层面可采用细砂、云母或蛭石等撒布材料作保护层。采用与卷材或涂膜材料材性相容、黏结力强和耐风化的浅色涂料涂刷等作保护层；卷材屋面还可粘贴铝箔等作为保护层。

在刚性保护层（如水泥砂浆、块体材料、细石混凝土保护层）与卷材、涂膜防水层之间，应设置隔离层，适用于水泥砂浆、块体材料保护层的隔离层材料，一般为塑料膜、土工布、卷材；适用于细石混凝土保护层的隔离层材料，一般为低强度等级砂浆。

（11）高跨屋面为无组织排水时，其低跨屋面受水冲刷的部位应加铺一层卷材，并应设 $40\sim50mm$ 厚、$300\sim500mm$ 宽的 C20 细石混凝土保护层；高跨屋面为有组织排水时，水落管下应加设水簸箕。

二、屋面水泥砂浆找平层施工

（一）施工准备

1. 材料准备

所用材料必须进场验收，并按要求对各类材料进行复试，其质量、技术性能必须符合设计要求和施工及验收规范的规定。找平层所用材料的质量和配合比应符合设计要求，并应做到计量准确和机械搅拌。

2. 主要机具

主要机具包括砂浆搅拌机、运料手推车、铁锹、铁抹子、木抹子、水平刮杠、水平尺。

3. 作业条件

找平层施工前，结构层（保温层）应进行检查验收，并办理验收手续；找平层的施工环境温度不宜低于 5℃。水落口杯与基层接触处应留宽 20mm、深 20mm 凹槽，用密封材料嵌填。

（二）施工工艺

1. 工艺流程

清理基层→封堵管根→标定标高、坡度→贴饼充筋→洒水湿润→铺装抹压砂浆→养护→填缝。

2. 施工要点

（1）清理基层。清理结构层、保温层上面的松散杂物，凸出基层表面的硬物应剔平扫净。对不易与找平层结合的基层应做界面处理。当找平层下有松散填充料时，应予以铺平振实。

（2）封堵管根。大面积做找平层前，应先将出屋面的预埋管件、烟囱、女儿墙、檐沟、伸缩缝根部处理好。突出屋面的管道、支架等根部，应用细石混凝土堵实和固定。

（3）标定标高、坡度。根据测量所放的控制线，定点、找坡，然后拉挂屋脊线、分水线、排水坡度线。

（4）贴饼充筋。根据坡度要求拉线找坡贴灰饼，灰饼间距以 1~2m 为宜。顺排水方向冲筋，冲筋的间距为 1~2m。按设计要求设置分格缝的间距和宽度，贴分格条；也可在找平层养护完后切割出分格缝。

（5）洒水湿润。适当洒水湿润基层表面，但不可洒水过量，以无明水、阴干为宜。

（6）铺装抹压水泥砂浆。按由远到近、由高到低的程序进行砂浆铺设，最好在每一分格内一次连续抹成，严格按设计要求掌握坡度。在两筋中间铺水泥砂浆，用抹子摊平，用刮扛靠冲筋条刮平，找坡后用木抹子搓平，使找平层表面平整度达到验收标准（现行规范规定表面平整度允许偏差为 5mm），然后用铁抹子轻轻抹压一遍，直到出浆为止。当砂浆初凝后，行走有脚印但不下陷时，用铁抹子进行第二遍抹压，将凹坑、砂眼填实抹平。在砂浆终凝前完成收水后，用铁抹子压光无抹痕时，应用铁抹子进行第三遍压光，此遍应用力抹压，将所有抹纹压平，使砂浆表面密实光洁，不得有酥松、起砂、起皮现象，随后及时取出分格条。内部排水的水落口周围，找平层应做成略低的凹坑。找平层在与突出屋面的交接处及找平层转角处，应做成圆弧形，且应整齐平顺。找平层圆弧半径应符合表 6-10 的规定。

表 6-10　　　　　　　　　找平层圆弧半径　　　　　　　　　　　（mm）

卷 材 种 类	圆 弧 半 径
高聚物改性沥青防水卷材	50
合成高分子防水卷材	20

（7）养护。抹压完砂浆 24h 后，进行覆盖并洒水养护，每天洒水不少于 2 次，养护时间不得不少于 7d。

（8）填缝。用弹性材料填嵌分格缝，要求与找平层应齐平，不得有明显的凸起和凹陷。

（三）成品保护

（1）抹好的找平层上，推小车运输时，应先铺脚手板车道，以防止破坏找平层表面。

（2）找平层施工完毕，未达到一定强度时不得上人踩踏。

（3）施工过程中，水落口应采取临时措施封口，以防止杂物进入堵塞。

三、屋面保温层施工

（一）施工准备

1. 材料准备

保温材料及所用原材料的质量与配合比，必须符合设计要求。屋面保温材料进场后，应检查生产厂家提供的产品合格证、检测报告，由监理、建设、施工三方共同抽样复测。抽样复测项目包括外观质量检测与物理性能检测，其中外观质量检测可在工地由三方共同检测。板状保温材料应检验表观密度或干密度、压缩强度或抗压强度、导热系数、燃烧性能；纤维保温材料应检验表观密度、导热系数、燃烧性能。保温材料的导热系数、表观密度或干密度、抗压强度或压缩强度、燃烧性能，必须符合设计要求。不合格材料不得在工程中使用。

保温材料应采取防雨、防潮、防火的措施，并应分类存放；板状保温材料搬运时应轻拿轻放；纤维保温材料应在干燥、通风的房屋内储存，搬运时应轻拿轻放。

2. 主要机具

砂浆搅拌机、混凝土搅拌机、大小平锹、铁板、手推车、铁抹子、木抹子、木杠、振捣器、检测工具。

3. 作业条件

铺设保温层的基层应平整、干燥和干净，不得有油污、浮尘和积水。屋面上各种预埋件、支座、伸出屋面管道、落水口等设施已安装就位，屋面找平层已检查验收，质量合格；材料垂直水平运输满足使用要求；消防劳动保护保证条件已具备。

保温层的施工环境温度应符合下列规定：干铺的保温材料可在负温度下施工；用水泥砂浆粘贴的板状保温材料不宜低于 5℃；喷涂硬泡聚氨酯宜为 15～35℃，空气相对湿度宜小于85％，风速不宜大于三级；现浇泡沫混凝土宜为 5～35℃。

（二）施工工艺

1. 工艺流程

基层清理→弹线找坡→管根固定→隔汽层施工→保温层铺设。

2. 施工要点

（1）隔汽层施工。

1）隔汽层施工前，应清理基层，并进行找平。

2）屋面周边隔汽层应沿墙面向上连续铺设，高出保温层上表面不得小于 150mm。

3）采用卷材做隔汽层时，卷材宜空铺，卷材搭接缝应满粘，其搭接宽度不应小于80mm；采用涂膜做隔汽层时，涂料涂刷应均匀，涂层不得有堆积、起泡和露底现象。

4）穿过隔汽层的管道周围应进行密封处理。

（2）板状材料保温层施工。

1）板状保温材料铺设应紧贴基层，应铺平垫稳，拼缝应严密，粘贴应牢固。板状材料保温层的厚度应符合设计要求，其正偏差应不限，负偏差应为 5％，且不得大于 4mm。相邻板块应错缝拼接，分层铺设的板块上下层接缝应相互错开，板间缝隙应采用同类材料嵌填密实；板状材料保温层表面平整度的允许偏差为 5mm；板状材料保温层接缝高低差的允许偏差为 2mm；屋面热桥部位处理应符合设计要求。

2）采用干铺法施工时，板状保温材料应紧靠在基层表面上，并应铺平垫稳。

3）采用黏结法施工时，胶粘剂应与保温材料相容，板状保温材料应贴严、粘牢，在胶黏剂固化前不得上人踩踏；板状材料保温层的平面接缝应挤紧拼严，不得在板块侧面涂抹胶黏剂，超过 2mm 的缝隙应采用相同材料板条或片填塞严实。

4）采用机械固定法施工时，应选择专用螺钉和垫片；固定件与结构层之间应连接牢固；固定件的规格、数量和位置均应符合设计要求；垫片应与保温层表面齐平。

（3）纤维材料保温层施工。

1）装配式骨架纤维保温材料施工时，应先在基层上铺设保温龙骨或金属龙骨，龙骨之间应填充纤维保温材料，再在龙骨上铺钉水泥纤维板。金属龙骨和固定件应经防锈处理，金属龙骨与基层之间应采取隔热断桥措施。装配式骨架和水泥纤维板应铺钉牢固，表面应平整；龙骨间距和板材厚度应符合设计要求。

2）纤维保温材料在施工时，应避免重压，并应采取防潮措施；纤维材料保温层的厚度应符合设计要求，其正偏差应不限，毡不得有负偏差，板负偏差应为4％，且不得大于3mm。屋面热桥部位处理应符合设计要求。

3）纤维保温材料铺设时，应紧靠在基层表面上，平面接缝应挤紧拼严，表面应平整，上下层接缝应相互错开；具有抗水蒸气渗透外覆面的玻璃棉制品，其外覆面应朝向室内，拼缝应用防水密封胶带封严。纤维材料填充后，不得上人踩踏。

4）屋面坡度较大时，纤维保温材料宜采用机械固定法施工，即采用金属或塑料专用固定件将纤维保温材料与基层固定；固定件的规格、数量和位置应符合设计要求；垫片应与保温层表面齐平。

5）在铺设纤维保温材料时，应做好劳动保护工作。

（4）喷涂硬泡聚氨酯保温层施工。

1）保温层施工前应对喷涂设备进行调试，喷涂时喷嘴与施工基面的间距应由试验确定。

2）喷涂硬泡聚氨酯的配比应准确计量，发泡厚度应均匀一致，并应制备试样进行硬泡聚氨酯的性能检测。

3）喷涂作业时，应采取防止污染的遮挡措施。屋面热桥部位处理应符合设计要求。

4）一个作业面应分遍喷涂完成，每遍喷涂厚度不宜大于15mm，黏结应牢固，表面应平整，找坡应正确。喷涂硬泡聚氨酯保温层表面平整度的允许偏差为5mm。喷涂硬泡聚氨酯保温层的厚度应符合设计要求，其正偏差应不限，不得有负偏差。当日的作业面应当日连续地喷涂施工完毕。

5）硬泡聚氨酯喷涂后20min内严禁上人；喷涂硬泡聚氨酯保温层完成后，应及时做保护层。

（5）现浇泡沫混凝土保温层施工。

1）在浇筑泡沫混凝土前，应将基层上的杂物和油污清理干净；基层应浇水湿润，但不得有积水。

2）保温层施工前应对设备进行调试，并应制备试样进行泡沫混凝土的性能检测。

3）泡沫混凝土应按设计要求的干密度和抗压强度进行配合比设计，拌制时应计量准确，并应搅拌均匀。

4）泡沫混凝土应按设计的厚度设定浇筑面标高线，找坡时宜采取挡板辅助措施。

5）泡沫混凝土的浇筑出料口离基层的高度不宜超过1m，泵送时应采取低压泵送；浇筑过程中，应随时检查泡沫混凝土的湿密度。现浇泡沫混凝土保温层的厚度应符合设计要求，其正负偏差应为5％，且不得大于5mm。屋面热桥部位处理应符合设计要求。

6）泡沫混凝土应分层浇筑，一次浇筑厚度不宜超过200mm，黏结应牢固，表面应平整，找坡应正确；表面平整度的允许偏差为5mm；不得有贯通性裂缝，以及疏松、起砂、起皮现象。

7）终凝后，应进行保湿养护，养护时间不得少于7d。

（三）成品保护

（1）在已铺完的保温层上行走胶轮车，应垫脚手板保护。

（2）保温层施工完成后，应及时铺抹水泥砂浆找平层，以减少受潮和雨水进入，使含水率增大。

(3) 在雨期施工，要采取防雨措施。

四、屋面卷材防水层施工

(一) 施工准备

1. 材料准备

(1) 防水材料进场，应有生产厂家提供的产品合格证、检测报告。屋面防水材料进场后，应由监理、建设、施工三方共同进场验收，并按规定对材料进行复试。不合格材料不得在本工程中使用。

(2) 高聚物改性沥青防水卷材应检验可溶物含量、拉力、最大拉力时延伸率、耐热度、低温柔性、不透水性；合成高分子防水卷材应检验断裂拉伸强度、扯断伸长率、低温弯折性、不透水性；高分子胶黏剂应检验剥离强度、浸水 168h 后的剥离强度保持率；改性沥青胶黏剂应检验剥离强度；合成橡胶胶黏带应检验剥离强度、浸水 168h 后的剥离强度保持率。

(3) 不同品种、规格的卷材应分别堆放；卷材应储存在阴凉通风处，应避免雨淋、日晒和受潮，严禁接近火源；卷材应避免与化学介质及有机溶剂等有害物质接触。不同品种、规格的胶黏剂和胶黏带，应分别用密封桶或纸箱包装；胶黏剂和胶黏带应储存在阴凉通风的室内，严禁接近火源和热源。

2. 主要机具

火焰加热器、热风焊接机、电动搅拌器、高压吹风机、扫帚、平铲、钢卷尺、皮卷尺、彩色粉绳袋、粉笔、拌料桶、小型油漆桶、扁油刷、滚刷、油漆刷、剪刀、铁压刀、油工铲刀、压辊、嵌缝枪、刮板、铁抹子。

3. 作业条件

防水层基层应坚实、干净、平整，应无孔隙、起砂和裂缝。基层的干燥程度应根据所选防水卷材的特性确定。当采用溶剂型、热熔型和反应固化型防水涂料时，基层应干燥。

屋面上各种预埋件、支座、伸出屋面管道、落水口等设施已安装就位，屋面找平层已检查验收，质量合格。

基层处理剂配制与施工应符合下列规定：基层处理剂应与卷材相容，配比准确，搅拌均匀；喷、涂基层处理剂前，应先对屋面细部进行涂刷；基层处理剂可选用喷涂或涂刷施工工艺，喷、涂应均匀一致，干燥后应及时进行防水层施工。

卷材防水层的施工环境温度应符合下列规定：热熔法和焊接法不宜低于－10℃；冷粘法和热粘法不宜低于 5℃；自粘法不宜低于 10℃。

(二) 施工工艺

1. 工艺流程

卷材防水层施工工艺流程如下：基层清理→雨水口等细部密封处理→涂刷基层处理剂→细部附加层铺设→定位、弹线试铺→从天沟或雨水口开始铺贴→收头固定密封→检查修理→蓄水试验。

2. 施工方法

屋面防水卷材施工应根据设计要求、工程具体条件和选用的材料选择相应的施工工艺。常用的施工方法有热熔法、热风焊接法、冷粘法、自粘法、机械钉压法、压埋法等，详见表6-11。

表 6-11   **防水卷材施工方法和适用范围**

工艺类别	名 称	做 法	适 应 范 围
热施工工艺	热熔法	将防水卷材底层加热熔化后，进行卷材与基层或卷材之间黏结的施工方法	底层涂有热熔胶的高聚物改性沥青防水卷材，如 SBS、APP 改性沥青防水卷材
	热风焊接法	采用热风焊接进行热塑性卷材铺贴的施工方法	合成高分子防水卷材搭接缝焊接、如 PVC 高分子防水卷材
冷施工工艺	冷粘法	在常温下采用胶黏剂将卷材与基层或卷材之间黏结的施工方法	高分子防水卷材、高聚物改性沥青防水卷材，如三元乙丙、氯化聚乙烯、SBS 改性沥青卷材
	自粘法	直接粘贴基面采用带有自粘胶的防水卷材进行粘贴的施工方法	自粘高分子防水卷材、自粘高聚物改性沥青防水卷材
机械固定工艺	机械钉压法	采用镀锌钢钉或铜钉固定防水卷材的施工方法	用于木质基层上铺设高聚物改性沥青防水卷材等
	压埋法	卷材与基层大部分不粘连，上面采用卵石压埋，搭接缝及周边全粘	用于空铺法、倒置式屋面

（1）冷粘法。

1）铺贴工序。基面涂刷胶黏剂→卷材反面涂胶→卷材粘贴→滚压排气→搭接缝粘贴压实→搭接缝密封。

2）施工要点。

①胶黏剂涂刷应均匀，不得露底、堆积；卷材空铺、点粘、条粘时，应按规定的位置及面积涂刷胶黏剂。

②应根据胶黏剂的性能与施工环境、气温条件等，控制胶黏剂涂刷与卷材铺贴的间隔时间；基层处理完成后，将卷材展开摊铺在整洁的基层上，用滚刷蘸满氯丁系胶黏剂（CX-404 胶等）均匀涂刷在卷材和基层表面，待胶黏剂结膜干燥至用手触及表面似粘非粘时，即可铺贴卷材。

③铺贴卷材时应排除卷材下面的空气（不得用力拉伸卷材），并应辊压粘贴牢固。

④铺贴的卷材应平整顺直，搭接尺寸应准确，不得扭曲、皱折；搭接部位的接缝应满涂胶黏剂，辊压应粘贴牢固。

⑤合成高分子卷材铺好压粘后，应将搭接部位的粘合面清理干净，并应采用与卷材配套的接缝专用胶黏剂，在搭接缝粘合面上应涂刷均匀，不得露底、堆积，应排除缝间的空气，并用辊压粘贴牢固。

⑥合成高分子卷材搭接部位采用胶黏带黏结时，粘合面应清理干净，必要时可涂刷与卷材及胶黏带材性相容的基层胶黏剂，撕去胶黏带隔离纸后应及时粘合接缝部位的卷材，并应辊压粘贴牢固；低温施工时，宜采用热风机加热。

⑦搭接缝口应用材性相容的密封材料封严。

（2）热熔法。

1）铺贴工序。热源烘烤滚铺卷材→排气压实→接缝热熔焊接压实→接缝密封。

2）施工要点。

①火焰加热器的喷嘴距卷材面的距离应适中，一般为 0.5m 左右，幅宽内加热应均匀，应以卷材表面熔融至光亮黑色为度，不得过分加热卷材；厚度小于 3mm 的高聚物改性沥青防水卷材，严禁采用热熔法施工。

②卷材表面沥青热熔后应立即滚铺卷材，滚铺时应排除卷材下面的空气，并辊压黏结牢固，不得有空鼓现象。

③搭接缝部位宜以溢出热熔的改性沥青胶结料为度，溢出的改性沥青胶结料宽度宜为8mm，并宜均匀顺直；当接缝处的卷材上有矿物粒或片料时，应用火焰烘烤及清除干净后再进行热熔和接缝处理。

④铺贴卷材时应沿预留的或现场弹出的粉线作为标准进行施工作业，保证铺贴的卷材平整顺直，搭接尺寸准确，不得出现扭曲、皱折等现象。

（3）自粘法。

1）铺贴工序。卷材就位并撕去隔离纸→自粘卷材铺贴→辊压黏结排气→搭接缝热压粘合→粘合密封胶条。

2）施工要点：

①铺粘卷材前，基层表面应均匀涂刷基层处理剂，干燥后应及时铺贴卷材。

②铺贴卷材时应将自粘胶底面的隔离纸完全撕净。

③铺贴卷材时应排除卷材下面的空气，并应辊压粘贴牢固。

④铺贴的卷材应平整顺直，搭接尺寸应准确，不得扭曲、皱折；低温施工时，立面、大坡面及搭接部位宜采用热风机加热，加热后应随即粘贴牢固。

⑤搭接缝口应采用材性相容的密封材料封严。

（4）热风焊接法。

1）铺贴工序。搭接边清理→焊机准备调试→搭接缝焊接封口。

2）施工要点：

①焊接前，卷材应铺放平整、顺直，搭接尺寸应准确，焊接缝的结合面应清理干净。

②应先焊长边搭接缝，后焊短边搭接缝。

③对热塑性卷材的搭接缝可采用单缝焊或双缝焊，焊接应严密。

④应控制加热温度和时间，焊接缝不得漏焊、跳焊、焊焦或焊接不牢。

⑤焊接施工时不得损伤到非焊接部位的卷材。

3. 铺贴方法、顺序和方向

（1）铺贴方法。防水卷材的铺贴方法有满粘法、空铺法、条粘法和点粘法，具体做法及适用范围见表6-12。卷材防水层易拉裂部位，宜选用空铺、点粘、条粘或机械固定等施工方法；在坡度较大和垂直面上粘贴防水卷材时，宜采用机械固定和对固定点进行密封的方法。

表 6-12　　　　　　　　　　　　防水卷材铺贴方法和适用范围

铺贴方法	具 体 做 法	适 用 范 围
满粘法	又称全粘法，即在铺贴卷材时，卷材与基层全部黏结牢固的施工方法。通常热熔法、冷粘法、自粘法使用此方法铺贴卷材。铺贴时，宜减少卷材短边搭接；找平层分格缝处宜空铺，空铺宽度宜为 100mm	屋面防水面积较小，结构变形不大，找平层干燥，立面或大坡面铺贴的屋面
空铺法	铺贴防水卷材时，卷材与基层仅在四周一定宽度内黏结的施工方法。注意在檐口、屋脊、转角、出气孔等部位，应采用满粘。黏结宽度不小于 800mm	适用于基层潮湿、找平层水汽难以排除，结构变形较大的屋面

续表

铺贴方法	具 体 做 法	适 用 范 围
条粘法	铺贴防水卷材时，卷材与屋面采用条状黏结的施工方法。每幅卷材黏结面不少于2条，每条黏结宽度不小于150mm。檐口和屋脊等处的做法同空铺法	适用于结构变形较大、基面潮湿、排气困难的屋面
点粘法	铺贴防水卷材时，卷材与基面采用点状黏结的施工方法。要求每平方米范围内至少有5个黏结点，每点面积不小于100mm×100mm。檐口和屋脊等处的做法同空铺法	适用于结构变形较大，基面潮湿、排气有一定困难的屋面

（2）铺贴顺序和方向。卷材铺贴应遵守"先高后低、先远后近"的施工顺序，即高跨低跨屋面，应先铺高跨屋面，后铺低跨屋面；在等高的大面积屋面，应先铺离上料点较远的部位，后铺较近部位。卷材防水大面积铺贴前，应先进行细部构造处理，附加层及增强层铺设，然后由屋面最低标高处（如檐口、天沟部位）开始向上铺贴。

卷材宜平行屋脊铺贴，上下层卷材不得相互垂直铺贴。平行屋脊的搭接缝应顺流水方向，同一层相邻两幅卷材短边搭接缝错开不应小于500mm；上下层卷材长边搭接缝应错开，且不应小于幅宽的1/3；叠层铺贴的各层卷材，在天沟与屋面的交接处，应采用叉接法搭接，搭接缝应错开；搭接缝宜留在屋面与天沟侧面，不宜留在沟底。檐沟、天沟卷材施工时，宜顺檐沟、天沟方向，从水落口处向分水线方向铺贴，搭接缝应顺流水方向。

（三）成品保护

（1）当下道工序或相邻工程施工时，对屋面已完成的部分应采取隔挡、覆盖或局部封闭等保护措施。

（2）在屋面防水层完工后，不得穿带钉子的鞋在防水层上行走；在防水层上施工找平层、保护层时，应搭设施工通道，不得在防水层上直接行车、放置工具、机械。防水层不得受重物冲击。

（3）在防水层上进行其他作业时，必须采取覆盖措施，防止损伤防水层或引起火灾。

（4）防水层不得直接与溶剂、油污或腐蚀性介质接触。

（5）落水口处的防水层完工后应及时安装箅子、网罩或加以覆盖，以防堵塞或损伤。

（6）屋面做淋水或蓄水试验时，上水管或封堵落水口的物体不得损伤防水层。

（7）屋面防水层完工后应及时做好保护层；保护层和隔离层施工时，应避免损坏防水层。

（8）屋面完工并经验收合格后，应封闭上屋面的楼梯门或出入口。

五、屋面涂膜防水层施工

（一）施工准备

1. 材料准备

（1）防水材料进场，应有生产厂家提供的产品合格证、检测报告。屋面防水材料进场后，应由监理、建设、施工三方共同进场验收，并按规定对材料进行复试。防水涂料和胎体增强材料的质量，应符合设计要求。不合格材料不得在本工程中使用。

（2）高聚物改性沥青防水涂料应检验固体含量、耐热性、低温柔性、不透水性、断裂伸长率或抗裂性；合成高分子防水涂料和聚合物水泥防水涂料应检验固体含量，低温柔性、不透水性、拉伸强度、断裂伸长率；胎体增强材料应检验拉力、延伸率。

（3）防水涂料包装容器应密封，容器表面应标明涂料名称、生产厂家、执行标准号、生产日期和产品有效期，并应分类存放；反应型和水乳型涂料储运和保管环境温度不宜低于5℃；溶剂型涂料储运和保管环境温度不宜低于0℃，并不得日晒、碰撞和渗漏，保管环境应干燥、通风，并应远离火源、热源；胎体增强材料储运、保管环境应干燥、通风，并应远离火源、热源。

2. 主要机具

喷涂机械、电动搅拌器、高压吹风机、扫帚、平铲、钢卷尺、皮卷尺、粉笔、拌料桶、小型油漆桶、扁油刷、圆滚刷、油漆刷、剪刀、油工铲刀、压辊、嵌缝枪、刮板、铁抹子。

3. 作业条件

防水层基层应坚实、干净、平整，应无孔隙、起砂和裂缝。基层的干燥程度应根据所选防水卷材的特性确定。当采用溶剂型、热熔型和反应固化型防水涂料时，基层应干燥。

屋面上各种预埋件、支座、伸出屋面管道、落水口等设施已安装就位，屋面找平层已检查验收，质量合格。

基层处理剂配制与施工应符合下列规定：基层处理剂应与卷材相容，配比准确，搅拌均匀；喷、涂基层处理剂前，应先对屋面细部进行涂刷；基层处理剂可选用喷涂或涂刷施工工艺，喷、涂应均匀一致，干燥后应及时进行防水层施工。

涂膜防水层的施工环境温度应符合下列规定：水乳型及反应型涂料宜为5～35℃；溶剂型涂料宜为－5～35℃；热熔型涂料不宜低于－10℃；聚合物水泥涂料宜为5～35℃。

（二）施工工艺

1. 工艺流程

基层清理→配料→细部密封处理→涂刷基层处理剂→细部附加层铺设→涂刷下层→铺设胎体增强材料→涂刷中间层→涂刷上层→检查修理→蓄水试验。

2. 防水涂料涂刷方向

涂膜防水施工应根据防水材料的品种分层分遍涂刷，不得一次涂成。防水涂膜在满足厚度要求的前提下，涂刷遍数越多对成膜的密实度越好。无论厚质涂料还是薄质涂料均不得一次成膜，每遍涂刷厚度要均匀，不可露底、漏涂，应待涂层干燥成膜后再涂刷下一层涂料，且前后两遍涂料的涂刷方向应相互垂直。

涂膜防水施工应按"先高后低，先远后近"的原则进行。高低跨屋面一般先涂刷高跨屋面，后涂刷低跨屋面；同一屋面时，要合理安排施工段；先涂刷雨水口、檐口等薄弱环节，再进行大面积涂刷。

当需铺设胎体增强材料时，屋面坡度小于15％时，胎体增强材料平行或垂直屋脊铺设可视施工方便而定；屋面坡度大于15％时，为防止胎体增强材料下滑应垂直于屋脊铺设。平行于屋脊铺设时，必须由最低处向上铺设，且顺水流方向搭接；胎体长边搭接宽度不小于50mm，短边搭接宽度不小于70mm。

3. 施工方法

涂膜防水施工方法有抹压法、涂刷法、涂刮法、机械喷涂法等。各种施工方法及其适用范围见表6-13。

施工方法	具　体　做　法	适　用　范　围
滚涂法	用滚筒沾满涂料后进行涂刷。滚筒不可沾涂料太多，以涂料不溢出滚筒两边为原则，涂漆时滚筒不能滚动过快，应使滚筒缓慢滚动	适用于水乳型及溶剂型防水涂料的施工
刷涂法	用扁油刷、圆滚刷蘸防水涂料进行涂刷	适用于所有防水涂料用于细部构造时的防水施工
刮涂法	先将防水涂料倒在基层，用刮板往复涂刮，使其厚度均匀	适用于反应固化型防水涂料、热熔型防水涂料、聚合物水泥防水涂料施工
喷涂法	将防水涂料倒在喷涂设备内，通过压力喷枪将涂料均匀喷出	适用于水乳型及溶剂型防水涂料施工、反应固化型防水涂料施工、所有防水涂料用于细部构造时的防水施工

表 6-13　　　　　　　　　　　　　涂膜防水施工方法和适用范围

4. 施工要点

（1）基层处理。清理基层表面的尘土、砂粒、硬块等杂物，并去除浮尘，修补凹凸不平的部位。细部密封处理和附加层的铺设是必需的，要严格按照设计和规范要求处理，经验收后方可大面积施工。

（2）配料。双组分或多组分防水涂料应根据有效时间确定每次配制的数量，按配合比准确计量，采用电动机具搅拌均匀，已配制的涂料应及时使用。配料时，可加入适量的缓凝剂或促凝剂调节固化时间，但不得混合已固化的涂料。

（3）防水涂膜的涂布。涂膜施工应先做好细部处理，再进行大面积涂布。在基层处理剂基本干燥固化后，用塑料刮板或橡皮刮板均匀涂刷第一遍涂膜，厚度 0.8～1.0mm，涂量约为 1kg/m²。待第一遍涂膜干燥固化后（一般约为 24h），涂刷第二遍涂膜。两遍涂层间隔时间不宜过长，否则容易出现分层的现象。两遍的涂刷方向应相互垂直，涂刷量略少于第一遍，厚度为 0.5～1.0mm，涂量约为 0.7kg/m²。防水涂料应多遍涂布，待第二遍涂膜干燥后，应涂刷第三遍涂膜，直至达到设计规定厚度。需注意的是，在涂刷时保持厚度允许出现漏刷和起泡等缺陷，若发现起泡应及时处理；屋面转角及立面的涂膜应薄涂多遍，不得流淌和堆积。

涂膜间夹铺胎体增强材料时，宜边涂布边铺胎体；胎体应铺贴平整，应排除气泡，并应与涂料黏结牢固。在胎体上涂布涂料时，应使涂料浸透胎体，并应覆盖完全，不得有胎体外露现象。最上面的涂膜厚度不应小于 1.0mm。

（4）胎体增强材料的铺设。胎体增强材料宜采用聚酯无纺布或化纤无纺布；胎体增强材料长边搭接宽度不应小于 50mm，短边搭接宽度不应小于 70mm；上下层胎体增强材料的长边搭接缝应错开，且不得小于幅宽的 1/3；上下层胎体增强材料不得相互垂直铺设。

胎体增强材料可采用湿铺法或干铺法。湿铺法即是边倒料、边涂刷、边铺贴的方法，在干燥的底层涂膜上，将涂料刷匀后铺放胎体材料，用滚刷进行滚压，确保上下层涂膜结合良好。干铺法是在干燥涂层上干铺胎体材料，再满刮涂料一道，使涂料进入网格并渗透到已固化的涂膜上。铺贴好的胎体材料不允许出现皱折、翘边、空鼓、露白等现象。

5. 质量要求

涂膜防水层的平均厚度应符合设计要求，且最小厚度不得小于设计厚度的 80%。涂膜防水层在檐口、檐沟、天沟、水落口、泛水、变形缝和伸出屋面管道的防水构造，应符合设计要求。涂膜防水层与基层应黏结牢固，表面应平整，涂布应均匀，不得有流淌、皱折、起泡和露胎体等缺陷。铺贴胎体增强材料应平整顺直，搭接尺寸应准确，应排除气泡，并应与涂料黏结牢固；胎体增强材料搭接宽度的允许偏差为－10mm。涂膜防水层的收头应用防水涂料多遍涂刷。涂膜防水层不得有渗漏和积水现象。

（三）成品保护

（1）当下道工序或相邻工程施工时，对屋面已完成的部分应采取隔挡、覆盖或局部封闭等保护措施。

（2）在屋面防水层完工后，不得穿带钉子的鞋在防水层上行走；在防水层上施工找平层、保护层时，应搭设施工通道，不得在防水层上直接行车、放置工具、机械。防水层不得受重物冲击。

（3）在防水层上进行其他作业时，必须采取覆盖措施，防止损伤防水层或引起火灾。

（4）防水层不得直接与溶剂、油污或腐蚀性介质接触。

（5）落水口处的防水层完工后应及时安装箅子、网罩或加以覆盖，以防堵塞或损伤。

（6）屋面做淋水或蓄水试验时，上水管或封堵落水口的物体不得损伤防水层。

（7）屋面防水层完工后应及时做好保护层；保护层和隔离层施工时，应避免损坏防水层。

（8）屋面完工并经验收合格后，应封闭上屋面的楼梯门或出入口。

（9）涂膜及密封材料嵌填后不得碰损及污染，固化前不得踩踏。遇雨要天、大风或沙尘天气应采用苫布或塑料布覆盖，防止污染及损坏。

六、屋面保护层和隔离层施工

（一）施工准备

1. 材料准备

（1）施工所需的各种材料已按计划进入现场，复验合格并经验收。保护层涂料应色浅、与底层材性相容、黏结力强、耐冷热变化、耐老化和抗冲刷性能好。细砂、云母及蛭石：细砂应干净、色浅、是天然水成砂，粒径不得大于涂层厚度的1/4；云母及蛭石颗粒尽可能大一些、无细粉。预制或成品板块：表面平整光洁、棱角齐全、厚薄均匀、表面无裂纹、不翘不弯、尺寸偏差小、强度合格。整体保护层或板块铺砌用的水泥、砂、细石等都应符合相关材料规范要求。

（2）保护层材料的储运、保管应符合下列规定：水泥储运、保管时应采取防尘、防雨、防潮措施；块体材料应按类别、规格分别堆放；浅色涂料储运、保管环境温度，反应型及水乳型不宜低于5℃，溶剂型不宜低于0℃；溶剂型涂料保管环境应干燥、通风，并应远离火源和热源。

（3）隔离层材料的储运、保管应符合下列规定：塑料膜、土工布、卷材储运时，应防止日晒、雨淋、重压；塑料膜、土工布、卷材保管时，应保证室内干燥、通风；塑料膜、土工布、卷材保管环境应远离火源、热源。

2. 主要机具

（1）浅色、反射涂料涂刷用具：开桶器、钢丝钳、小扳手、电动搅拌器、拌料桶、称量桶、50kg磅秤、量杯、小油漆桶、空压机、油漆喷枪、油漆刷、圆滚刷、油漆刀小方铲、吹风机、笤帚、抹布、温度计、湿度计、防毒口罩等，按采取喷（刷）涂的不同操作方法取舍。

（2）细砂、云母及蛭石撒布用具：胶皮（或塑料）刮板、桶、壶、刷、筛、扫帚、胶皮辊等，针对不同胶结料和不同保护材料区别选取。

（3）板块材料铺砌用具：如卷尺、铁抹子、铁皮抹子、勾缝小压子、胶皮锤、木杠、铁铲、灰桶、灰浆搅拌设备等。

（4）铺抹水泥砂浆及整浇细石混凝土需用机具：体积计量容器、砂浆搅拌机或混凝土搅拌机、磅秤、运输小车、小型平板振动器、铁铲、3mm 筛、分格缝条、刮杠、木抹子、铁抹子、挂线等。

3. 作业条件

（1）防水卷材铺贴或涂膜涂敷施工，以及细部构造的处理都已通过检查验收，质量符合设计和规范规定。

（2）保护层和隔离层施工前，防水层或保温层的表面应平整、干净，对雨水口、水落管口等应采取临时封堵措施。

（3）隔离层的施工环境温度应符合下列规定：干铺塑料膜、土工布、卷材可在负温下施工；铺抹低强度等级砂浆宜为 5～35℃。

（4）保护层的施工环境温度应符合下列规定：块体材料干铺不宜低于－5℃，湿铺不宜低于 5℃；水泥砂浆及细石混凝土宜为 5～35℃；浅色涂料不宜低于 5℃。

（二）施工工艺

1. 块体材料保护层施工

板块铺砌前作好分格布置、找平或找坡标准块，挂线铺砌操作，使块体布置横平竖直、缝口宽窄一致、表面平整、排水坡度正确。

（1）用砂作结合层铺砌。

1）工艺流程。清扫防水层表面→铺砂、洒水并压实、刮平结合砂层→按挂线铺摆块体并拍实、放平、压稳→用砂填充接缝并压实到板厚的一半高→湿润缝口并用 1∶2 水泥砂浆将接缝勾成凹缝→分格缝密封嵌填→清理、清扫保护层表面→检查验收。

2）施工要点。

①砂结合层应平整，块体间应预留 10mm 的缝隙，缝内应填砂，并应用 1∶2 水泥砂浆勾缝。

②保护层周边 500mm 范围内，应改用低强度等级的水泥砂浆做结合层。

（2）用水泥砂浆作结合层铺砌。

1）工艺流程。清扫防水层表面→做隔离层→摊铺水泥砂浆→按挂线摆铺块体并挤压结合砂浆→接缝用砂浆勾成凹缝→分格缝密封嵌填→清理、清扫保护层表面→检查验收。

2）施工要点。

①块体铺砌前应浸水湿润并晾干。

②铺砌要在水泥砂浆初凝前完成，做到块体表面平整、结合砂浆密实，较大块体可铺灰摆放、小板块可打灰铺砌。

③块体间应预留 10mm 的缝隙，缝内应用 1∶2 水泥砂浆勾缝；也可在块体铺砌并养护 1～2d 后经清扫、湿润缝口后再予以勾实。

2. 水泥砂浆保护层施工

（1）工艺流程。清扫防水层表面→找标准块→设置隔离层→随铺水泥砂浆随拍实→刮尺找平→二次搓平收光→初凝前划（刮）出表面分格缝→充分养护→清理干净临时保护遮盖物和堵塞物→保护层检查验收。

（2）施工要点。

1）水泥砂浆保护层预先按 4～6m 间距纵横分格，分格块铺抹，分格缝内嵌填密封材料；表面分格缝宜控制在间隔 1m 以内，也可在收平表面过程中压嵌 φ8mm 圆钢或麻绳形成。

2）立面铺抹水泥砂浆保护层，在防水层面层胶黏剂上黏结砂粒或小豆石，以增强保护层与防水层之间的黏结。

3）水泥砂浆表面应抹平压光，不得有裂纹、脱皮、麻面、起砂等缺陷。

3. 细石混凝土保护层施工

（1）工艺流程。

清扫防水层表面→找标准块→固定木枋作分格→设置隔离层→摊铺细石混凝土→铁辊滚压或人工拍打密实→刮尺找坡、刮平、初凝前木抹子提浆搓平→收水后二次搓平、收光→终凝前取出分格木条→养护不少于 7 天→清理干净临时保护遮盖物和堵塞物→保护层检查验收。

（2）施工要点。

1）一个分格内的细石混凝土宜一次连续完成，宜采取滚压或人工拍实、刮平表面，木抹子二次提浆收平。注意施工不宜采取机械振捣方式，不宜掺加水泥砂浆或干灰来抹压、收光表面。细石混凝土表面应抹平压光，不得有裂纹、脱皮、麻面、起砂等缺陷。

2）细石混凝土铺设不宜留施工缝；当施工间隙超过时间规定时，应对接槎进行处理。

3）细石混凝土初凝后及时取出分格缝木条，修整好缝边。终凝前铁抹子压光。

4）保护层内如配筋，钢筋网片设置在保护层中间偏上部位，预先用砂浆垫块支垫以保证位置。

5）适时开始养护，养护时间不应少于 7d，完成养护后干燥和清理分格缝、嵌填密封材料封闭。

4. 浅色涂料保护层施工

（1）工艺流程。卷材或涂膜防水层检查验收→清扫干净防水层表面→逐遍喷（或刷）涂浅色、反射涂料保护层→检查验收。

（2）施工要点。

1）保护层施工前，用柔软、干净的棉布擦拭、清除防水层表面的浮灰。

2）浅色涂料应与卷材、涂膜相容，材料用量应根据产品说明书的规定使用。

3）浅色涂料应多遍涂刷，涂刷方向应相互垂直；当防水层为涂膜时，应在涂膜固化后进行。

4）按材料说明书要求配制好涂料，顺序、均匀涂刷（或喷）保护层涂料，涂层表面应平整，不得流淌和堆积。

5）涂层应与防水层黏结牢固，厚薄应均匀，不得漏涂。

5. 细砂、云母及蛭石保护层施工

（1）工艺流程。涂膜防水层检查→清扫干净防水层表面→喷（或刷）涂面层防水涂料→撒布细砂、云母或蛭石→清理干净临时保护遮盖物和堵塞物→保护层检查验收。

（2）施工要点。

1）细砂应清洗干净、干燥并筛去粉料，云母或蛭石应干燥并筛去粉料。

2）在涂刷最后一道面层涂料时，边涂刷边撒布细砂、云母或蛭石，撒布要均匀、不露底。

3）同时用软质胶辊在撒布料上反复轻轻滚压，促使撒布料牢固地黏结在涂层上。

4）涂料干燥后扫除、收集未黏结牢的保护材料，经筛除细料后再予以利用。

6. 隔离层施工

（1）隔离层铺设不得有破损和漏铺现象。

（2）干铺塑料膜、土工布、卷材时，其搭接宽度不应小于50mm；铺设应平整，不得有皱折。

（3）低强度等级砂浆铺设时，其表面应平整、压实，不得有起壳和起砂等现象。

（三）质量要求

1. 隔离层

（1）隔离层所用材料的质量及配合比，应符合设计要求。

（2）隔离层不得有破损和漏铺现象。

（3）塑料膜、土工布、卷材应铺设平整，其搭接宽度不应小于50mm，不得有皱折。

（4）低强度等级砂浆表面应压实、平整，不得有起壳、起砂现象。

2. 保护层

（1）保护层所用材料的质量及配合比，应符合设计要求。

（2）块体材料、水泥砂浆或细石混凝土保护层的强度等级，应符合设计要求。

（3）保护层的排水坡度，应符合设计要求，不得有积水现象。

（4）块体材料保护层表面应干净，接缝应平整，周边应顺直，镶嵌应正确，应无空鼓现象。

（5）水泥砂浆、细石混凝土保护层不得有裂纹、脱皮、麻面和起砂等现象。

（6）浅色涂料应与防水层黏结牢固，厚薄应均匀，不得漏涂。

（7）保护层的允许偏差和检验方法应符合《屋面工程质量验收规范》（GB 50207—2012）中表4.5.12的规定。

（四）成品保护

（1）合理、有序安排作业批的次序。有高低的屋面先高后低，同一高度先远后近，避免施工中重复踩踏。

（2）隔离层、保护层施工中，应采取措施保护好屋面防水层、墙面、门窗等。

（3）卷材屋面竣工后，禁止在其上凿眼、打洞或做安装、焊接等操作。

任务2 地下防水工程施工

地下防水工程是防止地下水对地下构筑物或建筑物基础的长期浸透，保证地下构筑物或地下室使用功能正常发挥的一项重要工程。地下防水工程作为子分部工程，包括主体结构防水工程和细部构造防水工程等分项工程。地下防水工程的施工应遵循"防、排、截、堵相结合，刚柔相济，因地制宜，综合治理"的原则，符合《地下工程防水技术规范》（GB 50108—

2008)、《地下防水工程质量验收规范》（GB 50208—2011）等国家现行有关标准的规定。

一、地下防水工程施工的总体要求

（1）地下防水工程必须由持有资质等级证书的防水专业队伍进行施工，主要施工人员应持有省级及以上建设行政主管部门或其指定单位颁发的执业资格证书或防水专业岗位证书。

（2）地下防水工程施工前，应通过图纸会审，掌握结构主体及细部构造的防水要求，施工单位应编制防水工程专项施工方案，经监理单位或建设单位审查批准后执行。

（3）地下工程的防水方案一般采用以下 3 种：

1）采用防水混凝土结构，通过调整混凝土配合比或掺外加剂等方法，以提高混凝土的密实性和抗渗性，使其具有一定防水能力。

2）在地下结构表面附加防水层，如铺贴卷材防水层或抹水泥砂浆防水层等。

3）采用防水加排水措施，即"防排结合"方案。排水方案常采用盲沟排水、渗排水与内排法排水等方法将地下水排走，以达到防水的目的。

（4）地下工程的防水等级分为四级，各等级防水标准及适用范围应符合表 6-14 的规定。

表 6-14　　　　　　　　　　　地下工程各等级防水标准及适用范围

防水等级	防　水　标　准	适　用　范　围
一级	不允许渗水，结构表面无湿渍	人员长期停留的场所；因有少量湿渍会使物品变质、失效的储物场所及严重影响设备正常运转和危及工程安全运营的部位；极重要的战备工程、地铁车站
二级	不允许渗水，结构表面可有少量湿渍； 房屋建筑地下工程：总湿渍面积不应大于总防水面积（包括顶板、墙面、地面）的 1/1000；任意 100m² 防水面积上湿渍不超 2 处，单个湿渍的最大面积不大于 0.1m²； 其他地下工程：总湿渍面积不应大于总防水面积的 2/1000；任意 100m² 防水面积上的湿渍不超过 3 处，单个湿渍的最大面积不大于 0.2m²	人员经常活动的场所；在有少量湿渍的情况下不会使物品变质、失效的储物场所及基本不影响设备正常运转和工程安全运营的部位；重要的战备工程
三级	有少量漏水点，不得有线流和漏泥砂； 任意 100m² 防水面积上的漏水点数不超过 7 处，单个漏水点的最大漏水不大于 2.5L/d，单个湿渍的最大面积不大于 0.3m²	人员临时活动的场所；一般战备工程
四级	有漏水点，不得有线流和漏泥砂； 整个工程平均漏水量不大于 2L/(m²·d)；任意 100m² 防水面积的平均漏水量不大于 4L/(m²·d)	对渗漏水无严格要求的工程

（5）地下工程的防水设防要求，应根据使用要求、结构形式、环境条件、施工方法及材料性能等因素合理确定。地下工程的施工方法分为明挖法和暗挖法两种。房屋建筑地下工程一般都采用明挖法施工。明挖法是指敞口开挖基坑，再在基坑中修建地下工程结构，最后用土石回填恢复地面的施工方法。明挖法地下工程的防水设防要求，应按表 6-15 选用。

表 6-15　　　　　　　　　　　　　　明挖法地下工程防水设防要求

工程部位 / 防水措施	主体结构							施工缝							后浇带				变形缝、诱导缝					
防水等级	防水混凝土	防水卷材	防水涂料	塑料防水板	膨润土防水材料	防水砂浆	金属板	遇水膨胀止水条或止水胶	外贴式止水带	中埋式止水带	外抹防水砂浆	外涂防水涂料	水泥基渗透结晶型防水涂料	预埋注浆管	补偿收缩混凝土	外贴式止水带	预埋注浆管	遇水膨胀止水条或止水胶	中埋式止水带	外贴式止水带	可卸式止水带	防水密封材料	外贴防水卷材	外涂防水涂料
一级	应选	应选1~2种						应选2种							应选	应选2种			应选	应选2种				
二级	应选	应选1种						应选1~2种							应选	应选1~2种			应选	应选1~2种				
三级	应选	宜选1种						宜选1~2种							应选	宜选1~2种			应选	宜选1~2种				
四级	应选	—						宜选1种							应选	宜选1种			应选	宜选1种				

（6）地下工程使用的防水材料及其配套材料，应符合现行行业标准《建筑防水涂料中有害物质限量》（JC 1066）的规定，不得对周围环境造成污染。地下工程所使用防水材料的品种、规格、性能等必须符合现行国家或行业产品标准和设计要求。防水材料必须经具备相应资质的检测单位进行抽样检验，并出具产品性能检测报告。防水材料的进场验收应符合下列规定：

1）对材料的外观、品种、规格、包装、尺寸和数量等进行检查验收，并经监理单位或建设单位代表检查确认，形成相应验收记录。

2）对材料的质量证明文件进行检查，并经监理单位或建设单位代表检查确认，纳入工程技术档案。

3）材料进场后应按《地下防水工程质量验收规范》（GB 50208—2011）附录 A 和附录 B 的规定抽样检验，检验应执行见证取样送检制度，并出具材料进场检验报告。

4）材料的物理性能检验项目全部指标达到标准规定时，即为合格；若有一项指标不符合标准规定，应在受检产品中重新取样进行该项指标复验，复验结果符合标准规定，则判定该批材料为合格。

（7）地下防水工程的施工，应建立各道工序的自检、交接检和专职人员检查的制度，并有完整的检查记录；工程隐蔽前，应由施工单位通知有关单位进行验收，并形成隐蔽工程验收记录；未经监理单位或建设单位代表对上道工序的检查确认，不得进行下道工序的施工。

（8）地下防水工程施工期间，必须保持地下水位稳定在工程底部最低高程 500mm 以下，必要时应采取降水措施。对采用明沟排水的基坑，应保持基坑干燥。

（9）地下防水工程不得在雨天、雪天和五级风及其以上时施工；防水材料施工环境气温条件宜符合表 6-16 的规定。

（10）地下工程应按设计的防水等级标准进行验收。地下工程渗漏水调查与检测应按《地下防水工程质量验收规范》（GB 50208—2011）附录 C 执行。

表 6-16 防水材料施工环境气温条件

防 水 材 料	施工环境气温条件
高聚物改性沥青防水卷材	冷粘法、自粘法不低于 5℃，热熔法不低于－10℃
合成高分子防水卷材	冷粘法、自粘法不低于 5℃，焊接法不低于－10℃
有机防水涂料	溶剂型－5～35℃，反应型、水乳型 5～35℃
无机防水涂料	5～35℃
防水混凝土、防水砂浆	5～35℃
膨润土防水材料	不低于－20℃

二、防水混凝土工程施工

防水混凝土主要是以调整混凝土的配合比或加入外加剂等方法来提高混凝土本身密实性和抗渗性，目前在实际工程中主要采用的防水混凝土有普通防水混凝土、外加剂防水混凝土等，其抗渗等级应符合表 6-17 的规定，并应根据地下工程所处的环境和工作条件，满足抗压、抗冻和抗侵蚀性等耐久性要求。防水混凝土结构厚度不应小于 250mm。

表 6-17 防水混凝土设计抗渗等级

工程埋置深度 H（m）	设计抗渗等级
$H<10$	P6
$10≤H<20$	P8
$20≤H<30$	P10
$H≥30$	P12

防水混凝土具有取材容易、施工简便、工期较短、耐久性好、工程造价低等优点，因此，在地下工程中防水混凝土得到了广泛的应用。

（一）施工准备

1. 材料准备

核查工程所选材料的出厂合格证书和性能检测报告，确定其是否符合设计要求及国家规定的相应标准。对进场材料应进行抽样复验，提出试验报告，不合格的材料严禁用于工程。合格的进场材料应按品种、规格妥善放置，由专人保管。

2. 主要机具

车泵、拖式泵、布料机、搅拌机、翻斗车、台秤、手推车、漏斗、吊斗、串筒、溜槽、铁板、铁锹、振捣器、坍落度筒、计量器具等。

3. 作业条件

（1）如地下水位较高，应做好降排水工作，不得在有积水的环境中浇筑混凝土。

（2）浇筑混凝土前，应完成钢筋、模板的预检、隐检工作。

（3）根据施工方案编制技术交底文件，做好技术交底工作。

（二）施工工艺

1. 工艺流程

垫层施工→钢筋绑扎→模板支设→混凝土配制→混凝土运输→混凝土浇筑和振捣→混凝土养护→拆模。

2. 施工要点

（1）垫层施工。基坑开挖后，铺设 300～400mm 厚毛石，上铺 50mm 粒径 25～40mm 的石子，夯实或碾压，然后浇灌厚 100mm 的 C15 混凝土垫层。

（2）钢筋绑扎。防水混凝土的钢筋绑扎除应满足普通钢筋绑扎的基本要求外，尚应满足下列要求：

1）绑扎钢筋时，应按设计要求留足保护层，且迎水面钢筋保护层厚度不应小于 50mm。留设保护层，应以相同配合比的细石混凝土或水泥砂浆制成垫块，将钢筋垫起，严禁以垫铁或钢筋头垫钢筋，或将钢筋用铁钉及钢丝直接固定在模板上。

2）防水混凝土内部设置的各种钢筋或绑扎铁丝均不得接触模板。绑扎钢筋的铅丝应向里侧弯曲，不得外露。采用铁马凳架设钢筋时，在不便取掉铁马凳的情况下，应在铁马凳上加焊止水环。

（3）模板支设。

1）模板应平整，拼缝严密，并应有足够的刚度、强度和较低的吸水性，支撑牢固，装拆方便，以钢模、木模、木（竹）胶合板模板为宜。

2）固定模板尽量避免采用螺栓或铁丝贯穿混凝土墙的方法，以避免水沿缝隙渗入。在条件适宜的情况下，可采用滑模施工或采取在模板外侧进行加固的方法。

3）防水混凝土结构内部设置的各种钢筋或绑扎铁丝，不得接触模板。

4）固定模板用的螺栓必须穿过混凝土结构时，可采用工具式螺栓或螺栓加堵头，螺栓应加焊方形止水环（图 6-1），止水环边缘距螺栓不小于 3cm。管道、套管等穿墙时，应加焊止水环，并焊满。

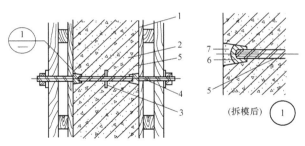

图 6-1 固定模板用螺栓的防水构造

1—模板；2—结构混凝土；3—止水环；4—工具式螺栓；
5—固定模板用螺栓；6—嵌缝材料；7—聚合物水泥砂浆

（4）混凝土配制。防水混凝土的施工配合比应通过试验确定，并应符合下列规定：试配要求的抗渗水压值应比设计值提高 0.2MPa；胶凝材料总用量不宜小于 320kg/m²，其中水泥用量不宜小于 260kg/m²，粉煤灰掺量宜为胶凝材料总量的 20%～30%，硅粉的掺量宜为胶凝材料总量的 2%～5%；水胶比不得大于 0.50，有侵蚀性介质时水胶比不宜大于 0.45；砂率宜为 35%～40%，泵送时可增至 45%；灰砂比宜为 1∶1.5～1∶2.5。掺加引气剂或引气型减水剂时，混凝土含气量应控制在 3%～5%。

防水混凝土配料应按配合比准确称量。使用减水剂时，减水剂宜配制成一定浓度的溶液。防水混凝土拌和物应采用机械搅拌，搅拌时间不宜小于 2min。掺外加剂时，搅拌时间应根据外加剂的技术要求确定。

防水混凝土采用预拌混凝土时，入泵坍落度宜控制在 120～160mm，坍落度每小时损失值不应大于 20mm，坍落度总损失值不应大于 40mm。预拌混凝土的初凝时间宜为 6～8h。

（5）混凝土运输。常温下，拌好的混凝土应在 0.5h 内运至现场，于初凝前浇筑完毕。运送距离远或气温较高时，可掺入缓凝型减水剂。防水混凝土拌和物在运输后如出现离析，必须进行二次搅拌。当坍落度损失后不能满足施工要求时，应加入原水胶比的水泥浆或掺加同品种的减水剂进行搅拌，严禁直接加水。

（6）混凝土浇筑和振捣。防水混凝土应分层连续浇筑，分层厚度不得大于500mm。一般应在下层混凝土初凝前接着浇灌上一层混凝土，否则应留施工缝。通常分层浇灌的时间间隔不超过2h；气温在30℃以上时，不超过1h。防水混凝土浇灌高度一般不超过1.5m，否则应用串筒、溜槽或其他有效办法浇筑。

防水混凝土应采用机械振捣，振捣时间宜为10～30s，以混凝土泛浆后不冒气泡为准，应避免漏振、欠振和超振。混凝土振捣后须用铁锹拍实，等混凝土初凝后用铁抹子压光，以增加表面的致密性。

（7）混凝土养护。防水混凝土的养护条件对其抗渗有重要影响。因此，防水混凝土终凝后应立即进行养护，养护时间不得少于14d。掺早强型外加剂或微膨胀水泥配制的防水混凝土，更应加强早期养护。

（8）拆模。拆模时，结构表面温度与周围气温的温差不得超过15℃。拆模后，应将用对拉螺栓固定模板时留下的凹槽用密封材料封堵密实，并应用聚合物水泥砂浆抹平（图6-1）；地下结构应及时回填，不应长期暴露，以避免因干缩和温差产生裂缝。

3. 施工要求

（1）施工缝。

1）防水混凝土应连续浇筑，宜少留施工缝。当留设施工缝时，应符合下列规定：

①墙体水平施工缝不应留在剪力最大处或底板与侧墙的交接处，应留在高出底板表面不小于300mm的墙体上。拱（板）墙结合的水平施工缝，宜留在拱（板）墙接缝线以下150～300mm处。墙体有预留孔洞时，施工缝距孔洞边缘不应小于300mm。

②垂直施工缝应避开地下水和裂隙水较多的地段，并宜与变形缝相结合。

2）施工缝防水构造形式宜按图6-2～图6-5选用，当采用两种以上构造措施时可进行有效组合。

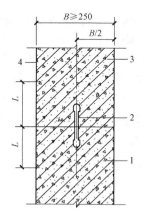

图6-2 施工缝防水构造（一）

钢板止水带L≥150；橡胶止水带L≥200；

钢边橡胶止水带L≥120

1—先浇混凝土；2—中埋止水带；

3—后浇混凝土；4—结构迎水面

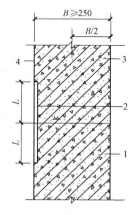

图6-3 施工缝防水构造（二）

外贴止水带L≥150；外涂防水涂料L＝200；

外抹防水砂浆L＝200

1—先浇混凝土；2—外贴止水带；

3—后浇混凝土；4—结构迎水面

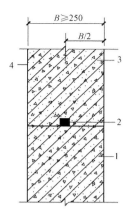

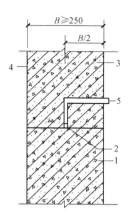

图 6-4　施工缝防水构造（三）　　　　　　图 6-5　施工缝防水构造（四）
1—先浇混凝土；2—遇水膨胀止水条（胶）；　1—先浇混凝土；2—预埋注浆管；3—后浇混凝土；
3—后浇混凝土；4—结构迎水面　　　　　4—结构迎水面；5—注浆导管

3）施工缝的施工应符合下列规定：

①水平施工缝浇筑混凝土前，应将其表面浮浆和杂物清除，然后铺设净浆或涂刷混凝土界面处理剂、水泥基渗透结晶型防水涂料等材料，再铺 30～50mm 厚的 1:1 水泥砂浆，并应及时浇筑混凝土。

②垂直施工缝浇筑混凝土前，应将其表面清理干净，再涂刷混凝土界面处理剂或水泥基渗透结晶型防水涂料，并应及时浇筑混凝土。

③遇水膨胀止水条（胶）应与接缝表面密贴。

④选用的遇水膨胀止水条（胶）应具有缓胀性能，7d 的净膨胀率不宜大于最终膨胀率的 60%，最终膨胀率宜大于 220%。

⑤采用中埋式止水带或预埋式注浆管时，应定位准确、固定牢靠。

（2）大体积防水混凝土。大体积防水混凝土的施工，应符合下列规定：

1）在设计许可的情况下，掺粉煤灰混凝土设计强度等级的龄期宜为 60d 或 90d。

2）宜选用水化热低和凝结时间长的水泥。

3）宜掺入减水剂、缓凝剂等外加剂和粉煤灰、磨细矿渣粉等掺和料。

4）炎热季节施工时，应采取降低原材料温度、减少混凝土运输时吸收外界热量等降温措施，入模温度不应大于 30℃。

5）混凝土内部预埋管道，宜进行水冷散热。

6）应采取保温保湿养护。混凝土中心温度与表面温度的差值不应大于 25℃，表面温度与大气温度的差值不应大于 20℃，温降梯度不得大于 3℃/d，养护时间不应少于 14d。

（3）冬期施工。防水混凝土的冬期施工，应符合下列规定：

1）混凝土入模温度不应低于 5℃。

2）混凝土养护应采用综合蓄热法、蓄热法、暖棚法、掺化学外加剂等方法，不得采用电热法或蒸气直接加热法。

3）应采取保湿保温措施。

（三）成品保护

（1）浇筑混凝土时严禁踩踢钢筋，要确保钢筋、模板、预埋件的位置准确。

（2）在拆模或吊运其他物件时，不得碰坏施工缝处企口、止水带及外露钢筋。

（3）穿墙管、电线管、门窗及预埋件等应事先预埋准确、牢固，振捣时勿挤偏或使预埋件挤入混凝土内，严禁事后打洞。

（4）混凝土强度未达到 $1.2N/m^2$ 时严禁上人走动和进行其他工序施工。

（5）地下工程的结构部分拆模后，应抓紧进行下一分项工程的施工，以便及时对基坑回填，回填土应分层铺填和夯实，并控制好回填土的含水率及干密实度等指标。

（6）基坑回填后，做好建筑物周围的防排水工作，以保护基坑回填土及地基不受地面水入侵。

三、卷材防水层施工

国家标准《地下工程防水技术规范》（GB 50108—2008）规定：卷材防水层应铺设在混凝土结构的迎水面、建筑物地下室结构底板垫层至墙体设防高度的结构基面上。也就是说，建筑物地下室的防水应采用把卷材防水层设置在建筑结构外侧的外防水方案，而不应采用把卷材防水层设置在建筑结构内侧的内防水方案。外防水方案，根据立面卷材防水层直接铺设的位置可分为外防外贴法和外防内贴法两种。外防外贴法是将立面卷材防水层直接铺设在地下混凝土结构的外墙外表面的方法；外防内贴法是将立面卷材防水层直接铺设在永久保护墙内表面的方法。由于外防外贴法的防水效果优于外防内贴法，所以在施工场地和条件不受限制时一般均采用外防外贴法。

卷材防水层的卷材品种、厚度及施工方法一般按表6-18选用。由于目前在工程上采用改性沥青防水卷材热熔法施工较多，以下主要介绍外防外贴法改性沥青防水卷材热熔法施工的工艺。

表 6-18   卷材防水层的卷材品种、厚度及施工方法

类别	品 种 名 称		厚度（mm）		施工方法
			单层厚度	双层厚度	
高聚物改性沥青类防水卷材	弹性体改性沥青防水卷材		≥4	≥(4+3)	热熔法
	改性沥青聚乙烯胎防水卷材				
	自粘聚合物改性沥青防水卷材	聚酯毡胎体	≥3	≥(3+3)	自粘法
		无胎体	≥1.5	≥(1.5+1.5)	
合成高分子类防水卷材	三元乙丙橡胶防水卷材		≥1.5	≥(1.2+1.2)	冷粘法
	聚氯乙烯防水卷材		≥1.5	≥(1.2+1.2)	焊接法
	聚乙烯丙纶复合防水卷材		卷材：≥0.9 粘接料：≥1.3 芯材：≥0.6	卷材：≥(0.7+0.7) 粘接料：≥(1.3+1.3) 芯材：≥0.5	冷粘法
	高分子自粘胶膜防水卷材		≥1.2	—	自粘法

（一）施工准备

1. 材料准备

地下防水工程所使用的防水材料，应有产品的合格证书和性能检测报告，材料的品种、规格、外观质量、性能等应符合现行国家产品标准（行业标准）和设计要求。

卷材防水层应采用高聚物改性沥青防水卷材和合成高分子防水卷材。所选用的基层处理剂、胶黏剂、密封材料等配套材料，均应与铺贴的卷材材性相容；不同种类卷材的配套材料不能相互混用。

2. 主要机具

平铲、扫帚、钢丝刷、高压吹风机、搅拌器、铁桶、小线绳、剪刀、滚刷、油漆刷、焊枪、汽油喷灯、压辊、皮尺、钢卷尺等。

3. 作业条件

（1）在地下防水工程施工前及施工期间，应确保基础坑内不积水。

（2）卷材防水层铺贴前，所有穿过防水层的管道、预埋件均应施工完毕，并做了防水处理。

（3）卷材防水层施工前，基层表面应坚实、平整、洁净、干燥，不得有起砂、空鼓等现象。

（二）施工工艺

1. 工艺流程

外防外贴法的主要施工过程为：在垫层上先铺好底板卷材防水层，然后进行地下室底板与墙体施工，待地下室墙体模板拆除后，再将卷材防水层直接铺贴在地下室外墙面上，然后施工垂直保护层（保护墙）。其具体工艺流程为：在混凝土垫层上砌筑下部保护墙→在保护墙及垫层上抹找平层→涂刷基层处理剂→铺贴卷材附加层→铺贴大面卷材→抹保护层→地下室底板及墙体施工→地下室外墙面抹找平层→涂布底胶→铺阴阳角附加层→地下室外墙面卷材施工→上部保护墙施工。

2. 施工要点

（1）在地下室底板外侧的混凝土垫层上，用 M5 水泥砂浆砌筑宽度不小于 120mm 厚的永久性保护墙，墙的高度不小于结构底板厚度再加 120mm。在永久性保护墙上用石灰砂浆直接砌临时保护墙，墙高为 300mm。

（2）在垫层和永久性保护墙上抹 1:3 水泥砂浆找平层，转角处应做成圆弧或 45°坡角。在临时保护墙上用石灰砂浆抹找平层。

（3）找平层干燥并清扫干净后，按照所用的不同卷材种类，涂刷相应的基层处理剂；当基面潮湿时，应涂刷湿固化型胶黏剂或潮湿界面隔离剂。如采用空铺法，可不涂基层处理剂。

（4）待基层处理剂干燥后，按设计要求在阴阳角、穿墙管道根部、预埋件等部位先铺贴一层卷材附加层，附加层宽度不应小于 500mm。

（5）采用热熔法大面积铺贴卷材时，首先应点燃火焰喷枪，用火焰喷枪烘烤卷材底面与基层交界处，使卷材表面的沥青熔化，喷枪距卷材的距离根据火焰大小而定，一般距离为0.3～0.5m，沿卷材幅宽往返烘烤，同时向前滚动卷材，然后用压辊滚压或用小抹子抹平、粘牢。施工时应注意火焰大小和移动速度，使卷材表面熔化，熔化时切忌烤透卷材，以防粘连。

进行卷材搭接时，一边用喷枪加热搭接外露部分，使沥青熔化，然后用抹子将搭接处抹平，使卷材的接缝黏结牢固。

（6）防水层施工完毕并经检查验收合格后，宜在平面卷材防水层上干铺一层卷材作保护隔离层，在其上做水泥砂浆或细石混凝土保护层；在立面卷材上涂布一层胶后撒砂，将砂粘牢后，在永久性保护墙区段抹 20mm 厚 1:3 水泥砂浆，在临时保护墙区段抹石灰砂浆，作为卷材防水层的保护层。

（7）底板和墙体混凝土施工完毕，拆除墙体模板后，在外墙外表面抹1∶3水泥砂浆找平层。

（8）拆除临时保护墙，清除石灰砂浆，并将卷材上的浮灰和污物清洗干净，再将此区段的外墙外表面上补抹水泥砂浆找平层，将卷材分层错槎搭接向上铺贴。

（9）外墙防水层经检查验收合格，确认无渗漏隐患后，做外墙防水层的保护层（墙），并及时进行槽边土方回填施工。

3．施工要求

（1）基层处理剂应与卷材及其黏结材料的材性相容；基层处理剂喷涂或刷涂应均匀一致，不应露底，表面干燥后方可铺贴卷材。

（2）采用外防外贴法铺贴卷材防水层时，应先铺平面，后铺立面，交接处应交叉搭接。弹性体改性沥青防水卷材及改性沥青聚乙烯胎防水卷材的搭接宽度应为100mm，搭接宽度的允许偏差应为−10mm。铺贴双层卷材时，上下两层和相邻两幅卷材的接缝应错开1/3～1/2幅宽，且两层卷材不得相互垂直铺贴。

（3）结构底板垫层混凝土部位的卷材可采用空铺法或点粘法施工，其黏结位置、点粘面积应按设计要求确定；侧墙采用外防外贴法的卷材及顶板部位的卷材应采用满粘法施工。从底面折向立面的卷材与永久性保护墙的接触部位，应采用空铺法施工；卷材与临时性保护墙或围护结构模板的接触部位，应将卷材临时贴附在该墙上或模板上，并应将顶端临时固定。

（4）热熔法铺贴卷材时，火焰加热器加热卷材应均匀，不得加热不足或烧穿卷材；卷材表面热熔后应立即滚铺，排除卷材下面的空气，并辊压黏结牢固，不得有空鼓；卷材接缝部位应溢出热熔的改性沥青胶料，并粘贴牢固，封闭严密；铺贴后的卷材应平整、顺直，搭接尺寸应正确，不得有扭曲、折皱、翘边和起泡等缺陷。

（5）混凝土结构完成，铺贴立面卷材时，应先将接槎部位的各层卷材揭开，并应将其表面清理干净，如卷材有局部损伤，应及时进行修补；卷材接槎的搭接长度，高聚物改性沥青类卷材应为150mm，合成高分子类卷材应为100mm；当使用两层卷材时，卷材应错槎接缝，上层卷材应盖过下层卷材。

卷材防水层甩槎、接槎构造见图6-6。

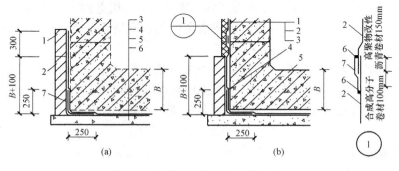

图6-6　卷材防水层甩槎、接槎做法

（a）甩槎：1—临时保护墙；2—永久保护墙；3—细石混凝土保护层；4—卷材防水层；

5—水泥砂浆找平层；6—混凝土垫层；7—卷材加强层

（b）接槎：1—结构墙体；2—卷材防水层；3—卷材保护层；4—卷材加强层；

5—结构底板；6—密封材料；7—盖缝条

（6）铺贴立面卷材防水层时，应采取防止卷材下滑的措施。

（7）地下室外墙卷材防水层的保护层应与防水层结合紧密。

（三）成品保护

（1）已铺贴好的卷材防水层，加强保护措施，制订防护方案，要有专人负责管理，确保防水层不受破坏。

（2）预埋的管道，在施工中不得碰损和堵塞杂物。

（3）防水层施工完毕后，下道工序施工的队伍应注意保护好防水层，不得在防水层上放置材料及作为施工运输车道。做保护层时，确需在防水层上运料时，应先用木板等材料铺行车（人）道，车辆支撑脚用软体材料包好，防止刺破防水层。

（4）卷材防水层铺贴完成后，应及时做好保护层，防止后序施工碰损防水层，严禁在防水层上打眼开洞；外贴防水层施工完后，应按设计砌好防护墙。

（5）卷材运输及保管时平放不得高于4层，不得斜放、乱堆，应避免雨淋、日晒、受潮。

（6）操作人员不得穿带铁钉鞋进行施工。

四、细部构造防水施工

地下工程混凝土结构的变形缝、后浇带、穿墙管（盒）、埋设件等细部构造，是地下工程防水的薄弱环节。做好地下工程混凝土结构细部构造防水，显得更为重要。这里主要介绍变形缝和后浇带的施工。

（一）变形缝

1. 施工准备

（1）材料准备。

1）变形缝用止水带、填缝材料和密封材料必须符合设计要求。

2）所使用混凝土的强度、抗渗性应符合设计及相关规范要求。

（2）主要机具。混凝土搅拌机、混凝土坍落度筒、振捣棒、平板振动器、手推车、夹钳、活动扳手、电焊机、剪刀等。

（3）作业条件。底板的垫层、防水层、防水保护层、底板钢筋、侧壁钢筋已施工完毕。

2. 施工工艺

（1）工艺流程。变形缝施工的工艺流程为：对变形缝的位置及尺寸进行放线→钢筋施工→橡胶止水带固定→侧模封闭→混凝土浇筑、养护→侧模拆除→将用塑料薄膜或铝箔包装成型的填缝材料定位、固定。

（2）施工要点。

1）变形缝处混凝土结构的厚度不应小于300mm。变形缝的宽度宜为20～30mm。变形缝的防水措施可根据工程开挖方法、防水等级按表6-15选用。变形缝防水构造必须符合设计要求。变形缝的几种复合防水构造形式，见图6-7～图6-9。

2）中埋式止水带埋设位置应准确，其中间空心圆环应与变形缝的中心线重合；中埋式止水带的接缝宜为一处，应设在边墙较高位置上，不得设在结构转角处；接头宜采用热压焊接，接缝应平整、牢固，不得有裂口和脱胶现象；中埋式止水带在转弯处应做成圆弧形，橡胶止水带的转角半径不应小于200mm，转角半径应随止水带的宽度增大而相应加大；顶板、底板内止水带应安装成盆状，并宜采用专用钢筋套或扁钢固定；中埋式止水带先施工一侧混凝土时，其端模应支撑牢固，并应严防漏浆。

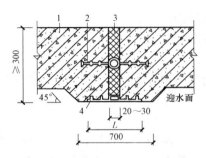

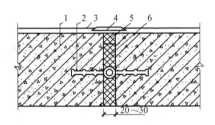

图 6-7　中埋式止水带与外贴防水层复合使用

外贴式止水带 $L \geqslant 300$；外贴防水卷材 $L \geqslant 400$；

外涂防水涂层 $L \geqslant 400$

1—混凝土结构；2—中埋式止水带；

3—填缝材料；4—外贴止水带

图 6-8　中埋式止水带与嵌缝材料复合使用

1—混凝土结构；2—中埋式止水带；3—防水层；

4—隔离层；5—密封材料；6—填缝材料

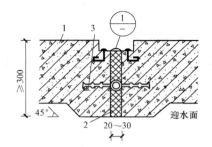

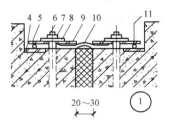

图 6-9　中埋式止水带与可卸式止水带复合使用

1—混凝土结构；2—填缝材料；3—中埋式止水带；4—预埋钢板；5—紧固件压板；6—预埋螺栓；

7—螺母；8—垫圈；9—紧固件压块；10—Ω 型止水带；11—紧固件圆钢

3）外贴式止水带在变形缝与施工缝相交部位宜采用十字配件；外贴式止水带在变形缝转角部位宜采用直角配件。止水带埋设位置应准确，固定应牢靠，并与固定止水带的基层密贴，不得出现空鼓、翘边等现象。

4）安设于结构内侧的可卸式止水带所需配件应一次配齐，转角处应做成 45°折角，并增加紧固件的数量。安设于结构内侧的可卸式止水带施工时应符合下列规定。

5）嵌填密封材料的缝内两侧基面应平整、洁净、干燥，并应涂刷基层处理剂；嵌缝底部应设置背衬材料；密封材料嵌填应严密、连续、饱满，黏结牢固。

6）变形缝处表面粘贴卷材或涂刷涂料前，应在缝上设置隔离层和加强层。

3. 成品保护

（1）变形缝处混凝土模板的拆除时间不宜小于 24h，以确保变形缝处混凝土的成型质量。

（2）橡胶止水带的运输、施工应小心轻放，禁止野蛮施工，以防止钉子、钢筋等锐器扎伤止水带。

（3）混凝土施工完毕应及时养护，以确保混凝土的强度。

（二）后浇带

为适应环境温度变化、混凝土收缩、结构不均匀沉降等因素影响，在梁、板（包括基础底板）、墙等结构中预留的具有一定宽度且经过一定时间后再浇筑的混凝土带，称为后浇带。

后浇带宜用于不允许留设变形缝的工程部位，并且应设在受力和变形较小的部位，其间距和位置应按结构设计要求确定，宽度宜为 700～1000mm。后浇带两侧可做成平直缝或阶梯缝，其防水构造形式宜采用图 6-10～图 6-12。

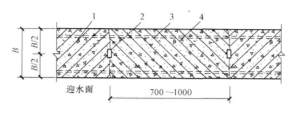

图 6-10　后浇带防水构造（一）

1—先浇混凝土；2—遇水膨胀止水条（胶）；3—结构主筋；4—后浇补偿收缩混凝土

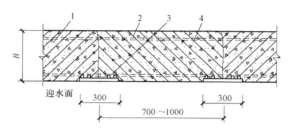

图 6-11　后浇带防水构造（二）

1—先浇混凝土；2—结构主筋；3—外贴式止水带；4—后浇补偿收缩混凝土

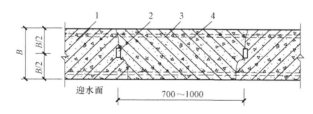

图 6-12　后浇带防水构造（三）

1—先浇混凝土；2—遇水膨胀止水条（胶）；3—结构主筋；4—后浇补偿收缩混凝土

1. 施工准备

（1）材料准备。

1）后浇带用遇水膨胀止水条或止水胶、预埋注浆管、外贴式止水带必须符合设计要求。

2）后浇带应采用补偿收缩混凝土，其原材料及配合比必须符合设计要求，抗渗和抗压强度等级不应低于两侧混凝土；在满足强度要求及工艺要求的情况下，其坍落度宜尽可能小一些。采用掺膨胀剂的补偿收缩混凝土，其膨胀剂掺量不宜大于胶凝材料总量的 12%，抗压强度、抗渗性能和限制膨胀率必须符合设计要求。

（2）主要机具。混凝土搅拌机、混凝土坍落度筒、天平、振捣棒、平板振动器、手推车、电焊机、剪刀等。

（3）作业条件。

1）后浇带的位置、宽度应符合设计要求。

2）后浇带应在其两侧混凝土龄期达到 42d 后再施工；高层建筑的后浇带施工应按规定时间进行。

3）后浇带处的钢筋应进行除锈，已将钢筋调整平直。

4）后浇带的模板已封闭严密，且应保证混凝土施工后新旧混凝土没有明显的接槎。

5）已将止水条或止水带固定牢固，确保位置准确。

2. 施工工艺

（1）工艺流程。

1）后浇带的留置。

①地下室底板防水后浇带留置的工艺流程为：地下室底板防水层施工→底板底层钢筋绑扎→后浇带两侧钢板止水带下侧先用短钢筋头与板筋点焊→绑扎钢丝网于钢筋头上，钢丝网放置在先浇混凝土一侧→钢板止水带安置→钢板止水带上侧短钢筋头点焊及绑扎双层钢丝网于钢筋头上→后浇带两侧混凝土施工→后浇带处混凝土余浆清理→后浇带两侧混凝土养护→后浇带盖模板保护钢筋。

②地下室外墙防水后浇带留置的工艺流程为：墙常规钢筋施工→钢板止水带安置→钢板处柱分离箍筋焊接→焊短钢筋头于止水钢板上和剪力墙竖筋上→绑扎双层钢丝网于钢筋头上，钢丝网放置在先浇混凝土一侧→封剪力墙外模，并加固牢固→后浇带两侧混凝土浇筑→后浇带两侧混凝土养护。

③楼板后浇带留置的工艺流程为：后浇带模板支承（应独立支撑）→楼板钢筋绑扎→焊短钢筋头于板面筋和底板筋上→绑扎双层钢丝网于钢筋头上，钢丝网放置在先浇混凝土一侧→后浇带两侧混凝土浇筑→后浇带处混凝土余浆清理→后浇带两侧混凝土养护→后浇带盖模板保护钢筋。

2）后浇带混凝土浇筑。

①地下室底板防水后浇带混凝土浇筑的工艺流程为：凿毛并清洗混凝土界面→钢筋除锈、调整→安装止水条或止水带→混凝土界面铺设与后浇带同强度砂浆或涂刷混凝土界面处理剂→后浇带混凝土施工→后浇带混凝土养护。

②地下室外墙防水后浇带混凝土浇筑的工艺流程为：清理先浇混凝土界面→钢筋除锈、调直→放置止水条或止水带（若采用钢板止水带则无此项）→封后浇带模板，并加固牢固→浇水湿润模板→后浇带混凝土浇筑。

③楼板后浇带混凝土浇筑的工艺流程为：清理先浇混凝土界面→检查原有模板的严密性与可靠性→调整后浇带钢筋并除锈→浇筑后浇带混凝土→后浇带混凝土养护。

（2）施工要点。

1）后浇带两侧的接缝表面应先清理干净，再涂刷混凝土界面处理剂或水泥基渗透结晶型防水涂料；后浇混凝土的浇筑时间应符合设计要求。

2）遇水膨胀止水条应具有缓膨胀性能；止水条与施工缝基面应密贴，中间不得有空鼓、脱离等现象；止水条应牢固地安装在缝表面或预留凹槽内；止水条采用搭接连接时，搭接宽度不得小于 30mm。

3）遇水膨胀止水胶应采用专用注胶器挤出黏结在施工缝表面，并做到连续、均匀、饱满，无气泡和孔洞，挤出宽度及厚度应符合设计要求；止水胶挤出成形后，固化期内应采取临时保护措施；止水胶固化前不得浇筑混凝土。

4）预埋注浆管应设置在施工缝断面中部，注浆管与施工缝基面应密贴并固定牢靠，固定间距宜为 200～300mm；注浆导管与注浆管的连接应牢固、严密，导管埋入混凝土内的部分应与结构钢筋绑扎牢固，导管的末端应临时封堵严密。

5）外贴式止水带在变形缝与施工缝相交部位宜采用十字配件；外贴式止水带在变形缝转角部位宜采用直角配件。止水带埋设位置应准确，固定应牢靠，并与固定止水带的基层密贴，不得出现空鼓、翘边等现象。

6）后浇带混凝土应一次浇筑，不得留设施工缝。

7）混凝土浇筑后应及时养护，养护时间不得少于 28d。

3. 成品保护

（1）补偿收缩混凝土浇筑前，后浇带部位和外贴式止水带应采取保护措施。

（2）在混凝土强度达到 1.2N/mm² 前，不得在其上踩踏或其他作业。

任务 3　室内防水工程施工

室内防水工程适用于厨房、厕浴间等有防水要求的房间。由于防水卷材的剪口和接缝较多，很难黏结牢固、封闭严密，难以形成一个有弹性的整体防水层，比较容易发生渗漏水的质量事故；而防水涂膜涂布于复杂的细部构造部位能形成没有接缝的、完整的涂膜防水层。因此，室内防水工程多采用涂膜防水层。下面以聚氨酯防水涂料为例，介绍室内防水工程施工。

室内防水工程的一般构造层次是：

1）结构基层。一般采用无施工缝的现浇钢筋混凝土板或整块预制钢筋混凝土板，楼板四周除门洞外做混凝土翻边。

2）找平层。一般用 1：3 水泥砂浆，找平层厚度为 15～20mm。

3）防水层。采用涂膜防水层，选用合成高分子涂料、高聚物改性沥青防水涂料。

4）楼地面及墙面面层。楼地面一般为马赛克或地面砖，墙面一般为瓷砖面层或耐水涂料。

一、施工准备

1. 材料准备

防水材料应符合设计要求和有关现行国家标准的规定，进场后应进行抽样复验，其材质经有资质的检测单位认定，合格后方准使用。

材料现场堆放场地应选择可以遮挡雨雪、无热源的仓库，并按照材料种类分别堆放，对易燃易爆材料应设置警示牌并严禁烟火。

2. 主要机具

室内防水施工机具主要有：电动搅拌器、拌料桶、油漆桶、灰板、铁抹子、木抹子、阴阳角抹子、塑料刮板及毛刷、铁皮小刮板、橡胶刮板、钢丝刷、油漆刷（刷底胶用）、滚动刷（刷底胶用）、弹簧秤、八字靠尺、榔头、尖凿子、捻錾子、铁锹、油工铲刀、笤帚、消防器材、刮杠等。

3. 作业条件

（1）防水层下基层或结构层工程完工后，经检验合格并做隐蔽记录，方可进行防水层的施工。

（2）基层应干燥，含水率应不大于9%。

（3）上水管、热水管、暖水管应加套管，套管应高出基层20～40mm。所有管件、卫生设备、地漏等都必须安装牢固，接缝紧密，管道根部应用水泥砂浆振捣密实、混凝土填实，用密封膏嵌严。

（4）地面找坡，坡向地漏。地漏处一般低于地面20mm，以地漏周围50mm之内为半径，排水坡度为3%～5%。地面找平层坡度在2%以上，无积水。阴阳角应抹成20～50mm的圆弧形。在管道、套管根部、地漏周围应留10mm宽的小槽，待找平层干燥后用嵌缝材料进行嵌填、补平。

二、施工工艺

1. 工艺流程

基层处理→涂刷处理剂→涂刷附加层涂料→涂刷第一道涂料、涂刷第二道涂料、涂刷第三道涂料→蓄水试验→地面面层施工→第二次蓄水试验。

2. 施工要点

（1）基层处理。将基层清扫干净，有起砂、麻面、裂缝处用聚氨酯调水泥腻子刮平；如有油污，应用钢丝刷和砂纸刷掉。

（2）涂刷基层处理剂。将聚氨酯甲料与乙料及二甲苯按1∶1.5∶2的比例配制，搅拌均匀，制成基层处理剂。涂刷时可用油漆刷蘸基层处理剂在阴阳角、管道根部均匀涂刷一遍，然后进行大面积涂刷，涂刷时，应均匀一致，不见白露底。一般涂刷量以0.15～0.2kg/m²为宜。涂刷后要干燥4h以上才能进行下道工序。

（3）涂刷附加层涂料。在厕浴间的地漏、管道根部、阴阳角等容易漏水部位，先用聚氨酯涂料甲料∶乙料＝1∶1.5的比例混合，均匀涂刷一道作附加层，涂刷宽度为100mm。

（4）涂刷第一、第二、第三道涂料。将聚氨酯防水涂料甲料与乙料及二甲苯按1∶1.5∶0.2的比例配料，用油漆刷均匀涂刷一遍，要求薄厚一致，用料量在0.8～1.0kg/m²为宜，立面涂刮高度不小于100mm。待第一道涂膜固化干燥以后，再按上述方法，涂刮第二道涂料。涂刮方向应与第一道相垂直，用量与第一道相同。待第二道涂膜固化后，再按上述方法涂刮第三道涂料，用料量为0.4～0.5kg/m²。在涂抹防水施工中，涂抹的厚度及均匀程度是关键，直接关系到防水层的质量。一般聚氨酯涂抹防水层厚度为1.2mm时，其材料用量约为2.5kg/m²。

为增加防水涂抹与黏结保护层之间的黏结能力，在第三道涂膜涂刷以后尚未固化时，在表面稀撒少许干净的直径为2mm不带棱角的砂粒。

（5）蓄水试验。防水涂层施工完毕要做蓄水试验。蓄水深度在地面最高处应有20mm的积水，24h后检查是否渗漏。待聚氨酯安全固化后可进行第一次蓄水试验，蓄水24h无渗漏为合格。

（6）地面面层施工。当防水涂膜完全固化，并经检验合格以后，即可抹水泥砂浆保护层或粘铺地板砖、马赛克等饰面层。

（7）第二次蓄水试验。装饰工程完工后，要进行第二次蓄水试验，以检验防水层完工以后是否被水电或其他装饰工序所损坏。蓄水试验合格，室内防水工程才算完成。

三、成品保护

（1）涂膜防水层操作过程中，操作人员要穿平底鞋作业，穿过地面及墙面等处的管件和套管、地漏、固定卡子等，不得碰损、变位。防水涂膜施工时，不得污染其他部位的墙地面、门窗、电气线盒、暖卫管道、卫生器具等。

（2）涂膜防水层每层施工后，要严格加以保护，在厨卫间门口要设醒目的禁入标志，在保护层施工前，任何人不得进入，也不得在上面堆放杂物，以免损坏防水层。

（3）在防水层施工前，地漏或排水口应采取保护措施，以防杂物进入，确保排水畅通、蓄水合格，将地漏内清理干净。

（4）防水保护层施工时，不得在防水层上拌砂浆，铺砂浆时铁锹不得触及防水层，要精工细做，不得损坏防水层。

任务4　外墙防水工程施工

根据《建筑外墙防水工程技术规程》（JGJ/T 235—2011），在正常使用和合理维护的条件下，我国大部分地区的建筑外墙，宜进行墙面整体防水或者应采用节点构造防水措施。

随着建筑物的高度及体积的增大，墙面雨水停留时间变长，墙体渗漏、泛潮导致内墙面美观缺陷、影响建筑物使用功能的可能性增大，这就给外墙防水提出了更高的要求。建筑外墙防水应具有阻止雨水、雪水侵入墙体的基本功能，并应具有抗冻融、耐高低温、承受风荷载等性能。

一、建筑外墙防水工程的技术要求

（1）外墙防水工程的施工应符合《建筑外墙防水工程技术规程》（JGJ/T 235—2011）等现行有关标准的规定。

（2）建筑外墙防水工程所用材料（表6-19）应与外墙相关构造层材料相容，防水材料的性能应符合国家现行有关标准的规定。

表6-19　　　　　　　　　建筑外墙防水工程所用材料类型与品种

类　型	品　　种
防水材料	普通防水砂浆、聚合物水泥防水砂浆、聚合物水泥防水涂料、聚合物乳液防水涂料、聚氨酯防水涂料、防水透气膜
密封材料	硅酮建筑密封胶、聚氨酯建筑密封胶、聚硫建筑密封胶、丙烯酸酯建筑密封胶
配套材料	耐碱玻璃纤维网布、界面处理剂、热镀锌电焊网

（3）外墙整体防水应符合下列规定：

1）外墙整体防水构造及防水层采用材料应符合表6-20的规定。外墙相关构造层之间应黏结牢固，并宜进行界面处理。防水层在不同结构材料的交接处应采用每边不少于150mm的耐碱玻璃纤维网布或热镀锌电焊网作抗裂增强处理。

2）砂浆防水层中可增设耐碱玻璃纤维网布或热镀锌电焊网增强，并宜用锚栓固定于结构墙体中。

3）防水层最小厚度应符合表6-21的规定。

表 6-20   外墙整体防水的构造层次及防水层材料

外墙类型	墙体饰面类型	构造层次（自内向外）	防水层材料
无保温外墙	涂料或块材饰面	结构墙体、找平层、防水层、饰面层	聚合物水泥防水砂浆或普通防水砂浆
	幕墙饰面	结构墙体、找平层、防水层、幕墙饰面层	聚合物水泥防水砂浆、普通防水砂浆、聚合物水泥防水涂料、聚合物乳液防水涂料、聚氨酯防水涂料
外保温外墙	涂料或块材饰面	结构墙体、找平层、防水层、保温层、饰面层	聚合物水泥防水砂浆或普通防水砂浆
	幕墙饰面	结构墙体、找平层、保温层、防水层、幕墙饰面层	聚合物水泥防水砂浆、普通防水砂浆、聚合物水泥防水涂料、聚合物乳液防水涂料、聚氨酯防水涂料；保温层为矿物棉时，宜用防水透气膜

表 6-21   防水层最小厚度   （mm）

墙体基层种类	饰面层种类	聚合物水泥防水砂浆		普通防水砂浆	防水涂料
		干粉类	乳液类		
现浇混凝土	涂料	3	5	8	1.0
	面砖				—
	幕墙				1.0
砌体	涂料	5	8	10	1.2
	面砖				—
	干挂幕墙				1.2

4）砂浆防水层宜留分格缝，分格缝宜设置在墙体结构不同材料交接处。水平分格缝宜与窗口上沿或下沿平齐；垂直分格缝间距不宜大于 6m，且宜与门、窗框两边线对齐。分格缝宽宜为 8～10mm，缝内应采用密封材料作密封处理。

5）外墙防水层应与地下墙体防水层搭接。

（4）外墙节点构造应符合下列规定：

1）门窗框与墙体间的缝隙宜采用聚合物水泥防水砂浆或发泡聚氨酯填充；外墙防水层应延伸至门窗框，防水层与门窗框间应预留凹槽，并应嵌填密封材料；门窗上楣的外口应做滴水线；外窗台应设置不小于 5% 的外排水坡度。

2）雨篷应设置不应小于 1% 的外排水坡度，外口下沿应做滴水线；雨篷与外墙交接处的防水层应连续；雨篷防水层应沿外口下翻至滴水线。

3）阳台应向水落口设置不小于 1% 的排水坡度，水落口周边应留槽嵌填密封材料。阳台外口下沿应做滴水线。

4）变形缝部位应增设合成高分子防水卷材附加层，卷材两端应满粘于墙体，满粘的宽度不应小于 150mm，并应钉压固定；卷材收头应用密封材料密封。

5）女儿墙压顶宜采用现浇钢筋混凝土或金属压顶，压顶应向内找坡，坡度不应小于 2%。当采用混凝土压顶时，外墙防水层应延伸至压顶内侧的滴水线部位；当采用金属压顶时，外墙防水层应做到压顶的顶部，金属压顶应采用专用金属配件固定。

二、砂浆防水层施工

（一）施工准备

1. 材料准备

外墙防水材料应有产品合格证和出厂检验报告，材料的品种、规格、性能等应符合国家现行有关标准和设计要求；进场的防水材料应抽样复验；不合格的材料不得在工程中使用。

防水砂浆的配制应满足下列要求：

（1）配合比应按照设计要求，通过试验确定。

（2）配制乳液类聚合物水泥防水砂浆前，乳液应先搅拌均匀，再按规定比例加入拌和料中搅拌均匀。

（3）干粉类聚合物水泥防水砂浆应按规定比例加水搅拌均匀。

（4）粉状防水剂配制普通防水砂浆时，应先将规定比例的水泥、砂和粉状防水剂干拌均匀，再加水搅拌均匀。

（5）液态防水剂配制普通防水砂浆时，应先将规定比例的水泥和砂干拌均匀，再加入用水稀释的液态防水剂搅拌均匀。

2. 主要机具

脚手架、吊篮、砂浆搅拌机、灰板、铁抹子、木抹子、阴阳角抹子、桶、钢丝刷、软毛刷、靠尺、榔头、铁铲、扫把、刮尺等。

3. 作业条件

（1）外墙防水应由有相应资质的专业队伍进行施工，作业人员应持证上岗，施工前应编制专项施工方案并进行技术交底。

（2）外墙门框、窗框、伸出外墙管道、设备或预埋件等应在建筑外墙防水施工前安装完毕。

（3）外墙防水层的基层找平层应平整、坚实、牢固、干净，不得酥松、起砂、起皮。

（4）每道工序完成后，应经检查合格后再进行下道工序的施工。

（5）外墙防水工程严禁在雨天、雪天和五级风及其以上时施工；施工的环境气温宜为5~35℃。施工时应采取安全防护措施。

（二）施工工艺

1. 工艺流程

基层处理→刷聚合物水泥浆→抹底层防水砂浆→抹面层防水砂浆→养护。

2. 施工要点

（1）基层处理。基层表面应平整、坚实、粗糙、清洁，并充分润湿，无积水。外墙防水层施工前，宜先做好节点处理，再进行大面积施工。外墙结构表面的油污、浮浆应清除，孔洞、缝隙应堵塞抹平；不同结构材料交接处的增强处理材料应固定牢固。基层表面应为平整的毛面，光滑表面应进行凿毛或界面处理。界面处理材料涂刷厚度应均匀、覆盖完全，收水后应按要求湿润并及时进行砂浆防水层施工。

（2）刷聚合物水泥浆。先刷一层 1mm 厚聚合物水泥浆，用铁抹子往返抹压 5~6 遍；随即再抹 1mm 厚素水泥浆找平，并用毛刷横向轻扫一遍。

（3）抹底层防水砂浆。根据底层防水砂浆配合比将材料拌和均匀，进行抹灰操作，底层防水砂浆抹灰厚度为 5~10mm。喷涂施工时，喷枪的喷嘴应垂直于基面，合理调整压力、喷嘴与基面距离；涂抹时应压实、抹平；遇气泡时应挑破，保证铺抹密实。厚度大于10mm时，应分层施工，第二层应待前一层指触不粘时进行，各层应黏结牢固；每层宜连续施工，当需留茬时，应采用阶梯坡形茬，接茬部位离阴阳角不得小于200mm；上下层接茬应错开300mm以上，接茬应依层次顺序操作、层层搭接紧密。

在防水砂浆硬化过程中，用铁抹子分次抹压5～6遍，最后压光。抹平、压实应在初凝前完成。

防水砂浆铺抹施工应符合下列规定：

1）防水砂浆要随拌随用，配制好的防水砂浆宜在1h内用完；施工中不得加水，严禁使用拌和后超过初凝时间的砂浆。

2）窗台、窗楣和凸出墙面的腰线等部位上表面的排水坡度应准确，外口下沿的滴水线应连续、顺直。

3）门框、窗框、伸出外墙管道、预埋件等与防水层交接处应留8～10mm宽的凹槽，砂浆防水层分格缝的留设位置和尺寸应符合设计要求。凹槽、分格缝应进行密封处理。嵌填密封材料前，应将凹槽、分格缝清理干净，密封材料应嵌填密实。

4）砂浆防水层转角宜抹成圆弧形，圆弧半径不应小于5mm，转角抹压应顺直。

5）防水层中设置的耐碱玻璃纤维网布或热镀锌电焊网片不得外露。热镀锌电焊网片应与基层墙体固定牢固；耐碱玻璃纤维网布应铺贴平整、无皱褶，两幅间的搭接宽度不应小于50mm。

（4）抹面层防水砂浆。刷完素水泥浆后，紧接着抹面层防水砂浆，抹灰厚度为5～10mm，抹灰操作应与第一层垂直，先用木抹子搓平，然后用铁抹子压实、压光。

（5）养护。砂浆防水层未达到硬化状态时，不得浇水养护或直接受雨水冲刷，聚合物水泥防水砂浆硬化后应采用干湿交替的养护方法；普通防水砂浆防水层应在终凝后进行保湿养护。养护期间不得受冻，温度不宜低于5℃，每天淋水2～3次，保持湿润。养护时间不得少于7d。

3. 质量要求

（1）砂浆防水层的原材料、配合比及性能指标，应符合设计要求。

（2）砂浆防水层不得有渗漏现象。

（3）砂浆防水层与基层之间及防水层各层之间应结合牢固，不得有空鼓。

（4）砂浆防水层在门窗洞口、伸出外墙管道、预埋件、分格缝及收头等部位的节点做法，应符合设计要求。

（5）砂浆防水层表面应密实、平整，不得有裂纹、起砂、麻面等缺陷。

（6）砂浆防水层留茬位置应正确，接茬应按层次顺序操作，应做到层层搭接紧密。

（7）砂浆防水层的平均厚度应符合设计要求，最小厚度不得小于设计值的80%。

（8）门窗洞口、伸出外墙管道、预埋件及收头等部位的防水构造，应符合设计要求。

（三）成品保护

（1）合理安排不同工序间施工先后顺序，防止后道工序影响或损坏前道工序。

（2）根据产品和工艺特点，分别对成品和半成品采取提前防护、包裹、表面覆盖、局部封闭等具体措施。

（3）制定成品保护责任制度，加强对成品保护的工作巡查，发现问题及时处理。

（4）砂浆防水层在终凝前应防止暴晒、淋雨、水冲、撞击、振动，终凝后应在湿润条件下养护，并尽快适时地做好保护层。

（5）外墙防水工程完工后，应采取保护措施，不得损坏防水层。

任务5　外墙外保温工程施工

外墙外保温系统是由保温层、保护层与固定材料（胶粘剂、锚固件等）构成并且适用于安装在外墙外表面的非承重保温构造总称。将外墙外保温系统通过组合、组装、施工或安装固定在外墙外表面上所形成的建筑物实体，称为外墙外保温工程。外墙外保温工程适用于严寒地区、寒冷地区以及夏热冬冷地区新建居住建筑物或旧建筑物的墙体改造工程。

目前比较成熟的外墙外保温技术主要有：聚苯乙烯泡沫板（又称 EPS 板）薄抹灰外墙外保温系统、胶粉 EPS 颗粒保温浆料外墙外保温系统、EPS 板现浇混凝土外墙外保温系统、EPS 钢丝网架板现浇混凝土外墙外保温系统等。其中，聚苯乙烯泡沫板薄抹灰外墙外保温系统集节能、保温、防水和装饰功能为一体，采用阻燃、自熄型聚苯乙烯泡沫塑料板材，外用专用抹面胶浆铺贴抗碱玻璃纤维网格布，形成浑然一体的坚固保护层，表面可涂美观耐污染的高弹性装饰涂料和贴各种面砖；具有节能、牢固、防水、体轻、阻燃、易施工等优点，在工程上应用最为广泛。这里主要介绍 EPS 板薄抹灰外墙外保温系统（简称 EPS 板薄抹灰系统）施工。

EPS 板薄抹灰系统由 EPS 板保温层、薄抹面层和饰面涂层构成，EPS 板用胶黏剂固定在基层上，薄抹面层中满铺玻纤网，当建筑物高度在 20m 以上时，在受负风压作用较大的部位宜使用锚栓辅助固定（图 6-13）。

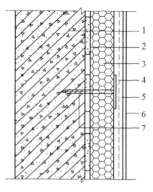

图 6-13　粘贴保温板
涂料饰面系统图
1—基层；2—胶黏剂；3—保温板；
4—玻纤网；5—抹面层；
6—涂料饰面；7—锚栓

一、施工准备

1. 材料准备

材料进场验收时，应对材料的品种、规格、包装、外观和尺寸等进行检查验收，对材料的质量合格证明文件进行核查，对部分材料进行抽样复验，并应经监理工程师（建设单位代表）核准确认，形成相应的验收记录，纳入工程技术档案。

聚苯乙烯板、水泥、砂子、粘黏剂、玻纤布等进入工地的原材料，必须符合施工图设计要求及国家有关标准的规定。进场节能保温材料与构件的外观和包装应完整无破损，符合设计要求和产品标准的规定。节能保温材料在施工使用时的含水率应符合设计要求、工艺要求及施工技术方案要求。聚苯乙烯板储存时应摆放平整，防止雨淋及阳光曝晒；玻纤布必须放在干燥处，摆放宜立放平整，避免相互交错摆放。

现场配制的材料如保温浆料、聚合物砂浆等，应按设计要求或试验室给出的配合比配制。

2. 主要机具

外挂式外保温聚苯乙烯泡沫板施工主要机具有：锯条或刀锯、打磨 EPS 板的粗砂纸锉子或专用工具、小压子或铁勺、铝合金靠尺、钢卷尺、线绳、线坠、墨斗、铁灰槽、小铁平锹、提漏、塑料桶、铁筛网。

3.作业条件

基层表面应光滑、坚固、干燥、无污染或其他有害的材料；外门窗洞口应通过验收，门窗框或辅框安装完毕；墙外的消防梯、水落管、防盗窗预埋件或其他预埋件、进口管线或其他预留洞口，应按设计图纸或施工验收规范要求提前施工并验收；墙面应进行墙体抹灰找平，墙面平整度用2m靠尺检测，其平整度≤3mm，局部不平整超限度部位用1∶2水泥砂浆找平；阴、阳角方正；抹找平层前，抹灰部位根据情况提前半个小时浇水。

节能保温材料不宜在雨雪天气中露天施工。保温材料在施工过程中应采取防潮、防水等保护措施。

二、施工工艺

1.工艺流程

基面检查或处理→工具准备→阴阳角、门窗膀挂线→基层墙体湿润→配制聚合物砂浆，挑选EPS板→粘贴EPS板→EPS板塞缝，打磨、找平墙面→配制聚合物砂浆→EPS板面抹聚合物砂浆，门窗洞口处理，粘贴玻纤网，面层抹聚合物砂浆→找平修补，嵌密封膏→外饰面施工。

2.粘贴聚苯乙烯板（EPS板）施工要点

（1）配制聚合物砂浆必须有专人负责，以确保搅拌质量；将水泥、砂子用量桶称好后倒入铁灰槽中进行混合，搅拌均匀后按配合比加入黏结液进行搅拌，搅拌必须均匀，避免出现离析。根据和易性可适当加水，加水量为黏结剂的5%。聚合物砂浆应随用随配，配好的聚合物砂浆最好在1h之内用光。聚合物砂浆应在阴凉处放置，避免阳光曝晒。

（2）EPS板薄抹灰系统的基层表面应清洁，无油污、脱模剂等妨碍黏结的附着物。凸起、空鼓和疏松部位应剔除并找平。找平层应与墙体黏结牢固，不得有脱层、空鼓、裂缝，面层不得有粉化、起皮、爆灰等现象。

（3）粘贴EPS板时，应将胶粘剂涂在EPS板背面，涂胶粘剂面积不得小于EPS板面积的40%。EPS板应按顺砌方式粘贴，竖缝应逐行错缝。EPS板应粘贴牢固，不得有松动和空鼓。

（4）墙角处保温板应交错互锁（图6-14）。门窗洞口四角处保温板不得拼接，应采用整块保温板切割成形，保温板接缝应离开角部至少200mm（图6-15）。

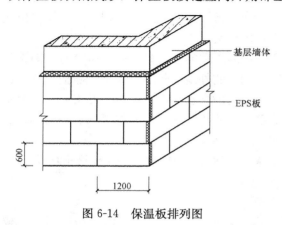

图6-14 保温板排列图

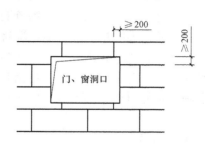

图6-15 门窗洞口保温板排列

（5）应做好系统在檐口、勒脚处的包边处理。装饰缝、门窗四角和阴阳角等处应做好局部加强网施工。变形缝处应做好防水和保温构造处理。

（6）基层上粘贴的聚苯板，板与板之间缝隙不得大于2mm，对下料尺寸偏差或切割等原因造成的板间小缝，应用聚苯板裁成合适的小片塞入缝中。

（7）聚苯板粘贴24h后方可进行打磨，用粗砂纸、锉子或专用工具对整个墙面进行打磨一遍，打磨时不要沿板缝平行方向，而是作轻柔圆周运动将不平处磨平，墙面打磨后，应将聚苯板碎屑清理干净，随磨随用2m靠尺检查平整度。

（8）网布必须在聚苯板粘贴24h以后进行施工，应先安排朝阳面贴布工序；女儿墙压顶或凸出物下部，应预留5mm缝隙，便于网格布嵌入。

（9）EPS板板边除有翻包网格布的可以在EPS板侧面涂抹聚合物砂浆，其他情况均不得在EPS板侧面涂抹聚合物砂浆。

（10）装饰分格条须在EPS板粘贴24h后用分隔线开槽器挖槽。

3. 粘贴玻纤网格布的施工要点

（1）配制聚合物砂浆必须专人负责，按配合比进行搅拌，确保搅拌均匀。

（2）聚合物砂浆应随用随配，配好的聚合物砂浆最好在1h之内用光。聚合物砂浆应于阴凉处放置，避免阳光暴晒。

（3）在干净平整的地方按预先需要长度、宽度从整卷玻纤网布上剪下网片，留出必要的搭接长度，下料必须准确，剪好的网布必须卷起来，不允许折叠、踩踏。

（4）在建筑物阳角处做加强层，加强层应贴在最内侧，每边150mm。

（5）涂抹第一遍聚合物砂浆时，应保持EPS板面干燥，并去除板面有害物质或杂质。

（6）在聚苯板表面刮上一层聚合物砂浆，所刮面积应略大于网布的长或宽，厚度应一致（约2mm），除有包边要求者外，聚合物砂浆不允许涂在聚苯板侧边。

（7）刮完聚合物砂浆后，应将网布置于其上，网布的弯曲面朝向墙，从中央向四周抹压平整，使网布嵌入聚合物砂浆中，网布不应皱折，不得外露，待表面干后，再在其上施抹一层聚合物砂浆。网布周边搭接长度不得小于70mm，在被切断的部位，应采用补网搭接，搭接长度不得小于70mm。

（8）门窗周边应做加强层，加强层网格布贴在最内侧，若门窗框外皮与基层墙体表面大于50mm，网格布与基层墙体粘贴。若小于50mm需做翻包处理。大墙面铺设的网格布应嵌入门窗框外侧粘牢。

（9）门窗口四角处，在标准网施抹完后，再在门窗四角加盖一块200mm×300mm标准网，与窗角平分线成90°角放置，贴在最外侧，用以加强；在阴角处加盖一块200mm长，与窗膀同宽的标准网片，贴在最外侧。一层窗台以下，为了防止撞击带来的伤害，应先安置加强型网布，再安置标准型网布，加强网格布应对接。

（10）网布自上而下施抹，同步施工先施抹加强型网布，再做标准型网布。墙面粘贴的网格布应覆盖在翻包的网格布上。

（11）网布粘完后，应防止雨水冲刷或撞击；容易碰撞的阳角，门窗应采取保护措施；上料口部位应采取防污染措施，发生表面损坏或污染必须立即处理。

（12）施工后保护层4h内不能被雨琳，保护层终凝后应及时喷水养护，养护时间昼夜平均气温高于15℃时不得少于48h，低于15℃时不得少于72h。

4. 质量要求

（1）保温隔热材料的厚度必须符合设计要求。

（2）保温板材与基层及各构造层之间的黏结或连接必须牢固。黏结强度和连接方式应符合设计要求。保温板材与基层的黏结强度应做现场拉拔试验。

（3）当墙体节能工程的保温层采用预埋或后置锚固件固定时，其锚固件数量、位置、锚固深度和拉拔力应符合设计要求。后置锚固件应进行锚固力现场拉拔试验。

（4）外墙外保温工程的饰面层不应渗漏。当外墙外保温工程的饰面层采用饰面板开缝安装时，保温层表面应具有防水功能或采取其他相应的防水措施。

（5）外墙外保温层及饰面层与其他部位交接的收口处，应采取密封措施。

（6）当采用加强网作防止开裂的加强措施时，玻纤网格布的铺贴和搭接应符合设计和施工方案的要求。砂浆抹压应严实，不得空鼓，加强网不得皱褶、外露。

（7）施工产生的墙体缺陷，如穿墙套管、脚手眼、孔洞等，应按照施工方案采取隔断热桥措施，不得影响墙体热工性能。

（8）墙体保温板材接缝方法应符合施工工艺要求。保温板拼缝应平整严密。

三、成品保护

（1）施工中，各专业工种应紧密配合，合理安排施工工序，严禁颠倒工序作业。

（2）墙体上容易碰撞的阳角、门窗洞口及不同材料基体的交接处等特殊部位，其保温层应采取防止开裂和破损的加强措施。

（3）对抹完聚合物砂浆的保温墙体，不得随意开凿孔洞。如确实需要开凿，应在聚合物砂浆达到设计强度后方可进行，安装物件后其周围应恢复原状。

（4）应防止明水浸湿保温墙面，防止重物撞击墙面。

（5）在保温墙附近不得进行电焊、气焊操作。

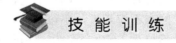

技 能 训 练

一、单项选择

1. 当屋面坡度达到（   ）时，卷材必须采取满粘和钉压固定措施。
   A. 3%   B. 10%   C. 15%   D. 25%

2. 自粘型高聚物改性沥青防水卷材，卷材搭接宽度至少应为（   ）。
   A. 60mm   B. 70mm   C. 80mm   D. 100mm

3. 屋面卷材铺贴应采用搭接法，平行于屋脊的搭接缝，应（   ）。
   A. 顺流水方向   B. 垂直流水方向
   C. 顺年最大频率风向   D. 垂直年最大频率风向

4. 立面或大坡面铺贴防水卷材时，应采用的施工方法是（   ）。
   A. 空铺法   B. 点粘法   C. 条粘法   D. 满粘法

5. 屋面防水层用细石混凝土做保护层时，细石混凝土应留设分格缝，其纵横间距一般最大为（   ）。
   A. 5m   B. 6m   C. 8m   D. 10m

6. 防水混凝土养护时间不得少于（   ）d。

A. 7   B. 10   C. 14   D. 21

7. 关于地下工程防水混凝土配合比的说法，正确的是（   ）。

    A. 水泥用量必须大于 $300kg/m^2$ B. 水胶比不得大于 0.45

    C. 泵送时入泵坍落度宜为 $120\sim160mm$ D. 预拌混凝土的初凝时间宜为 $4.5\sim10h$

8. 防水混凝土结构中迎水面钢筋保护层厚度最小应为（   ）mm。

    A. 40   B. 45   C. 50   D. 55

9. 地下工程防水混凝土墙体的水平施工缝应留在（   ）。

    A. 顶板与侧墙的交接处   B. 底板与侧墙的交接处

    C. 低于顶板底面不小于 300mm 的墙体上   D. 高于底板底面不小于 300mm 的墙体上

10. 地下工程铺贴高聚物改性沥青卷材应采用（   ）施工。

    A. 冷粘法   B. 自粘法   C. 热风焊接法   D. 热熔法

11. 铺贴厚度小于 3mm 的地下工程高聚物改性沥青卷材时，严禁采用的施工方法是（   ）。

    A. 冷粘法   B. 热熔法   C. 满粘法   D. 空铺法

12. 厨房、厕浴间防水一般采用（   ）做法。

    A. 混凝土防水   B. 水泥砂浆防水   C. 沥青卷材防水   D. 涂膜防水

13. 厕浴间、厨房采用涂膜防水时，最后一道涂膜施工完毕尚未固化前，应在其表面均匀撒布少量干净的（   ），以增加与即将覆盖的水泥砂浆保护层之间的粘贴。

    A. 豆石   B. 矿渣   C. 细砂   D. 粗砂

14. 厕浴间、厨房防水层完工后，应做（   ）蓄水试验。

    A. 8h   B. 12h   C. 24h   D. 48h

15. 厨房、厕浴间防水层经多遍涂刷，单组分聚氨酯涂膜总厚度不应低于（   ）。

    A. 1.5mm   B. 2.0mm   C. 3.0mm   D. 5.0mm

16. 外墙防水层完工后应进行检查验收，防水层渗漏检查应在雨后或持续淋雨（   ）后进行。

    A. 30min   B. 45min   C. 1h   D. 2h

17. 粘贴 EPS 板时，应将胶粘剂涂在 EPS 板背面，涂胶粘剂面积不得小于 EPS 板面积的（   ）%。

    A. 30   B. 40   C. 50   D. 60

二、多项选择

1. 屋面防水层施工时，应设置附加层的部位有（   ）。

    A. 阴阳角   B. 变形缝   C. 屋面设备基础

    D. 水落口   E. 天沟

2. 屋面高聚物改性沥青防水卷材的常用铺贴方法有（   ）。

    A. 热熔法   B. 热胶黏剂法   C. 冷粘法

    D. 自粘法   E. 热风焊接法

3. 屋面卷材防水层上有重物覆盖或基层变形较大时，卷材铺贴应优先采用有铺贴方法有（   ）。

    A. 空铺法   B. 点粘法   C. 条粘法

D. 冷粘法   E. 机械固定法

4. 关于地下工程防水混凝土施工缝留置说法，正确的有（　　）。

　　A. 墙体水平施工工缝应留在底板与侧墙的交接处

　　B. 墙体有预留孔洞时，施工缝距孔洞边缘不宜大于 300mm

　　C. 顶板、底板不宜留施工缝

　　D. 垂直施工缝宜与变形缝相结合

　　E. 板墙结合的水平施工缝可留在板墙接缝处

5. 地下水泥砂浆防水层施工前，基层表面应（　　）。

　　A. 坚实   B. 平整   C. 光滑

　　D. 洁净   E. 充分湿润

6. 地下工程防水卷材的铺贴方式可分为"外防外贴法"和"外防内贴法"，外贴法与内贴法相比较，其主要特点有（　　）。

　　A. 容易检查混凝土质量   B. 浇筑混凝土时，容易碰撞保护墙和防水层

　　C. 不能利用保护墙作模板   D. 工期较长

　　E. 土方开挖量大，且易产生塌方现象

7. 厕浴间、厨房涂膜防水施工常采用（　　）。

　　A. 聚氨酯防水涂料   B. 聚合物水泥防水涂料

　　C. 聚合物乳液防水涂料   D. 乳化沥青防水涂料

　　E. 渗透结晶型防水涂料

8. 厕浴间、厨房聚氨酯防水涂料施工工艺流程中，保护层、饰面层施工前应进行的工序包括（　　）。

　　A. 清理基层   B. 细部附加层施工

　　C. 多遍涂刷聚氨酯防水涂料   D. 第一次蓄水试验

　　E. 第二次蓄水试验

项目7　建筑装饰装修工程

　　建筑装饰装修工程应在基体或基层的质量验收合格后施工。建筑装饰装修工程主要包括地面、抹灰、门窗、吊顶、轻质隔墙、饰面板（砖）、涂饰、裱糊等分项工程。建筑装饰装修工程施工前应有主要材料的样板或做样板间（件），并经有关各方确认；必须组织材料进场，并对其进行检查、加工和配制；必须做好机械设备和施工工具的准备；必须做好图纸审查、制定施工顺序与施工方法、进行材料试验试配工作、组织结构工程验收和工序交接检查、进行技术交底等有关技术准备工作；必须进行预埋件、预留洞的埋设和基层的处理等。

　　装饰工程的施工顺序对保证施工质量起着控制作用。室外抹灰和饰面工程的施工，一般应自上而下进行；高层建筑采取措施后，可分段进行；室内装饰工程的施工，应待屋面防水工程完工后，并在不致被后续工程所损坏和污染的条件下进行；室内抹灰在屋面防水工程完工前施工时，必须采取防护措施。室内吊顶、隔墙的罩面板和花饰等工程，应待室内地（楼）面湿作业完工后施工。

任务1　抹 灰 工 程 施 工

　　抹灰工程是指用抹面砂浆、石屑浆、石子浆涂抹在建筑物基体表面上的装饰工程。抹灰工程应分层进行。抹灰层分为底层、中层和面层（图7-1）。底层主要起黏结作用，中层主要起找平作用，面层主要起装饰作用。抹灰工程按部位分为墙面抹灰、顶棚抹灰、地面抹灰；按使用材料和装饰效果分为一般抹灰和装饰抹灰。一般抹灰适用于石灰砂浆、水泥砂浆、混合砂浆、聚合物水泥砂浆、膨胀珍珠岩水泥砂浆、麻刀灰、纸筋灰、石膏灰等抹灰工程。装饰抹灰的底层和中层与一般抹灰做法基本相同，其面层主要有水刷石、斩假石、干粘石、喷涂、滚涂、弹涂、仿石和彩色抹灰等。

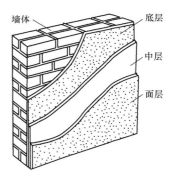

图7-1　抹灰层的组成

一、一般抹灰施工

　　一般抹灰按质量要求分为普通抹灰和高级抹灰，当设计无要求时按普通抹灰验收。普通抹灰由一道底层、一道中层和一道面层组成，要求表面光滑、洁净、接槎平整、分格缝清晰。高级抹灰由一道底层、数道中层和一道面层组成，要求表面光滑、洁净、颜色均匀无抹纹、分格缝和灰线清晰美观。

　　抹灰层的平均总厚度应符合设计要求，一般不应超过25mm。当抹灰总厚度大于35mm时，应采取加强措施。抹水泥砂浆每遍厚度宜为5～7mm；抹石灰砂浆或混合砂浆每遍厚度宜为7～9mm。

（一）施工准备

1. 材料准备

（1）水泥应有出厂合格证书及性能检测报告。水泥进场需检查其品种、规格、强度等级、出场日期等，并进行外观检查，做好进场验收记录。水泥进场后应对其凝结时间、安定性和抗压强度进行复验。当水泥出厂超过 3 个月时应按复试结果使用。用于同一部位的水泥应采用同一品种、同一批号的产品，保证颜色一致。

（2）砂的颗粒要求坚硬洁净，不得含有黏土、草根、树叶、碱质及其他杂质。砂在使用前应根据使用要求用不同孔径的筛子过筛。

（3）抹灰用石灰膏的熟化期不应少于 15d；罩面用磨细细石灰粉的熟化期不应少于 3d。

（4）增黏剂、防裂剂、防冻剂、聚合物等外加剂，必须符合设计要求及国家产品标准的规定，其掺量应按照产品说明书配置并通过试验确定。掺和料的性能应与抹灰墙面涂料的性能相匹配，做溶剂型涂料饰面的抹灰砂浆中不得用含有氯化钠和氯化钙的外加剂。

2. 主要机具

（1）常用手工工具。抹灰工程常用的手工工具，主要包括铁抹子、木抹子、阴角抹子、阳角抹子、托灰板、木杠、靠尺、钢筋卡子、托线板、线坠、刷子、喷壶、粉线包、墨斗等。

（2）常用的机械。抹灰工程施工常用的机械，主要包括砂浆搅拌机、纸筋灰搅拌机、粉碎淋灰机和喷浆机等。

3. 作业条件

（1）建筑主体结构已经检查验收，并达到了相应的质量标准要求。

（2）抹灰前，应检查门窗框安装位置是否正确，与墙连接是否牢固。

（3）防水工程已完工。

（4）各层管道安装完毕并验收合格。

（5）抹灰时的作业面温度不宜低于 5℃。

（二）施工工艺

1. 内墙抹灰

内墙抹灰的工艺流程为：处理基层→找规矩→做标志块→设标筋→做护角→抹底层、中层灰→抹面层灰。

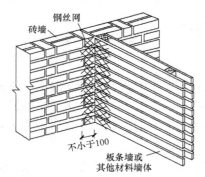

图 7-2 不同基层材料相接处做法

内墙抹灰的施工要点如下：

（1）处理基层。抹灰前应对基体表面的灰尘、污垢、油渍、碱膜、跌落砂浆等进行清除，对墙面上的孔洞、剔槽等用水泥砂浆进行填嵌。门窗框与墙体交接处缝隙应用水泥砂浆或混合砂浆分层嵌堵。不同基层材料（如砖和混凝土、砖和木板条）相接处，应铺钉金属网并绷紧钉牢，金属网与各基层材料的搭接宽度从相接处起每边不小于 100mm（图 7-2）。

1）砖墙基层。首先清理砖墙表面浮灰、砂浆、泥土等杂物，再进行墙面浇水湿润。浇水时应从墙上部缓慢浇下，防止墙面吸水处于饱和状态。

2）混凝土墙基层。混凝土墙基层有 3 种处理方法：一是对光滑的混凝土表面进行凿毛处理，二是采用甩浆法，三是刷界面剂。

3）轻质混凝土基层。先钉钢丝网，然后在网格上抹灰，也可以在基层刷一道增强黏结力的封闭层，再抹灰。

（2）找规矩。找规矩即将房间找方或找正（当房间较大或有柱网时，应在地面弹出十字线，便于找方）。找方后将线弹在地面上，根据墙面的垂直度、平整度和抹灰总厚度规定，与找方线进行比较，决定抹灰的厚度，从而找到一个抹灰的假想平面。将此平面与相邻墙面的交线弹于相邻的墙面上，以作为该墙面的基准线，并以此为标志作为标筋的厚度标准。

（3）做标志块（灰饼）。

1）做灰饼前，应先确定灰饼的厚度。先用托线板和靠尺检查整个墙面的平整度和垂直度，根据检查结果确定灰饼的厚度，一般最薄处不应小于 7mm。

2）在距顶棚约 20cm 处，做上标志块（灰饼）。灰饼一般 5cm 见方，用水泥砂浆或混合砂浆制作。以上标志块（灰饼）为基础，吊线做下标志块（灰饼），如图 7-3 所示。下标志块（灰饼）的位置一般在踢脚线上方 20～25cm 处，标志块厚度正好是抹灰厚度。

3）标志块做好后，再在标志块附近砖墙缝内钉上钉子，拴线挂水平通线（注意小线要离开标志块 1mm），然后按间距 1.2～1.5m，加做若干标志块，如图 7-4 所示。凡窗口、垛角处必须做标志块。

图 7-3　吊线做下标志块（灰饼）

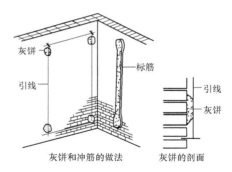

图 7-4　加做若干标志块

（4）设标筋。标筋也称充筋（图 7-3），是以灰饼为准在灰饼间所做的灰埂，作为抹灰平面的基准。具体做法是用与底层抹灰相同的砂浆在上下两个灰饼间先抹一层，再抹第二层，形成宽度为 100mm 左右，厚度比灰饼高出 10mm 左右的灰埂，然后用木杠紧贴灰饼搓动，直至把标筋搓得与灰饼齐平为止。最后要将标筋两边用刮尺修成斜面，以便与抹灰面接槎顺平。标筋的另一种做法是采用横向水平标筋。此种做法与垂直标筋相同。同一墙面的上下水平标筋应在同一垂直面内。标筋通过阴角时，可用带垂球的阴角尺上下搓动，直至上下两条标筋形成角度相同且角顶在同一垂线上的阴角。阳角可用长阳角尺同样在上下标筋的阳角处搓动，形成角顶在同一垂线上的标筋阳角。水平标筋的优点是可保证墙体在阴、阳转角处的交线顺直，并垂直于地面，避免出现阴、阳交线扭曲不直的弊病。同时水平标筋通过门窗框，由标筋控制，墙面与框面可接合平整。

（5）做护角。为使墙面转角处不易遭碰撞损坏，在室内抹面的门窗洞口及墙角、柱面的阳角处应做水泥砂浆门窗护角。护角高度一般不低于 2m，每侧宽度不小于 50mm。

具体做法（图 7-5）是：第一步，先将阳角用方尺规方，靠门框一边以门框离墙的空隙为准，另一边以墙面灰饼厚度为依据。最好在地面上画好准线，按准线用砂浆粘好靠尺板，用托线板吊直，方尺找方。

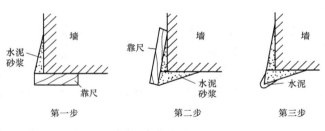

图 7-5　做护角

第二步，在靠尺板的另一边墙角分层抹 1：2 水泥砂浆，与靠尺板的外口平齐。然后把靠尺板移动至已抹好护角的一边，用钢筋卡子卡住。用托线板吊直靠尺板，把护角的另一面分层抹好。

第三步，取下靠尺板，待砂浆稍干时，用阳角抹子和水泥素浆抠出护角的小圆角，最后用靠尺板沿顺直方向留出预定宽度，将多余砂浆切出一定斜面，以便抹面时与护角接槎。

图 7-6　抹底层、中层灰

（6）抹底层灰、中层灰。待标筋有一定强度后，即可用方头铁抹子在两标筋间抹上底层灰，用木抹子压实搓毛。待底层灰收水后，即可抹中层灰，抹灰厚度应略高于标筋。中层抹灰后，随即用木杠沿标筋刮平，不平处补抹砂浆，然后再刮，直至墙面平直为止，可用靠尺检查抹灰层平整度。紧接着用木抹子搓压，使表面平整密实。阴角处先用方尺上下核对方正（水平横向标筋可免去此步），然后用阴角器上下抽动抠平，使室内四角方正为止，如图 7-6 所示。

（7）抹面层灰。待中层灰有 6～7 成干时，即可抹面层灰。操作一般从阴角或阳角处开始，自左向右进行。一人在前抹面灰，另一人其后找平整，并用铁抹子压实赶光。阴、阳角处用阴、阳角抹子抠光。高级抹灰的阳角必须用拐尺找方。

2. 顶棚抹灰

顶棚抹灰的工艺流程为：处理基层→找规矩→抹底、中层灰→抹面层灰。

顶棚抹灰的施工要点如下：

（1）处理基层。基本同内墙抹灰，另外需注意：顶棚抹灰前，屋面防水层及楼面面层应施工完毕，穿过顶棚的各种管道应安装就绪，顶棚与墙体间及管道安装后遗留空隙应清理并填堵严实。

（2）找规矩。顶棚抹灰通常不做标志块和标筋，而用目测的方法控制其平整度，以无明显高低不平及接槎痕迹为准。先根据顶棚的水平面，确定抹灰厚度，然后在墙面的四周与顶棚交接处弹出水平线，作为抹灰的水平标准。

（3）抹底、中层灰。一般底层砂浆采用配合比为水泥：石灰膏：砂＝1：0.5：1 的水泥混合砂浆，底层抹灰厚度为 2mm。底层抹灰后紧跟着就抹中层砂浆，其配合比一般采用水泥∶石灰∶砂＝1∶3∶9 的水泥混合砂浆，抹灰厚度 6mm 左右。抹后用软刮尺刮平赶匀，随刮随用长毛刷子将抹印顺平，再用木抹子搓平。顶棚管道周围用小工具顺平。

抹灰的顺序一般是由前往后退，并注意其方向必须同基体的缝隙（混凝土板缝）成垂直方向。抹灰时，厚薄应掌握适度，随后用举刮尺赶平。如平整度欠佳，应再补抹和赶平，但不宜次修补，否则容易搅动底灰而引起掉灰。如底层砂浆吸水快，应及时洒水，以保证与底层黏结牢固。

在顶棚与墙面的交接处，一般是在墙面抹灰完成后再补做，也可在抹顶棚时，先将距顶棚 20～30cm 的墙面同时完成抹灰，方法是用铁抹子在墙面与顶棚交角处添加砂浆，然后用木阴角器抽平压直即可。

（4）抹面层灰。待中层灰达到六至七成干，即用手按不软有指印时（如过干应稍洒水），再开始面层抹灰。如使用纸筋石灰或麻刀石灰时，一般分两遍成活。其涂抹方法及抹灰厚度与内墙面抹灰相同。第一遍抹得越薄越好，紧跟抹第二遍。抹第二遍时，抹子要稍平，抹完后待灰浆稍干，再用塑料抹子顺着抹纹压实压光。

顶棚抹灰一般不设置标筋，只需按抹灰层的厚度在墙面四周弹出水平线作为控制抹灰层厚度的基准线。若基层为混凝土，则需在抹灰前在基层上用掺 10％胶的水溶液或水灰比为 0.4 的素水泥浆刷一遍作为结合层。抹底灰的方向应与楼板及木模板木纹方向垂直。抹中层灰后用木刮尺刮平，再用木抹子搓平。面层灰宜两遍成活，两道抹灰方向垂直，抹完后按同一方向抹压赶光。顶棚的高级抹灰应加钉长 350～450mm 的麻束，间距为 400mm，并交错布置，分别按放射状梳理抹进中层灰浆内。

（三）成品保护

（1）抹灰前应事先把门窗框与墙连接处的缝隙用 1∶3 水泥砂浆嵌塞密实（铝合金门窗框应留出一定间隙填塞嵌缝材料，其嵌缝材料由设计确定）；门口钉铁皮或木板保护。

（2）及时清扫干净残留在门窗框上的砂浆。铝合金门窗框必须有保护膜。

（3）推小车或搬运东西时，要注意不要损坏阳角和墙面；抹灰用的刮杠和铁锹把不要靠在墙上；严禁蹬踩窗台，防止损坏其棱角。

（4）拆除脚手架时要轻拆轻放，拆除后材料码放整齐，不要撞坏门窗、墙角和阳角。

（5）墙上的电线槽、盒、水暖设备预留洞等不要随意堵死。

二、装饰抹灰施工

根据当前国内建筑装饰装修的实际情况，国家标准业已删除了传统装饰抹灰工程的拉毛、洒毛、喷涂、仿石和彩色抹灰等项目，它们的装饰效果可以由涂料涂饰以及新型装饰制品等所取代。水刷石，由于其浪费水资源并对环境有污染，也应尽量减少使用。下面主要介绍水刷石施工。

（一）施工准备

1．材料准备

（1）水泥。42.5 级及其以上硅酸盐水泥或普通硅酸盐水泥、复合水泥。水泥应颜色一致，在同一墙面应采用同批号产品，水泥应进行强度、安定性复试。

（2）砂子。中砂，使用前要过筛。砂的含泥量不超过 3％。

（3）石渣。颗粒坚实，其规格应符合规范要求，级配符合设计要求，中八厘为 6mm，小八厘为 4mm。要求同品种石渣颜色一致，宜一次到货。使用前应用清水洗净，按规格、颜色不同分堆晾干、装袋待用。

（4）颜料。应用耐碱性和耐光性好的矿物质颜料。

2. 主要机具

（1）施工机械。砂浆搅拌机、手压泵等。

（2）工具用具。喷雾器、喷雾器软胶管、手推车、刮杠、钢板抹子、木抹子、小压子、喷壶、水桶、毛刷、分隔条等。

（3）检测设备。配料秤、靠尺、方尺。

3. 作业条件

（1）按施工要求准备好双排外架，外架应经安全部门验收合格后方可使用。

（2）水刷石大面积施工前应先做样板，确定配合比，安排专人严格按照配合比统一配料。

（二）施工工艺

1. 工艺流程

基层处理→找规矩、抹灰饼、冲筋→底层抹灰→弹线分格→抹石渣浆→压实喷刷→细部处理。

2. 施工要点

（1）基层处理。

1）混凝土墙基层处理。清净混凝土墙面的杂物，并将表面疏松部分剔除干净，用清水冲洗湿润，然后进行"毛化"处理。

2）砖墙基层处理。抹灰前需将基层上的尘土、污垢、灰尘、残留砂浆等清除干净，用清水冲洗湿润。

（2）找规矩、抹灰饼、冲筋。根据建筑高度确定放线方法，高层建筑可利用墙大角、门窗口两边，用经纬仪放线找垂直。多层建筑时，可从顶层用大线坠吊垂直，绷铁丝找规矩，横向水平线可依据楼层标高或施工＋500mm 线为水平基准线交圈控制，然后按抹灰操作层抹灰饼，抹灰饼时应注意横竖交圈，以便操作。每层抹灰时则以灰饼作基准冲筋，保证其横平竖直。

（3）底层抹灰。用 1：3 水泥砂浆分层装档与冲筋抹平，然后用木杠刮平，木抹子搓毛或划毛抹灰表面。底层灰完成 24h 后应浇水养护。

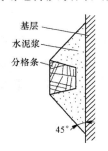

图 7-7　固定分格条

（4）弹线分格。根据图纸要求弹线分格，固定分格条（图 7-7），分格条宜采用塑料分格条，粘贴时在分格条两侧用素水泥浆抹成 45°八字坡形，粘分格条时注意竖条应粘在所弹立线的同一侧，分格条粘好后待底层灰呈七八成干后可抹面层灰。

（5）抹石渣浆。待底层灰六七成干时，首先将墙面润湿涂刷一层素水泥浆，然后开始用钢抹子抹面层石渣浆。自下而上分两遍与分格条抹平，并及时用靠尺或小杠检查平整度，有坑凹处要及时填补，边抹边拍打、揉平。

（6）压实喷刷。石渣灰抹好后，先用压浆辊由下向上来回推挤压实，使之将石渣灰内部的水泥浆挤压出来，用铁抹刮去挤出的水泥浆后，应再次用压浆泵由下向上来回推挤。待压实后的石渣大部分的大面朝外后，再用铁抹子溜实、压光，反复 3～

4 遍。

待面层初凝时（指擦无痕，用水刷子刷不掉石粒为宜），开始刷洗面层水泥浆。喷刷分两遍进行：第一遍先用毛刷蘸水刷掉面层水泥浆，露出石粒；第二遍紧随其后，用喷雾器将四周相邻部位喷湿，然后自上而下顺序喷水冲洗，喷头一般距墙面 100～200mm，喷刷要均匀，使石子露出表面 1～2mm 为宜。最后，用水壶从上往下将石渣表面冲洗干净，冲洗时不宜过快，以避免造成墙面污染。在最后喷刷时，可用草酸稀释液冲洗一遍，再用清水洗一遍，则墙面更显洁净、美观。

水刷石施工时应注意避开大风天气，按分格的段或块进行，大面积墙面施工一天不能完成时，应尽量留槎在分格缝的位置。

（7）细部处理。

1）清理分格条。将塑料分格条中黏结的灰浆清理干净。

2）滴水线。檐口、雨罩等底面应做滴水线（槽），滴水线距外皮不应小于 40mm，且应顺直。

（三）成品保护

（1）对施工时粘在门、窗框及其他部位或墙面上的砂浆要及时清理干净，对铝合金门窗膜造成损坏的，要及时补粘好护膜，以防损伤、污染。抹灰前，必须对门、窗口采取保护措施。

（2）水刷石喷刷前，应对已完墙面进行覆盖，特别是在大风天施工时更要细心保护，以防造成污染。抹灰后，应对已完墙面及门、窗加以清洁保护。

（3）在拆除架子时要制定相应措施，并对操作人员进行交底，避免造成碰撞、损坏墙面或门窗玻璃等。在施工过程中，对搬运材料、机具以及使用小手推车时，要特别注意，不得碰撞墙面及门、窗洞口等。

任务 2　饰面板（砖）工程施工

饰面板（砖）工程是把饰面材料镶贴到基层上的一种装饰工程。饰面板（砖）工程主要包括饰面板工程施工和饰面砖工程施工。饰面板主要包括瓷板、石材、木材、塑料、金属饰面板；饰面砖主要分为外墙面砖和内墙面砖。饰面板（砖）工程所有材料进场时应对品种、规格、外观和尺寸进行验收。其中，应复验：室内用花岗石、瓷砖的放射性；粘贴用水泥的凝结时间，安定性和抗压强度；外墙陶瓷面砖的吸水率；寒冷地面外墙陶瓷砖的抗冻性。

一、饰面板工程施工

饰面板工程主要指内墙饰面板安装工程和高度不大于 24m，抗震设防烈度不大于 7 度的外墙饰面板安装。饰面板种类很多，其施工工艺也不尽相同。下面主要介绍石材、瓷板饰面板施工。

石材、瓷板饰面板的施工方法主要有钢筋网片锚固灌浆法和干挂法等。在这里主要介绍钢筋网片锚固灌浆法，干挂法在幕墙工程中介绍。

钢筋网片锚固灌浆法是一种传统的施工方法，可用于混凝土墙，也可用于砖墙。由于其造价较便宜，所以仍被广泛采用。但也有一些缺点，如施工进度慢、周期长；对工人的技术水平要求高；饰面板容易发生花脸、变色、锈斑、空鼓、裂缝等，而且对几何形体复杂及不规则的墙面不易施工等。

（一）施工准备

1. 材料准备

（1）石材饰面板。饰面板应表面平整、边缘整齐；棱角不得损坏，并应具有产品合格证。预制人造石饰面板应表面平整，几何尺寸准确，面层石粒均匀、洁净、颜色一致。天然大理石、花岗石饰面板，表面不得有隐伤、风化等缺陷，不宜用易褪色的材料包装。同时要检查花岗石饰面板放射性，放射性应符合《建筑材料放射性核素限量》（GB 6566—2010）的规定。

石材饰面板在运输中应防湿，严禁滚摔、碰撞；应储存在室内，储存在室外时应加遮盖；板材应按规格、品种、等级或工程料部位分别码放。板材直立码放时，应光面相对，倾斜度不大于 15°，层间加垫，垛高不得超过 1.5m；板材平放时应光面相对，地面必须平整，垛高不得超过 1.2m；包装箱码放高度不得超过 2m。

（2）瓷板。瓷板进场应提交出厂合格证，其外观质量、物理性能等指标应符合规定要求。瓷板堆放、吊运应符合下列规定：按板材的不同品种、规格分类堆放；板材宜堆放在室内；当需要在室外堆放时，应采取有效措施防雨防潮；当板材有减震外包装时，平放堆高不宜超过 2m，竖放堆高不宜超过 2 层，且倾斜角不宜超过 15°；当板材无包装时，应将板的光泽面相向，平放堆高不宜超过 10 块，竖放宜单层堆放且倾斜角不宜超过 15°；吊运时宜采用专用运输架。

（3）其他材料。水泥、砂、熟石膏、铜丝、与石材颜色接近的矿物颜料、嵌缝剂等应符合设计要求和国家现行标准的有关规定。

2. 主要机具

砂浆搅拌机、电动手提无齿切割锯、台式切割机、钻、砂轮磨光机、嵌缝枪、专用手推车、尺、锤、凿、剁斧、抹子、粉线包、墨斗、线坠、挂线板、小白线、刷子、笤帚、铲、锹、开刀、灰槽、桶、钳、红铅笔等。

3. 作业条件

（1）准备好加工饰面板所需的水、电等。

（2）施工所需的脚手架已搭设完成，并经验收合格。

（3）室内外门、窗框均已安装完毕，安装质量符合要求，塞缝符合规范及设计要求，门窗框贴好保护膜。

（4）室内外墙面已弹好标准水平线。

（二）施工工艺

1. 工艺流程

饰面板进场检查→选板、预拼、排号→石材防碱背涂处理→石板开槽（钻孔）→穿不锈钢（铜）丝→基层处理→放线→墙体钻孔→固定膨胀螺栓→绑扎钢筋网→板材固定→板材调平靠直→封缝→分层浇筑→清理→擦缝→打蜡或罩面。

2. 施工要点

（1）饰面板进场检查。逐块进行检查，将破碎、变色、局部污染和缺棱掉角的全部挑拣出来，另行堆放；进行边角垂直测量、平整度检验、裂缝检验、棱角缺陷检验，确保安装后的尺寸宽、高一致。

（2）选板、预拼、排号。按照板材的尺寸偏差，分类码放；有缺陷的板，应改小使用或安装在不显眼的部位。

（3）石材防碱背涂处理。清理石材饰面板，把背面和侧面擦拭干净。将石材处理剂搅拌均匀，用毛刷在石材板的背面和侧面涂布，需两遍，两遍间隔20min。待第一遍石材处理剂干燥后，方可涂布第二遍。应注意不得将处理剂流淌到石材板的正面。

（4）石板开槽（钻孔）、穿不锈钢（铜）丝。

1）钻孔。当板宽在500mm以内时，每块板的上、下边的打眼数量均不得少于2个，如超过500mm应不少于3个。

2）开槽。用电动手提式石材无齿切割机圆锯片，在需要绑扎钢丝的部位上开槽。采用四道槽法，四道槽的位置：板块背面的边角处开两道竖槽，间距30～40mm；板块侧边处的两竖槽位置上开一条横槽，再在板块背面上的两条竖槽位置下部开一条横槽，如图7-8所示。

3）穿丝。将备好的18号或20号不锈钢丝或铜丝剪成300mm长，并弯成U形。将U形不锈钢丝先套入板背面横槽内，U形的两条边从两条竖槽内穿出后，在板块侧面横槽处交叉。再通过两条竖槽将不锈钢丝在板块背面扎牢。注意不锈钢丝不得拧得太紧。

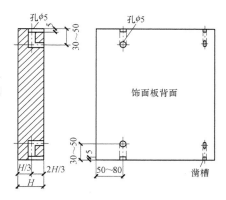

图7-8　石板开槽

（5）基层处理、放线。基层应干净、平整、粗糙，平整度应达到中级抹灰。放线时依照室内标准水平线，找出地面标高，按板材面积，计算纵横的皮数，用水平尺找平，并弹出板材的水平和垂直控制线。

柱子饰面板的安装，应按设计轴线距离，弹出柱子中心线和水平标高线。

（6）墙体钻孔、固定膨胀螺栓、绑扎钢筋网。用冲击电钻先在基层打深度不小于60mm的孔，再将ϕ6～8mm短钢筋埋入，外露50mm以上并弯钩，在同一标高的插筋上置水平钢筋，二者靠弯钩或焊接固定，如图7-9所示。

（7）板材固定、调平靠直。按照放好的线预排、拉通线，然后从下向上施工。每一层的安装从中间或一端开始均可，用不锈钢丝（或铜丝）把板材与结构表面的钢筋骨架绑扎牢固，随时用托线板调平靠直，保证板与板交接处四角平整，如图7-10所示。

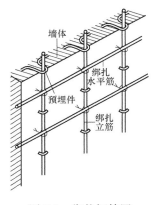

图7-9　绑扎钢筋网

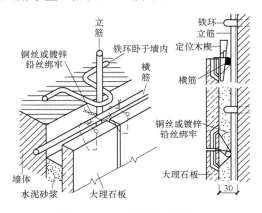

图7-10　饰面板材安装固定

（8）封缝。用石膏将底及两侧缝隙堵严，上下口用石膏临时固定，较大的板材固定时要加支撑。

（9）分层浇筑。固定后用 1∶2.5 水泥砂浆（稠度宜为 80～120mm）分层灌注。每层灌入高度为 150～200mm，并应小于或等于 1/3 板高。灌注时用小铁钎轻轻插捣，切忌猛捣猛灌。一旦发现外胀，应拆除板材重新安装。第一层灌完后 1～2h，检查板材无移动，确认下口铜丝与板材均已锚固，待初凝后再继续灌下一层浆，直到距上口 50～100mm 停止。

将上口临时固定的石膏剔掉，清理干净缝隙，再安装第二行板材。这样依次由下往上安装固定、灌浆。采用浅色的大理石、汉白玉饰面板材时，灌浆应用白水泥和白石屑。

（10）清理、擦缝、打蜡或罩面。每日安装固定后，应将饰面清理干净。安装固定后的板材如面层光泽受到影响，应重新打蜡出光。全部板材安装完毕后，清洁表面，用与板材相同颜色的水泥砂浆，边嵌边擦。使缝隙嵌浆密实，颜色一致。进行擦拭或用高速旋转帆布擦磨，抛光上蜡。光面和镜面的饰面板经清洗晾干后，方可打蜡擦亮。

（三）成品保护

（1）饰面板的结合层在凝结前应防止风干、曝晒、水冲、撞击和振动。

（2）饰面板表面需打蜡上光时，涂擦应注意防止利器划伤石材表面。

（3）饰面板安装完成后，应及时贴纸或贴塑料薄膜保护，容易碰触到的口、角部分应使用木板钉成护角保护。

（4）拆除架子时注意不要碰撞墙面。

（5）及时清擦干净残留在门窗框、扇的砂浆。特别是铝合金门窗框、扇，事先应粘贴好保护膜，预防污染。

二、饰面砖工程施工

饰面砖粘贴工程是指内墙饰面砖粘贴工程和高度不大于 100m，抗震设防烈度不大于 8 度，采用满粘法施工的外墙饰面砖粘贴工程。

（一）施工准备

1. 材料准备

（1）釉面砖、无釉面砖表面应平整光滑，几何尺寸规矩；不得缺棱掉角；质地坚固，色泽一致，不得有暗痕和裂纹。

（2）陶瓷马赛克（陶瓷锦砖）应规格颜色一致，无受潮变色现象。拼接在纸版上的图案应符合设计要求，纸版完整，颗粒齐全，间距均匀。锦砖脱纸时间不得大于 40min。应防振并严禁散装、散放，防止受潮。

（3）玻璃马赛克（玻璃锦砖）应质地坚硬，耐热耐冻性好，在大气与酸碱环境中性能稳定，不龟裂，表面光滑、色泽一致，背面凹坑与棱线条明显。

（4）粘贴用水泥的凝结时间、安定性和抗压强度必须符合现行国家标准要求；砂子和石灰膏应达到抹灰用料的标准。

2. 主要机具

砂浆搅拌机、切割机、钻、手推车、秤、锹、铲、桶、灰板、抹子、铁簸箕、软管、喷壶、合金钢扁錾子、操作支架、尺、木垫、托线板、刮杠、线坠、粉线包、小白线、开刀、钳、锤、细钢丝刷、笤帚、擦布或棉丝、红铅笔、刷子等。

3. 作业条件

（1）结构已经验收合格，水电、通风、设备安装等已完成。

（2）吊顶工程、室内外门窗框工程已完毕，门窗框应贴好保护膜。

（3）卫生间的各种预留洞已经预留剔出。

（4）有防水层的房间、平台、阳台等已做好防水层，并打好垫层。

（5）室内墙面已弹好标准水平线；室外水平线应使整个墙面能够交圈。

（6）脚手架搭设处理完毕并经过验收，采用结构施工用脚手架时需重新组织验收，其横竖杆等应离开墙面和门窗口角 150～200mm。

（二）施工工艺

1. 釉面砖、无釉面砖粘贴工程施工

釉面砖、无釉面砖粘贴工程施工的工艺流程为：基层处理→挂线、贴灰饼、做冲筋、抹底中层灰→排砖、弹线、分格→选砖→浸砖→做标志块→镶贴→嵌缝、清理。

其施工要点如下：

（1）基层处理。基层处理的目的是使找平层与基层黏结牢固，处理结果要求基层干净、平整、粗糙。

1）当基体为混凝土时，先剔凿混凝土基体上凸出部分，使基体基本保持平整、毛糙，然后刷结合层。在不同材料的交接处应铺设钢丝网，表面有孔洞需用 1∶3 水泥砂浆找平。

2）砌块墙应在基体清理干净后，先刷结合层一道，再满钉机制镀锌钢丝网一道。

3）当基体为砖砌体时，应用钢錾子剔除砖墙面多余灰浆，然后用钢丝刷清除浮土，并用清水将墙体充分润湿，使润湿深度为 2～3mm。

（2）挂线、贴灰饼、做冲筋、抹底中层灰。做法同一般抹灰工程施工。

（3）排砖、弹线、分格。按设计要求和施工样板进行排砖。同一墙面只能有一行与一列非整块饰面砖，非整块面砖应排在紧靠地面处或不显眼的阴角处，同时非整砖宽度不得小于整砖宽度的 1/3。排砖时可用调整砖缝宽度的方法解决，一般饰面砖缝宽可在 1～1.5mm 中变化。凡有管线、卫生设备、灯具支撑等时，应该用整砖套割吻合，不得用非整砖拼凑镶贴。通常做法是将面砖裁成 U 形口套入，再将裁下的小块截去一部分，套入原砖 U 形口嵌好。

弹线分格是在找平层上用墨线弹出饰面砖分格线。弹线前应根据镶贴墙面长、宽尺寸，将纵、横面砖的皮数划出皮数杆，定出水平标准。

外墙面砖水平缝应与窗台平齐；竖向要求阳角及窗口处都是整砖。窗间墙、墙垛等处要事先测好中心线、水平分格线、阴阳角垂直线。

（4）选砖。选砖是保证饰面砖镶贴质量的关键工序。必须在镶贴前按颜色的深浅、规格的差异进行分选。一般应保证每一行砖的尺寸相同；每一面墙的颜色相同。在分选饰面砖的同时，注意砖的平整度，不合格者不得使用。最后挑选配件砖，如阴角条、阳角条、压顶等。

（5）浸砖。采用陶瓷釉面砖作为饰面砖时，在铺贴前应充分浸水，防止干砖铺贴上墙后，吸收灰浆中的水分，致使砂浆中水泥不能完全水化，造成粘贴不牢或面砖浮滑。一般浸水时间不少于 2h，取出阴干到表面无水膜，通常为 6h 左右；以手摸无水感为宜。

（6）做标志块。用废面砖按镶贴厚度，在墙面上下左右做标志，并以标准砖棱角作为基

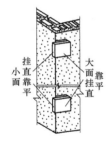

图 7-11 标志块

挂小直面靠平 大面靠平直挂

准线，上下用靠尺吊直，横向用靠尺或细线拉平。标志间距一般为 1500mm。阳角处除正面做标志外，侧面亦相应有标志块，即双面挂直，如图 7-11 所示。

（7）镶贴。镶贴时每一施工层必须由下往上贴，而整个墙面可采用从下往上，也可采用从上往下的施工顺序（如外墙砖镶贴）。

1）以弹好的地面水平线为基准，嵌上直靠尺或八字形靠尺，第一排饰面砖下口应紧靠直靠尺上沿，保证基准行平直。如地面有踢脚板，靠尺上口应为踢脚板上沿位置，以保证面砖与踢脚板接缝美观。墙面与地面的交角处用阴三角条镶贴时，需将阴三角条的位置留出后，方可放置直靠尺或八字形靠尺。

2）一个施工层由下往上，从阳角开始沿水平方向逐一铺贴。饰面砖黏结砂浆厚度宜为 5～8mm。砂浆可以是水泥砂浆，也可以是混合砂浆，水泥砂浆以配比为 1：2 或 1：3（体积比）为宜。用铲刀在砖背面满刮砂浆，再准确镶嵌到位，然后用铲刀木柄轻轻敲击饰面砖表面，使其落实镶贴牢固，并将挤出的砂浆刮净。

3）在镶贴中，应随贴、随敲击、随用靠尺检查表面平整度和垂直度。检查发现高出标准砖面时，应立即压砖挤浆；如已形成凹陷，必须揭下重新抹灰再贴，严禁从砖边塞砂浆造成空鼓。当贴到最上一行时，要求上口成一直线。

4）镶贴墙面时，应先贴大面，后贴阴阳角、凹槽等费工多、难度大的部位。在黏结层初凝前或允许的时间内，可调整釉面砖的位置和接缝宽度；在初凝后，严禁振动或移动面砖。

（8）嵌缝、清理。饰面砖镶贴完毕后，应用棉纱将砖面灰浆拭净，同时用勾缝剂嵌缝，嵌缝中务必注意应全部封闭缝中镶贴时产生的气孔和砂眼。嵌缝后，应用棉纱仔细擦拭干净污染的部位。如饰面砖砖面污染严重，可用稀盐酸刷洗后，再用清水冲洗干净。

2. 陶瓷马赛克、玻璃马赛克粘贴工程施工

陶瓷马赛克、玻璃马赛克粘贴工程施工的工艺流程为：基层处理→抹找平层→弹线→镶贴马赛克→润湿面纸、揭纸、调缝→擦缝、清洗。

其施工要点如下：

（1）基层处理、抹找平层。基层处理、抹找平层同一般抹灰工程。

（2）预排、分格、弹线。按照设计图纸色样要求，在抹灰层上从上到下弹出若干水平线，在阴阳角、窗口处弹出垂直线，作为粘贴马赛克的控制线。

（3）镶贴马赛克。

1）陶瓷马赛克镶贴。根据已弹好的水平线稳好平尺板，在已湿润的底子灰上刷素水泥浆一道，再抹结合层，并用靠尺刮平。同时将陶瓷锦砖铺放在木垫板上，底面朝上，缝里撒灌 1：2 干水泥砂，并用软毛刷子刷净底面浮砂，薄薄涂上一层黏结灰浆（图 7-12），然后逐张拿起，清理四边余灰，按平尺板上口，由下往上随即往墙上粘贴，如图

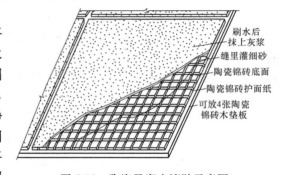

刷水后抹上灰浆
缝里灌细砂
陶瓷锦砖底面
陶瓷锦砖护面纸
可放4张陶瓷锦砖木垫板

图 7-12 陶瓷马赛克镶贴示意图

7-13 所示。

2）玻璃马赛克镶贴。墙面浇水后抹结合层（用 42.5 级或 42.5 级以上普通硅酸盐水泥，水灰比 0.32，厚度 2mm），待结合层手按无坑，但能留下清晰指纹时铺贴。按标志块挂横、竖控制线。将玻璃马赛克背面朝上平放在木垫板上，并在其背面薄薄涂抹一层水泥浆。将玻璃马赛克逐张沿着控制线铺贴。用木抹子轻轻拍平压实，使玻璃马赛克与基层灰牢固黏结。如铺贴后横、竖缝间出现误差，可用木拍板赶缝，进行调整。

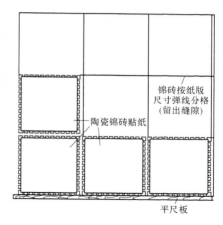

图 7-13　陶瓷马赛克镶贴示意图

（4）润湿面纸、揭纸、调缝。马赛克镶贴后，用软毛刷将马赛克护面纸刷水湿润，约 0.5h 后揭纸，揭纸应从上往下揭。揭纸后检查缝平直大小情况，若缝不直，用开刀拨正调直，再用小锤敲击拍板一遍，用刷子带水将缝里的砂刷出，并用湿布擦净马赛克砖面，必要时可用小水壶由上往下浇水冲洗。

（5）擦缝、清洗。粘贴 48h 后用素水泥浆擦缝。工程全部完工后，应根据不同污染程度用稀盐酸刷洗，之后用清水冲刷。

（三）成品保护

（1）认真贯彻合理的施工顺序，贴面砖应在其他影响面砖质量的工种完成之后方可施工。若不同工种穿插施工，应有成品保护措施。

（2）少数工种（水电、通风、设备安装等）的施工应在陶瓷锦砖镶贴之前完成，防止损坏面砖。

（3）油漆粉刷不得将油漆喷滴在已完的饰面砖上，若不慎污染饰面砖，应及时擦净，必要时可采用贴纸或粘胶带等保护措施。

（4）各抹灰层在凝结前应防止风干、曝晒、水冲和振动，以保证各层有足够的强度。

（5）对施工中可能发生碰损的入口、通道、阳角等部位，应采取临时保护措施。

任务 3　楼地面工程施工

一、水泥砂浆地面施工

（一）施工准备

1. 材料准备

（1）水泥。水泥采用硅酸盐水泥、普通硅酸盐水泥，其等级不小于 32.5 级。并严禁混用不同品种、不同标号的水泥。

（2）砂。砂宜采用中砂或粗砂，含泥量不应大于 3%。

（3）水。水宜用饮用水。

2. 主要机具

砂浆搅拌机、手推车、木刮杠、木抹子、铁抹子、铁锹等。

3. 作业条件

（1）已对所覆盖的隐蔽工程进行验收且合格，并办理完隐蔽工程验收签证。

（2）室内墙面已弹好+50cm水平线。

（3）门框及预埋件已安装完毕，并已验收合格。

（二）施工工艺

1. 工艺流程

基层处理→设界格条→搅拌砂浆→抹灰饼和冲筋→刷结合层→铺砂浆面层→搓平压光→养护。

2. 施工要点

（1）基层处理。基层表面应保持洁净、粗糙、湿润并不得有积水，对水泥类基层抗压强度不得小于1.2MPa。

（2）设界格条。界格条在处理完垫层时预埋，主要设置在不同房间的交接处和结构变化处。

（3）搅拌砂浆。水泥砂浆应用机械搅拌，搅拌要均匀，颜色一致，搅拌时间不应小于2min，水泥砂浆的稠度，当在炉渣类基层上铺设时，宜为25～35mm，当在水泥类基层上铺设时，宜采用干硬性水泥砂浆，以手捏成团稍出浆为止。水泥砂浆的体积比（强度等级）必须符合设计要求，且体积比应为1∶2，强度等级不应小于M15。

（4）抹灰饼和冲筋。根据房间内四周墙上弹的水平标高线，确定面层厚度（应符合设计要求，且不应小于20mm），然后拉水平线开始抹灰饼，灰饼上平面即为地面标高。如果房间较大，为了保证整体面层平整度，还须充筋。宽度与灰饼宽度相同，用木抹子拍成与灰饼上表面相平一致。铺抹灰饼和冲筋的砂浆材料配合比均与抹地面的砂浆相同。

（5）刷结合层。在铺设面层之前，应涂刷水灰比为0.4～0.5的水泥浆一层。

（6）铺水泥砂浆面层。涂刷水泥浆后紧跟着铺水泥砂浆，在灰饼之间将砂浆铺均匀，然后用木刮杆按灰饼高度刮平。铺砂浆时如果灰饼已硬化，木刮杆刮平后，同时将利用过的灰饼敲掉，并用砂浆填平。当采用掺有水泥拌和料做踢脚线时，不得用石灰砂浆打底。

（7）搓平压光。木刮杆刮平后，立即用木抹子将面层在水泥初凝前搓平压实，以内向外退着操作，并随时用2m靠尺检查其平整度，偏差不应大于4mm。面层压光宜用铁抹子分三遍完成，并逐遍加大用力压光。当采用地面抹光机压光时，在压第二、第三遍中，水泥砂浆的干硬度应比手工压光时稍干一些。压光工作应在水泥终凝前完成。当水泥砂浆面层干湿度不适宜时，可采取淋水或撒布干拌的1∶1水泥和砂（体积比，砂需过3mm筛）进行抹平压光工作。当面层按照设计要求需分格时，应在水泥初凝后进行弹线分格。先用木抹子搓一条约一抹子宽的面层，用铁抹子压光，并用分格器压缝。分格缝应平直，深浅要一致。水泥砂浆面层如遇管线等出现局部面层厚度减薄处并在10mm及10mm以下时，必须采取铺设钢丝网或其他有效防止开裂措施，符合设计要求后方可铺设面层。

（8）养护。面层铺好后1d内应以砂或锯末覆盖，并在7～10d内每天浇水不少于1次。如室温大于15℃时，开始3～4d内应每天浇水不少于两次。亦可采取蓄水养护法，蓄水深度宜为20mm。冬期施工时，室内温度不得低于5℃。水泥砂浆面层抗压强度达到5MPa后方准上人行走。抗压强度达到设计要求后方可正常使用。

（9）抹踢脚板。基层应清理干净，在踢脚上口弹控制线，预埋玻璃条或塑料条以控制踢脚板的出墙厚度。抹面前一天充分浇水湿润。抹面时先在基层上刷一度素水泥浆，水灰比控制在 0.4 左右，并随刷随抹。水泥砂浆稠度应控制在 35mm 左右，一次粉抹厚度以 10mm 为宜，粉抹过厚应分层操作。按做地面的工艺进行压光和养护。

（10）抹楼梯踏步。基层应清理干净，在踏步侧面的墙上弹控制线，抹面前一天充分浇水湿润。抹面时先在基层上刷一度素水泥浆，水灰比控制在 0.4 左右，并随刷随抹。水泥砂浆稠度应控制在 35mm 左右，一次粉抹厚度以 10mm 为宜，粉抹过厚应分层操作。按做地面的工艺进行压光和养护。

（三）成品保护

（1）面层施工应防止碰撞损坏门框、管线、预埋铁件、墙角及已完的墙面抹灰等。

（2）施工时注意保护好地漏、出水口等部位，作临时堵口或覆盖，以免灌入砂浆等造成堵塞。

（3）水泥砂浆面层完工后在养护过程中应进行遮盖和拦挡，避免受侵害。

（4）面层养护期间，不允许车辆行走或堆压重物。面层养护时间符合要求可以上人操作时，防止硬器划伤地面，在油漆刷浆过程中防止污染面层。

（5）不得在已做好的面层上拌和砂浆。

（6）冬期施工环境温度低于 5℃时，应采取必要的防寒保温措施，防止发生冻害。

二、大理石（花岗石）地面施工

（一）施工准备

1. 材料准备

（1）大理石（花岗石）板材的技术等级、光泽度、外观等质量，应符合国家现行的标准《天然大理石建筑板材》（GB/T 19766—2005）、《天然花岗石建筑板材》（GB/T 18601—2009）的规定，并有出厂合格证。碎块大理石（花岗石）板应选用颜色协调、厚薄一致、不带有尖角的板块。

（2）采用强度级别不小于 32.5 级的硅酸盐水泥、普通硅酸盐水泥或矿渣硅酸盐水泥。擦缝应采用白水泥，同颜色的面层应使用同一批水泥。

（3）宜采用中砂或粗砂，必须过筛，颗粒要均匀，不得含有杂物，含泥量不大于 3%，粒径一般不大于 5mm。

（4）胶黏剂的黏结力、相容性应符合设计要求，并符合《民用建筑工程室内环境污染控制规范》（GB 50325—2010）的规定。

（5）草酸块状、粉状均可；白蜡用地板蜡成品。

2. 主要机具

砂浆搅拌机、台式砂轮机、手推车、石材切割机、铁锹、铁抹子、木抹子、大杠尺、木拍板、木锤、橡皮锤、靠尺、水平尺、直板尺、拨缝刀、扁铲等。

3. 作业条件

（1）大面积铺贴方案已完成，样板间或样板块已通过验收合格。

（2）面层下的各层做法已按设计要求施工完毕并验收合格（包括面层下的管线和穿过楼地面的套管）。

（3）室内墙面湿作业已完成，且墙面已弹好 +50cm 水平标高线。

（二）施工工艺

1. 工艺流程

处理基层→选料试拼→弹线找方→铺设石板→灌浆擦缝→养护→镶贴踢脚板。

2. 施工要点

（1）处理基层。将基层表面的油污、杂物等清理干净。如局部凹凸不平，应将凸处凿平，凹处用 1∶3 砂浆补平。大理石和花岗石板材在铺砌前，应按设计要求或实际的尺寸在施工现场进行切割和磨平的处理。

（2）选料试拼。在铺设前，板材应按设计要求，根据石材的颜色、花纹、图案、纹理等试拼编号；同一房间、开间应按配花、颜色、品种挑选尺寸基本一致、色泽均匀、花纹通顺的石材进行试拼，并编号待用。试拼中应将色泽好的石材排放在显眼部位，花色和规格较差的石材铺砌在较隐蔽处，尽可能使楼、地面的整体图面与色调和谐统一，以体现大理石和花岗石饰面建筑的艺术效果。当板材有裂缝、掉角、翘曲和表面有缺陷时应予剔除，品种不同的板材不得混杂使用。

（3）弹线找方。应将相连房间的分格线连接起来，并弹出楼、地面标高线，以控制表面平整度。放线后，应先铺若干条干线作为基准，起标筋作用。一般先由房间中部向两侧采取退步法铺砌。凡有柱子的大厅，宜先铺砌柱子与柱子中间的部分，然后向两边展开。

（4）铺设石板。

1）板材在铺砌前应先浸水湿润，阴干或擦干后备用。结合层与板材应分段同时铺砌，铺砌要先进行试铺，待合适后，将板材揭起，再在结合层上均匀撒布一层干水泥面并淋水一遍，亦可采用 1∶2 水灰比的水泥浆黏结，同时在板材背面洒水，正式铺砌。

2）铺砌时板材要四角同时下落，并用木锤或皮锤敲击平实。

（5）灌浆擦缝。铺贴完成 24h 后，经检查石块表面无断裂、空鼓后，用稀水泥（颜色与石板块调和）将板缝嵌填饱满，并随即用布擦净至无残灰、污迹为止。大理石、花岗石面层的表面应洁净、平整、坚实；板材间的缝隙宽度当设计无规定时不应大于 1mm。待结合层的水泥砂浆强度达到要求后，打蜡至光滑亮洁。

（6）养护。在面层铺设后，表面应覆盖、湿润，其养护时间不应少于 7d。

（7）镶贴踢脚板。镶贴前先将石板块刷水湿润，阳角接口板要割成 45°角。将基层浇水湿透，均匀涂刷素水泥浆，边刷边贴。在墙两端先各镶贴一块踢脚板，其上口高度应在同一水平线内，突出墙面厚度应一致，然后沿两块踢脚板上棱拉通线，用 1∶2 水泥砂浆逐块依顺序镶贴。镶贴时随时检查踢脚板的平顺和垂直，板间接缝应与地面贯通，擦缝做法同地面。

（三）成品保护

（1）铺砌大理石（或花岗石）板块及碎拼大理石板块过程中，操作人员应做到随铺随用干布揩净大理石面上的水泥痕迹。

（2）在大理石（或花岗石）地面及碎拼大理石地面上行走时，找平层水泥砂浆的抗压强度不应低于 1.2MPa。一般情况下，铺好后板块两天内禁止行人和堆放物品。

（3）大理石（或花岗石）地面及碎拼大理石地面完工后，房间应封闭或在其表面加以覆盖保护。在地面上进行其他工序施工时，对面层覆盖保护。

三、实木地板地面施工

（一）施工准备

1. 材料准备

（1）实木地板地面面层采用的条材和块材宜采用具有商品检验合格证的产品，其厚度应符合设计要求，其含水率应小于 12%。双层地板下层采用的毛地板以及地板面层下所用的木搁栅和垫木等材料的规格、树种以及防腐处理，均应符合设计要求。双层地板的上层和单层地板面层，应采用不易腐朽、变形、开裂的木材做成，顶面应刨平，侧面带有企口的木板宽度不应大于 120mm。

（2）硬木踢脚板的宽度及厚度按设计要求，背面应涂防腐剂，花纹和颜色应与面层地板一致。

（3）实木地板使用前，应经检查挑选，将有节疤、劈裂、腐朽、弯曲和规格不一者剔除；搁栅应涂刷防腐剂。

2. 主要机具

木工电锯、木工曲线锯、木工电刨、地板刨机、地板磨光机、裁口机、手电刨、手电钻、木工手锯、木工细刨、钉锤、凿子、斧子、铲刀、扳手、钳子等。

3. 作业条件

（1）室内外土建及设备安装已施工完毕，基层地面防潮层已做好，基层表面杂物已清理干净。

（2）房间四周墙根已按要求埋好固定踢脚板用的防腐木砖。

（3）墙根四角已找方正，在房间四周墙面上已弹好水平基准线。

（4）实铺式地板，已在基层混凝土内预埋好铁丝或铁件；空铺式地板，已按设计做好基层。

（5）实木地板材料已经进场，经检查符合设计要求和有关标准的规定。

（6）机具设备已准备齐全，经维修试用，可满足使用要求；水、电线路已接通。

（二）施工工艺

实铺式实木地板按照构造层次分为单层实铺式实木地板和双层实铺式实木地板，两者不同之处是双层实铺式实木地板中增加了一层毛底板。下面以双层实铺式实木地板为例来说明施工工艺。

1. 工艺流程

处理基层→找方、弹线→铺设木搁栅→铺设毛地板→铺设面层板→安装木踢脚板（踢脚线）→修饰面层。

2. 施工要点

（1）处理基层。基层表面要求坚硬、平整，符合《建筑地面工程施工质量验收规范》（GB 50209—2010）的要求，表面含水率不得大于 8%。

（2）找方、弹线。实木地板铺设前，应事先预拼合缝、找方；长条板应事先在企口凸边上阴角处钻 45°左右斜孔，间距同搁栅间距，孔径为钉径的 70%～80%。

按设计分格在地面上弹线并消除误差。

（3）铺设木搁栅（木龙骨）。木搁栅的截面尺寸、间距和稳固方法等均应符合设计要求，木搁栅的两端应垫实钉牢，木搁栅与墙间应留出大于 30mm 的间隙。木搁栅的表面应平直，偏差不大于 3mm（2m 直尺检查时）。

（4）铺设毛地板。毛地板应与搁栅成 30°或 45°并应斜向钉牢，使髓心向上；其板间缝隙应不大于 3mm。毛地板与墙之间应留 8～12mm 空隙。

每块毛地板应在每根搁栅上各钉两个钉子固定，钉子的长度应为板厚的 2.5 倍。当在毛地板上铺钉长条木板或拼花木板时，宜先铺设一层防潮垫，以隔声和防潮。

（5）铺设面层板　面层板为宽度不大于 120mm 的企口板，为防止在使用中发出声响和受潮气的侵蚀，铺钉前先铺一层防潮层。

在铺设单层木板面层时，应与搁栅成垂直方向钉牢，每块长条木板应钉牢在每根搁栅上，钉长应为板厚的 2～2.5 倍，钉帽砸扁，并从侧面斜向钉入板中，钉头不应露出。木板端头接缝应在搁栅上，并应间隔错开。板与板之间应紧密，仅允许个别地方有缝隙，其宽度不应大于 1mm；当采用硬木长条形板时，不应大于 0.5mm。木板面层与墙之间应留 10～20mm 的缝隙，表面应刨平磨光，并用木踢脚板封盖。

（6）安装木踢脚板。木踢脚板应在面层刨平磨光后安装，背面应做防腐处理。踢脚板接缝处应以企口相接，踢脚板用钉钉牢在墙内防腐木砖上，钉帽砸扁冲入板内。踢脚板要求与墙贴紧，安装牢固，上口平直。

（7）修饰面层。待室内装饰工程完工后方可涂油上蜡。

（三）成品保护

（1）铺钉地板和踢脚时，注意不要损坏墙面抹灰和木门框。

（2）地板材料进现场后，经检验合格，应码放在室内，分规格码放整齐，使用时轻拿轻放，不可乱扔乱堆，以免损坏棱角。

（3）铺钉面层时，操作人员要穿软底鞋，且不得在地面上敲砸，防止损坏面层。

（4）木地板铺设应注意施工环境的温度、湿度的变化，施工完应及时覆盖塑料薄膜，防止开裂及变形。

（5）地板磨光后及时刷油打蜡。

（6）通水后注意阀门、接头和弯头、三通等部位，防止渗漏浸泡地板，引起开裂及起鼓。

任务 4　门 窗 工 程 施 工

一、木门窗安装

（一）施工准备

1. 材料准备

（1）木门窗进场时应检查产品合格证书和性能检测报告。木门窗的木材品种、等级、规格、尺寸、框扇的线型及人造木板的甲醛含量应符合设计要求。

（2）木门窗进场后，靠墙、靠地的一面应刷防腐涂料，其他各面均应涂刷青油底漆一道。刷油后，按房间编号、按规格分别水平码放整齐，堆垛下面应搁置在垫木上，每层框扇之间应垫木板条通风。

（3）木门窗配件的型号、规格、数量应符合设计要求。

2. 主要机具

手电钻、电锤、锯、刨、木工斧、羊角锤、卷尺、水平尺、木工三角尺、吊线坠等。

3. 作业条件

（1）主体工程全部完成并验收合格。

（2）门窗洞口的位置、尺寸与施工图相符。

（3）防腐木砖埋设齐备。

（4）普通木门窗框的安装应在抹灰前进行，门窗扇的安装应在抹灰后进行。

（二）施工工艺

1. 工艺流程

安装门窗框→安装门窗扇→安装门窗配件。

2. 施工要点

（1）安装门窗框。

1）主体结构完工后，复查洞口标高、尺寸及木砖位置。

2）将门窗框用木楔临时固定在门窗洞口内相应位置。

3）用吊线坠校正框的正、侧面垂直度，用水平尺校正框冒头的水平度。

4）用砸扁钉帽的钉子钉牢在木砖上，钉帽要冲入木框内 1～2mm。

5）高档硬木门框应用钻打孔，木螺钉拧固并拧进木框 5mm。

（2）安装门窗扇。

1）量出樘口净尺寸，考虑留缝宽度。确定门窗扇的高、宽尺寸，先画出中间缝处的中线，再画出边线，并保证梃宽一致。

2）若门窗扇高、宽尺寸过大，则刨去多余部分；修刨时应先锯余头，再进行修刨；门窗扇为双扇时，应先作打叠高低缝，并以开启方向的右扇压左扇。

3）若门窗扇高、宽尺寸过小，可在下边或装合页一边用胶和钉子绑钉刨光的木条。钉帽砸扁，钉入木条内 1～2mm。然后锯掉余头并刨平。

4）平开扇的底边、中悬扇的上下边、上悬扇的下边、下悬扇的上边等与框接触且容易发生摩擦的边，应刨成 1mm 斜面。

5）试装门窗扇时，应先用木楔塞在门窗扇的下边，然后再检查缝隙，并注意窗楞和玻璃芯子平直对齐。合格后画出合页的位置线，剔槽装合页。

（3）安装门窗配件。

1）所有小五金必须用木螺钉固定安装，严禁用钉子代替。使用木螺钉时，先用手锤钉入全长的 1/3，接着用螺丝刀拧入。

2）铰链距门窗扇上下两端的距离为扇高的 1/10，且避开上下冒头，安好后必须灵活。

3）门锁距地面高 0.9～1.05m，应错开中冒头和边梃的榫头。

4）门窗拉手应位于门窗扇中线以下，窗拉手距地面 1.5～1.6m。

5）门插销位于门拉手下边。装窗插销时应先固定插销底板，再关窗打插销压痕，凿孔，打入插销。

6）门扇开启后易碰墙，为固定门扇位置应安装门吸。

（三）成品保护

（1）安装过程中，应采取防水防潮防腐措施。在雨期或湿度大的地区应及时油漆门窗。

（2）调整修理门窗时不能硬撬，以免损坏门窗和小五金。

（3）门窗框安装完后，主要通道门窗口处，自地面起 1.2m 处应用板材、纸壳或纤维板进行封包，以免碰撞。

（4）已装门窗框的洞口，不得再作运料通道，如必须用作运料通道时，应做好保护措施。

（5）门窗扇安装完后需关紧插销或门锁，钥匙交由专人管理。

二、铝合金门窗安装

（一）施工准备

1. 材料准备

（1）铝合金门窗所选用的材料、附件质量要符合国家标准的规定。铝合金门窗的规格、型号应符合设计要求。所用配件齐全，配件应选用不锈钢或镀锌材质。门窗及配件均具有产品合格证、材质检验报告并加盖厂家印章。

（2）门窗所用的玻璃品种根据设计要求，选用普通平板玻璃、浮法玻璃、夹层玻璃、钢化玻璃、中空玻璃等，玻璃的厚度一般为5mm或6mm。

（3）铝合金门窗的密封材料根据设计要求，选用耐候硅酮密封胶、氯丁密封胶等。密封条可选用橡胶条、橡塑条等。

（4）填缝材料可选用发泡胶、弹性聚苯保温材料及玻璃岩棉条等。

（5）其他材料，如防锈漆、水泥、砂、铁脚、连接板等，应符合设计要求及有关标准的规定。

2. 主要机具

手电钻、冲击钻、射钉枪、切割机、小型电焊机、打胶筒、螺钉旋具（改锥）、扳手、錾子、玻璃吸盘、线锯、手锤、扁铲、钢凿、铁锉、刮刀、水平尺、钢尺、盒尺、墨斗、线坠、粉线包、托线板、钳子、木楔等。

3. 作业条件

（1）铝合金门窗框安装时间，应在主体结构结束，进行质量验收后进行；铝合金窗框在室内外装饰工程施工前进行安装，扇安装时间宜选择在室内外装修结束后进行，避免土建施工对其造成破坏及污染等。

（2）按室内墙面弹出的＋500mm线和垂直线，标出门窗框安装的基准线，作为安装时的标准。要求同一立面上门窗的水平及垂直方向应做到整齐一致。如在弹线时发现预留洞口的尺寸有较大偏差，应及时调整处理。

（3）安装铝合金门窗框前，应逐个核对门窗洞口的尺寸，确认与铝合金门窗框的规格是否相符合。有预埋件的门窗口还应检查预埋件的数量、位置及埋设方法是否符合设计要求。

（4）对于铝合金门，还要特别注意室内地面的标高。地弹簧的表面应与室内地面饰面标高一致。

（5）检查铝合金门窗外观是否符合设计要求及国家有关标准的规定，如有窜角、翘曲不平、尺寸偏差超标、表面损伤、变形、松动及外观色差较大者，应进行处理及返修，经验收合格后方能进行安装。

（6）铝合金表面应粘贴保护膜，安装前检查保护膜，如有破损，应补粘后再行安装。

（二）施工工艺

1. 工艺流程

弹线定位→门窗洞口处理→防腐处理→铝合金门窗框就位和临时固定→铝合金门窗框安

装固定→门窗框与墙体间隙间的处理→门窗扇安装→五金配件安装→清理及清洗。

2.施工要点

（1）弹线定位。

1）沿建筑物全高用大线坠（高层建筑宜采用经纬仪或全站仪找垂直线）引测门洞边线，在每层门窗口处画线标记。

2）逐层抄测门窗洞口距门窗边线实际距离，需要进行处理的应做记录和标志。

3）门窗的水平位置应以楼层室内＋500mm 线为准，向上反量出窗下皮标高，弹线找直。每一层窗下皮必须保持标高一致。

4）墙厚方向的安装位置应按设计要求和窗台板的宽度确定。原则上以同一房间窗台板外露尺寸一致为准。

（2）门窗洞口处理。门窗洞口偏位、不垂直、不方正的，要进行剔凿或抹灰处理。

（3）防腐处理。

1）对于门框四周外表面的防腐处理，设计有要求时，按设计要求处理；如果没有要求，可涂刷防腐涂料或粘贴塑料薄膜进行保护，以免水泥砂浆直接与铝合金门窗表面接触，腐蚀铝合金门窗。

2）安装铝合金门窗时，如果采用金属连接件固定，则连接件、固定件宜采用不锈钢件。否则必须进行防腐处理，以免产生电化学反应，腐蚀铝合金门窗。

（4）铝合金门窗框就位和临时固定。

1）根据画好的门窗定位线，安装铝合金门窗框。

2）当门窗框装入洞口时，其上、下框中线与洞口中线对齐。

3）门窗框的水平、垂直及对角线长度等符合质量标准，然后用木模临时固定。

（5）铝合金门窗框安装固定。

1）铝合金门窗框与墙体之间一般采用固定片连接，固定片多以 1.5mm 厚的镀锌板裁制，长度根据现场需要进行加工。

2）与墙体固定的方法主要有以下三种：

①焊接法（图 7-14）。当墙体上有预埋铁件或主体结构为钢结构时，可把铝合金门窗的固定片直接与墙体上的预埋铁件或钢结构上的连接条焊牢，焊接处需做防锈处理。

②膨胀螺栓连接法（图 7-15）。用膨胀螺栓将铝合金门窗的固定片固定到墙上。

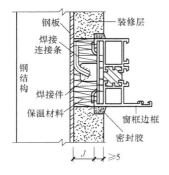

图 7-14　焊接法固定窗框

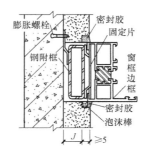

图 7-15　膨胀螺栓连接法固定窗框

③射钉连接法。当洞口为混凝土墙体时，也可用 ϕ4mm 或 ϕ5mm 射钉将铝合金门窗的固

定片固定到墙上（砖砌墙不得用射钉固定）。

3）铝合金窗框与墙体洞口的连接要牢固、可靠，固定点的间距应不大于 600mm，固定片距窗角距离不应大于 200mm（以 150～200mm 为宜）。

4）铝合金门的上边框与侧边框的固定按上述方法进行。下边框的固定方法根据铝合金门的形式、种类有所不同。

①平开门可采用预埋件连接、膨胀螺栓连接、射钉连接或预埋钢筋焊接等方式。

②推拉门下边框可直接埋入地面混凝土中。

③地弹簧门等无下框的，边框可直接固定于地面中，地弹簧也埋入地面中，并用水泥浆固定。

（6）门窗框与墙体间隙间的处理。

1）铝合金门窗框安装固定后，进行隐蔽工程验收。

2）验收合格后，及时按设计要求，处理门窗框与墙体之间的间隙。如果设计未要求时，可选用发泡胶、弹性聚苯保温材料及玻璃岩棉条进行分层填塞。外表留 5～8mm 深槽口填嵌嵌缝油膏或密封胶。严禁用水泥砂浆填嵌。

3）铝合金窗应在窗台板安装后，将上缝、下缝同时填嵌，填嵌时不可用力过大，防止窗框受力变形。

（7）门窗扇安装。

1）门窗扇应在墙体表面装饰工程完工验收后安装。

2）推拉门窗在门窗框安装固定后，将配好玻璃的门窗扇整体安入框内滑槽，调整好扇的缝隙即可。

3）平开门窗在框与扇格架组装上墙、安装固定好后，先调整好框与扇的缝隙，然后再将玻璃安入扇，并调整好位置，最后镶嵌密封条及密封胶。

4）地弹簧门应在门框及地弹簧主机入地安装固定后，再安门扇。先将玻璃嵌入门扇格架并一起入框就位，调整好框扇缝隙，最后填嵌门扇玻璃的密封条及密封胶。

（8）五金配件安装。五金配件与门窗连接用镀锌螺钉或不锈钢螺钉。安装的五金配件应结实牢固，使用灵活。

（9）清理及清洗。

1）在安装过程中，铝合金门框表面应有保护塑料胶纸，并要及时清理门窗框、扇及玻璃上的水泥砂浆、灰水、打胶材料及喷涂材料等，以免对铝合金门窗造成污染及腐蚀。

2）在粉刷等装修工程全部完成，准备交工前，将保护胶纸撕去，并进行以下清洗工作。

①如果塑料胶纸在型材表面留有胶痕，宜用香蕉水清洗干净。

②铝合金门窗框扇，可用水或浓度为 1％～5％ 的中性洗涤剂充分清洗，再用布擦干。不可用酸性或碱性制剂清洗，也不能用钢刷刷洗。

③玻璃应用清水擦洗干净，对浮灰或其他杂物，要全部清除干净。

（三）成品保护

（1）铝合金门窗框安装完成后，其洞口不得作为物料运输及人员进出的通道，且铝合金门窗框严禁搭压、坠挂重物。对于易发生踩踏和刮碰的部位，应加设木板或围挡等有效的保护措施。

（2）铝合金门窗安装后，应清除铝型材表面和玻璃表面的残胶。

（3）所有外露铝型材应进行贴膜保护，宜采用可降解的塑料薄膜。

（4）铝合金门窗工程竣工前，应去除所有成品保护，全面清洗外露铝型材和玻璃。不得使用有腐蚀性的清洗剂，不得使用尖锐工具刨刮铝型材、玻璃表面。

任务 5　幕 墙 工 程 施 工

幕墙工程作为子分部工程，主要划分为玻璃幕墙工程、石材幕墙工程、金属幕墙工程、人造板材幕墙工程 4 种分项工程。这里主要介绍玻璃幕墙工程施工和石材幕墙工程施工。

一、玻璃幕墙工程施工

玻璃幕墙是指面板材料为玻璃的建筑幕墙。玻璃幕墙按幕墙形式，可分为框支承玻璃幕墙、全玻幕墙和点支承玻璃幕墙；按幕墙施工方法，可分为单元式玻璃幕墙和构件式玻璃幕墙。下面主要介绍构件式框支承玻璃幕墙施工。

（一）施工准备

1. 材料准备

（1）铝合金型材应进行表面阳极氧化处理。铝型材的品种、级别、规格、颜色、断面形状、表面阳极氧化膜厚度等，必须符合设计要求，其合金成分及机械性能应有生产厂家的合格证明，并应符合现行国家有关标准。进入现场要进行外观检查；要平直规方，表面无污染、麻面、凹坑、划痕、翘曲等缺陷，并分规格、型号分别码放在室内木方垫上。

（2）玻璃的外观质量和光学性能应符合现行的国家标准。

（3）橡胶条、橡胶垫应有耐老化阻燃性能试验出厂证明，尺寸符合设计要求，无断裂现象。

（4）铝合金装饰压条、扣件颜色一致，无扭曲、划痕、损伤现象，尺寸符合设计要求。

（5）竖向龙骨与水平龙骨之间的镀锌连接件、竖向龙骨之间接专用的内套管及连接件等，均要在厂家预制加工好，材质及规格尺寸要符合设计要求。

（6）竖向龙骨与结构主体之间，通过承重紧固件进行连接，紧固件的规格尺寸应符合设计要求，为了防止腐蚀，紧固件表面须镀锌处理，紧固件与预埋在混凝土梁、柱、墙面上的埋件固定时，应采用不锈钢或镀锌螺栓。

（7）螺栓、螺母、钢钉等紧固件用不锈钢或镀锌件，规格尺寸符合设计要求，并有出厂证明。

（8）接缝密封胶应有出厂证明和防水试验记录。

2. 主要机具

手动真空吸盘、电动吸盘、牛皮带、电动吊篮、嵌缝枪、撬板、滚轮、热压胶带电炉等。

3. 作业条件

（1）幕墙应在主体结构施工完毕后开始施工。

（2）幕墙施工时，原主体结构施工搭设的外脚手架宜保留，并根据幕墙施工的要求进行必要的拆改。

（3）幕墙施工时，应配备安全可靠的起重吊装工具和设备。

（4）当装修分项工程可能对幕墙造成污染或损伤时，应将该分项工程安排在幕墙施工之前施工，或对幕墙采取可靠的保护措施。

（5）不应在大风大雨气候下进行幕墙的施工。

（6）应在主体结构施工时控制和检查各层楼面的标高、边线尺寸和固定幕墙的预埋件位置是否符合设计要求，且在幕墙施工前进行复验。

（二）施工工艺

1. 工艺流程

测量放线、预埋件检查→横梁、立柱装配、楼层紧固件安装→立柱、横梁安装→防火、防雷等材料安装→玻璃安装→嵌缝→清洁、验收。

2. 施工要点

（1）测量放线、预埋件检查。在工作层上放出横、纵两个方向的轴线，用经纬仪依次向上定出轴线。根据各层轴线定出楼板预埋件的中心线，并用经纬仪垂直逐层校核，定各层连接件的外边线。分格线放完后，检查预埋件的位置，不符合要求的应进行调整或预埋件补救处理。高层建筑的测量应在风力不大于 4 级的情况下进行，每天定时对玻璃幕墙的垂直度及立柱位置进行校核。

（2）横梁、立柱装配、楼层紧固件安装。装配竖向主龙骨紧固件之间的连接件、横向次龙骨的连接件。安装镀锌钢板，主龙骨之间接头的内套管、外套管以及防水胶等。装配横向次龙骨与主龙骨连接的配件及密封橡胶、垫等。安装与每层楼板连接的紧固件。

（3）立柱、横梁安装。

1）立柱安装。立柱先与钢连接件连接，钢连接件再与主体结构连接。立柱与主体结构连接必须具有一定的位移能力，采用螺栓连接时，应有可靠的防松、防滑措施。每个连接部位的受力螺栓，至少需布置 2 个，螺栓直径不宜少于 10mm。立柱每安装完一根，即用水平仪调平、固定。全部立柱安装完毕后，复验其间距、垂直度，根据规范要求检查其偏差是否可控。临时固定螺栓在紧固后及时拆除。凡是两种不同金属的接触面之间，除不锈钢外，都应加防腐隔离柔性垫片，以防止产生双金属腐蚀。

2）横梁安装。水平方向拉通线，通过连接件与立柱连接。同一楼层横梁安装应由下而上进行，安装完一层及时检查、调整、固定。横梁与立柱相连处应垫弹性橡胶垫片，用于消除横向热胀冷缩应力以及变形造成的横竖杆间的摩擦响声。

（4）防火、防雷等材料安装。防火、保温材料应铺设平整且固定可靠，拼接处不应留缝隙。材料采用岩棉或矿棉，厚度不应小于 100mm。防火层应采用厚度不小于 1.5mm 的镀锌钢板承托，不得采用铝板。防火层不应与玻璃幕墙直接接触，防火材料朝玻璃面处宜采用装饰材料覆盖。同一幕墙玻璃单元不应跨越两个防火分区。

幕墙防雷包括防顶雷和防侧雷两部分，防顶雷用避雷针或避雷带，由建筑防雷系统考虑。防侧雷用均压环（沿建筑物外墙周边每隔一定高度设置的水平防雷网），环间间距不应大于 12m，可利用梁内的纵向钢筋或另行安装。

（5）玻璃安装。

1）明框玻璃幕墙。

①玻璃安装前进行表面清洁，镀膜玻璃的镀膜面朝向室内。玻璃面板安装时不得与框构件直接接触，玻璃四周与构件凹槽底部保持一定空隙。每块玻璃下面应至少放置 2 块宽度与槽宽相同、长度不小于 100mm 的弹性定位垫块，玻璃四边嵌入量及空隙应符合设计要求。

②按规定型号选用玻璃四周的橡胶条，其长度宜比边框内槽口长 1.5%～2%；橡胶条斜面断开，断口应留在四角，拼成预定的设计角度，并应采用黏结剂黏结牢固；镶嵌应平整。

2）隐框、半隐框玻璃幕墙。

①先对四周的立柱、横梁和板块铝合金副框进行清洁工作，以保证嵌缝密封胶的黏结强度。固定板块的压块，其规格和间距应符合设计要求。固定点的间距不宜大于 300mm，并不得采用自攻螺钉固定玻璃板块。

②玻璃幕墙开启窗的开启角度不宜大于 30°，开启距离不宜大于 300mm。开启窗周边缝隙宜采用氯丁橡胶、二元乙丙橡胶或硅橡胶密封条制品密封。开启窗的五金配件应齐全，应安装牢固、开启灵活、关闭严密。

（6）嵌缝。玻璃幕墙与主体结构之间的缝隙采用防火保温材料填塞，内外表面采用密封胶连续封闭。硅酮耐候密封胶嵌缝前应将板缝清洁干净，并保持干燥。使用溶剂清洁时，不应将擦布浸泡在溶剂里，应将溶剂倾倒在擦布上擦拭，随后用干擦布抹净。清洁后 1h 内注胶，不宜在夜晚、雨天打胶，打胶温度应符合设计要求和产品要求。密封胶的施工厚度应大于 3.5mm（一般控制在 4.5mm 以内），施工宽度不宜小于施工厚度的 2 倍；较深的密封槽口底部应采用聚乙烯发泡材料填塞。密封胶在接缝内应面对面黏结，不应三面黏结。严禁使用过期的密封胶；硅酮结构密封胶不宜作为硅酮耐候密封胶使用，两者不能互代。同一个工程应使用同一品牌的硅酮结构密封胶和硅酮耐候密封胶。密封胶注满后应检查胶缝，胶缝外观横平竖直、深浅一致、宽窄均匀、光滑顺直。

（7）清洁、验收。幕墙施工完毕后，选择容易渗漏部位（如拐角处）进行淋水试验，在室内观察有无渗漏现象，若无渗漏即可清洁验收。

（三）成品保护

（1）应保持幕墙表面整洁，避免锐器及腐蚀性气体和液体与幕墙表面接触。

（2）雨天或 4 级以上风力的天气情况下不宜使用开启窗；6 级以上风力时，应全部关闭开启窗。

（3）应加强日常维护和保养，进行定期检查和灾后检查，及时修复或更换损坏的构件。

二、石材幕墙工程施工

根据石材的安装方式，石材幕墙主要分为短槽式石材幕墙、钢销式石材幕墙和背栓式石材幕墙 3 类。其中短槽式石材幕墙，幕墙构造简单，技术成熟，目前应用较多。下面主要介绍短槽式石材幕墙施工。

（一）施工准备

1. 材料准备

（1）饰面板进场时，应检查石板尺寸与外观质量、选板、预拼、排号、防碱处理。石材幕墙的石板厚度不应小于 25mm，火烧石板的厚度应比抛光石板厚 3mm。石板连接部位应无崩坏、暗裂等缺陷，其加工尺寸允许偏差及外观质量应符合国家标准。石材加工后表面应用高压水冲洗或用水和刷子清理，严禁用溶剂型的化学清洁剂清洗石材。

（2）建筑密封材料、结构硅酮密封胶、幕墙支撑金属件、连接件等其他辅助材料要求同玻璃幕墙工程施工。

2. 主要机具

电动吊篮、台钻、无齿切割锯、冲击钻、滚轮、热压胶带电炉、凿榫机、自攻钻、手电钻、扳手、开口扳手、铝型材弯型机、双组分注胶机、清洗机、电焊机、水准仪、经纬仪、2m靠尺、托线板、线坠、钢卷尺、水平尺、钢丝线、螺丝刀、工具刀、泥灰刀、筒式打胶枪等。

3．作业条件

（1）主体结构完工，并达到施工验收规范的要求，现场清理干净，幕墙安装应在二次装修之前进行。

（2）可能对幕墙施工环境造成严重污染的分项工程应安排在幕墙施工前进行。

（3）应有土建移交的控制线和基准线。

（4）幕墙与主体结构连接的预埋件，应在主体结构施工时按设计要求埋设。

（5）吊篮等垂直运输设备安设就位。

（6）脚手架等操作平台搭设就位。

（7）幕墙的构件和附件的材料品种、规格、色泽和性能应符合设计要求。

（二）施工工艺

1．工艺流程

石板开槽钻孔→测量放线→检查预埋件尺寸、位置→安装金属骨架→安装防火、保温棉→安装饰面板→清理、嵌缝。

2．施工要点

（1）石板开槽钻孔。

1）每块石板上下边应各开两个短平槽，短平槽长度不应小于100mm，在有效长度内槽深度不宜小于15mm；开槽宽度宜为6mm或7mm；不锈钢挂件厚度不宜小于3.0mm，铝合金挂件厚度不宜小于4.0mm。弧形槽的有效长度不应小于80mm。

2）两短槽边距离石板两端部的距离不应小于石板厚度的3倍且不应小于85mm，也不应大于180mm。

3）石板开槽后不得有损坏或崩裂现象，槽口应打磨成45°倒角，槽内应光滑、洁净。

（2）测量放线。在结构各转角处吊垂线，确定石材的外轮廓尺寸。以轴线及标高线为基线，弹出板材竖向分格控制线，再以各层标高线为基线放出板材横向分格控制线。

（3）检查预埋件尺寸、位置。检查预埋件的位置、尺寸，若无预埋件，则在主体结构上打眼，装膨胀螺栓，作为骨架的固定。但应做后置预埋件的拉拔试验，以便确定承载力是否足够。

（4）安装金属骨架。安装固定立柱的铁件。安装同立面两端的立柱，然后拉通线，顺序安装中间立柱，使同层立柱安装在同一水平位置上。将各施工水平控制线引至立柱上，并用水平尺校核，然后安装横梁。立柱和横梁用螺栓连接或焊接。焊接后要刷防锈漆。

（5）安装防火、保温棉。防火、保温棉安装同玻璃幕墙工程施工。

（6）安装饰面板。将已编号的饰面石板临时就位，将不锈钢挂件插入石板孔内。插挂件前先将环氧胶黏剂注入孔内，挂件入孔深度不宜小于20mm。调整饰面石材的平整度、垂直度，调整准确后，将挂件上的螺栓全部拧紧。

（7）清理、嵌缝。饰面板全部安装完毕后，进行表面清理，贴防污胶条。板缝尺寸根据吊挂件的厚度决定，一般在8mm左右。板缝处理后，对石材表面打蜡上光。

（三）成品保护

（1）对幕墙的构件、面板等。应采取保护措施，不得发生变形、变色、污染等现象。

（2）幕墙施工中其表面的黏附物应及时清除。

（3）幕墙工程安装完成后，应制定清洁方案，清扫时应避免损伤表面。

（4）清洗幕墙时，清洁剂应符合要求，不得产生腐蚀和污染。

任务 6　吊顶与轻质隔墙工程施工

一、吊顶工程施工

吊顶按骨架材料不同，可分为木龙骨吊顶和金属龙骨吊顶。这里主要介绍金属龙骨吊顶施工。

金属龙骨吊顶包括 U 形、T 形、V 形、H 形轻钢龙骨吊顶和 T 形铝合金龙骨吊顶。金属吊顶龙骨自重轻，刚度大，防火、抗震性能好，容易加工装配，施工效率高，因此在室内装饰中广泛应用。

轻钢龙骨吊顶是目前常用的一种吊顶，由轻钢龙骨和罩面板（纸面石膏板、石棉水泥板、矿棉吸声板、浮雕板、钙塑凸凹板及铝压缝条或塑料压缝条）组成。轻钢龙骨是以镀锌钢板（带）或彩色喷塑钢板（带）及薄壁冷轧钢板（带）等薄质轻金属材料，经冷弯或冲压等加工而成的顶棚装饰支撑材料。它可以使吊顶工程实现装配化，可由大、中、小龙骨与吊杆、连接件、挂插件等进行灵活组装，能有效地提高施工效率和装饰效果。

铝合金龙骨吊顶与轻钢龙骨吊顶相比，是属于轻型活动板式顶棚，其饰面板放在龙骨的分格内而不需要固定。龙骨既是吊顶的承重件，又是吊顶饰面板的压条，因此，多采用铝合金龙骨小幅面板材吊顶。

（一）施工准备

1. 材料准备

（1）轻钢龙骨材料。

1）龙骨及配件。轻钢龙骨外形要求平整、棱角清晰，切口不允许有毛刺和变形。镀锌层不允许有起皮、起瘤、脱落等缺陷。对于腐蚀、损伤、黑斑、麻点等缺陷，应符合规定要求。轻钢龙骨表面应镀锌防锈，镀锌量及镀锌层厚度均应满足要求。此外，轻钢龙骨的断面形状尺寸、角度偏差、力学性能也应满足要求。

2）连接与固结材料。将板材固结于硬质基体（砖、混凝土）上采用水泥钉、射钉或金属膨胀螺栓；固结于轻钢龙骨或铝合金龙骨上用自攻螺钉；固结于轻质板材（如加气混凝土）基体上用塑料膨胀螺栓。

3）罩面板。轻钢龙骨骨架常用的罩面板材料有装饰石膏板、纸面石膏板、吸声穿孔石膏板、矿棉装饰吸声板、钙塑泡沫装饰板、各种塑料装饰板、浮雕板、钙塑凹凸板等。施工时应按设计要求选用。压缝常选用铝压条。嵌填钉孔用石膏腻子，嵌缝时采用石膏腻子和穿孔牛皮纸带，也可使用玻璃纤维网格胶带。

4）胶黏剂。应按主黏材的性能选用，使用前做黏结试验。

（2）铝合金龙骨材料。

1）龙骨材料。铝合金龙骨是新型吊顶骨架材料中应用较早的轻金属杆件型材，其主件为 T 形和 L 形，特别适合组装单层骨架构造的轻便型不上人吊顶。当需要组合为有承载龙骨的双层构造时，其龙骨可采用 U 形轻钢龙骨，能上人。

铝合金龙骨多为中龙骨，其断面为 T 形（安装时倒置），断面高度有 32mm 和 35mm 两种，在吊顶边上的中龙骨为断面 L 形。小龙骨（横撑龙骨）的断面为 T 形（安装时倒置），断面高度有 23mm 和 32mm 两种。

2）罩面板材。常用罩面材料有矿棉板、玻璃纤维板、装饰石膏板、钙塑装饰板、珍珠岩复合装饰板、钙塑泡沫塑料装饰板、岩棉复合装饰板等轻质板材，亦可用纸面石膏板、石棉水泥板、金属压型吊顶板等。

3）连接与固结材料。同轻钢龙骨吊顶。吊杆一般为 ϕ4 钢筋、8 号铅丝 2 股、10 号镀锌铁丝 6 股。

2. 主要机具

（1）常用电动机械有电动冲击钻、电锤、砂轮机、电动自攻钻、打钉机、小型无齿锯、电动十字旋具等。

（2）常用手工工具有手锯、刀锯、线锯及多用刀、平刨、边刨、槽刨、线刨、画线笔、墨斗、量尺、角尺、水平尺、三角尺、羊角锤、平头锤、起钉器及螺钉旋具等。

3. 作业条件

（1）顶棚内的各种管线及通风管道，均应事先安装完毕，并办理验收手续。

（2）墙为砌体时，应根据顶棚标高，在四周墙上预埋固定龙骨的木砖。

（3）直接接触墙体的木龙骨，应预先刷防腐剂。

（4）按工程不同防火等级和所处环境要求，对木龙骨进行喷涂防火涂料或置于防火涂料槽内进行浸渍处理。

（5）墙面及楼、地面湿作业和屋面防水已做完。

（6）室内环境力求干燥，满足木龙骨吊顶作业的环境要求。

（二）轻钢龙骨吊顶施工工艺

1. 工艺流程

弹线→安装吊点、吊筋→安装轻钢龙骨→安装罩面板→嵌缝。

2. 施工要点

（1）弹线。弹线的内容包括：标高线、顶棚造型位置线、吊挂点布局线、大中型灯位线等。弹线应清晰、位置应准确。弹线顺序是先竖向标高后平面造型细部，竖向标高线弹于墙上，平面造型和细部线弹于顶板上。

弹线完成后，对所有标高线、吊点位置线等进行全面检查复核，如有遗漏或尺寸错误，均应彻底补充、纠正。所弹顶棚标高线与四周设备、管线、管道等有无矛盾，对大型灯具的安装有无妨碍，均应一一核实，确保准确无误。

（2）安装吊点、吊筋。吊点安装常采用膨胀螺栓、射钉等方法。吊筋常采用钢筋、角钢、扁铁或方木，其规格应满足承载要求，吊筋与吊点的连接可采用焊接、钩挂、螺栓或螺钉等连接方法。吊筋安装时，应做防腐、防火处理。

（3）安装轻钢龙骨。

1）安装轻钢主龙骨。主龙骨按弹线位置就位，利用吊件悬挂在吊筋上。待全部主龙骨安装就位后进行调直调平定位，将吊筋上的调平螺母拧紧，龙骨中间部分按具体设计起拱。

当设计无要求时，应按房间短向跨度的 1‰～3‰起拱。

2）安装次龙骨。主龙骨安装完毕即安装次龙骨。次龙骨有通长和截断两种。通长者与主龙骨垂直，截断者（也称为横撑龙骨）与通长者垂直。次龙骨紧贴主龙骨安装，并与主龙骨扣牢，不得有松动及弯曲不直之处。次龙骨安装时应从主龙骨一端开始，高低叠级顶棚应先安装低跨部分。固定板材的次龙骨间距不得大于 600mm，在潮湿地区和场所，间距宜为 300～400mm。用沉头自攻钉安装饰面板时，接缝处次龙骨宽度不得小于 40mm。

暗龙骨系列横撑龙骨应用连接件将其两端连接在通长次龙骨上，连接件应错位安装。明龙骨系列的横撑龙骨与通长龙骨搭接处的间隙不得大于 1mm。

3）安装附加龙骨、角龙骨、连接龙骨等。靠近柱子周边，增加附加龙骨或角龙骨时，按具体设计安装。凡高低叠级顶棚、灯槽、灯具、窗帘盒等处，根据具体设计应增加"连接龙骨"。

（4）安装罩面板。

1）石膏板材的安装。石膏板材固定在次龙骨上的方式有下列三种：

①挂结式。板材周边先加工成企口缝（图 7-16），然后挂在倒 T 形或工字形次龙骨上，故又称"隐蔽式"。

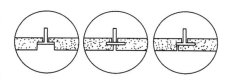

图 7-16　用企口缝形式托挂罩面板

②卡结式。板材直接放到次龙骨翼缘上，并用弹簧卡子卡紧，次龙骨露于顶棚面外。

③钉结式。次龙骨和间距龙骨的断面为卷边槽型，以特制吊件悬吊于主龙骨下，板材用平头螺钉钉于龙骨上，龙骨底面预钻螺钉孔。

2）矿棉板和玻璃棉板的安装。矿棉板和玻璃棉板质轻、吸声、保温、耐高温不燃烧，特别适合于有一定防火要求的顶棚，它可以直接作为吸声板顶棚。这两种板材安装时要求室内湿度不能过大，板与次龙骨的固定方式有下列三种：

①龙骨全露式。它是将方形或矩形板直接搁置在格子形组合的倒 T 形龙骨翼缘上，用卡簧加以固定。此时，应注意饰面板上的灯具、烟感器、喷淋头、风口箅子等设备的位置应正确、美观，与饰面的交接应吻合、严密。

②龙骨全隐蔽式。这种方式是将板材侧面制成企口，卡入 Z 形龙骨的翼缘中。

③龙骨半外露半隐蔽式。它是将板材的侧面做成 L 形，搁置在龙骨的翼缘上。

3）硅钙板、塑料板的安装。此类罩面板的规格一般为 600mm×600mm，多用于明装龙骨，将面板直接搁置在龙骨上。安装时保证花样、图案的整体性；饰面板上的灯具、烟感器、喷淋头、风口箅子等设备的位置应正确、美观，与饰面的交接应吻合、严密。

4）金属板材的安装。金属罩面板是用轻质金属板材作为面层的吊顶。常用的轻质金属板材有薄钢板和铝合金板两大类。薄钢板表面可作镀锌、涂塑和涂漆等防锈饰面处理；铝合金板表面可作电化铝饰面处理。金属罩面板按构造形式可分为轻金属条板、网格板和金属方板等。

①轻金属条板通过固定在龙骨上的夹齿与龙骨固定。条板与条板间相接处的板缝处理，有开放式和封闭式。开放式条板离缝处无填充物，便于通风，在上部另加矿棉板或玻璃棉，可作为吸声顶棚用。封闭式条板在离缝处，可另加嵌条或用条板单边的翼缘盖住离缝。

②网格板的安装可以直接卡在龙骨上或直接搁置在倒 T 形龙骨上，有方格排列和圆筒

排列方式。

③金属方板安装的构造分搁置式和卡入式两种。搁置式多为T形龙骨，方板四边带翼搁置后形成格子型离缝。卡入式的金属方板卷边向上，形同有缺口的盒子，一般边上轧出凸出的卡口，夹入有夹簧的龙骨中。方板可以打孔，上面放矿棉或玻璃棉的吸声板，就成为吸声顶棚。

（5）嵌缝。

1）先清扫板缝，用小刮刀将嵌缝石膏腻子均匀饱满地嵌入板缝，并在板缝外刮涂约60mm宽、1mm厚的腻子。随即贴上穿孔纸带（或玻璃纤维网格胶带），使用宽约60mm的腻子刮刀顺穿孔纸带（或玻璃纤维网格胶印带）方向压刮，将多余的腻子挤出，并刮平、刮实，不可留有气泡。

2）用宽约150mm的刮刀将石膏腻子填满宽约150mm的板缝处带状部分。

3）用宽约300mm的刮刀再补一遍石膏腻子，其厚度不得超出2mm。

4）待腻子完全干燥后（约12h），用2号纱布或砂纸将嵌缝石膏腻子打磨平滑，其中间可部分略微凸起，但要向两边平滑过渡。

（三）铝合金龙骨吊顶施工工艺

1. 工艺流程

弹线→安装吊点、吊筋→安装大龙骨→安装中、小龙骨→安装罩面板。

2. 施工要点

（1）弹线。弹线的内容包括：标高线、顶棚造型位置线、吊挂点布局线、大中型灯位线等。弹线顺序是先竖向标高后平面造型细部，竖向标高线弹于墙上，平面造型和细部线弹于顶板上。

弹线完成后，对所有标高线、平面造型吊点位置线等进行全面检查复核，如有遗漏或尺寸错误，均应彻底补充、纠正。所弹顶棚标高线与四周设备、管线、管道等有无矛盾，对大型灯具的安装有无妨碍，均应一一核实，确保准确无误。

（2）安装吊点、吊筋。吊点安装常采用膨胀螺栓、射钉等方法。吊筋常采用钢筋、角钢、扁铁或方木，其规格应满足承载要求，吊筋与吊点的连接可采用焊接、钩挂、螺栓或螺钉等连接方法。吊筋安装时，应做防腐、防火处理。

（3）安装大龙骨。采用单层龙骨时，大龙骨T形断面高度采用38mm，适用于轻型不上人明龙骨吊顶。单层龙骨安装，首先沿墙面上的标高线固定边龙骨，边龙骨底面与标高线齐平。在墙上用$\phi20$钻头钻孔，间距500mm，将木楔子打入孔内；边龙骨钻孔，用木螺钉将龙骨固定于木楔上，也可用$\phi6$塑料胀管木螺钉固定。然后再安装其他龙骨，用龙骨吊挂件吊紧龙骨，吊点采用900mm×900mm或900mm×1000mm，最后调平、调直、调方格尺寸。

（4）安装中、小龙骨。首先安装边小龙骨，将边小龙骨沿墙面标高线固定在墙上，并和大龙骨挂接，然后安装其他中龙骨。在安装中、小龙骨时，为了保证龙骨间距的准确性，应事先制作一个标准尺杆，用来控制龙骨间距。龙骨的表面要保证平直、一致。整个房间安装完工后，进行检查，调直、调平龙骨。

（5）安装罩面板。当采用明龙骨时，龙骨方格调整平直后，将罩面板直接摆放在方格中，由龙骨翼缘承托饰面板四周。为了便于安装饰面板，龙骨方格内侧净距一般应大于饰面板尺寸2mm。当采用暗龙骨时用卡子将罩面板暗挂在龙骨上。

（四）成品保护

（1）金属龙骨吊顶不得上人踩踏。

（2）其他工种的吊挂件不得吊于金属龙骨上。

（3）罩面板安装必须在顶棚内管道试水、试压、保温一切工序全部验收合格后进行。

二、轻质隔墙工程施工

轻质隔墙主要包括骨架隔墙、板材隔墙、玻璃隔墙等。骨架隔墙按照骨架材料的不同可分为轻钢龙骨隔墙、木龙骨隔墙、石膏龙骨隔墙等。板材隔墙按照板材材料的不同可分为水泥轻质隔墙板隔墙、玻璃纤维增强水泥混合材料板（GRC 板）隔墙、泰柏板隔墙、石膏空心轻质墙板隔墙等。

这里主要介绍轻钢龙骨隔墙工程施工和 GRC 板隔墙施工。

（一）轻钢龙骨隔墙工程施工

1. 施工准备

（1）材料准备。

1）轻钢龙骨主件。沿顶龙骨、沿地龙骨、加强龙骨、竖向龙骨、横撑龙骨的规格、尺寸及质量等应符合设计要求及国家标准《建筑用轻钢龙骨》（GB/T 11981—2008）的规定。

2）轻钢骨架配件。支撑卡、卡托、角托、连接件、固定件、护墙龙骨和压条等配件，应符合设计要求和有关标准的规定。

3）紧固材料。射钉、膨胀螺栓、镀锌自攻螺钉、木螺钉和粘贴嵌缝料，应按设计要求选用。

4）填充隔声材料。矿棉板、岩棉板等按设计要求选用。

5）罩面板材。其材质、规格、性能、颜色应符合设计要求及国家有关产品标准的规定。

普通纸面石膏板一般不宜用于厨房、厕所以及空气相对湿度大于 70% 的潮湿环境中。纸面石膏板应有产品合格证，规格应符合设计图纸的要求。人造板的甲醛含量应符合国家有关规范的规定，进场后应做复试。

6）接缝材料。接缝腻子、玻纤带（布）、108 胶。

（2）主要机具。电焊机、电动无齿锯、手电钻、电动自攻钻、螺丝刀、气钉枪、空气压缩机、线坠、靠尺等。

（3）作业条件。

1）主体结构已验收，屋面已做完防水层，顶棚、墙体抹灰已完成。

2）室内弹出＋50cm 标高线。

3）设计要求隔墙有地枕带时，应先将 C20 细石混凝土地枕带施工完毕，强度达 10MPa以上，方可进行轻钢龙骨的安装。

（4）先作样板墙一道，经鉴定合格后再大面积施工。

2. 施工工艺

轻钢龙骨隔墙工程施工的工艺流程为：

隔墙放线→地枕基座施工→安装沿顶龙骨和沿地龙骨→安装门洞口框龙骨→竖向龙骨分档→安装竖龙骨→安装横向贯通龙骨、横撑及卡档龙骨→门窗等特殊节点处骨架安装→安装一侧罩面板→安装墙体内电管、电盒和电箱等→安装墙体填充材料→安装另一侧罩面板→接缝处理→墙面装饰。

施工要点如下：

（1）隔墙放线。根据设计施工图，在地面上放出隔墙位置线、门窗洞口边框线，并放好顶龙骨位置边线。

（2）地枕带施工。设计有混凝土地枕带（墙垫）时，应先将地面凿毛、清扫，并洒水湿润，然后浇筑 C20 素混凝土地枕带。地枕带上表面应平整，两侧面应垂直，高度不应小于 100mm。

（3）安装沿顶龙骨和沿地龙骨。按已放好的隔墙位置线，安装顶龙骨和地龙骨，用射钉或膨胀螺栓固定于基体上。龙骨的端部应安装牢固，龙骨与基体的固定点间距应不大于 1000mm。

（4）安装门洞口框龙骨。放线后按设计要求，先将隔墙的门洞口框龙骨安装完毕。

（5）竖向龙骨分档。根据隔墙、门洞口位置，在安装沿顶、沿地龙骨后，按罩面板规格板宽确定分档尺寸，如板宽为 1200mm 时，分档尺寸为 402mm。不足模数的分档应避开门洞口边框第一块罩面板位置，使破边石膏罩面板不在靠洞口框处。

（6）安装竖龙骨。按分档位置安装竖龙骨，竖龙骨上下两端插入沿顶龙骨及沿地龙骨，调整垂直及定位准确后，用抽芯铆钉固定；靠墙柱边龙骨用射钉或木螺钉与墙、柱固定，钉距为 1000mm。

（7）安装横向贯通龙骨、横撑及卡档龙骨安装横向贯通龙骨。根据设计要求，隔墙高度大于 3m 时应加横向卡档龙骨，采用抽芯铆钉或螺栓固定。

（8）门窗等特殊节点处骨架安装。对于隔断的转角等特殊部位，应按照图纸使用附加龙骨、斜撑或双根竖向龙骨等进行安装。装饰性木制门框一般可用螺钉与洞口竖龙骨固定，门框横梁与横龙骨以同样方法连接。

（9）安装一侧罩面板（以安装纸面石膏板为例）。

1）检查龙骨安装质量，门洞口框是否符合设计及构造要求，龙骨间距是否符合石膏板宽度的模数。

2）安装一侧的纸面石膏板，从门口处开始；无门洞口的墙体由墙的一端开始，石膏板一般用自攻螺钉固定，板边钉距不大于 200mm，板中间距不大于 300mm，螺钉距石膏板边缘的距离不得小于 10mm，也不得大于 16mm。自攻螺钉紧固时，纸面石膏板必须与龙骨紧靠。

（10）安装墙体内电管、电盒和电箱设备，并进行隐蔽工程检查验收。

（11）安装墙体内防火、隔声、防潮填充材料。

（12）安装另一侧纸面石膏板。安装方法同第一侧纸面石膏板，其接缝应与第一侧面板缝错开。若为双层纸面石膏板隔墙，其安装方法为第二层板的固定方法与第一层相同，但第二层板的接缝应与第一层错开，不能与第一层的接缝落在同一龙骨上。

（13）接缝处理。纸面石膏板墙接缝做法有三种形式，即平缝、凹缝和压条缝，一般作平缝较多，可按以下程序处理：

1）刮嵌缝腻子。刮嵌缝腻子前先将接缝内浮土清除干净，用小刮刀把腻子嵌入板缝，与板面填实刮平。

2）粘贴拉结带。待嵌缝腻子凝固后即粘贴拉接材料，先在接缝上薄刮一层稠度较稀的胶状腻子，厚度为 1mm，宽度为拉结带宽，随即粘贴拉结带，用刮刀从上而下沿一个方向刮平压实，赶出胶腻子与拉结带之间的气泡。

3) 刮中层腻子。拉结带粘贴后，立即在上面再刮一层比拉结带宽 80mm 左右、厚度约 1mm 的中层腻子，使拉结带埋入这层腻子中。

4) 刮找平腻子。用大刮刀将腻子填满楔形槽与板面找平。

(14) 墙面装饰。进行墙面装饰前，板面钉帽应进行防锈处理。纸面石膏板墙面，根据设计要求，可做各种饰面，如涂刷油漆、喷刷浆、彩色喷涂、贴墙纸等。

3. 成品保护

(1) 轻钢骨架隔墙施工中，各工种间应保证已安装项目不受损坏，墙内电线管及附墙设备不得碰动、错位及损伤。

(2) 轻钢龙骨及纸面石膏板入场，存放使用过程中应妥善保管，保证不变形、不受潮、不污染、无损坏。

(3) 施工部位已安装的门窗、地面、墙面、窗台等应注意保护，防止损坏。

(4) 已安装好的墙体不得碰撞，保持墙面不受损坏和污染。

(二) GRC 板隔墙施工

1. 施工准备

(1) 材料准备。

1) GRC 板：GRC 板有标准板、门框板、窗框板、门上板、窗上板、窗下板及异形板。标准板用于一般隔墙。其他板按工程设计确定的规格进行加工。

2) U 形钢板卡及连接件。

①U 形钢板卡用于两块条板拼缝处上端，用 ϕ6 膨胀螺栓与结构顶板固定。

②角钢连接件（又称钢托）用于门上板与承重墙连接处及门上板与门框板连接处，用 ϕ6 膨胀螺栓固定。

3) 胶黏剂：用于 GRC 板与基体结构之间的连接固定、板缝处理、粘贴玻纤布条。

4) 聚酯无纺布（或玻纤网格布）：用于墙角附加层及板缝处理。

5) 石膏腻子：用于满刮墙面。

(2) 主要机具。无齿锯、电钻、射钉枪、云石机、笤帚、水桶、钢丝刷、小灰槽、2m 靠尺、2m 托线板、腻子刀、撬棍、钢尺、橡皮锤、扁铲、木楔、铁剪子等。

(3) 作业条件。

1) 结构已验收，屋面防水层已施工完毕。墙面弹出＋50cm 标高线。

2) 顶棚、墙体抹灰已完成，基底含水率在 12％以下；如有地枕时，地枕应达到设计强度值。

3) 操作地点环境温度不低于 5℃。

4) 正式安装以前，先试安装样板墙一道，经鉴定合格后再正式安装。

2. 施工工艺

GRC 板隔墙施工的工艺流程为：结构墙面、顶面、地面清理和找平→放线、分档→配板、修补→安 U 形卡（有抗震要求时）→配制胶黏剂→安装隔墙板→安门窗框→板缝处理→板面装修。

施工要点如下：

(1) 结构墙面、顶面、地面清理和找平。清理隔墙板与顶面、地面、墙面的结合部，凡凸出墙面的砂浆、混凝土块等必须剔除并扫净，结合部尽力找平。

(2) 放线、分档。在地面、墙面及顶面根据设计位置，弹好隔墙边线及门窗洞边线，并按板宽分档。

（3）配板、修补。板的长度应按楼面结构层净高尺寸减 20mm 计算，并测量门窗洞口上部及窗口下部的隔板尺寸，按此尺寸配有预埋件的门窗框板。当板的宽度与隔墙的长度不相适应时，应将部分隔墙板预先拼接加宽（或锯窄）成合适的宽度，放置有阴角处。有缺陷的板应修补。

（4）安 U 形卡。有抗震要求时，应按设计要求用 U 形钢板卡固定条板的顶端。在两块条板顶端拼缝之间用射钉将 U 形钢板卡固定在梁或板上，随安板随固定 U 形钢板卡，U 形卡应做防锈处理。

（5）配制胶黏剂。胶黏剂要随配随用。配制的胶黏剂应在 30min 内用完。

（6）安装隔墙板。隔墙板安装顺序应从与墙的结合处开始，依次顺序安装。板侧清除浮灰，在墙面、顶面、板的顶面及侧面（相拼合面）满刮胶黏剂，按弹线位置安装就位，用木楔顶在板底，再用手平推隔板，使板缝冒浆，一个人用撬棍在板底部向上顶，另一人打木楔，使隔墙板挤紧顶实，然后用开刀（腻子刀）将挤出的胶粘剂刮平。按以上操作办法依次安装隔墙板。

在安装隔墙板时，一定要注意使条板对准预先在顶板和地板上弹好的定位线，并在安装过程中随时用 2m 靠尺及塞尺测量墙面的平整度，用 2m 托线板检查板的垂直度。

黏结完毕的墙体，应立即用 C20 干硬性混凝土将板下口堵严，当混凝土强度达到 10MPa 以上，撤去板下木楔，并用 M20 强度的干硬性砂浆灌实。

（7）安门窗框。一般采用先留门窗洞口，后安门窗框的方法。钢门窗框必须与门窗框板中的预埋件焊接。木门窗框用 L 形连接件连接，一边用木螺钉与木框连接，另一端与门窗框板中预埋件焊接。门窗框与门窗框板之间缝隙不宜超过 3mm，超过 3mm 时，应加木垫片过渡。将缝隙中的浮灰清理干净，用胶黏剂嵌缝；嵌缝要嵌满嵌密实，以防止门扇开关时碰撞门框造成裂缝。

（8）板缝处理。隔墙板安装后 10d，检查所有缝隙是否黏结良好，有无裂缝，如出现裂缝，应查明原因后进行修补。已黏结良好的所有板缝、阴角缝，先清理浮灰，刮胶合剂，贴 60mm 宽玻纤网格带（阳角处贴 200mm 宽玻纤布一层）；待胶黏剂稍干后，再贴第二层玻纤网格带（宽度为 150mm），压实、粘牢，表面再用胶合剂刮平。

（9）板面装修。一般 GRC 板墙面，直接用石膏腻子刮平，打磨后再刮第二道腻子，再打磨平整，最后做饰面层。如遇板面局部有裂缝，在做饰面前应先处理。

3. 成品保护

（1）施工中各专业工种应紧密配合，合理安排工序，严禁颠倒工序作业。隔墙板黏结后 10d 内，不得碰撞敲打，不得进行下道工序施工。

（2）安装埋件时，宜用电钻钻孔扩孔，用扁铲扩方孔，不得对隔墙用力敲击。对刮完腻子的隔墙，不应进行任何剔凿。

（3）严防运输小车等碰撞隔墙板及门口。

任务 7　涂饰与裱糊工程施工

一、涂饰工程施工

涂饰工程是将各种涂料涂覆于建筑物或构件表面，并能将涂料与表面材料牢固黏结的工程。涂饰工程可分为水性涂料涂饰工程、溶剂型涂料涂饰工程两类。水性涂料包括合成树脂乳液涂料（乳胶漆）、水溶性涂料、水稀释性涂料等。这里主要介绍合成树脂乳液涂料施工。

（一）施工准备

1. 材料准备

（1）水性涂料、水性胶黏剂和水性处理剂，进入现场时应有产品合格证书、性能检测报告、出场质量保证书、进场验收记录。

（2）基层处理选用的腻子应注意其配置品种、性能及适用范围，应当根据基体、室内外的区别及功能要求选用适宜的配制腻子或成品腻子。

2. 主要机具

腻子打磨机、砂纸、钢丝刷、油刷、排笔、涂料辊、涂料喷枪、手提式涂料搅拌器、弹涂漆压送机等。

3. 作业条件

（1）涂饰工程应在抹灰、吊顶、细部、地面湿作业及电气工程等已完成并验收合格后进行。其中新抹的砂浆常温要求 7d 以后，现浇混凝土常温要求 28d 以后，方可涂饰建筑涂料，否则会出现粉化或色泽不均匀等现象。

（2）基层应干燥，混凝土及抹灰面层的含水率应在 10％以下，基层的 pH 不得大于 10。

（3）施工环境要干净，灰尘不能太大，避免阳光直射作业面，同时保证一定的空气流通。

（4）环境温度应控制为 5～35℃。冬季在室内进行涂料施工时，应当采取保温和采暖措施，室温要保持均匀，不得骤然变化。

（5）环境相对湿度应控制为 60％～70％。同时要保证环境具有一定的通风性。

（二）施工工艺

1. 工艺流程

工艺流程：基层处理→刮腻子→涂底层封闭涂料→涂面层涂料。

2. 施工方法

涂料的施工方法主要有喷涂、滚涂、弹涂、刷涂等。

（1）喷涂。喷涂是利用高速气流产生的负压力将涂料带到所喷物体的表面，形成涂膜。其优点是涂膜外观质量好，施工速度快，适合大面积施工。但施工时形成的涂料喷雾会对人体健康造成危害，需在施工前做好劳动保护措施，此外喷涂对现场施工条件要求较高。

（2）滚涂。滚涂是利用蘸涂料的辊子在物体表面上滚动的涂饰方法。常用辊子有羊毛辊子、橡胶辊子、海绵辊子。滚涂时路线需直上直下，以保证涂层薄厚均匀，一般两遍成活。

（3）弹涂。弹涂是借助专用的电动（或手动）筒形弹力器，将各种颜色的涂料弹到饰面基层上，形成直径 2～8mm、大小近似、颜色不同、互相交错的圆粒状色点，或深、浅色点相互衬托，形成一种彩色装饰面层。这种饰面黏结能力强，对基层的适应性较广，可以直接弹涂在底子灰上和基层较平整的混凝土墙板、加气板、石膏板等墙面上。

（4）刷涂。用涂料刷子刷，涂刷时方向应与行程方向一致，涂料浸满全刷毛的 1/2。勤蘸短刷，不能反复刷。

3. 施工要点

（1）基层处理。工程施工前，应认真检查基层质量，基层经验收合格后方可进行下道工序操作。基层处理方法如下：先将装修表面上的灰块、浮渣等杂物用开刀铲除，如表面有油污，应用清洗剂和清水洗净，干燥后再用棕刷将表面灰尘清扫干净；表面清扫后，用水与界面剂（配合比为10∶1）的稀释液刷一遍，再用底层石膏或嵌缝石膏将底层不平处填补好，石膏干透后局部需贴牛皮纸或网格布进行防裂处理，干透后进行下一步施工。

（2）刮腻子。刮三遍腻子；第一遍腻子填补气孔、麻点、缝隙及凹凸不平处，干后用0～2号砂纸打磨平；之后满刮两遍腻子，要求尽量薄，不得漏刮，接头不得留槎，直至表面光滑平整，线角及边棱整齐为止。两遍腻子刮批方向应相互垂直。腻子干后，应用砂纸磨光磨平，清理干净。

（3）涂底层封闭涂料。封闭涂料喷涂或辊涂一遍，涂层均匀，不得漏涂，其作用是封闭基层、减少基层吸收面层的水分，同时防止基层内的水分渗透到涂料底层影响黏结强度。

（4）涂面层涂料。待底层封闭涂料干燥2～3h以后，方可进行面层施工。面层施工可根据需要，采用不同的施涂方法。

1）刷涂：涂刷前用手提式涂料搅拌器将涂料搅拌均匀，如稠度较大，可加清水稀释并搅匀。

2）滚涂：施工前要遮盖非涂刷区域，滚涂一面墙要从一端开始，一气呵成，避免出现接槎、刷迹重叠，沾污到其他地方的乳胶要及时清理干净。刷不到的阴角处需用刷子补刷，不得漏涂。

3）喷涂：施工顺序一般为墙→柱→顶，以不增加重复遮挡和不影响已完成饰面为原则。一般两遍成活，两遍间隔时间约为6h。

（三）成品保护

（1）施涂墙面涂料时，不得污染地面、踢脚线、阳台、窗台、门窗及玻璃等已完成的分部分项工程。

（2）最后一道涂料施涂完后，室内空气要流通，预防漆膜干燥后表面无光或光泽不足。

（3）涂料未干前，不应打扫室内地面，严防灰尘等沾污墙面涂料。

（4）涂料墙面完工后要妥善保护，不得磕碰污染墙面。

二、裱糊工程施工

裱糊工程就是将壁纸、墙布用胶黏剂裱糊在结构基层的表面上的装饰工程。裱糊工程中常用的材料有塑料壁纸、金属壁纸、墙布、纯纸壁纸、木纤维壁纸、液体壁纸、硅藻土壁纸等。这里主要介绍塑料壁纸裱糊施工。

（一）施工准备

1. 材料准备

（1）壁纸。将按照设计要求和甲方确定的材料样品准备齐全，并且按照壁纸的存放要求分类进行保管。在壁纸进场前对使用的壁纸进行检验，各项指标应达到设计要求，并具有环保检测报告。

（2）黏结剂。一般采用与壁纸材料相配套的专用壁纸胶，要求使用的黏结材料具有合格证和黏结力的检验报告。

2. 主要机具

活动裁纸刀、钢板抹子、毛胶辊、不锈钢长钢尺、裁纸操作平台、钢卷尺、注射器及针头粉线包、软毛巾、板刷、大小橡胶桶、橡胶刮板、塑料刮板等。

3. 作业条件

（1）墙面、顶面壁纸施工前门窗油漆、电气的设备安装已完成，影响裱糊的灯具等已拆除。

（2）墙面、顶面抹灰层要干燥、平整，阴阳角要顺直，基层坚实牢固，不得有疏松、掉粉、飞刺、麻点砂粒和裂缝，含水率应符合相关规定。

（3）地面工程要求施工完毕，不得有较大的灰尘和其他交叉作业。

（二）施工工艺

1. 工艺流程

基层处理→基层弹线→裁纸→刷封闭底胶→刷胶→裱糊→饰面清理。

2. 施工要点

（1）基层处理。基层采用腻子将墙面找平。特别注意墙面的阴阳角顺直、方正，不能有掉角；墙面应保证平整不能有凸出麻点，以达到基层坚实牢固，无疏松、起皮、掉粉现象。

不同材质的基层其表面处理方法也有所区别：

1）纸面石膏板基层。由于纸面石膏板表面比较平整，第 1 遍批腻子主要对板材的对缝处与钉孔处进行大面找平。腻子刮完后，对缝处还需用纸带贴缝防止开裂。第 2 遍腻子用塑料刮板进一步找平及修整压光。

2）混凝土基层。使用胶皮刮板满刮腻子 1 遍，若有气孔、麻点、凹凸不平的现象时，应增加满刮腻子遍数，每刮一遍应对表面进行打磨，以保证质量。

3）木质基层。要求板材接缝处不显接槎，接缝、钉眼应用腻子补平并刮油性腻子第 1 遍，用砂纸磨平。第 2 遍可用石膏腻子找平，腻子的厚度应减薄，待半干时用塑料刮板压光。

（2）基层弹线。根据壁纸的规格在墙面上弹出控制线作为壁纸裱糊的依据，并且控制壁纸的拼花接槎部位，花纹、图案线条应纵横贯通。要求每一面墙都要进行弹线，在有窗口的墙面弹出中线和在窗台近 5cm 处弹出垂直线以保证窗间墙壁纸的对称，弹线至踢脚板上口边缘处，在墙面的上面应以挂镜线为准，无挂镜线时应弹出水平线。

（3）裁纸。裁纸前要对所需用的壁纸进行统筹规划和编号，以便保证按顺序粘贴。裁纸要派专人负责，施工面积较大时应设专用架子放置壁纸以达到方便施工的目的。根据壁纸裱糊的高度，预留出 10～30mm 的余量。如果壁纸、墙布带花纹图案，应按照墙体长度裁割出需要的壁纸数量并且注意编号、对花。裁纸应特别注意切割刀应紧贴尺边，尺子压紧壁纸，用力均匀、一气呵成，不能停顿或变换持刀角度。壁纸边应整齐，不能有毛刺，并平放保存。

（4）刷封闭底胶。裱糊前应用封闭底胶涂刷基层，以保证墙面基层不返潮或防止壁纸因为吸收胶液中的水分而产生变形。

（5）刷胶。壁纸背面和墙面都应涂刷黏结剂，刷胶应薄厚均匀，墙面刷胶宽度应比壁纸宽 50mm，墙面阴角处应增刷 1～2 遍胶黏剂。一般采用专用胶黏剂，若现场调试胶黏剂，需要通过 400 孔/cm² 筛子过滤，除去胶中的疙瘩和杂质，调制的胶液应在当日用完。

纺织纤维壁纸和化纤贴布等壁纸、墙布，其背面和基层都应刷胶黏剂，基层表面刷胶宽度约比壁纸宽度多出 50mm。涂刷要均匀，不裹边，不起堆，涂刷到位，防止漏刷。

玻璃纤维墙布、无纺织墙布，无需在背面刷胶，可以直接将黏结剂涂在基层上。带背胶壁纸，可将裁好后的壁纸浸泡在水槽中，然后由底部开始，图案面向外，卷成一卷即可上墙裱糊，无需刷胶黏剂。

（6）裱糊。裱糊壁纸时，首先要垂直，后对花拼缝，再用刮板用力抹压平整。原则是先垂直面后水平面，先细部后大面。贴垂直面时先上后下，贴水平面时先高后低。一面墙从所弹垂直线开始至阴角处收口。顺序是选择近窗台角落背光处依次裱糊，可以避免接缝处出现阴影。

无花纹、图案的壁纸，可采用搭接法裱糊，相邻两幅间可拼缝重叠 30mm 左右，并用直钢尺和活动剪刀自上而下，在重叠部分切割，撕下小条壁纸，用刮板从上而下均匀的赶胶，排出气泡，并及时用湿布擦掉多余胶，保证壁纸表面干净。较厚的壁纸需用胶辊进行辊压赶平。注意发泡壁纸、复合壁纸严禁使用刮板赶压，可采用毛巾、海绵或毛刷赶压，以避免赶压花型出现死皱。

带图案、花纹的壁纸，为了保证图案的完整性和连续性，裱糊时采用拼接法，拼贴时先对图案后拼缝。壁纸裱糊时，在阴角处接缝搭接，阳角不能出现拼缝，应包角压实，保证直视 1.5m 处不显缝，对有色差的壁纸事先挑选调整后施工。

顶棚裱糊，宜沿房间的长度方向，先裱糊靠近主窗部位，采用推贴法沿着画好的控制线铺贴。

（7）饰面清理。表面的胶水、污斑要用毛巾或海绵及时擦干净，各种翘角翘边应进行补胶，并用木辊或橡胶辊压实，有气泡的可先用注射针头排气，同时注入胶液，再用辊子压实。

如表面有皱褶时，可趁胶液不干时用湿毛巾轻拭纸面，使之湿润，舒展后把壁纸轻刮，辊压赶平。

（三）成品保护

（1）裱糊完的房间应及时清理干净，不准作料房或休息室，避免污染和破坏。

（2）在整个裱糊的施工过程中，严禁非操作人员随意触摸墙纸。

（3）电气和其他设备等在进行安装时，应注意保护墙纸，防止污染和损坏。

（4）铺贴壁纸时，必须严格按照规程施工，施工操作时要做到干净利落，边缝要切割整齐，胶痕必须及时清擦干净。

（5）严禁在已裱糊好壁纸的顶、墙上剔眼打洞。若纯属设计变更，也应采取相应的措施，施工时要小心保护，施工后要及时认真修复，以保证壁纸的完整。

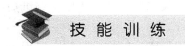

技 能 训 练

一、单项选择

1. 关于建筑地面工程施工时对环境温度控制要求的说法，正确的是（　　　）。

　　A. 采用掺有水泥、石灰的拌和料铺设时，温度不应低于 5℃

　　B. 采用石油沥青胶结料铺设时，温度不应低于 10℃

C. 采用有机胶黏剂粘贴时，不应低于 5℃

D. 采用砂、石材料铺设时，不应低于 -5℃

2. 关于垫层厚度的做法，不符合《建筑地面工程施工质量验收规范》（GB 50209—2010）规定的是（　　）。

A. 砂垫层厚度不应小于 60mm

B. 灰土垫层厚度不应小于 80mm

C. 碎石垫层和碎砖垫层厚度不应小于 100mm

D. 三合土垫层厚度不应小于 100mm

3. 关于抹灰工程施工环境要求的说法，正确的是（　　）。

A. 门窗框连接缝隙用 1∶5 水泥砂浆分层嵌塞密实

B. 室内抹灰的环境温度，一般不低于 5℃

C. 抹灰用脚手架，架子离墙 500~600mm

D. 混凝土结构表面、砖墙表面应在抹灰前 2d 浇水湿透（每天一遍）

4. 关于抹灰工程基层处理的说法，正确的是（　　）。

A. 砖砌体应清除表面杂物、尘土，抹灰前应浇水湿润

B. 混凝土表面应凿毛或在表面洒水润湿后涂刷 1∶3 水泥砂浆（加适量胶黏剂）

C. 加气混凝土应在湿润后，边刷界面剂边抹强度不小于 M5 的水泥混合砂浆

D. 表面凹凸明显的部位应事先剔平或用 1∶5 水泥砂浆补平

5. 关于抹灰工程墙面充筋的说法，正确的是（　　）。

A. 当灰饼砂浆达到五、六成干时，即可用与抹灰层相同砂浆充筋

B. 标筋宽度为 50mm，两筋间距不大于 2.5m

C. 横向充筋时做灰饼的间距不宜大于 3m

D. 墙面高度小于 3.5m 时宜做立筋，大于 3.5m 时宜做横筋

6. 关于分层抹灰的说法，正确的是（　　）。

A. 水泥砂浆不得抹在石灰砂浆层上

B. 罩面石膏灰可抹在水泥砂浆层上

C. 底层的抹灰层强度不得高于面层的抹灰层强度

D. 水泥砂浆拌好后，应在终凝前用完

7. 关于抹灰层平均总厚度的说法，正确的是（　　）。

A. 内墙普通抹灰层平均总厚度最大值 25mm

B. 内墙高级抹灰层平均总厚度最大值 20mm

C. 石墙抹灰层平均总厚度最大值 35mm

D. 外墙抹灰层平均总厚度最大值 25mm

8. 关于抹灰工程施工工艺的说法，正确的是（　　）。

A. 采用加强网时，加强网与各基体的搭接宽度不应小于 100mm

B. 灰饼宜用 1∶5 水泥砂浆抹成 50mm 见方形状

C. 滴水线应内低外高，滴水槽的宽度和深度均不应小于 10mm

D. 水泥砂浆抹灰层应在湿润条件下养护，一般应在抹灰 48h 后进行养护

9. 关于室内墙面、柱面和门洞口的阳角做法，当设计无要求时，正确的是（　　）。

A. 应采用 1：2 水泥砂浆做暗护角，其高度不应低于 2m

B. 应采用 1：3 水泥砂浆做暗护角，其高度不应低于 2m

C. 应采用 1：2 混合砂浆做暗护角，其高度不应低于 2m

D. 应采用 1：3 混合砂浆做暗护角，其高度不应低于 2m

10. 饰面板（砖）工程中不需进行复验的项目是（　　　）。

  A. 外墙陶瓷面砖的吸水率　　　　　　　　B. 室内用大理石的放射性

  C. 粘贴用水泥的凝结时间、安定性和抗压强度　　D. 寒冷地区外墙陶瓷的抗冻性

11. 关于墙体瓷砖饰面施工工艺顺序的说法，正确的是（　　　）。

  A. 基层处理→抹底层砂浆→排砖及弹线→浸砖→镶贴面砖→清理

  B. 排砖及弹线→基层处理→抹底层砂浆→浸砖→镶贴面砖→清理

  C. 基层处理→抹底层砂浆→排砖及弹线→湿润基层→镶贴面砖→清理

  D. 抹底层砂浆→排砖及弹线→抹结合层砂浆→浸砖→镶贴面砖→清理

12. 关于裱糊工程工艺流程的说法，正确的是（　　　）。

  A. 基层处理→放线→刷封闭底胶→裁纸→刷胶→裱贴

  B. 基层处理→刷封闭底胶→裁纸→放线→刷胶→裱贴

  C. 基层处理→放线→刷封闭底胶→刷胶→裁纸→裱贴

  D. 基层处理→刷封闭底胶→放线→裁纸→刷胶→裱贴

13. 关于轻质隔墙轻钢龙骨罩面板施工工艺的说法，正确的是（　　　）。

  A. 安装竖龙骨时由隔断墙的两端开始排列

  B. 3～5m 高度的隔断墙通贯横撑龙骨安装 1 道

  C. 安装横撑龙骨时，隔墙骨架高度超过 3m 时，应设横向龙骨

  D. 曲面墙体罩面时，罩面板宜纵向铺设

14. 关于轻质隔墙轻钢龙骨罩面板自攻螺钉施工工艺的说法，正确的是（　　　）。

  A. 间距为沿板周边应不大于 300mm

  B. 双层石膏板内层板钉距板边 500mm，板中 800mm

  C. 自攻螺钉与石膏板边缘的距离应为 10～15mm

  D. 自攻螺钉进入轻钢龙骨内的长度，以不小于 6mm 为宜

15. 石膏板、钙塑板当采用钉固法安装时，螺钉与板边距离不得小于（　　　）mm。

  A. 8　　　　　　　　B. 10　　　　　　　　C. 12　　　　　　　　D. 15

16. 关于暗龙骨吊顶施工工艺的说法，正确的是（　　　）。

  A. 在梁上或风管等机电设备上设置吊挂杆件，需进行跨越施工

  B. 吊杆距主龙骨端部距离不得超过 400mm，否则应增加吊杆

  C. 跨度大于 15m 以上的吊顶，应在主龙骨上，每隔 20m 加一道大龙骨

  D. 纸面石膏板的长边（即包封边）应沿纵向主龙骨铺设

17. 关于暗龙骨吊顶纸面石膏板安装工艺的说法，正确的是（　　　）。

  A. 饰面板应在固定状态下固定

  B. 固定次龙骨的间距，一般不应大于 800mm

  C. 自攻螺钉间距以 150～170mm 为宜

  D. 纸面石膏板与龙骨固定，应从板四边向中间进行固定

18. 当设计无要求时，吊顶起拱方向通常应按房间的（　　）。

　　A. 长向跨度方向　　　B. 短向跨度方向　　　C. 对角线方向　　　　D. 任意方向

19. 关于建筑地面工程施工时对环境温度控制要求的说法，正确的是（　　）。

　　A. 采用掺有水泥、石灰的拌和料铺设时，温度不应低于 50℃

　　B. 采用石油沥青胶结料铺设时，温度不应低于 10℃

　　C. 采用有机胶黏剂粘贴时，温度不应低于 5℃

　　D. 采用砂、石材料铺设时，温度不应低于 −5℃

20. 下列垫层厚度数据不符合《建筑地面工程施工质量验收规范》（GB 50209—2010）规定的是（　　）。

　　A. 砂垫层厚度不应小于 60mm

　　B. 灰土垫层厚度不应小于 80mm

　　C. 碎石垫层和碎砖垫层厚度不应小于 100mm

　　D. 三合土垫层厚度不应小于 100mm，缝应低于砖面 1～2mm

21. 关于地毯面层地面施工工艺的说法，正确的是（　　）。

　　A. 地毯剪裁长度应比房间长度大 30mm

　　B. 倒刺板条应距踢脚 20mm

　　C. 衬垫离开倒刺板 20mm 左右

　　D. 铺设地毯应先将地毯的一条长边固定在倒刺板上拉伸

22. 下列关于室内混凝土垫层的纵向缩缝和横向缩缝设置不符合要求的是（　　）。

　　A. 纵、横向缩缝间距均不得大于 6m

　　B. 纵向缩缝应做到平头缝或加肋板平头缝

　　C. 当垫层厚度大于 150mm 时，可做企口缝。横向缝可做假缝

　　D. 平头缝和企口缝的缝间应放置防水材料，浇筑时应互相紧贴

23. 一般抹灰工程的水泥砂浆不得抹在（　　）上。

　　A. 钢丝网　　　　　　B. 泰柏板　　　　　　C. 空心砖墙　　　　　D. 石灰砂浆层

24. 裱糊前应用（　　）涂刷基层。

　　A. 素水泥浆　　　　　B. 防水涂料　　　　　C. 封闭底胶　　　　　D. 防火涂料

25. 在砌体上安装门窗严禁用（　　）固定。

　　A. 化学锚栓　　　　　B. 膨胀螺栓　　　　　C. 射钉　　　　　　　D. 预埋件

26. 下列做法不符合涂饰工程基层处理要求的是（　　）。

　　A. 新建筑物的混凝土基层在涂饰涂料前应涂刷抗碱封闭底漆

　　B. 新建筑物的抹灰基层在涂饰涂料后应涂刷抗碱封闭底漆

　　C. 旧墙面在涂饰涂料前应清除疏松的旧装饰层，并涂刷界面剂

　　D. 厨房、卫生间墙面必须使用耐水腻子

27. 关于幕墙预埋件锚筋施工工艺的说法，正确的是（　　）。

　　A. 直锚筋与锚板应采用 T 形焊

　　B. 锚筋直径不大于 20mm 时，宜采用穿孔塞弧焊

　　C. 锚筋直径大于 20mm 时，宜采用埋弧压力焊

　　D. 采用手工焊时，焊缝高度不宜小于 8mm

28. 关于幕墙工程后置埋件（锚栓）施工要求的说法，正确的是（　　　）。

    A. 锚栓锚固深度包括混凝土抹灰层不得包括饰面层

    B. 每个连接节点不应少于 1 个锚栓

    C. 锚栓直径应通过承载力计算确定，并不应小于 5mm

    D. 碳素钢锚栓应经过防腐处理

29. 防止建筑幕墙构件腐蚀所采取的隔离措施是在（　　　）之间衬隔离垫片。

    A. 铝合金型材与不锈钢紧固件　　　　　D. 铝合金上、下立柱

    C. 铝合金型材与镀锌钢连接件　　　　　D. 防雷均压环与连接钢材

30. 关于构件式玻璃幕墙开启窗的说法，正确的是（　　　）。

    A. 开启角度不宜大于 40°，开启距离不宜大于 300mm

    B. 开启角度不宜大于 40°，开启距离不宜大于 400mm

    C. 开启角度不宜大于 30°，开启距离不宜大于 300mm

31. 关于全玻幕墙安装符合技术要求的说法，正确的是（　　　）。

    A. 不允许在现场打注硅酮结构密封胶

    B. 采用镀膜玻璃时，应使用酸性硅酮结构密封胶嵌缝

    C. 玻璃面板与装修面或结构面之间的空隙不应留有缝隙

    D. 吊挂玻璃下端与下槽底应留有缝隙

32. 玻璃幕墙工程施工，除（　　　）外，都应进行隐蔽工程验收。

    A. 预埋件和后置埋件　　　　　　　　B. 隐框玻璃幕墙玻璃板块的固定

    C. 明框玻璃幕墙玻璃板块的固定　　　　D. 变形缝的构造节点

33. 下列不符合构件式玻璃幕墙中硅酮建筑密封胶施工要求的是（　　　）。

    A. 硅酮建筑密封胶的施工厚度应大于 3.5mm

    B. 硅酮建筑密封胶的施工宽度不宜小于施工厚度的 2 倍

    C. 较深的密封槽口底部应采用聚乙烯发泡材料填塞

    D. 硅酮建筑密封胶在接缝内应三面粘接

34. 玻璃幕墙开启窗的开启角度不宜大于 30°，开启距离不宜大于（　　　）。

    A. 100mm　　　　　B. 200mm　　　　　C. 300mm　　　　　D. 400mm

35. 明框玻璃幕墙橡胶条镶嵌应平整、密实，橡胶条的长度宜比框内槽口长（　　　）斜面断开，断口应留在四角。

    A. 0.5%～1.0%　　　B. 1.5%～2.0%　　　C. 2.5%～3.0%　　　D. 3.5%～4.0%

36. 密封胶的施工厚度应大于 3.5mm，一般控制在 4.5mm 以内。密封胶的施工宽度不宜小于厚度的（　　　）倍。

    A. 1　　　　　　　　B. 2　　　　　　　　C. 3　　　　　　　　D. 4

37. 金属门窗的固定方法应符合设计要求，在砌体上安装金属门窗严禁用（　　　）固定。

    A. 射钉　　　　　　B. 钉子　　　　　　C. 螺钉　　　　　　D. 胀栓螺栓

38. 塑料门窗固定片之间的间距应符合设计要求，并不得大于（　　　）。

    A. 400mm　　　　　B. 500mm　　　　　C. 600mm　　　　　D. 700mm

39. 水性涂料涂饰工程施工的环境温度应为（　　　）。

　　A. 1～5℃　　　　　　B. 3～5℃　　　　　　C. 5～10℃　　　　　　D. 5～35℃

40. 厨房、卫生间墙面必须使用（　　　）。

　　A. 普通腻子　　　　　B. 耐水腻子　　　　　C. 水性腻子　　　　　D. 油性腻子

二、多项选择

1. 关于装饰抹灰工程的做法，正确的有（　　　）。

　　A. 水泥的凝结时间和安定性复验应合格

　　B. 抹灰总厚度大于或等于 35mm 时，应采取加强措施

　　C. 当采用加强网时，加强网与各基体的搭接宽度不应小于 100mm

　　D. 滴水线应内高外低

　　E. 滴水槽的宽度不应小于 8mm，深度不应小于 10mm

2. 饰面板（砖）工程应对（　　　）进行复验。

　　A. 室内用花岗石的放射性

　　B. 粘贴用水泥的凝结时间、安定性和抗压强度

　　C. 外墙陶瓷面砖的吸水率

　　D. 寒冷地区外墙陶瓷的抗冻性

　　E. 外墙陶瓷砖的强度及抗冲击性

3. 下列做法符合涂饰工程基层处理要求的有（　　　）。

　　A. 新建筑物的混凝土或抹灰基层在涂饰涂料后应涂刷抗碱封闭底漆

　　B. 旧墙面在涂饰涂料前应清除疏松的旧装修层，并涂刷界面剂

　　C. 混凝土或抹灰基层涂刷溶剂型涂料时，含水率不得大于 8%

　　D. 混凝土或抹灰基层涂刷乳液型涂料时，含水率不得大于 10%

　　E. 木材基层的含水率不得大于 12%

4. 关于明龙骨吊顶工程施工的做法正确的是（　　　）。

　　A. 当饰面材料为平板玻璃时，公称厚度不应小于 12mm

　　B. 饰面材料与龙骨的搭接宽度应大于龙骨受力面宽度的 2/3

　　C. 金属吊杆、龙骨应进行表面防腐处理

　　D. 木龙骨应进行防腐、防火处理

　　E. 吊顶内填充吸声材料应有防散落措施

5. 关于明龙骨安装的做法符合要求的是（　　　）。

　　A. 应确保企口的相互咬接及图案花纹的吻合

　　B. 饰面板与龙骨嵌装时应挤压紧密，不得留有缝隙，防止脱挂

　　C. 采用搁置法安装时应留有板材安装缝，每边缝隙不宜大于 1.5mm

　　D. 玻璃吊顶龙骨上留置的玻璃搭接宽度应符合设计要求，并应采用软连接

　　E. 装饰吸声板采用搁置法安装，应有定位措施

6. 关于吊顶工程次龙骨安装做法，符合要求的是（　　　）。

　　A. 应紧贴主龙骨安装

　　B. 固定板材的次龙骨间距不得大于 650mm

　　C. 在潮湿地区和场所，间距宜为 300～400mm

　　D. 用沉头自攻螺钉安装面板时，接缝处次龙骨宽度不得小于 40mm

　　　　E. 连接件不应错位安装

7. 符合轻质隔墙安装要求的做法的是（　　　）。

　　　　A. 龙骨与基体的固定点间距应不大于 1.2m

　　　　B. 潮湿房间和钢板网抹灰墙，龙骨间距不宜大于 400mm

　　　　C. 安装贯通系列龙骨时，低于 3m 的隔墙安装一道，3～5m 隔墙安装两道

　　　　D. 饰面板横向接缝处不在沿地、沿顶龙骨上时，应加横撑龙骨固定

　　　　E. 门窗或特殊接点处安装附加龙骨应符合设计

8. 关于饰面板（砖）工程材料技术要求的说法，正确的有（　　　）。

　　　　A. 材料进场时应对品种、规格、进行验收

　　　　B. 室内用花岗石、粘贴用水泥、外墙陶瓷面砖应进行复验

　　　　C. 金属材料、砂（石）、外加剂、胶黏剂等施工材料按规定进行性能试验

　　　　D. 天然石材安装前，应对石材饰面采用"防碱背涂剂"进行背涂处理

　　　　E. 采用湿作业法施工的天然石材饰面板应进行防碱、背涂处理

9. 关于玻璃安装工艺的说法，正确的有（　　　）。

　　　　A. 组合粘贴小块玻璃镜面时，应从上边开始，按弹线位置逐步向上粘贴

　　　　B. 嵌压式安装，适宜使用 20～25mm 钉枪钉固定

　　　　C. 柱面釉面玻璃安装时，考虑每面玻璃均用整块，45°碰角

　　　　D. 用玻璃胶收边，可将玻璃胶注在线条的角位，也可注在两块镜面的对角口处

　　　　E. 玻璃直接与建筑基面安装时，线条和玻璃钉都应钉在埋入土墙面的木楔上

10. 关于玻璃隔墙安装做法，符合要求的是（　　　）。

　　　　A. 玻璃隔墙工程应使用具有隔声、隔热的中空玻璃

　　　　B. 玻璃砖墙宜以 1.5m 高为一个施工段

　　　　C. 玻璃砖砌筑中埋设的拉结筋必须与骨架连接牢固

　　　　D. 玻璃砖隔墙面积过大时应增加支撑

　　　　E. 平板玻璃隔墙安装玻璃前应检查骨架、边框的牢固程度

11. 关于板材隔墙板缝处理的说法，正确的有（　　　）。

　　　　A. 隔墙板安装完毕 5d 后进行修补

　　　　B. 填缝材料采用石膏或膨胀水泥

　　　　C. 勾缝砂浆用 1：2 水泥砂浆，按用水量 20％掺入 108 胶

　　　　D. 轻质陶粒混凝土隔墙板缝光面板隔墙基面全部用 3mm 厚石膏腻子分两遍刮平

　　　　E. 预制钢筋混凝土隔墙板高度以按房间高度净空尺寸预留 25mm 空隙为宜

12. 关于暗龙骨吊顶工程纸面石膏板安装要求的说法，正确的有（　　　）。

　　　　A. 板材固定时，应从板的四周向板的中间固定

　　　　B. 纸包边石膏板螺钉距板边距离宜为 10～15mm

　　　　C. 切割边石膏板宜为 15～20mm

　　　　D. 板周边钉距宜为 150～170mm，板中钉距不得大于 200mm

　　　　E. 安装双层石膏板时，上下层板的接缝不应错开，在同一根龙骨上接缝

13. 关于明龙骨吊顶固定吊挂杆件施工工艺的说法，正确的有（　　　）。

　　　　A. 采用膨胀螺栓固定吊挂杆件

B. 不上人的吊顶，吊杆长度小于 1000mm，可以采用 $\phi 4.5$ 的吊杆

C. 上人的吊顶，吊杆长度小于等于 1000mm，可以采用 $\phi 6$ 的吊杆

D. 吊杆长度大于 1500mm，同样要设置反向支撑

E. 梁上吊杆距主龙骨端部距离不得超过 300mm，否则应增加吊杆

14. 关于面层铺设的说法符合《建筑地面工程施工质量验收规范》（GB 50209—2010）的有（　　　）。

A. 水泥砂浆面层厚度应符合设计要求，且不应小于 20mm

B. 水磨石面层厚度除有特殊要求外，宜为 12～18mm

C. 水泥钢（铁）屑面层铺设时应先铺一层厚度 200mm 水泥砂浆结合层

D. 防油渗面层采用防油渗涂料时，材料应按设计要求选用，涂层厚度宜为 5～7mm

E. 不发火（防爆的）面层分格的嵌条应采用金属材料

15. 关于室内混凝土垫层的纵向缩缝和横向缩缝设置做法，符合要求的有（　　　）。

A. 横向缩缝间距不得大于 12m，纵向缩缝不得大于 6m

B. 纵向缩缝应做到平头缝或加肋板平头缝

C. 当垫层厚度大于 150mm 时，可做企口缝

D. 横向缝可做假缝

E. 平头缝和企口缝的缝间应得放置防水材料，浇筑时应互相紧贴

16. 必须采用硅酮结构密封胶粘接的建筑幕墙受力接缝有（　　　）。

A. 隐框玻璃幕墙玻璃与铝框的连接

B. 明框玻璃幕墙玻璃与铝框的连接

C. 全玻幕墙的玻璃面板与玻璃肋的连接

D. 点支承玻璃幕墙玻璃面板之间的连接

E. 倒挂玻璃顶玻璃与框架之间的连接

17. 后置埋件（锚栓）施工的技术要求，正确的有（　　　）。

A. 每个连接点不应少于 2 个锚栓

B. 锚栓的埋设应牢固、可靠，不得露套管

C. 不宜在与化学锚栓接触的连接件上进行焊接操作

D. 锚栓的直径应通过承载力计算确定，并不应小于 8mm

E. 碳素钢锚栓应经过防腐处理

18. 关于点支承玻璃幕墙张拉杆、拉索体系施工，符合技术要求的有（　　　）。

A. 拉杆与端杆应采用焊接连接

B. 拉杆、拉索实际施加的预拉力应考虑施工温度的影响

C. 施加预拉力应以张拉力的 150% 为控制量

D. 拉索下料前应进行调直预张拉，张拉力取破断拉力的 50%

E. 拉索不应采用焊接，可采用冷挤压锚具连接

19. 密封胶的施工不宜在（　　　）打胶。

A. 夜晚　　　　　B. 风天　　　　　C. 白天　　　　　D. 雪天　　　　　E. 雨天

20. 密封胶嵌缝时，下面哪些做法是正确的（　　　）。

A. 嵌缝前应将板缝清洁干净

    B. 严禁使用过期的密封胶

    C. 硅酮结构密封胶宜作为硅酮耐候密封胶使用

    D. 同一个工程可以使用不同品牌的硅酮结构密封胶

    E. 同一个工程应使用同一品牌的硅酮耐候密封胶

21. 木门窗框安装正确的是（   ）。

    A. 复查洞口标高、尺寸及木砖位置

    B. 将门窗框用木楔临时固定在门窗洞口内相应位置

    C. 用砸扁钉帽的钉子钉牢在木砖上，木砖间距以 1.2～1.5m 为宜

    D. 木门窗框镶贴脸

    E. 木门窗与墙体间填嵌缝隙

22. 当门窗与墙体固定时，固定方法错误的是（   ）。

    A. 混凝土墙洞口采用射钉或膨胀螺钉固定

    B. 砖墙洞口应用射钉或膨胀螺钉固定，不得固定在砖缝处

    C. 轻质砌块或加气混凝土洞口可用射钉或膨胀螺钉固定

    D. 设有预埋铁件的洞口应采用焊接的方法固定

    E. 窗下框与墙体也采用固定片固定

项目8 季节性施工

根据当地多年气象资料统计，当室外日平均气温连续5日稳定低于5℃时，应采取冬期施工措施；当室外日平均气温连续5日稳定高于5℃时，可解除冬期施工措施。当混凝土未达到受冻临界强度而气温骤降至0℃以下时，应按冬期施工的要求采取应急防护措施。当日平均气温达到30℃及以上时，应按高温施工要求采取措施。雨季（台风）和降雨期间，应按雨期施工要求采取措施。

任务1 冬 期 施 工

一、建筑地基基础工程

温度低于0℃，含有水分而冻结的各类土称为冻土。冻土可分为多年冻土、季节冻土和瞬时冻土。土在冻结后，体积比冻前增大的现象称为冻胀。地基土的冻胀类别分为不冻胀、弱冻胀、冻胀、强冻胀和特强冻胀5种。影响地基土冻胀的主要因素有土的类别、含水量、土的密度、温度和荷载等。

（一）地基土的保温防冻

地基土的保温防冻是在冬季来临时土层未冻结之前，采取一定的措施使基础土层免遭冻结或减少冻结的一种方法。在土方冬期开挖中，土的保温防冻法是最经济的方法之一，常用方法有松土防冻法、覆盖雪防冻和隔热材料防冻等。

1. 松土防冻法

松土防冻法（图8-1）是在土壤冻结之前，将预先确定的冬季土方作业地段上的表土翻松耙平，利用松土中的许多充满空气的孔隙来降低土壤的导热性，达到防冻的目的。翻耕的深度根据当地土层冻结深度确定，一般为25～30cm。

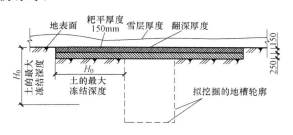

图8-1 松土防冻法

2. 覆雪防冻法

覆雪防冻法（图8-2）适用于降雪量较大的地区。覆雪防冻的具体方法可视土方作业的特点而定。对于大面积的土方工程，可在地面上设篱笆或筑雪堤，高度一般为0.5～1m；对于面积较小的基槽（坑），可在土冻结前，初次降雪后在地面上挖积雪沟，在挖好的沟内，用雪填满，以防止未挖土层的冻结。

3. 保温材料覆盖法

保温材料覆盖法（图8-3）适用于面积较小的地面防冻或较小的基槽（坑）防冻。常用保温材料有炉渣、锯末、膨胀珍珠岩、草袋、树叶，上面加盖一层塑料布。在已开挖的基槽（坑）中，靠近基槽（坑）壁处覆盖的保温材料需加厚，以使土壤不致受冻。对于未开挖的

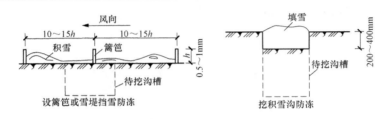

图 8-2　覆雪防冻法

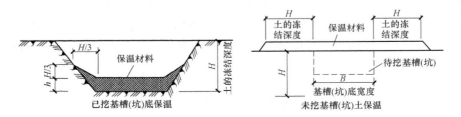

图 8-3　保温材料覆盖法

基坑，保温材料铺设宽度为两倍的土层冻结深度与基槽（坑）底宽度之和。

4. 暖棚保温法

暖棚保温法适用于较小的基槽（坑）的保温与防冻。在已挖好的基槽（坑）上，搭好骨架铺上基层，覆盖保温材料，也可搭塑料大棚，在棚内采取供暖措施。

（二）冻土的融化

冻土的融化方法应视其工程量的大小、冻结深度和现场施工条件等因素确定，方法有烟火烘烤法、蒸汽融化法和电热法三种。蒸汽融化法和电热法因耗用大量能源，施工费用高，使用较少，只用在面积不大的工程施工中。

1. 烟火烘烤法

烟火烘烤法适用于面积较小、冻土不深且燃料便宜的地区，常用锯末、谷壳和刨花等做燃料。在冻土上铺上杂草、木柴等引火材料，燃烧后撒上锯末，上面压数厘米的土，让它不起火苗燃烧。这样有 250mm 厚的锯末，其热量经一夜可融化冻土 300mm 左右，开挖时分层、分段进行。烘烤时应做到有火就有人，以防引起火灾。

2. 蒸汽融化法

热源充足，工程量较小时时，可采用蒸汽融化法（也称蒸汽循环针法），把带有喷气孔的钢管插入预先钻好的冻土孔中，通蒸汽融化。冻土孔径应大于喷气管直径 1cm，其间距不宜大于 1m，深度应超过基底 30cm。当喷气管直径 D 为 2.0～2.5cm 时，应在钢管上钻成梅花状喷气孔，下端封死，融化后应及时开挖并防止基底受冻。

3. 电热法

当电源比较充足的地区，工程量又不大，可用电热法融化冻土。此法以接通闭合电路的材料加热为基础，使冻土层受热逐渐融化。电热法耗电量相当大，成本较高。

融化冻土时应按开挖顺序分段进行，每段大小应适应当天挖土的工程量，冻土融化后，挖土工作应昼夜连续进行，以免因间歇而使地基土重新冻结。

开挖基槽（坑）或管沟时，必须防止基础下的基土遭受冻结。如基槽（坑）开挖完毕至地基与基础施工或埋设管道之间有间歇时间，应在基坑底标高以上预留适当厚度的松土或用其他保温材料覆盖，厚度可通过计算求得。冬期开挖土方时，如可能引起邻近建筑物的地基或其他地下设施产生冻结破坏，则应采取防冻措施。

（三）冻土的挖掘

1. 冻土挖掘方法

冻土的挖掘应根据冻土层的厚度和施工条件，采用机械、人工或爆破等方法进行。

（1）人工挖掘。人工挖掘冻土适用开挖面积较小和场地狭窄，不具备用其他方法进行土方破碎、开挖的情况。挖掘时一般采用锤击铁楔子劈冻土的方法分层进行；铁楔子长度应根据冻土层厚度确定，且宜在 300～600mm 之间取值；为防止震手或误伤，铁楔宜用粗铁丝做把手。

施工时掌铁楔的人与掌锤的人不能脸对着脸，必须互成 90°，同时要随时注意去掉楔头打出的飞刺，以免飞出伤人。

（2）机械挖掘。机械挖掘冻土可根据冻土层厚度按表 8-1 选用设备。

（3）爆破法挖掘。爆破法适用于冻土层较厚，面积较大的土方工程，这种方法是将炸药放入直立爆破孔中或水平爆破孔中进行爆破，冻土破碎后用挖土机挖出，或借爆破的力量向四周崩出，做成需要的沟槽。

爆破法挖掘冻土应选择具有专业爆破资质的队伍，爆破施工应按国家有关规定进行。

表 8-1   机械挖掘冻土设备选择表

冻 土 厚 度（mm）	挖 掘 设 备
＜500	铲运机、挖掘机
500～1000	松土机、挖掘机
1000～1500	重锤或重球

2. 冻土挖掘要求

（1）靠近建筑物、构筑物基础的地下基坑施工时，应采取防止相邻地基土遭冻的措施。

（2）同一建筑物基槽（坑）开挖时应同时进行，基底不得留冻土层。基础施工中，应防止地基土被融化的雪水或冰水浸泡。

（3）在挖方上边弃置冻土时，其弃土堆坡脚至挖方边缘的距离应为常温下规定的距离加上弃土堆的高度。

（4）挖掘完毕的基槽（坑）应采取防止基底部受冻的措施，因故未能及时进行下道工序施工时，应在基槽（坑）底标高以上预留土层，并应覆盖保温材料。

（四）土方回填

（1）冬期施工应在填方前清除基底上的冰雪和保温材料。土方回填时，每层铺土厚度应比常温施工时减少 20%～25%，预留沉陷量应比常温施工时增加。填方上层部位应采用未冻的或透水性好的土方回填，其厚度应符合设计要求。填方边坡的表层 1m 以内，不得采用含有冻土块的土填筑。

（2）对于大面积回填土和有路面的路基及其人行道范围内的平整场地填方，可采用含有冻土块的土回填，但冻土块的粒径不得大于 150mm，其含量不得超过 30%。铺填时冻土块应分散开，并应逐层夯实。

（3）室外的基槽（坑）或管沟可采用含有冻土块的土回填，冻土块粒径不得大于150mm，含量不得超过15%，且应均匀分布。管沟底以上500mm范围内不得用含有冻土块的土回填。

（4）室内的基槽（坑）或管沟不得采用含有冻土块的土回填，施工应连续进行并应夯实。当采用人工夯实时，每层铺土厚度不得超过200mm，夯实厚度宜为100～150mm。

（5）冻结期间暂不使用的管道及其场地回填时，冻土块的含量和粒径可不受限制，但融化后应作适当处理。

（6）室内地面垫层下回填的土方，填料中不得含有冻土块，并应及时夯实。填方完成后至地面施工前，应采取防冻措施。

（五）地基处理

（1）强夯施工技术参数应根据加固要求与地质条件在场地内经试夯确定，试夯应按现行行业标准《建筑地基处理技术规范》（JGJ 79—2012）的规定进行。

（2）强夯施工时，不应将冻结基土或回填的冻土块夯入地基的持力层，回填土的质量应符合《建筑工程冬期施工规程》（JGJ/T 104—2011）的有关规定。

（3）黏性土或粉土地基的强夯，宜在被夯土层表面铺设粗颗粒材料，并应及时清除黏结于锤底的土料。

（4）强夯加固后的地基越冬维护，应按《建筑工程冬期施工规程》（JGJ/T 104—2011）的有关规定进行。

（六）桩基础

（1）冻土地基可采用干作业钻孔桩、挖孔灌注桩等或沉管灌注桩、预制桩等施工。

（2）桩基施工时，当冻土层厚度超过500mm，冻土层宜采用钻孔机引孔，引孔直径不宜大于桩径20mm。

（3）钻孔机的钻头宜选用锥形钻头并镶焊合金刀片。钻进冻土时应加大钻杆对土层的压力，并应防止摆动和偏位。钻成的桩孔应及时覆盖保护。

（4）振动沉管成孔时，应制定保证相邻桩身混凝土质量的施工顺序。拔管时，应及时清除管壁上的水泥浆和泥土。当成孔施工有间歇时，宜将桩管埋入桩孔中进行保温。

（5）灌注桩的混凝土施工时，混凝土浇筑温度应根据热工计算确定，且不得低于5℃；在冻胀性地基土上施工时，应采取防止或减小桩身与冻土之间产生切向冻胀力的防护措施。

（6）预制桩施工前，桩表面应保持干燥与清洁；起吊前，钢丝绳索与桩机的夹具应采取防滑措施；沉桩施工应连续进行，施工完成后应采用保温材料覆盖于桩头上进行保温；接桩可采用焊接或机械连接。

（7）桩基静荷载试验前，应将试桩周围的冻土融化或挖除。试验期间，应对试桩周围地表土和锚桩横梁支座进行保温。

（七）基坑支护

（1）基坑支护冬期施工宜选用排桩和土钉墙的方法。

（2）采用液压高频锤法施工的型钢或钢管排桩基坑支护工程，应考虑对周边建筑物、构筑物和地下管道的振动影响；当在冻土上施工时，应采用钻机在冻土层内引孔，引孔的直径应大于型钢或钢管的最大边缘尺寸。

（3）钢筋混凝土灌注桩的排桩施工时，基坑土方开挖应待桩身混凝土达到设计强度时方可进行；基坑土方开挖时，排桩上部自由端外侧的基土应进行保温；桩身混凝土施工可选用掺防冻剂混凝土进行。

（4）锚杆及土钉施工时，注浆的水泥浆配制宜掺入适量的防冻剂；严寒地区土钉墙混凝土面板施工时，面板下宜铺设 60～100mm 厚聚苯乙烯泡沫板。

二、砌体工程

（一）一般规定

（1）冬期施工所用材料应符合下列规定：

1）砌筑前，应清除块材表面污物和冰霜，遇水浸冻后的砖或砌块不得使用。

2）石灰膏应防止受冻，当遇冻结，应经融化后方可使用。

3）拌制砂浆所用砂，不得含有冰块和直径大于 10mm 的冻结块。

4）砂浆宜采用普通硅酸盐水泥拌制，冬期砌筑不得使用无水泥拌制的砂浆。

5）拌和砂浆宜采用两步投料法，水的温度不得超过 80℃，砂的温度不得超过 40℃，且水泥不得与 80℃以上热水直接接触；砂浆稠度宜较常温适当增大，且不得二次加水调整砂浆和易性。

6）砌筑时砂浆温度不应低于 5℃。

7）砌筑砂浆试块的留置，除应按常温规定要求外，尚应增设一组与砌体同条件养护的试块。

（2）冬期施工过程中，施工记录除应按常规要求外，尚应包括室外温度、暖棚气温、砌筑砂浆温度及外加剂掺量。

（3）不得使用已冻结的砂浆，严禁用热水掺入冻结砂浆内重新搅拌使用，且不宜在砌筑时的砂浆内掺水。

（4）当混凝土小砌块冬期施工砌筑砂浆强度等级低于 M10 时，其砂浆强度等级应比常温施工提高一级。

（5）冬期施工搅拌砂浆的时间应比常温期增加（0.5～1.0）倍，并应采取有效措施减少砂浆在搅拌、运输、存放过程中的热量损失。

（6）砌体施工时，应将各种材料按类别堆放，并应进行覆盖。

（7）冬期施工过程中，对块材的浇水湿润应符合下列规定：

1）烧结普通砖、烧结多孔砖、蒸压灰砂砖、蒸压粉煤灰砖、烧结空心砖、吸水率较大的轻骨料混凝土小型空心砌块在气温高于 0℃ 条件下砌筑时，应浇水湿润，且应即时砌筑；在气温不高于 0℃ 条件下砌筑时，不应浇水湿润，但应增大砂浆稠度。

2）普通混凝土小型空心砌块、混凝土多孔砖、混凝土实心砖及采用薄灰砌筑法的蒸压加气混凝土砌块施工时，不应对其浇水湿润。

3）抗震设防烈度为 9 度的建筑物，当烧结普通砖、烧结多孔砖、蒸压粉煤灰砖、烧结空心砖无法浇水湿润时，当无特殊措施，不得砌筑。

（8）冬期施工中，每日砌筑高度不宜超过 1.2m。砌筑间歇期间，应在砌体表面覆盖保温材料，砌体表面不得留有砂浆。在继续砌筑前，应清理干净砌筑表面的杂物，然后再施工。

（二）施工方法

砌体工程冬期施工常采用外加剂法和暖棚法。一般情况下，应优先选用外加剂法进行施工；对绝缘、装饰等有特殊要求的工程，应采用其他方法。

1. 外加剂法

（1）采用外加剂法配制砂浆时，可采用氯盐或亚硝酸盐等外加剂。氯盐应以氯化钠为主，当气温低于－15℃时，可与氯化钙复合使用。氯盐掺量可按表 8-2 选用。

表 8-2 氯盐外加剂掺量

氯盐及砌体材料种类		日最低气温（℃）			
		≥－10	－11～－15	－16～－20	－21～－25
单掺氯化钠（％）	砖、砌块	3	5	7	—
	石材	4	7	10	—
复掺（％）	氯化钠	—	—	5	7
	氯化钙	—	—	2	3

注 氯盐以无水盐计，掺量为占拌和水质量百分比。

（2）当最低气温不高于－15℃时，采用外加剂法砌筑承重砌体，其砂浆强度等级应按常温施工时的规定提高一级。

（3）外加剂溶液应由专人配制，并应先配制成规定浓度溶液置于专用容器中，再按使用规定加入搅拌机中。在氯盐砂浆中掺加砂浆增塑剂时，应先加氯盐溶液后再加砂浆增塑剂。

（4）采用氯盐砂浆时，应对砌体中配置的钢筋及钢预埋件进行防腐处理。

（5）下列砌体工程，不得采用掺氯盐的砂浆：

1）对可能影响装饰效果的建筑物。

2）使用环境湿度大于 80％的建筑物。

3）热工要求高的工程。

4）配筋、钢埋件无可靠防腐处理措施的砌体。

5）接近高压电线的建筑物（如变电所、发电站等）。

6）经常处于地下水位变化范围内，而又无防水措施的砌体。

7）经常受 40℃以上高温影响的建筑物。

（6）砖与砂浆的温度差值砌筑时宜控制在 20℃以内，且不应超过 30℃。

2. 暖棚法

（1）地下工程、基础工程以及建筑面积不大又急需砌筑使用的砌体结构应采用暖棚法施工。

（2）当采用暖棚法施工时，块体和砂浆在砌筑时的温度不应低于 5℃。距离所砌结构底面 0.5m 处的棚内温度也不应低于 5℃。

（3）在暖棚内的砌体养护时间，应符合表 8-3 的规定。

表 8-3 暖棚法施工时的砌体养护时间

暖棚内温度（℃）	5	10	15	20
养护时间不少于（d）	6	5	4	3

（4）采用暖棚法施工，搭设的暖棚应牢固、整齐。宜在背风面设置一个出入口，并应采取保温避风措施。当需设两个出入口时，两个出入口不应对齐。

三、钢筋工程

（一）一般规定

（1）钢筋调直冷拉温度不宜低于－20℃。预应力钢筋张拉温度不宜低于－15℃。

（2）钢筋负温焊接，可采用闪光对焊、电弧焊、电渣压力焊等方法。当采用细晶粒热轧钢筋时，其焊接工艺应经试验确定。当环境温度低于－20℃时，不宜进行施焊。

（3）负温条件下使用的钢筋，施工过程中应加强管理和检验，钢筋在运输和加工过程中应防止撞击和刻痕。

（4）钢筋张拉与冷拉设备、仪表和液压工作系统油液应根据环境温度选用，并应在使用温度条件下进行配套校验。

（5）当环境温度低于－20℃时，不得对 HRB335、HRB400 钢筋进行冷弯加工。

（二）钢筋负温焊接

（1）雪天或施焊现场风速超过三级风焊接时，应采取遮蔽措施，焊接后未冷却的接头应避免碰到冰雪。

（2）热轧钢筋负温闪光对焊，宜采用预热——闪光焊或闪光——预热——闪光焊工艺。钢筋端面比较平整时，宜采用预热——闪光焊；端面不平整时，宜采用闪光——预热——闪光焊。钢筋负温闪光对焊工艺应控制热影响区长度。焊接参数应根据当地气温按常温参数调整。

（3）钢筋负温电弧焊宜采取分层控温施焊。热轧钢筋焊接的层间温度宜控制为 150～350℃。钢筋负温电弧焊可根据钢筋牌号、直径、接头形式和焊接位置选择焊条和焊接电流。焊接时应采取防止产生过热、烧伤、咬肉和裂缝等措施。

（4）钢筋负温帮条焊或搭接焊的焊接工艺应符合工列规定：

1）帮条与主筋之间应采用四点定位焊固定，搭接焊时应采用两点固定；定位焊缝与帮条或搭接端部的距离不应小于 20mm。

2）帮条焊的引弧应在帮条钢筋的一端开始，收弧应在帮条钢筋端头上，弧坑应填满。

3）焊接时，第一层焊缝应具有足够的熔深，主焊缝或定位焊缝应熔合良好；平焊时，第一层焊缝应先从中间引弧，再向两端运弧；立焊时，应先从中间向上方运弧，再从下端向中间运弧；在以后各层焊缝焊接时，应采用分层控温施焊。

4）帮条接头或搭接接头的焊缝厚度不应小于钢筋直径的 30%，焊缝宽度不应小于钢筋直径的 70%。

（5）钢筋负温坡口焊的工艺应符合下列规定：

1）焊缝根部、坡口端面以及钢筋与钢垫板之间均应熔合，焊接过程中应经常除渣。

2）焊接时，宜采用几个接头轮流施焊。

3）加强焊缝的宽度应超出 V 形坡口边缘 3mm，高度应超出 V 形坡口上下边缘 3mm，并应平缓过渡至钢筋表面。

4）加强焊缝的焊接，应分两层控温施焊。

（6）HRB335 和 HRB400 钢筋多层施焊时，焊后可采用回火焊道施焊，其回火焊道的长度应比前一层焊道的两端缩短 4～6mm。

（7）钢筋负温电渣压力焊应符合下列规定：

1）电渣压力焊宜用于 HRB335、HRB400 热轧带肋钢筋。

2）电渣压力焊机容量应根据所焊钢筋直径选定。

3）焊剂应存放于干燥库房内，在使用前经 250～300℃烘焙 2h 以上。

4）焊接前，应进行现场负温条件下的焊接工艺试验，经检验满足要求后方可正式作业。

5）焊接完毕，应停歇 20s 以上方可卸下夹具回收焊剂，回收的焊剂内不得混入冰雪，接头渣壳应待冷却后清理。

四、混凝土工程

为了防止混凝土发生表层脱皮、裂缝和强度降低等冻害现象，混凝土工程冬期施工应符合国家现行有关标准的规定，编制冬期施工专项方案，采取蓄热法、暖棚法、加热法、负温养护法和综合蓄热法等冬期施工方法。

（一）一般规定

（1）冬期浇筑的混凝土在受冻以前必须达到的最低强度称为混凝土受冻临界强度。达到受冻临界强度的受冻混凝土解冻后，其各项性能指标能够正常增长而不遭受损害。冬期浇筑的混凝土，其受冻临界强度应符合现行行业标准《建筑工程冬期施工规程》（JGJ/T 104—2011）的有关规定。

（2）混凝土工程冬期施工应进行混凝土热工计算，控制混凝土原材料及混凝土搅拌、运输、浇筑、养护各阶段的温度。

（3）混凝土原材料应符合现行行业标准《建筑工程冬期施工规程》（JGJ/T 104—2011）的有关规定。

（4）模板外和混凝土表面覆盖的保温层，不应采用潮湿状态的材料，也不应将保温材料直接铺盖在潮湿的混凝土表面，新浇混凝土表面应铺一层塑料薄膜。

（5）采用加热养护的整体结构，浇筑程序和施工缝位置的设置，应采取能防止产生较大温度应力的措施。当加热温度超过 45℃时，应进行温度应力核算。

（6）模板和保温层在混凝土达到要求强度并冷却到 5℃后方可拆除。拆模时混凝土表面与环境温差大于 20℃时，混凝土表面应及时覆盖，缓慢冷却。

（二）混凝土原材料加热、搅拌、运输和浇筑

1. 混凝土原材料加热

（1）混凝土原材料加热宜采用加热水的方法。当加热水仍不能满足要求时，可对骨料进行加热。水、骨料加热的最高温度应符合表 8-4 的规定。

表 8-4　　　　　　　　　　　　拌和水及骨料加热最高温度

水泥强度等级	拌和水（℃）	骨料（℃）
小于 42.5	80	60
42.5、42.5R 及以上	60	40

当水和骨料的温度仍不能满足热工计算要求时，可提高水温到 100℃，但水泥不得与 80℃以上的水直接接触。

（2）水加热宜采用蒸汽加热、电加热、汽水热交换罐或其他加热方法。水箱或水池容积及水温应能满足连续施工的要求。

（3）砂加热应在开盘前进行，加热应均匀。当采用保温加热料斗时，宜配备两个，交替加热使用。每个料斗容积可根据机械可装高度和侧壁厚度等要求进行设计，每一个斗的容量

不宜小于 3.5m³。

预拌混凝土用砂，应提前备足料，运至有加热设施的保温封闭储料棚（室）或仓内备用。

（4）水泥不得直接加热，袋装水泥使用前宜运入暖棚内存放。

2. 混凝土搅拌、运输和浇筑

（1）混凝土搅拌的最短时间应符合表 8-5 的规定。

表 8-5   混凝土搅拌的最短时间

混凝土坍落度（mm）	搅拌机容积（L）	混凝土搅拌最短时间（s）
≤80	<250	90
	250~500	135
	>500	180
>80	<250	90
	250~500	90
	>500	135

注 采用自落式搅拌机时，应较上表搅拌时间延长 30~60s；采用预拌混凝土时，应较常温下预拌混凝土搅拌时间延长 15~30s。

（2）混凝土在运输、浇筑过程中的温度和覆盖的保温材料，应经过热工计算后确定，且入模温度不应低于 5℃。当不符合要求时，应采取措施进行调整。

（3）混凝土运输与输送机具应进行保温或具有加热装置。泵送混凝土在浇筑前应对泵管进行保温，并应采用与施工混凝土同配比砂浆进行预热。

（4）混凝土浇筑前，应清除模板和钢筋上的冰雪和污垢。冬期不得在强冻胀性地基土上浇筑混凝土；在弱冻胀性地基土上浇筑混凝土时，基土不得受冻。

大体积混凝土分层浇筑时，已浇筑层的混凝土在未被上一层混凝土覆盖前，温度不应低于 2℃。采用加热法养护混凝土时，养护前的混凝土温度也不得低于 2℃。

（三）混凝土养护

1. 混凝土蓄热法和综合蓄热法养护

（1）当室外最低温度不低于 -15℃时，地面以下的工程，或表面系数不大于 5m⁻¹ 的结构，宜采用蓄热法养护。对结构易受冻的部位，应加强保温措施。

（2）当室外最低气温不低于 -15℃时，对于表面系数为 $5m^{-1} \sim 15m^{-1}$ 的结构，宜采用综合蓄热法养护，围护层散热系数宜控制为 $50kJ/(m^3 \cdot H \cdot K) \sim 200kJ/(m^3 \cdot H \cdot K)$。

（3）综合蓄热法施工的混凝土中应掺入早强剂或早强型复合外加剂，并应具有减水、引气作用。

（4）混凝土浇筑后应采用塑料布等防水材料对裸露表面覆盖并保温。对边、棱角部位的保温层厚度应增大到面部位的 2~3 倍。混凝土在养护期间应防风、防失水。

2. 混凝土蒸汽养护法

（1）混凝土蒸汽养护法可采用棚罩法、蒸汽套法、热模法、内部通汽法等方式进行。棚罩法适用于预制梁、板、地下基础、沟道等；蒸汽套法适用于现浇梁、板、框架结构，墙、柱等；热模法适用于墙、柱及框架架构；内部通汽法适用于预制梁、柱、桁架，现浇梁、柱、框架单梁。

（2）蒸汽养护法应采用低压饱和蒸汽，当工地有高压蒸汽时，应通过减压阀或过水装置后方可使用。

（3）蒸汽养护的混凝土，采用普通硅酸盐水泥时最高养护温度不得超过 80℃，采用矿渣硅酸盐水泥时可提高到 85℃。但采用内部通汽法时，最高加热温度不应超过 60℃。

（4）整体浇筑的结构，采用蒸汽加热养护时，升温和降温速度不得超过表 8-6 规定。

表 8-6   **蒸汽加热养护混凝土升温和降温速度**

结构表面系数（m^{-1}）	升温速度（℃/h）	降温速度（℃/h）
≥6	15	10
<6	10	5

（5）蒸汽养护应包括升温—恒温—降温三个阶段，各阶段加热延续时间可根据养护结束时要求的强度确定。

（6）采用蒸汽养护的混凝土，可掺入早强剂或非引气型减水剂。

（7）蒸汽加热养护混凝土时，应排除冷凝水，并应防止渗入地基土中。当有蒸汽喷出口时，喷嘴与混凝土外露面的距离不得小于 300mm。

3. 电加热法养护混凝土

（1）电加热法养护混凝土的温度应符合表 8-7 的规定。

表 8-7   **电加热法养护混凝土的温度**   （℃）

水泥强度等级	结构表面系数（m^{-1}）		
	<10	10～15	>15
32.5	70	50	45
42.5	40	40	35

注 采用红外线辐射加热时，其辐射表面温度可采用 70～90℃。

（2）电加热法养护混凝土可采用电极加热法、电热毯法、工频涡流法、线圈感应加热法和电热红外线加热法等方式进行。

4. 暖棚法施工

暖棚法施工适用于地下结构工程和混凝土构件比较集中的工程。暖棚法施工应符合下列规定：

（1）应设专人监测混凝土及暖棚内温度，暖棚内各测点温度不得低于 5℃。测温点应选择具有代表性位置进行布置，在离地面 500mm 高度处应设点，每昼夜测温不应少于 4 次。

（2）养护期间应监测暖棚内的相对湿度，混凝土不得有失水现象，否则应及时采取增湿措施或在混凝土表面洒水养护。

（3）暖棚的出入口应设专人管理，并应采取防止棚内温度下降或引起风口处混凝土受冻的措施。

（4）在混凝土养护期间应将烟或燃烧气体排至暖棚外，并应采取防止烟气中毒和防火的措施。

5. 负温养护法

混凝土负温养护法适用于不易加热保温，且对强度增长要求不高的一般混凝土结构工程。负温养护法施工应符合下列规定：

（1）负温养护法施工的混凝土，应以浇筑后 5d 内的预计日最低气温来选用防冻剂，起始养护温度不应低于 5℃。

（2）混凝土浇筑后，裸露表面应采取保湿措施；同时，应根据需要采取必要的保温覆盖措施。

（3）负温养护法施工应加强测温；混凝土内部温度降到防冻剂规定温度之前，混凝土的抗压强度应符合现行行业标准《建筑工程冬期施工规程》（JGJ/T 104—2011）有关混凝土受冻临界强度的规定。

五、保温及屋面防水工程

1. 一般规定

（1）保温工程、屋面防水工程冬期施工应选择晴朗天气进行，不得在雨、雪天和五级风及其以上或基层潮湿、结冰、霜冻条件下进行。

（2）保温及屋面工程应依据材料性能确定施工气温界限，最低施工环境气温宜符合表 8-8 的规定。

表 8-8　　　　　　　　　　　　保温及屋面工程施工环境气温要求

防水与保温材料	施工环境气温
黏结保温板	有机胶黏剂不低于 −10℃；无机胶黏剂不低于 5℃
现喷硬泡聚氨酯	15～30℃
高聚物改性沥青防水卷材	热熔法不低于 −10℃
合成高分子防水卷材	冷粘法不低于 5℃；焊接法不低于 −10℃
高聚物改性沥青防水涂料	溶剂型不低于 5℃；热熔型不低于 −10℃
合成高分子防水涂料	溶剂型不低于 −5℃
改性石油沥青密封材料	不低于 0℃
合成高分子密封材料	溶剂型不低于 0℃

（3）保温与防水材料进场后，应存放于通风、干燥的暖棚内，并严禁接近火源和热源。棚内温度不宜低于 0℃，且不得低于本规程表 8-8 规定的温度。

（4）屋面防水施工时，应先做好排水比较集中的部位，凡节点部位均应加铺一层附加层。

（5）施工时，应合理安排隔气层、保温层、找平层、防水层的各项工序，连续操作，已完成部位应及时覆盖，防止受潮与受冻。穿过屋面防水层的管道、设备或预埋件，应在防水施工前安装完毕并做好防水处理。

2. 外墙外保温工程施工

（1）外墙外保温工程冬期施工宜采用 EPS 板薄抹灰外墙外保温系统、EPS 板现浇混凝土外墙外保温系统或 EPS 钢丝网架板现浇混凝土外墙外保温系统。

（2）建筑外墙外保温工程冬期施工最低温度不应低于 −5℃。

（3）外墙外保温工程施工期间以及完工后 24h 内，基层及环境空气温度不应低于 5℃。

（4）进场的 EPS 板胶黏剂、聚合物抹面胶浆应存放于暖棚内。液态材料不得受冻，粉状材料不得受潮。

（5）EPS 板薄抹灰外墙外保温系统应符合下列规定：

1）应采用低温型 EPS 板胶黏剂和低温型聚合物抹面胶浆，并应按产品说明书要求进行使用。

2）低温型 EPS 板胶黏剂和低温型 EPS 板聚合物抹面胶浆的性能应符合表 8-9 和表 8-10 的规定。

表 8-9　　　　　　　　　　低温型 EPS 板胶黏剂技术指标

试 验 项 目		性 能 指 标
拉伸黏结强度（MPa）（与水泥砂浆）	原强度	≥0.60
	耐水	≥0.40
拉伸黏结强度（MPa）（与 EPS 板）	原强度	≥0.10，破坏界面在 EPS 板上
	耐水	≥0.10，破坏界面在 EPS 板上

表 8-10　　　　　　　　低温型 EPS 板聚合物抹面胶浆技术指标

试 验 项 目		性 能 指 标
拉伸黏结强度（MPa）（与 EPS 板）	原强度	≥0.10，破坏界面在 EPS 板上
	耐水	≥0.10，破坏界面在 EPS 板上
	耐冻融	≥0.10，破坏界面在 EPS 板上
柔韧性	抗压强度/抗折强度	≤3.00

注　低温型胶黏剂与聚合物抹面胶浆检验方法与常温一致，试件养护温度取施工环境温度。

3）胶黏剂和聚合物抹面胶浆拌和温度皆应高于 5℃，聚合物抹面胶浆拌和水温度不宜大于 80℃，且不宜低于 40℃。

4）拌和完毕的 EPS 板胶黏剂和聚合物抹面胶浆每隔 15min 搅拌一次，1h 内使用完毕。

5）施工前应按常温规定检查基层施工质量，并确保干燥、无结冰、霜冻。

6）EPS 板粘贴应保证有效粘贴面积大于 50%。

7）EPS 板粘贴完毕后，应养护至表 8-9、表 8-10 规定强度后方可进行面层薄抹灰施工。

（6）EPS 板现浇混凝土外墙外保温系统和 EPS 钢丝网架板现浇混凝土外墙外保温系统冬期施工应符合下列规定：

1）施工前应经过试验确定负温混凝土配合比，选择合适的混凝土防冻剂。

2）EPS 板内外表面应预先在暖棚内喷刷界面砂浆。

3）抹面抗裂砂浆中可掺入非氯盐类砂浆防冻剂。

4）抹面层厚度应均匀，钢丝网应完全包覆于抹面层中；分层抹灰时，底层灰不得受冻，抹灰砂浆在硬化初期应采取保温措施。

（7）其他施工技术要求应符合现行行业标准《外墙外保温工程技术规程》（JGJ 144）的相关规定。

3. 屋面保温工程施工

（1）屋面保温材料应符合设计要求，且不得含有冰雪、冻块和杂质。

（2）干铺的保温层可在负温下施工；采用沥青胶结的保温层应在气温不低于−10℃时施工；采用水泥、石灰或其他胶结料胶结的保温层应在气温不低于5℃时施工。当气温低于上述要求时，应采取保温、防冻措施。

（3）采用水泥砂浆粘贴板状保温材料以及处理板间缝隙，可采用掺有防冻剂的保温砂浆。防冻剂掺量应通过试验确定。

（4）干铺的板状保温材料在负温施工时，板材应在基层表面铺平垫稳，分层铺设。板块上下层缝应相互错开，缝间隙应采用同类材料的碎屑填嵌密实。

（5）倒置式屋面施工前应检查防水层平整度及有无结冰、霜冻或积水现象，满足要求后方可施工。

4. 屋面防水工程施工

（1）屋面找平层施工应符合下列规定：

1）找平层应牢固坚实、表面无凹凸、起砂、起鼓现象。如有积雪、残留冰霜、杂物等应清扫干净，并应保持干燥。

2）找平层与女儿墙、立墙、天窗壁、变形缝、烟囱等突出屋面结构的连接处，以及找平层的转角处、水落口、檐口、天沟、檐沟、屋脊等均应做成圆弧。采用沥青防水卷材的圆弧，半径宜为100～150mm；采用高聚物改性沥青防水卷材，圆弧半径宜为50mm；采用合成高分子防水卷材，圆弧半径宜为20mm。

（2）采用水泥砂浆或细石混凝土找平层时，应符合下列规定：

1）应依据气温和养护温度要求掺入防冻剂，且掺量应通过试验确定。

2）采用氯化钠作为防冻剂时，宜选用普通硅酸盐水泥或矿渣硅酸盐水泥，不得使用高铝水泥。施工温度不应低于−7℃。氯化钠掺量可按表8-11采用。

表 8-11　　　　　　　　　　　　　　氯化钠掺量

施工时室外气温（℃）		0～−2	−3～−5	−6～−7
氯化钠掺量（占水泥质量百分比，%）	用于平面部位	2	4	6
	用于檐口、天沟等部位	3	5	7

（3）找平层宜留设分格缝，缝宽宜为20mm，并应填充密封材料。当分格缝兼作排汽屋面的排汽道时，可适当加宽，并应与保温层连通。找平层表面宜平整，平整度不应超过5mm，且不得有酥松、起砂、起皮现象。

（4）高聚物改性沥青防水卷材、合成高分子防水卷材、高聚物改性沥青防水涂料、合成高分子防水涂料等防水材料的物理性能应符合现行国家标准《屋面工程质量验收规范》（GB 50207）的相关规定。

（5）热熔法施工宜使用高聚物改性沥青防水卷材，并应符合下列规定：

1）基层处理剂宜使用挥发快的溶剂，涂刷后应干燥10h以上，并应及时铺贴。

2）水落口、管根、烟囱等容易发生渗漏部位的周围200mm范围内，应涂刷一遍聚氨酯等溶剂型涂料。

3）热熔铺贴防水层应采用满粘法。当坡度小于3%时，卷材与屋脊应平行铺贴；坡度大于15%时卷材与屋脊应垂直铺贴；坡度为3%～15%时，可平行或垂直屋脊铺贴。铺贴时应采用喷灯或热喷枪均匀加热基层和卷材，喷灯或热喷枪距卷材的距离宜为0.5m，不得过热或烧穿，应待卷材表面熔化后，缓缓地滚铺铺贴。

4）卷材搭接应符合设计规定。当设计无规定时，横向搭接宽度宜为120mm，纵向搭接宽度宜为100mm。搭接时应采用喷灯或热喷枪加热搭接部位，趁卷材熔化尚未冷却时，用铁抹子把接缝边抹好，再用喷灯或热喷枪均匀细致地密封。平面与立面连接的卷材，应由上向下压缝铺贴，并应使卷材紧贴阴角，不得有空鼓现象。

5）卷材搭接缝的边缘以及末端收头部位应以密封材料嵌缝处理，必要时也可在经过密封处理的末端接头处再用掺防冻剂的水泥砂浆压缝处理。

（6）热熔法铺贴卷材施工安全应符合下列规定：

1）易燃性材料及辅助材料库和现场严禁烟火，并应配备适当灭火器材。

2）溶剂型基层处理剂未充分挥发前不得使用喷灯或热喷枪操作；操作时应保持火焰与卷材的喷距，严防火灾发生。

3）在大坡度屋面或挑檐等危险部位施工时，施工人员应系好安全带，四周应设防护措施。

（7）冷粘法施工宜采用合成高分子防水卷材。胶黏剂应采用密封桶包装，储存在通风良好的室内，不得接近火源和热源。

（8）冷粘法施工应符合下列规定：

1）基层处理时应将聚氨酯涂膜防水材料的甲料∶乙料∶二甲苯按1∶1.5∶3的比例配合，搅拌均匀，然后均匀涂布在基层表面上，干燥时间不应少于10h。

2）采用聚氨酯涂料做附加层处理时，应将聚氨酯甲料和乙料按1∶1.5的比例配合搅拌均匀，再均匀涂刷在阴角、水落口和通气口根部的周围，涂刷边缘与中心的距离不应小于200mm，厚度不应小于1.5mm，并应在固化36h以后，方能进行下一工序施工。

3）铺贴立面或大坡面合成高分子防水卷材宜用满粘法。胶黏剂应均匀涂刷在基层或卷材底面，并应根据其性能，控制涂刷与卷材铺贴的间隔时间。

4）铺贴的卷材应平整顺直黏结牢固，不得有皱折。搭接尺寸应准确，并应辊压排除卷材下面的空气。

5）卷材铺好压粘后，应及时处理搭接部位。并应采用与卷材配套的接缝专用胶黏剂，在搭接缝粘合面上涂刷均匀。根据专用胶黏剂的性能，应控制涂刷与粘合间隔时间，排除空气、辊压黏结牢固。

6）接缝口应采用密封材料封严，其宽度不应小于10mm。

（9）涂膜屋面防水施工应选用溶剂型合成高分子防水涂料。涂料进场后，应储存于干燥、通风的室内，环境温度不宜低于0℃，并应远离火源。

（10）涂膜屋面防水施工应符合下列规定：

1）基层处理剂可选用有机溶剂稀释而成。使用时应充分搅拌，涂刷均匀，覆盖完全，干燥后方可进行涂膜施工。

2）涂膜防水应由两层以上涂层组成，总厚度应达到设计要求，其成膜厚度不应小于2mm。

3）可采用涂刮或喷涂施工。当采用涂刮施工时，每遍涂刮的推进方向宜与前一遍互相垂直，并应在前一遍涂料干燥后，方可进行后一遍涂料的施工。

4）使用双组分涂料时应按配合比正确计量，搅拌均匀，已配成的涂料及时使用。配料时可加入适量的稀释剂，但不得混入固化涂料。

5）在涂层中夹铺胎体增强材料时，位于胎体下面的涂层厚度不应小于 1mm，最上层的涂料层不应少于两遍。胎体长边搭接宽度不得小于 50mm，短边搭接宽度不得小于 70mm。采用双层胎体增强材料时，上下层不得互相垂直铺设，搭接缝应错开，间距不应小于一个幅面宽度的 1/3。

6）天沟、檐沟、檐口、泛水等部位，均应加铺有胎体增强材料的附加层。水落口周围与屋面交接处，应做密封处理，并应加铺两层有胎体增强材料的附加层，涂膜伸入水落口的深度不得小于 50mm，涂膜防水层的收头应用密封材料封严。

7）涂膜屋面防水工程在涂膜层固化后应做保护层。保护层可采用分格水泥砂浆或细石混凝土或块材等。

（11）隔气层可采用气密性好的单层卷材或防水涂料。冬期施工采用卷材时，可采用花铺法施工，卷材搭接宽度不应小于 80mm；采用防水涂料时，宜选用溶剂型涂料。隔气层施工的温度不应低于 −5℃。

六、建筑装饰装修工程

1. 一般规定

（1）室外建筑装饰装修工程施工不得在五级及以上大风或雨、雪天气下进行。施工前，应采取挡风措施。

（2）外墙饰面板、饰面砖以及马赛克饰面工程采用湿贴法作业时，不宜进行冬期施工。

（3）外墙抹灰后需进行涂料施工时，抹灰砂浆内所掺的防冻剂品种应与所选用的涂料材质相匹配，具有良好的相溶性，防冻剂掺量和使用效果应通过试验确定。

（4）装饰装修施工前，应将墙体基层表面的冰、雪、霜等清理干净。

（5）室内抹灰前，应提前做好屋面防水层、保温层及室内封闭保温层。

（6）室内装饰施工可采用建筑物正式热源、临时性管道或火炉、电气取暖。若采用火炉取暖时，应采取预防煤气中毒的措施。

（7）室内抹灰、块料装饰工程施工与养护期间的温度不应低于 5℃。

（8）冬期抹灰及粘贴面砖所用砂浆应采取保温、防冻措施。室外用砂浆内可掺入防冻剂，其掺量应根据施工及养护期间环境温度经试验确定。

（9）室内粘贴壁纸时，其环境温度不宜低于 5℃。

2. 抹灰工程

（1）室内抹灰的环境温度不应低于 5℃。抹灰前，应将门口、窗口、外墙脚手眼或孔洞等封堵好，施工洞口、运料口及楼梯间等处应封闭保温。

（2）砂浆应在搅拌棚内集中搅拌，并应随用随拌，运输过程中应进行保温。

（3）室内抹灰工程结束后，在 7d 以内应保持室内温度不低于 5℃。当采用热空气加温时，应注意通风，排除湿气。当抹灰砂浆中掺入防冻剂时，温度可相应降低。

（4）室外抹灰采用冷作法施工时，可使用掺防冻剂水泥砂浆或水泥混合砂浆。

（5）含氯盐的防冻剂不宜用于有高压电源部位和有油漆墙面的水泥砂浆基层内。

（6）砂浆防冻剂的掺量应按使用温度与产品说明书的规定经试验确定。当采用氯化钠作为砂浆防冻剂时，其掺量可按表 8-12 选用。当采用亚硝酸钠作为砂浆防冻剂时，其掺量可按表 8-13 选用。

表 8-12		砂浆内氯化钠掺量		
室 外 温 度（℃）			0～－5	－5～－10
氯化钠掺量（占拌和水质量百分比，%）	挑檐、阳台、雨罩、墙面等抹水泥砂浆		4	4～8
	墙面为水刷石、干粘石水泥砂浆		5	5～10

表 8-13		砂浆内亚硝酸钠掺量		
室外温度（℃）	0～－3	－4～－9	－10～－15	－16～－20
亚硝酸钠掺量（占水泥质量百分比，%）	1	3	5	8

（7）当抹灰基层表面有冰、霜、雪时，可采用与抹灰砂浆同浓度的防冻剂溶液冲刷，并应清除表面的尘土。

（8）当施工要求分层抹灰时，底层灰不得受冻。抹灰砂浆在硬化初期应采取防止受冻的保温措施。

3. 油漆、刷浆、裱糊、玻璃工程

（1）油漆、刷浆、裱糊、玻璃工程应在采暖条件下进行施工。当需要在室外施工时，其最低环境温度不应低于 5℃。

（2）刷调和漆时，应在其内加入调和漆质量 2.5% 的催干剂和 5.0% 的松香水，施工时应排除烟气和潮气，防止失光和发黏不干。

（3）室外喷、涂、刷油漆、高级涂料时应保持施工均衡。粉浆类料浆宜采用热水配制，随用随配并应将料浆保温，料浆使用温度宜保持 15℃ 左右。

（4）裱糊工程施工时，混凝土或抹灰基层含水率不应大于 8%。施工中当室内温度高于 20℃，且相对湿度大于 80% 时，应开窗换气，防止壁纸皱折起泡。

（5）玻璃工程施工时，应将玻璃、镶嵌用合成橡胶等材料运到有采暖设备的室内，施工环境温度不宜低于 5℃。

（6）外墙铝合金、塑料框、大扇玻璃不宜在冬期安装。

任务 2　雨 期 与 高 温 施 工

一、雨期施工

雨期施工是指在降雨量超过年降雨量 50% 以上的降雨集中季节进行的施工。

（一）雨期施工准备工作

1. 施工现场的技术准备

（1）现场总平面设计。在现场总平面设计中，应反映出雨期施工特点和要求，如现场防洪排水渠道的布置、材料堆放场地积水排放措施、道路排水及防滑措施等，都应在施工总平面布置图中显示出来。

（2）工艺技术准备。对雨期组织的施工项目，事前应对设计图纸的技术要求组织精心的研究，制订合理的方案及相应措施、施工操作要求、立体交叉作业的安全措施、质量保证措施、高耸设备安装的加固措施、运输方案、防洪排水方案等技术准备工作。

2. 原材料、成品、半成品的保护

（1）水泥。

1）水泥应按不同品种、强度等级、出厂日期和厂别分别堆放。雨期更应遵守"先收先发，后收后发"的原则，避免久存的水泥受潮影响活性。

2）尽量堆放在正式房屋内，房屋四周应设排水沟，处于低洼地区的库房，要把垛台适当加高。

3）露天堆垛要砌砖平台，高度不少于 50cm，四周设排水沟，垛底铺油毡，用苫布覆盖封好。

（2）砂石、炉渣应尽量集中大堆堆置，堆置于地势较高地区，排水要有出路。

（3）石灰应随到随淋，使用长期的淋灰池可搭雨棚。

（4）砖要尽可能大堆码放，四周注意排水。

（5）钢、加工铁件等怕潮的材料可架高，覆盖或堆放室内。

（6）构件及大模板的堆放场地要碾压平整、坚实，靠放架要检查加固，必要时，可打灰土砌地垄墙，要防止因下沉造成倒塌事故。

（7）要适当储备苫布、塑料布、油毡等防雨材料，排水需用水泵及有关器材。

3. 施工设施的检修及维护

（1）机电设备的电闸箱、动力装置、控制装置等部位，应采取防潮、防湿措施，并应安装接地保护装置。

（2）对塔式起重机的接地装置，应进行全面检查，包括接地装置，接地体的深度、距离、半径、地线截面应符合规定要求，并进行遥测。

（3）对施工现场的各类临时设施，如宿舍、办公室、食堂、仓库、加工车间等应定期全面检修，特别是在暴雨、狂风来临前，应做必要的加固处理。对危险建筑物，应进行全面翻修、加固或拆除。

（4）对停工的工程应做好维护，如对地下室窗井、人防通道、洞口等，应加以遮盖或封闭，防止雨水灌入。

（二）雨期施工的主要技术措施

1. 土方与基础工程

（1）在土方与基础工程施工时，应尽量安排在雨期以前完成。确需在雨期施工的，应在施工组织设计中编制切实可行的施工方案、技术质量措施和安全措施。

（2）要防止基坑（槽）进水泡槽。挖土前要在工作区域四周做好挡水埝、排水沟等挡水排水设施，防止雨水灌槽。基坑内必须做好排水沟、集水井等抽排系统，下雨时及时排除积水。

（3）基槽（坑）或管沟开挖时，应注意边坡稳定。必要时可适当放缓边坡坡度或设置支撑。施工时，要加强对边坡和支撑的检查。当挖到基础标高后，应及时组织验收并浇筑混凝土垫层。

（4）混凝土基础施工时应考虑遮盖挡雨和及时排出积水，防止雨水浸泡、冲刷，影响质量。

（5）桩基施工前，应平整场地并碾压密实，四周做好排水沟，防止地表松软致使打桩机械倾斜。钻孔桩基要随钻、随盖、随灌混凝土。下班前不得留有桩孔，防止灌水塌孔。重型土方机械要防止场地下面有暗沟、暗洞造成施工机械沉陷。

（6）填方工程施工时，取土、运土、铺填、压实等各道工序应连续进行；雨前应及时压完已填土层，将表面压光并做成一定的排水坡度，以利于排除雨水；如已开挖完成的基坑雨期不能回填时，应在基坑边设置排水沟或挡水埝，防止地面水流入坑内浸泡。

2. 脚手架工程

（1）雨期施工前，要对各类架子的地基及排水设施进行认真检查、清理和修复，做到排水有效，不冲不淹，不陷不沉。

（2）雨期施工中，要经常检查各类架子的根部及与建筑物拉结牢固情况，及时维护和加固，消除隐患。

（3）要经常检查和维修人行脚手板和坡道的脚手板及防滑条。确保架板稳固，防滑措施有效。为确保防滑效果，不宜使用钢筋或竹板做防滑条，在斜面上铺设的脚手板，不宜使用钢跳板。

（4）雨期施工中，要加强对各类架子的沉降量及垂直度的观察测定，发现异常情况要及时采取有效措施予以解决。

（5）大风、大雨后必须对各类架子进行检查，并做好记录，由项目分管负责人组织有关部门对架体进行验收，经验收合格签字后，方可使用。

3. 砌体工程

（1）雨期施工应结合本地区特点，编制专项雨期施工方案，防雨应急材料应准备充足，并对操作人员进行技术交底，施工现场应做好排水措施，砌筑材料应防止雨水冲淋。

（2）应加强原材料的存放和保护，不得久存受潮；当块材表面存在水渍或明水时，不得用于砌筑。

（3）雨期施工时，宜用粗砂砂浆，并适当减小砂浆稠度；砌筑砂浆的拌和量不宜过多，拌好的砂浆应防止雨淋；每天砌筑高度不宜超过 1.2m。

（4）应加强雨期施工期间的砌体稳定性检查；稳定性较差的窗间墙、独立砖柱，应加设临时支撑或及时浇筑圈梁，以增加墙体稳定性。

（5）砌体施工时，内外墙要尽量同时砌筑，并注意转角及丁字墙间的搭接。遇台风时，应在与风向相反的方向加临时支撑，以保持墙体的稳定。

（6）露天作业遇大雨时应停工，对已砌筑砌体应及时进行覆盖；雨后继续施工时，应检查已完工砌体的垂直度和标高；如大雨后，发现砖砌体灰浆被雨水冲刷时，可将砌体翻掉最上面两皮砖另铺灰浆重砌。

（7）每班收工时，砌体的立缝应填满砂浆，顶面不宜铺砂浆，应平铺一层干砖，或用纺织袋布盖好。夹心复合墙每日砌筑工作结束后，墙体上口应采用防雨布遮盖。

4. 混凝土结构工程

（1）雨期施工支模时，必须保证支撑要牢固，模板支柱要夯实，并加好垫板。雨后应检查地基面的沉降，并应对模板及支架进行检查。雨期施工期间，应选用具有防雨水冲刷性能的模板脱模剂。

（2）钢筋雨期堆放要防止锈蚀，锈蚀钢筋应做除锈处理后方可允许加工成型；钢筋运输、绑扎应防止沾上泥浆；钢筋电焊接头应在室内进行，若需现场焊接，必须要有一定的防雨措施。

（3）雨期施工期间，水泥和矿物掺和料应采取防水和防潮措施，并应对粗骨料、细骨料的含水率进行监测，及时调整混凝土配合比。

（4）雨期施工期间，混凝土搅拌、运输设备和浇筑作业面应采取防雨措施，并应加强施工机械检查维修及接地接零检测工作。

（5）雨期施工期间，应采取防止模板内积水的措施。模板内和混凝土浇筑分层面出现积水时，应在排水后再浇筑混凝土。

（6）雨期施工期间，除应采用防护措施外，小雨、中雨天气不宜进行混凝土露天浇筑，且不应进行大面积作业的混凝土露天浇筑；大雨、暴雨天气不应进行混凝土露天浇筑。

（7）混凝土浇筑完毕后，应及时采取覆盖塑料薄膜等防雨措施。

（8）雨后继续施工时，先应清除表面松散的石子，对施工缝进行技术处理后，再进行浇筑；因雨水冲刷致使水泥浆流失严重的部位，应采取补救措施后再继续施工。

（9）台风来临前，应对尚未浇筑混凝土的模板及支架采取临时加固措施；台风结束后，应检查模板及支架，已验收合格的模板及支架应重新办理验收手续。

5. 吊装工程

（1）构件堆放地点要平整坚实，周围要做好排水工作，严禁构件堆放区积水、浸泡，防止泥土粘到预埋件上。

（2）塔吊使用前必须检查避雷及接地接零保护是否有效，雨后还必须及时检查塔吊路基有无下沉现象，发现问题要立即采取措施，妥善解决。

（3）雨中不宜吊装作业和焊接；吊装遇雨时，必须对已就位的构件做好支撑加固，方可收工。对于履带吊或轮胎吊，作业完工后应停放在高处。

（4）雨后各类物资、设备必须经检查确无问题后方可继续使用。雨后吊装时，要先做试吊，将构件吊至 1m 左右，往返上下数次稳定后再进行吊装工作。

6. 屋面工程

（1）屋面保温层施工完毕，应及时做好上部找平层，以防突然降雨淋湿或浸泡保温层。

（2）卷材屋面应尽量在雨期前施工，并同时安装屋面的落水管。

（3）雨天严禁进行卷材屋面施工，卷材、保温材料不准淋雨。

（4）雨天屋面工程宜采用"湿铺法"或"空铺法"，不宜采用"干铺法"施工。"湿铺法"就是在潮湿基层上铺贴卷材，先喷刷 1～2 道冷底子油，喷刷工作宜在水泥砂浆凝结初期进行操作，以防基层浸水。如基层浸水，应在基层表面干燥后方可铺贴卷材。如基层潮湿且干燥有困难时，可采用排汽屋面。

7. 建筑装饰装修工程

（1）中雨、大雨或五级以上（含五级）大风天气，不得进行室外装饰装修工程的施工；空气相对湿度过高时，应考虑合理的工序技术间歇时间。

（2）高层建筑幕墙施工必须做好防雷保护装置。

（3）雨天不准进行室外抹灰，至少应能预计 1～2d 的天气变化情况。对已经施工的墙面，应注意防止雨水污染。

（4）抹灰、粘贴饰面砖、打密封胶等黏结工艺施工，尤其应保证基底或基层的含水率符合施工要求。

（5）混凝土或抹灰基层涂刷溶剂型涂料时，含水率不得大于 8%；涂刷水性涂料时，含水率不得大于 10%；木质基层含水率不得大于 12%。

（6）雨天不宜做罩面油漆。裱糊工程不宜在相对湿度过高时施工。

（7）雨天应停止在外脚手架上施工，大雨后要对脚手架进行全面检查，并认真清扫，确认无沉降或松动后方可施工。

二、高温施工

高温施工是指当日平均气温达到 30℃ 及以上时进行的施工。

（一）高温施工准备工作

（1）成立施工紧急情况应急领导小组，负责应急救援工作的指挥、协调工作。

（2）夏季高温到来之前，组织有关人员按照施工方案要求进行技术交底，提出夏季高温计划，为施工提供技术准备。

（3）及时调整炎热季节的上下班时间，合理安排作息时间。

（二）高温施工的主要技术措施

1. 砌体工程

（1）高温季节砌砖，要特别强调砖块的浇水，应做到隔夜浇水湿润，还应在施工前适当地浇水，使砖块保持湿润。

（2）现场拌制的砂浆应随拌随用，对关键部位砌体，要进行必要的遮盖、养护。当施工期间最高气温超过 30℃ 时，应在 2h 内使用完毕。预拌砂浆及蒸压加气混凝土砌块专用砂浆的使用时间应按照厂方提供的说明书确定。

（3）采用铺浆法砌筑砌体，施工期间气温超过 30℃ 时，铺浆长度不得超过 500mm。

（4）砌筑普通混凝土小型空心砌块砌体，遇天气干燥炎热，宜在砌筑前对其喷水湿润。

（5）砌筑砂浆的稠度要适当加大，使砂浆有较大的流动性，灰缝容易饱满，亦可在砂浆中掺入塑化剂，以提高砂浆的保水性和和易性。

2. 混凝土工程

为了防止夏季混凝土、钢筋混凝土施工时受高温干热影响，而产生裂缝等现象，施工时应采取以下措施。

（1）原材料与配合比。

1）高温施工时，对露天堆放的粗、细骨料应采取遮阳防晒等措施。必要时，可对粗骨料进行喷雾降温。

2）高温施工混凝土配合比设计除应符合规范规定外，尚应符合下列规定：

①应分析原材料温度、环境温度、混凝土运输方式与时间对混凝土初凝时间、坍落度损失等性能指标的影响，根据环境温度、湿度、风力和采取温控措施的实际情况，对混凝土配合比进行调整。

②宜在近似现场运输条件、时间和预计混凝土浇筑作业最高气温的天气条件下，通过混凝土试拌和与试运输的工况试验后，调整并确定适合高温天气条件下施工的混凝土配合比。

③宜降低水泥用量，并可采用矿物掺和料替代部分水泥；宜选用水化热较低的水泥。

④混凝土坍落度不宜小于 70mm。

（2）混凝土的搅拌。

1）搅拌站料斗、储水器、皮带运输机、搅拌楼都要采取遮阳措施，尽量缩短搅拌时间。

2）对原材料进行直接降温时，宜采用对水、粗集料进行降温的方法。当对水直接降温时，可采用冷却装置冷却拌和水，并对水管及水箱加遮阳和隔热设施，也可在拌和水中加碎冰来降低拌和水温。凝土拌和时掺加的固体冰应确保在搅拌结束前融化，且在拌和用水中应扣除其重量。

3）原材料最高入机温度不宜超过表 8-14 的规定。

表 8-14 　　　　　　　　　　　原材料最高入机温度 　　　　　　　　　　　（℃）

材　　料	最　高　入　机　温　度
水泥	60
骨料	30
水	25
粉煤灰等矿物掺和料	60

4）混凝土拌合物出机温度不宜大于 30℃。当需要时，可采取掺加干冰等附加控温措施。

（3）混凝土的运输和浇捣。

1）混凝土宜采用白色涂装的混凝土搅拌运输车运输；对混凝土输送管，应进行遮阳覆盖，并应洒水降温；运输混凝土过程中宜慢速搅拌混凝土，不得在运输过程中加水搅拌。

2）混凝土拌和物入模温度不应高于 35℃。

3）混凝土浇筑宜在早间或晚间进行，且宜连续浇筑。当混凝土水分蒸发较快时，应在施工作业面采取挡风、遮阳、喷雾等措施，并应对模板、钢筋和施工机具采用洒水等降温措施，但浇筑时模板内不得有积水。

4）应加快混凝土的修整速度。修整时，可用喷雾器喷少量水防止表面裂纹，但不准直接往混凝土表面洒水。

（4）混凝土的养护。

1）混凝土浇筑完成后，应及时进行保湿养护。侧模拆除前宜采用带模湿润养护。梁柱框架结构，应尽可能采取带模浇水养护，免受暴晒。定人定班浇水养护，特别早期 7d 内24h 循环浇水。

2）当条件许可时，也可采取在混凝土表面喷雾降温、湿润空气等养护措施。保湿养护期间，应采取遮阳和挡风措施，以控制温度和干热风的影响。

3）混凝土拆模后的洒水养护宜用自动喷水系统和喷雾器。湿养护应不间断，不得形成干湿循环。

4）一般混凝土养护时间：采用硅酸盐水泥、普通硅酸盐水泥和矿渣硅酸盐水泥拌制的混凝土，不得少于 7 昼夜；掺加缓凝剂型外加剂及有抗渗性要求的混凝土，不得少于 14昼夜。

3. 防水工程

（1）防水材料储运应避免日晒，并远离火源，仓库内应有消防设施。

（2）防水材料应随用随配，配制好的混合料宜在 2h 内用完。

（3）防水工程施工严禁在高温烈日暴晒下进行。

（4）屋面混凝土施工气温宜为 5～35℃，尽量做到随捣随抹，施工完毕要根据气候情况及时覆盖草包，避免暴晒，及时进行浇水养护。

（5）大体积防水混凝土炎热季节施工时，应采取降低原材料温度、减少混凝土运输时吸收外界热量等降温措施，入模温度不应大于 30℃。

4. 建筑装饰装修工程

（1）装修材料的储存保管应避免受潮、雨淋和暴晒。

（2）抹灰前应在砌体表面洒水湿润，防止砂浆脱水造成开裂、起壳、脱落，抹灰后要加强养护工作。

（3）外墙面的抹灰，应避免在强烈日光直射下操作。

（4）对于加气混凝土填充墙的粉刷，要提前一天浇水湿润，适当控制每层粉刷厚度，并正确使用 107 胶。

（5）涂饰工程施工现场环境温度不宜高于 35℃。室内施工应注意通风换气和防尘，水溶性涂料应避免在烈日暴晒下施工。

（6）塑料门窗储存的环境温度应低于 50℃。

（7）抹灰、粘贴饰面砖、打密封胶等黏结工艺施工，环境温度不宜高于 35℃，并避免烈日暴晒。

技 能 训 练

一、单项选择

1. 冬期土方回填每层铺土厚度应比常温施工时减少（　　）。
   A. 20%～25%　　　　B. 25%～30%　　　　C. 30%～35%　　　　D. 35%～40%

2. 冬期砂浆拌和水温不宜超过（　　）℃，砂加热温度不宜超过（　　）℃。
   A. 90，50　　　　　B. 90，40　　　　　C. 80，50　　　　　D. 80，40

3. 冬期施工砌体采用氯盐砂浆施工，每日砌筑高度不宜超过（　　）m。
   A. 1.2　　　　　　B. 1.4　　　　　　C. 1.5　　　　　　D. 1.8

4. 冬期采用氯盐砂浆施工，墙体留置洞口距交接墙处不应小于（　　）mm。
   A. 200　　　　　　B. 300　　　　　　C. 400　　　　　　D. 500

5. 某砌筑工程，冬期采用暖棚法施工，室内温度 5℃，其养护时间是（　　）d。
   A. 3　　　　　　　B. 4　　　　　　　C. 5　　　　　　　D. 7

6. 冬期钢筋调直冷拉环境温度控制的最小限值是（　　）℃。
   A. −30　　　　　　B. −20　　　　　　C. −10　　　　　　D. −5

7. 冬期预应力钢筋张拉环境温度控制的最小限值是（　　）℃。
   A. −30　　　　　　B. −20　　　　　　C. −15　　　　　　D. −5

8. HRB335、HRB400 钢筋冬期冷弯加工环境温度控制的最小限值是（　　）℃。
   A. −30　　　　　　B. −20　　　　　　C. −15　　　　　　D. −5

9. 冬期施工混凝土搅拌时，当仅加热拌和水不能满足热工计算要求时，可直接加热的混凝土原材料是（　　）。
   A. 水泥　　　　　B. 外加剂　　　　　C. 矿物掺和料　　　D. 热骨料

10. 关于混凝土拌和物出机温度、入模温度最小限值的说法，正确的是（　　）℃。
    A. 10，5　　　　　B. 10，10　　　　　C. 20，5　　　　　D. 20，10

11. 冬期施工时，墙体带模板养护不应少于（　　）。
    A. 3d　　　　　　B. 7d　　　　　　　C. 10d　　　　　　D. 14d

12. 关于水泥砂浆防水层施工的说法，正确的是（　　　）。
　　A. 施工气温不应低于 0℃　　　　　　　B. 养护温度不宜低于－5℃
　　C. 保持砂浆表面湿润　　　　　　　　　D. 养护时间不得小于 7d

13. 某防水工程，施工环境气温－8℃，应选择的防水材料是（　　　）。
　　A. 高聚物改性沥青防水卷材　　　　　　B. 现喷硬泡聚氨酯
　　C. 合成高分子防水涂料　　　　　　　　D. 改性石油沥青密封材料

14. 雨期基坑开挖，坡顶散水的宽度最小限值是（　　　）m。
　　A. 0.8　　　　　　　B. 1.0　　　　　　　C. 1.5　　　　　　　D. 1.6

15. 雨期施工中，砌筑工程每天砌筑高度最大限值是（　　　）m。
　　A. 0.8　　　　　　　B. L2　　　　　　　C. 1.5　　　　　　　D. 1.6

16. 雨期钢结构工程施工，焊接作业区的相对湿度最大限值是（　　　）%。
　　A. 70　　　　　　　B. 85　　　　　　　C. 90　　　　　　　D. 95

17. 施工期间最高气温超过 30℃时，现场拌制砂浆使用完毕时间是（　　　）h 内。
　　A. 2.0　　　　　　　B. 2.5　　　　　　　C. 3.0　　　　　　　D. 4.0

18. 施工期间气温超过 30℃时，铺浆法砌筑砂浆铺浆长度最大限值是（　　　）mm。
　　A. 400　　　　　　　B. 500　　　　　　　C. 600　　　　　　　D. 700

二、多项选择

1. 关于冬期施工冻土回填的说法，正确的有（　　　）。
　A. 室外的基槽（坑）或管沟可采用含有冻土块的土回填
　B. 填方边坡的表层 1m 以内，不得采用含有冻土块的土填筑
　C. 室外管沟底以上 500mm 的范围内不得用含有冻土块的土回填
　D. 室内的基槽（坑）或管沟可采用含有冻土块的土回填
　E. 室内地面垫层下回填的土方，填料中可含有冻土块

2. 冬期施工不得采用掺氯盐砂浆砌筑的砌体有（　　　）。
　A. 对装饰工程有特殊要求的建筑物
　B. 配筋、钢埋件无可靠防腐处理措施的砌体
　C. 接近高压电线的建筑物（如变电所、发电站等）
　D. 经常处于地下水位变化范围内的结构
　E. 地下已设防水层的结构

3. 关于外墙外保温工程冬期施工的说法，正确的有（　　　）。
　A. 施工最低温度不应低于－10℃
　B. 施工期间以及完工后 24h 内，基层及环境空气温度不应低于 5℃
　C. 胶黏剂和聚合物抹面胶浆拌和温度皆应高于 5℃
　D. 聚合物抹面胶浆拌和水温度不宜大于 90℃，且不宜低于 40℃
　E. EPS 板粘贴应保证有效粘贴面积大于 30%

4. 关于砌体工程雨期施工的说法，正确的有（　　　）。
　A. 烧结类块体的相对含水率 60%～70%
　B. 每天砌筑高度不得超过 1.2m
　C. 根据石子的含水量变化随时调整水灰比

    D. 湿拌砂浆根据气候条件采取遮阳、保温、防雨雪等措施

    E. 蒸压加气混凝土砌块的相对含水率 40％～50％

5. 关于混凝土工程雨期施工的说法，正确的有（　　　）。

    A. 对粗、细骨料含水率实时监测，及时调整混凝土配合比

    B. 选用具有防雨水冲刷性能的模板脱模剂

    C. 雨后应检查地基面的沉降，并应对模板及支架进行检查

    D. 大雨、暴雨天气不宜进行混凝土露天浇筑。

    E. 梁板同时浇筑时应沿主梁方向浇筑

6. 关于防水工程高温施工的说法，正确的有（　　　）。

    A. 防水材料应随用随配，配制好的混合料宜在 3h 内用完

    B. 大体积防水混凝土入模温度不应大于 30℃。

    C. 改性石油沥青密封材料施工环境气温不高于 35℃

    D. 高聚物改性沥青防水卷材储存环境最高气温不得超过 45℃

    E. 自粘型卷材储存叠放层数不应超过 5 层

项目9 流水施工技术

任务1 施工组织方式选择

施工组织方式是指各项施工过程在施工对象上进行空间组织和进度安排的形式，是施工进度计划编制的依据。由于横道图（图9-1）绘图简单，施工过程及其先后顺序表达清楚，时间和空间状况形象直观，使用方便，因而施工组织方式一般采用横道图表达。横道图中竖向从上到下主要表达各个施工过程的先后顺序，横向主要表达各个施工过程在施工对象上的空间和时间安排。

施工组织方式通常分为平行施工、依次施工、流水施工三种。比如，拟建三幢相同的建筑物，它们的基础工程量都相等，且都分为挖基槽、做混凝土垫层、砌筑砖基础和回填土等四个施工过程。每个施工过程的施工天数均为6d。其中，挖基槽时，工作队由10人组成；做混凝土垫层时，工作队由8人组成；砌筑砖基础时，工作队由16人组成；回填土时，工作队由6人组成。这三幢建筑物的基础工程即可分别采用平行施工、依次施工和流水施工三种方式组织施工。但是，这三种施工组织方式的特点大不相同。

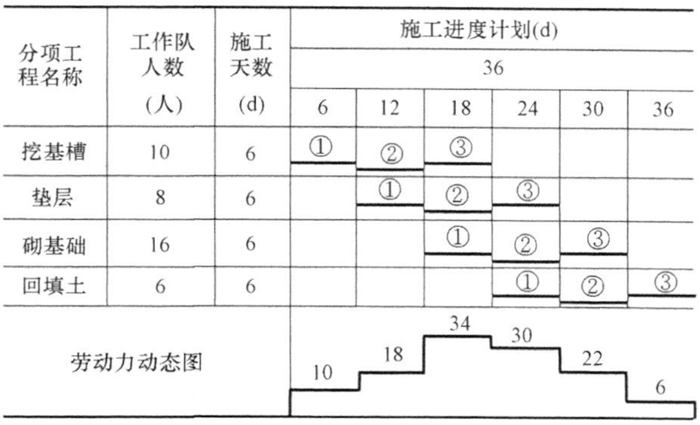

分项工程名称	工作队人数（人）	施工天数（d）	施工进度计划(d) 36					
			6	12	18	24	30	36
挖基槽	10	6	①	②	③			
垫层	8	6		①	②	③		
砌基础	16	6			①	②		③
回填土	6	6				①	②	③
劳动力动态图			10	18	34	30	22	6

图9-1 用横道图表达施工组织方式示例

一、平行施工

1. 平行施工组织方式的含义

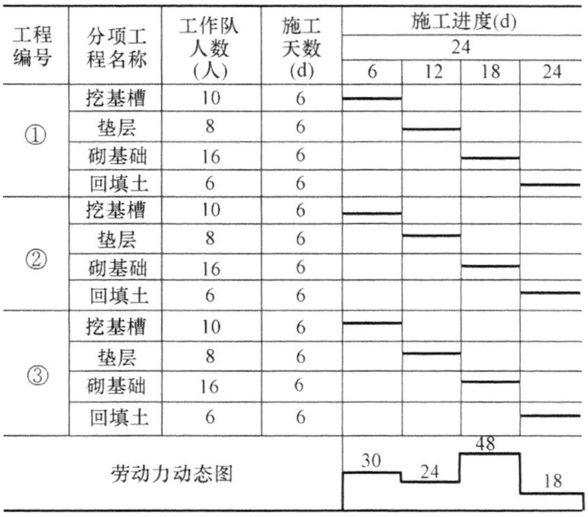

工程编号	分项工程名称	工作队人数（人）	施工天数（d）	施工进度(d) 24			
				6	12	18	24
①	挖基槽	10	6				
	垫层	8	6				
	砌基础	16	6				
	回填土	6	6				
②	挖基槽	10	6				
	垫层	8	6				
	砌基础	16	6				
	回填土	6	6				
③	挖基槽	10	6				
	垫层	8	6				
	砌基础	16	6				
	回填土	6	6				
劳动力动态图				30	24	48	18

图9-2 平行施工示例

平行施工是将拟建工程项目分解成若干施工段，各施工段的相应施工过程同时开工、同时完工的一种施工组织方式。这种施工组织方式示例如图9-2所示。

2. 平行施工组织方式的特点和适用范围

平行施工组织方式具有以下特点：

（1）充分地利用了工作面，争取了时间，可以缩短工期。

（2）工作队不能实现专业化施工，不利于改进工人的操作方法和施工机具，不利于提高工程质量和劳动生产率。

（3）工作队及工人不能连续作业。

（4）单位时间内投入施工的资源量成倍

增加，现场临时设施也相应增加。

（5）施工现场组织、管理比较复杂。

平行施工组织方式，适用于工期要求较紧的工程以及大规模建筑群的施工。

二、依次施工

1. 依次施工组织方式的含义

依次施工方式是将拟建工程项目分解成若干施工过程，按照施工工艺的要求依次完成每一个施工过程；或将拟建工程项目分解成若干施工段，按照施工工艺和组织安排的要求依次完成每一个施工段。这种施工组织方式示例如图 9-3 所示。

分项工程名称	工作队人数（人）	施工天数（d）	施工进度(d)											
			96											
			6	12	18	24	30	36	42	48	54	60	66	72
挖基槽	10	6	①				②				③			
垫层	8	6		①				②				③		
砌基础	16	6			①				②				③	
回填土	6	6				①				②				③
劳动力动态图			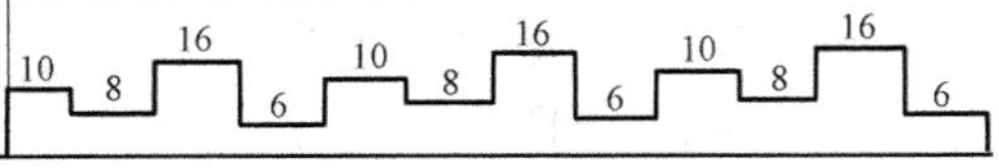 10 8 16 6 10 8 16 6 10 8 16 6											

图 9-3　依次施工示例

2. 依次施工组织方式的特点和适用范围

依次施工组织方式具有以下特点：

（1）由于没有充分地利用工作面去争取时间，所以工期长。

（2）工作队不能实现专业化施工，不利于改进工人的操作方法和施工机具，不利于提高工程质量和劳动生产率。

（3）工作队及工人不能连续作业。

（4）单位时间内投入的资源量比较少且较均衡，有利于资源供应的组织工作。

（5）施工现场的组织、管理比较简单。

依次施工组织方式，适用于工作面小、规模小、工期要求不是很紧的工程。

三、流水施工

1. 流水施工组织方式的含义

流水施工组织方式是将拟建工程项目在空间上分解成若干施工段，在工艺上分解为若干个施工过程；然后按施工过程组建专业工作队，各专业工作队按一定的时间间隔依次投入施工，各个施工过程陆续开工、陆续竣工，使同一施工过程的施工队组保持连续、均衡施工，不同施工过程的施工队组尽可能平行搭接施工的组织方式。这种施工组织方式示例如图 9-1 所示。

2. 流水施工组织方式的特点和适用范围

流水施工组织方式具有以下特点：

（1）科学地利用了工作面，争取了时间，工期比较合理。

（2）工作队及其工人实现了专业化施工，可使工人的操作技术熟练，更好地保证工程质量，提高劳动生产率。

（3）专业工作队及其工人能够连续作业，使相邻的专业工作队之间实现了最大限度的合理地搭接。

（4）单位时间投入施工的资源量较为均衡，有利于资源供应的组织工作。

（5）为文明施工和进行现场的科学管理创造了有利条件。

流水施工综合了依次施工和平行施工的优点，消除了它们的缺点。流水亦即连续。用流水施工的方法组织施工，一是同一工作队在各施工对象上依次连续地工作，即时间连续；二是同一施工对象上不同工作队依次连续地工作，即空间连续。流水施工的实质是充分利用时间和空间，分工协作，成批生产，从而提高了劳动生产率，缩短了工期，增加了劳动力和物资需要量供应的均衡性，降低了工程成本，带来了较好的技术经济效果。流水施工组织方式是建筑施工中最合理、最科学的一种组织方式，目前广泛应用于各种建筑工程。

任务2　流水施工参数计算

在组织拟建工程项目流水施工时，用以表达流水施工在工艺流程、空间布置和时间安排等方面开展状态的参数，称为流水参数。它主要包括工艺参数、空间参数和时间参数等三类。

一、工艺参数

在组织流水施工时，用以表达流水施工在施工工艺上开展顺序及其特征的参数称工艺参数。工艺参数包括施工过程数和流水强度两种。

1. 施工过程数

组织流水施工时，根据施工组织及计划安排需要而将计划任务分成的子项称为施工过程。参与一组流水的施工过程数目称为施工过程数。施工过程数一般以符号 n 表示，它是流水施工的主要参数之一。

划分施工过程的目的，是为了便于对工程施工进行具体安排以及对相应的资源进行调配。施工过程划分的数目多少、粗细程度一般与下列因素有关。

（1）施工计划的性质与作用。对工程施工控制性计划、长期计划及建筑群体规模大、结构复杂、施工期长的工程的施工进度计划，其施工过程划分可粗些，综合性大些，一般划分至单位工程或分部工程。对中小型单位工程及施工工期不长的工程的施工实施性计划，其施工过程划分可细些、具体些，一般划分至分项工程。对月度作业性计划，有些施工过程还可分解为工序，如安装模板、绑扎钢筋等。

（2）施工方案及工程结构。施工过程的划分与工程的施工方案及工程结构形式有关。如厂房的柱基础与设备基础挖土，如同时施工，可合并为一个施工过程；若先后施工，可分为两个施工过程。承重墙与非承重墙的砌筑，也是如此。

（3）劳动组织及劳动量大小。施工过程的划分与施工队组的组织形式有关。如现浇钢筋混凝土结构的施工，如果是单一工种组成的施工班组，可以划分为支模板、绑扎钢筋、浇筑混凝土三个施工过程；同时为了组织流水施工的方便或需要，也可合并成一个施工过程，这时劳动班组由多工种混合班组组成。

施工过程的划分还与劳动量大小有关，劳动量小的施工过程，当组织流水施工有困难时，可与其他施工过程合并，如垫层劳动量较小时可与挖土合并为一个施工过程，这样可以使各个施工过程的劳动量大致相等，便于组织流水施工。

（4）施工过程内容和工作范围。一般来说，施工过程可分为下述四类：加工厂（或现场外）生产各种预制构件的施工过程；各种材料及构件、配件、半成品的运输过程；直接在工程对象上操作的各个施工过程（安装砌筑类施工过程）；大型施工机具安置及砌砖、抹灰、装修等脚手架搭设施工过程（不构成工程实体的施工过程）。前两类施工过程，一般不应占有施工工期，只配合工程实体施工进度的需要，及时组织生产和供应到现场，所以一般可以不划入流水施工过程；第三类必须划入流水施工过程；第四类要根据具体情况，如果需要占有施工工期，则可划入流水施工过程。

2. 流水强度

流水强度是指某施工过程在单位时间内所完成的工程量，一般以 V 表示。

流水强度可用公式（9-1）计算求得

$$V = \sum_{i=1}^{x} R_i S_i \tag{9-1}$$

式中　V——某施工过程（队）的流水强度；

　　　R_i——投入该施工过程中的第 i 种资源量（施工机械台数或施工班组人数）；

　　　S_i——投入该施工过程中第 i 种资源的产量定额；

　　　x——投入该施工过程中资源的种类数。

二、空间参数

在组织流水施工时，用以表达流水施工在空间布置上所处状态的参数，称为空间参数。空间参数包括工作面、施工段数和施工层数三种。

1. 工作面

工作面是指某专业工种的工人在从事建筑产品生产加工过程中，必须具备一定的活动空间，这个活动空间称为工作面。它的大小表明了施工对象可能同时安置多少工人操作或布置多少施工机械同时施工，它反映了施工过程（工人操作、机械施工）在空间上布置的可能性。

工作面的大小可以根据相应工种的产量定额、操作规程等要求确定。部分工种工作面数据可参照表 9-1。

表 9-1　　　　　　　　　　　部分工种工作面参考数据表

工　作　项　目	每个技工的工作面
现浇钢筋混凝土柱	2.45m³/人
现浇钢筋混凝土梁	3.2m³/人
现浇钢筋混凝土墙	5.0m³/人
现浇钢筋混凝土楼板	5.3m³/人
混凝土基础	7.0m³/人
外墙抹灰	16m²/人
内墙抹灰	18.5m²/人
卷材屋面	18.6m²/人
门窗安装	11m²/人

2. 施工段数

为了有效地组织流水施工，通常把拟建工程项目在平面上划分成若干个劳动量大致相等的施工区域，这些施工区域称为施工段。施工段的数目，通常用 m 表示。

划分施工段的目的，是为组织流水施工创造条件，保证不同工种的工作队能在不同的施工段上同时进行施工，从而使各施工班组按照一定的时间间隔从一个施工段转到另一个施工段进行连续施工。这样能充分利用空间，既消除等待、停歇现象，又互不干扰，同时还缩短了工期。一般来说，每一个施工段在某一段时间内只有一个施工过程的工作队使用。

施工段的划分应考虑下列因素：

（1）以主导施工过程为依据。由于主导施工过程往往对工期起控制作用，因而划分施工段时应以主导施工过程为依据。如现浇钢筋混凝土框架主体工程施工，应首先考虑钢筋混凝土工程施工段的划分。

（2）要有利于结构的整体性。施工段的分界线应尽可能与结构界限（如沉降缝、伸缩缝等）相一致，或设在对建筑结构整体性影响小的部位。

（3）主要专业工种在各个施工段所消耗的劳动量（或工程量）要大致相等，其相差幅度不宜超过 10%。

（4）考虑工作面的要求。施工段的划分应保证专业班组或施工机械在各施工段上有足够的工作面，既要提高工效，又要保证施工安全。

（5）尽量使各专业队（组）连续作业。即各施工过程的专业队做完一个施工段后能尽快转入下一个施工段继续作业。

由于当 $m=n$ 时，各专业工作队能连续施工，工作面能充分利用，无停歇现象，也不会产生工人窝工现象；当 $m>n$ 时，各专业工作队仍是连续施工，虽然有停歇的工作面，但不一定是不利的，有时还是必要的；当 $m<n$ 时，各专业工作队不能连续施工，这种流水施工是不适宜的。因此，每层的施工段数目应大于或等于其施工过程数，即 $m \geqslant n$。

（6）施工段的数目要合理。施工段数过多势必要减少工作面上的施工人数，工作面不能充分利用，拖长工期；施工段数过少则会引起劳动力、机械和材料供应的过分集中，有时还会造成"断流"的现象。

3. 施工层数

在组织流水施工时，为了满足专业工种对操作高度和施工工艺的要求，通常将拟建工程项目在竖向上划分为若干个操作层，这些操作层称为施工层。施工层数一般用 r 表示。

施工层的划分，要按工程项目的具体情况，根据建筑物的高度、楼层确定。如砌筑工程的施工层高一般为 1.2～1.4m，即一步脚手架的高度划分为一个施工层；室内抹灰、木装饰、油漆、玻璃和水电安装等，可按楼层进行施工层划分。

三、时间参数

时间参数是指在组织流水施工时，用以表述流水施工在时间安排上所处状态的参数，主要包括流水节拍、流水步距平行搭接时间、技术与组织间歇时间、工期等。

1. 流水节拍

流水节拍是指从事某一施工过程的施工队组在一个施工段上完成施工任务所需的时间，即某施工过程在一个施工段上的持续时间，通常用符号 t_i 表示（$i=1, 2\cdots$）。

流水节拍是流水施工的主要参数之一，它表明流水施工的速度和节奏性。流水节拍小，其流水速度快，节奏感强；反之则相反。流水节拍决定着单位时间的资源供应量，同时，流水节拍也是区别流水施工组织方式的特征参数。因此，合理确定流水节拍，具有重要意义。

同一施工过程流水节拍，主要由所采用的施工方法、施工机械以及在工作面允许的前提下投入施工的工人数、机械台数和采用的工作班次等因素确定。有时为了均衡施工和减少转移施工段时消耗的工时，可以适当调整流水节拍，其数值最好为整数，必要时可保留 0.5 天（台班）的小数值。

流水节拍的确定方法通常有定额计算法、工期计算法、经验估算法三种。

（1）定额计算法。如果已有定额标准时，流水节拍可根据各施工段的工程量和现有能够投入的资源量（劳动力、机械台数和材料数量等），按式（9-2）进行计算。

$$t_i = Q_i/(S_i \cdot R_i \cdot N_i) = Q_i \cdot H_i/(R_i \cdot N_i) = p_i/(R_i \cdot N_i) \tag{9-2}$$

$$p_i = Q_i/S_i = Q_i \cdot H_i \tag{9-3}$$

式中　t_i——某专业班组在第 i 施工段的流水节拍；

　　　Q_i——某专业班组在第 i 施工段要完成的工程量；

　　　S_i——某专业班组的计划产量定额；

　　　H_i——某专业班组的计划时间定额；

　　　R_i——某专业班组投入的工作人数或机械台数；

　　　N_i——某专业班组的工作班次；

　　　p_i——某专业班组在第 i 施工段需要的劳动量或机械台班数量，由式（9-3）确定。

（2）工期计算法。对某些施工任务在规定日期内必须完成的工程项目，往往先根据工期要求采用倒排进度的方法确定流水节拍，然后用式（9-2）反算出所需要的工人数或机械台班数，最后检查劳动力、材料和施工机械供应的可能性以及工作面是否足够等。

（3）经验估算法。对于采用新结构、新工艺、新方法和新材料等没有定额可循的工程项目，可以根据以往的施工经验估算流水节拍。

2. 流水步距

流水步距是指相继投入施工的两个专业工作队开始施工的时间间隔（不包括技术与组织间歇时间、平行搭接时间），用符号 $K_{i,i+1}$ 表示（i 表示先投入施工的专业工作队，$i+1$ 表示紧后投入施工的专业工作队）。

流水步距的大小，对工期有很大的影响。一般来说，在流水段不变的条件下，流水步距越大，工期越长；流水步距越小，则工期越短。

流水步距的数量等于参与流水的专业工作队数减去一。流水步距的大小取决于流水施工的组织方式。确定流水步距时，一般应满足以下基本要求：

（1）主要施工队组连续施工的需要。流水步距的最小长度，必须使主要专业队组进场以后不发生停工、窝工现象。

（2）施工工艺的要求。保证每个施工段的正常作业程序，不发生前一个施工过程尚未全部完成，而后一施工过程提前介入的现象。

（3）最大限度搭接的要求。流水步距要保证相邻两个专业队在开工时间上最大限度合理搭接。

根据以上基本要求，在不同的流水施工组织方式中，可以采用不同的方法确定流水步距。

3. 平行搭接时间

在组织流水施工时，有时为了缩短工期，在工作面允许的条件下，如果前一个施工队组完成部分施工任务后，能够提前为后一个施工队组提供工作面，使后者提前进入前一个施工段，两者在同一施工段上平行搭接施工，这个搭接时间称为平行搭接时间，通常以符号 $C_{i,i+1}$ 表示。

4. 技术与组织间歇时间

在组织流水施工时，有些施工过程完成后，后续施工过程不能立即投入施工，必须有足够的间歇时间。由于施工工艺或质量保证的要求，在相邻两个施工过程之间必须留有的间歇时间称为技术间歇时间。如混凝土浇捣后的养护时间、砂浆抹面和油漆面的干燥时间等。由于施工组织方面的需要，在相邻两个施工过程之间留有的间歇时间称为组织间歇时间。如墙体砌筑前的墙身位置弹线所需的时间，回填土前地下管道检查验收的时间等。技术与组织间歇时间均用符号 $Z_{i,i+1}$ 表示。

5. 工期

工期是指完成一项工程任务或一个流水组施工所需的时间，即从第一个专业工作队投入流水施工开始，到最后一个专业工作队完成流水施工为止的整个持续时间，通常以符号 T 表示。

一般可采用公式（9-4）计算完成一个流水组的工期。

$$T = \sum K_{i,i+1} + T_n + \sum Z_{i,i+1} - \sum C_{i,i+1} \tag{9-4}$$

式中　T——流水施工工期；

$\sum K_{i,i+1}$——流水施工中各流水步距之和；

T_n——流水施工中最后一个施工过程的持续时间；

$Z_{i,i+1}$——第 i 个施工过程与第 $i+1$ 个施工过程之间的技术与组织间歇时间；

$C_{i,i+1}$——第 i 个施工过程与第 $i+1$ 个施工过程之间的平行搭接时间。

由于一项建设工程往往包含有许多流水组，因此流水施工工期一般不是整个工程的总工期。

任务3　流水施工组织

一、组织流水施工的条件

组织建筑施工流水作业，必须具备以下条件。

1. 划分施工段

根据组织流水施工的需要，将拟建工程尽可能地划分为劳动量大致相等的若干个施工段。划分施工段的目的是为了将庞大的单件产品变成假想的多件产品，从而形成流水施工的前提。

2. 划分施工过程

把拟建工程的整个建造过程分解为若干个施工过程，亦即若干个典型的、有代表性的、能反映主要建造过程的工作步骤，从而保证施工有序进行。

3. 每个施工过程组织独立的施工班组

在一个流水组中，每个施工过程尽可能组织独立的施工队组，其形式可以是专业队组，也可以是混合队组，这样可以使每个施工队组按照施工顺序依次地、连续地、均衡从一个施工段转到另一个施工段进行相同的操作。

4. 主要施工过程应保持连续、均衡地施工

主要施工过程是指工程量较大、作业时间长的施工过程。主要施工过程保持连续、均衡地施工，既可以尽可能减少窝工，使工期缩短，同时也可以使施工队组保持连续工作，方便调配人力资源。

5. 不同的施工过程尽可能组织平行搭接施工

按照施工先后顺序要求，在有工作面的前提下，除必要的技术和组织间歇时间外，相邻施工过程之间尽可能组织平行搭接施工，以缩短工期。

二、流水施工的分级与分类

1. 流水施工的分级

根据组织流水施工的工程对象的范围大小，流水施工通常可分为以下 4 级。

（1）分项工程流水施工。分项工程流水施工也称为细部流水施工。它是在一个施工过程内部组织起来的流水施工。例如砌砖墙施工过程的流水施工、现浇钢筋混凝土施工过程的流水施工等。细部流水施工是组织工程流水施工中范围最小的流水施工。

（2）分部工程流水施工。分部工程流水施工也称为专业流水施工。它是在一个分部工程内部、各分项工程之间组织起来的流水施工。例如：基础工程的流水施工、主体工程的流水施工、装饰工程的流水施工。分部工程流水施工是组织单位工程流水施工的基础。

（3）单位工程流水施工。单位工程流水施工也称为综合流水施工，它是在一个单位工程内部、各分部工程之间组织起来的流水施工。如一幢办公楼、一个厂房车间等组织的流水施工。单位工程流水施工是分部工程流水施工的扩大和组合，是建立在分部工程流水施工基础之上。

（4）群体工程流水施工。群体工程流水施工也称为大流水施工，它是在每个单位工程之间组织起来的流水施工。它是为完成工业或民用建筑群而组织起来的全部单位工程流水施工的总和。

2. 流水施工的分类

由于建筑工程的多样性，不同施工过程在同一施工段上的流水节拍不一定相等，同一施工过程在各施工段上的流水节拍也不一定相等，因此形成了不同流水节拍特征（即节奏）的流水施工。不同流水节拍特征的流水施工，其流水步距、流水组工期计算各不相同。

根据流水节拍特征的不同，流水施工可分为有节奏流水施工和无节奏流水施工两种，如图 9-4 所示。

图 9-4 流水施工组织方式分类图

（1）有节奏流水施工。有节奏流水施工是指同一施工过程在各施工段上的流水节拍都相等的一种流水施工方式。其实质就是同一个施工过程在每个施工段上都用相同的时间完成施

工任务，反映出施工活动的规律性和节奏性。有节奏流水施工可分为等节奏流水施工和异节奏流水施工。

1）等节奏流水施工。等节奏流水施工是指同一施工过程在各施工段上的流水节拍都相等，并且不同施工过程之间的流水节拍也相等的一种流水施工方式，也称为全等节拍流水施工或固定节拍流水施工。等节奏流水施工一般适用于工程规模较小、施工过程数目不多的某些分部工程。

2）异节奏流水施工。异节奏流水施工是指同一施工过程在各施工段上的流水节奏都相等，不同施工过程之间的流水节奏不尽相等的一种流水施工方式。异节奏流水施工可分为异步距异节拍流水施工和等步距异节拍流水施工。

异步距异节拍流水施工是一种流水步距不尽相等的异节奏流水施工方式。异步距异节拍流水施工一般适用于施工段大小相等或相近的分部或单位工程的流水施工。

等步距异节拍流水施工，也称成倍节拍流水施工，是一种各施工过程的流水节拍均为最小流水节拍的整数倍（或流水节拍之间存在一个最大公约数）的异节奏流水施工方式。成倍节拍流水施工较多适用于线性工程（如道路、管道等），也适用于房屋建筑工程。

（2）无节奏流水施工。无节奏流水施工，又称分别流水施工，是指在组织流水施工时，全部或部分施工过程在各个施工段上流水节拍不相等的流水施工。这种施工是流水施工中最常见的一种。

在上述各种流水施工的基本方式中，等节奏流水和成倍节拍流水通常在一个分部或分项工程中，组织流水施工比较容易做到。但对一个单位工程，特别是一个大型的建筑群来说，要求所划分的分部、分项工程采用相同的流水参数组织流水施工，往往十分困难。这时常采用分别流水法组织施工，以便能较好地适应建筑工程施工要求。到底采取哪一种流水施工组织形式，除了分析流水节拍的特征外，还要考虑工期要求和各项资源的供应情况。

三、等节奏流水施工组织

1. 等节奏流水施工的特点

（1）所有施工过程在各个施工段上的流水节拍均相等。

（2）流水步距（不包含间歇时间和搭接时间）彼此相等，而且等于流水节拍。

（3）专业工作队（即施工班组）数等于施工过程数，即每一个施工过程成立一个专业工作队。

（4）各专业工作队在各施工段上能够连续作业，施工段没有空闲时间。

2. 组织等节奏流水施工的步骤

（1）划分施工过程 n。

（2）确定施工段数 m。

1）无层间关系时，施工段数按划分施工段的基本要求确定即可，一般取 $m=n$。

2）有层间关系，且无技术组织间歇时间及层间间歇时间时，取 $m=n$。

3）有层间关系时，且有技术组织间歇时间及层间间歇时间时，先按 $m>n$ 假定一整数，计算出流水节拍 t 和流水步距 K 后，然后按式（9-5）计算，即

$$m=n+(\sum Z_1+Z_2)/K \tag{9-5}$$

式中　$\sum Z_1$——一个楼层内各施工过程间技术、组织间歇时间之和，当各楼层不相等时，取最大值；

Z_2——楼层间技术、组织间歇时间，当各楼层不相等时，取最大值。

计算结果取整数。若计算结果与假定施工段数不一致，则重新假定施工段数再按式 (9-5) 计算，直至计算结果与假定施工段数一致。

（3）计算流水节拍 t。

（4）确定流水步距，取 $K=t$。

（5）计算流水施工工期。

1) 不分施工层时，可按式（9-6）进行计算。

$$T=(m+n-1)t+\sum Z_{i,i+1}-\sum C_{i,i+1} \tag{9-6}$$

式中　T——流水施工工期；

m——施工段数；

n——施工过程数；

t——流水节拍。

$Z_{i,i+1}$——i，$i+1$ 两相邻施工过程之间的技术与组织间歇时间；

$C_{i,i+1}$——i，$i+1$ 两相邻施工过程之间的平行搭接时间。

2) 分施工层时，可按式（9-7）进行计算。

$$T=(m+n-1)t+\sum Z_1-\sum C_1 \tag{9-7}$$

式中　$\sum Z_1$——在一个施工层中技术与组织间歇时间之和；

$\sum C_1$——在一个施工层中平行搭接时间之和。

其他符号含义同前。

（6）绘制流水施工进度计划。

【例 9-1】 某工程划分为 A、B、C、D 四个施工过程，每个施工过程分为四个施工段，流水节拍均为 3 天，试对该工程组织流水施工。

解 根据题设条件，该工程应组织等节奏流水施工。

①确定流水步距

$$K=t=3(\text{d})$$

②计算流水施工工期

$$T=(m+n-1)t=(4+4-1)\times3=21(\text{d})$$

③用横线图绘制流水施工进度计划，如图 9-5 所示。

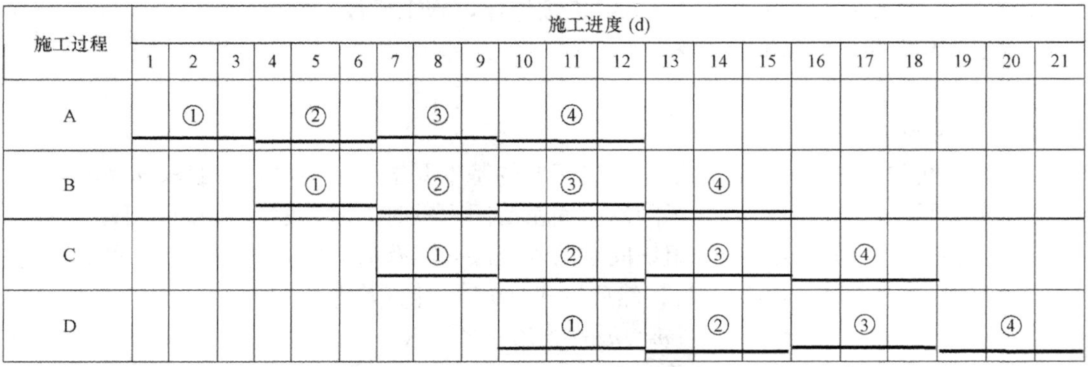

施工过程	施工进度 (d)																				
	1	2	3	4	5	6	7	8	9	10	11	12	13	14	15	16	17	18	19	20	21
A		①			②			③			④										
B					①			②			③			④							
C							①			②				③			④				
D										①				②			③			④	

图 9-5　某工程全等节拍流水施工进度计划

四、异节奏流水施工组织

（一）异步距异节拍流水施工组织

1. 异步距异节拍流水施工的特点

（1）同一施工过程在各个施工段上流水节拍均相等，不同施工过程之间的流水节拍不尽相等。

（2）流水步距（不包含间歇时间和搭接时间）不尽相等。

（3）专业工作队数等于施工过程数。

（4）各个专业工作队在各施工段上能够连续作业，但有的施工段可能有空闲时间。

2. 组织异步距异节拍流水施工的步骤

（1）分解施工过程，确定施工顺序。

（2）确定施工起点流向，划分施工段。

（3）计算流水节拍。

（4）确定流水步距。

$$K_{i,i+1} = \begin{cases} t_i & （当 t_i \leqslant t_{i+1} 时）\\ mt_i - (m-1)t_{i+1} & （当 t_i > t_{i+1} 时）\end{cases} \tag{9-8}$$

式中　t_i——第 i 个施工过程的流水节拍；

t_{i+1}——第 $i+1$ 个施工过程的流水节拍。

（5）计算流水施工工期。

$$T = \sum K_{i,i+1} + mt_n + \sum Z_{i,i+1} - \sum C_{i,i+1} \tag{9-9}$$

式中　t_n——最后一个施工过程的流水节拍。

式中其他符号含义同前。

（6）绘制流水施工进度计划。

【例 9-2】　某工程划分为 A、B、C 三个施工过程，分为三个施工段，各施工过程的流水节拍分别为 $t_A = 3$ 天、$t_B = 2$ 天、$t_C = 4$ 天，施工过程 A 与 B 搭接 1 天，B 施工过程完成后需有 1 天的技术间歇时间，试对该工程组织流水施工。

解　根据题设条件，该工程应组织异步距异节拍流水施工。

①确定流水步距，按公式（9-8）得

因 $t_A > t_B$，故 $K_{A,B} = mt_A - (m-1)t_B = 3 \times 3 - (3-1) \times 2 = 5(d)$

因 $t_B < t_C$，故 $K_{B,C} = t_B = 2(d)$

②计算流水施工工期。

$$T = K_{A,B} + K_{B,C} + mt_C + Z_{B,C} - C_{A,B} = 5 + 2 + 3 \times 4 + 1 - 1 = 19(d)$$

③用横线图绘制流水施工进度计划，如图 9-6 所示。

（二）等步距异节拍流水施工组织

1. 等步距异节拍流水施工的特点

（1）同一施工过程在其各个施工段上的流水节拍均相等，不同施工过程的流水节拍之间存在整数倍或公约数关系。

（2）流水步距（不包含间歇时间和搭接时间）彼此相等，且等于流水节拍的最大公约数。

（3）专业工作队数大于施工过程数，即有的施工过程只成立一个专业工作队，而流水节

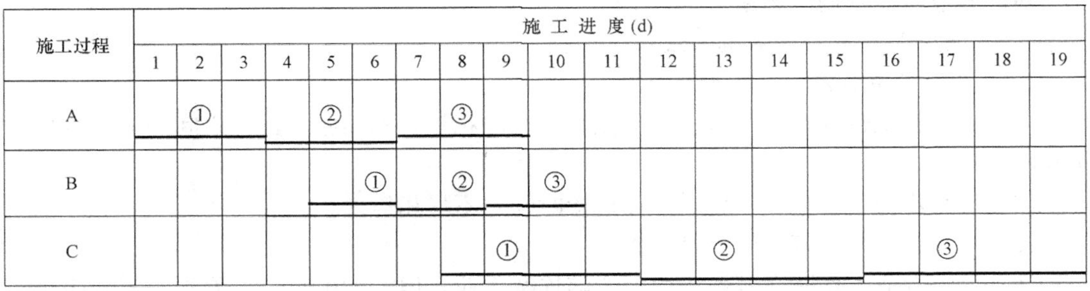

施工过程	施工进度(d)																		
	1	2	3	4	5	6	7	8	9	10	11	12	13	14	15	16	17	18	19
A		①			②			③											
B					①			②		③									
C									①				②				③		

图 9-6　某工程异步距异节拍流水施工进度计划

拍大的施工过程则需增加专业工作队数目。

（4）各个施工班组在施工段上能够连续作业，施工段没有空闲时间。

2. 组织等步距异节拍流水施工的步骤

（1）分解施工过程，确定施工顺序。

（2）确定每个施工过程的流水节拍。

（3）确定流水步距。

$$K_{i,i+1}＝K_b \tag{9-10}$$

式中　$K_{i,i+1}$——等步距异节拍流水施工的流水步距。

　　　　K_b——各施工过程流水节拍的最大公约数。

（4）确定每个施工过程所需专业工作队数。

$$b_i＝t_i/K_b \tag{9-11}$$

$$n_1＝\sum b_i \tag{9-12}$$

式中　b_i——某施工过程所需专业工作队数；

　　　　n_1——专业工作队总数。

其他符号含义同前。

（5）划分施工段，确定施工段数。

1）无层间关系时，可按划分施工段的基本要求确定施工段数目（m），一般取 $m＝n_1$。

2）有层间关系时，每层最少施工段数目可按式（9-13）确定。

$$m＝n_1＋(\sum Z_1＋Z_2)/K_b \tag{9-13}$$

式中符号含义同前。

（6）确定流水施工工期。

无层间关系时，可按式（9-14）确定。

$$T＝(m＋n_1－1)K_b＋\sum Z_{i,i+1}－\sum C_{i,i+1} \tag{9-14}$$

有层间关系时，可按式（9-15）确定。

$$T＝(m \cdot r＋n_1－1)K_b＋\sum Z_1－\sum C_1 \tag{9-15}$$

式中　r——施工层数。

其他符号含义同前。

（7）绘制流水施工进度计划。

【例 9-3】　某工程划分为 A、B、C 三个施工过程，流水节拍分别为 $t_A＝6$ 天、$t_B＝4$ 天、

$t_C = 2$ 天，无层间关系，试对该工程组织流水施工。

解　根据题设条件，该工程应组织等步距异节拍流水施工。

①确定流水步距

$$K_{i,i+1} = K_b = (6,4,2) = 2(\mathrm{d})$$

②确定专业工作队数

$$b_A = t_A/K_b = 6/2 = 3(个)$$
$$b_B = t_B/K_b = 4/2 = 2(个)$$
$$b_C = t_C/K_b = 2/2 = 1(个)$$
$$n_1 = \sum b_i = 3+2+1 = 6(个)$$

③确定施工段数

$$m = n_1 = 6(段)$$

④计算流水施工工期

$$T = (m+n_1-1)K_b + \sum Z_{i,i+1} - \sum C_{i,i+1} = (6+6-1) \times 2 = 22(\mathrm{d})$$

⑤绘制流水施工进度计划，如图 9-7 所示。

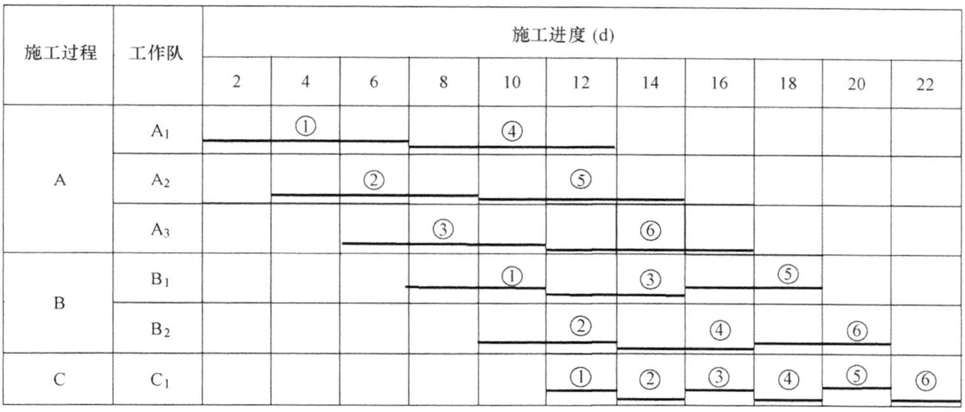

施工过程	工作队	施工进度 (d)										
		2	4	6	8	10	12	14	16	18	20	22
A	A_1		①			④						
	A_2			②			⑤					
	A_3				③			⑥				
B	B_1					①		③		⑤		
	B_2						②		④		⑥	
C	C_1						①	②	③	④	⑤	⑥

图 9-7　某工程等步距异节拍流水施工进度计划

五、无节奏流水施工组织

1. 无节奏流水施工的特点

(1) 各施工过程在各施工段上的流水节拍不尽相等。

(2) 相邻施工过程的流水步距不尽相等。

(3) 专业工作队数等于施工过程数。

(4) 各专业工作队能够在各施工段上连续作业，但有的施工段可能有空闲时间。

2. 组织无节奏流水施工的步骤

(1) 确定项目施工起点流向，分解施工过程。

(2) 确定施工顺序，划分施工段。

(3) 根据无节奏流水要求，计算各个施工过程在各个施工段上流水节拍的值。

(4) 采用"累加数列错位相减取大差法"计算流水步距。"累加数列错位相减取大差法"的计算步骤如下：

1）将每个施工过程的流水节拍逐段累加，求出每个施工过程的累加数列。

2）错位相减（或相邻斜减），即"前一个专业工作队由加入流水起到完成该段工作止的流水节拍之和"减去"后一个专业工作队由加入流水起到完成前一个施工段工作止的流水节拍之和"，得到一组差数。

3）取上一步斜减差数中的最大值作为流水步距。

（5）计算流水施工的工期。

$$T = \sum K_{i,i+1} + \sum t_n + \sum Z_{i,i+1} - \sum C_{i,i+1} \tag{9-16}$$

式中 $\sum t_n$——最后一个施工过程的流水节拍之和。

式中其他符号含义同前。

（6）绘制流水施工进度计划。

【例 9-4】 某工程划分为 A、B、C、D 四个施工过程，平面上划分成四个施工段，每个施工过程在各个施工段上的流水节拍见表 9-2。规定 C 完成后有 2 天的技术间歇时间，A 与 B 之间有 1 天的平行搭接时间，试对该工程组织流水施工。

表 9-2　　　　　　　　　　　　　　某工程流水节拍

施工段 施工过程	①	②	③	④
A	3	2	4	2
B	2	3	2	3
C	2	2	3	3
D	1	4	3	1

解 根据题设条件，该工程应组织无节奏流水施工。

①求流水节拍的累加数列

$$A：3，5，9，11$$
$$B：2，5，7，10$$
$$C：2，4，7，10$$
$$D：1，5，8，9$$

②确定流水步距

$K_{A,B}$

$$
\begin{array}{ccccc}
 & 3, & 5, & 9, & 11, \\
-) & & 2, & 5, & 7, & 10 \\
\hline
 & 3, & 3, & 4, & 4, & -10
\end{array}
$$

流水步距 $K_{A,B} = \max \{3, 3, 4, 4, -10\} = 4(d)$

$K_{B,C}$

$$
\begin{array}{ccccc}
 & 2, & 5, & 7, & 10 \\
-) & & 2, & 4, & 7, & 10 \\
\hline
 & 2, & 3, & 3, & 3, & -10
\end{array}
$$

流水步距 $K_{B,C}=\max\ \{2,\ 3,\ 3,\ 3,\ -10\}\ =3(d)$

$K_{C,D}$

$$
\begin{array}{r}
2,\quad 4,\quad 7,\quad 10,\qquad \\
-)\qquad 1,\quad 5,\quad 8,\quad 9 \\
\hline
2,\quad 3,\quad 2,\quad 2,\quad -9
\end{array}
$$

流水步距 $K_{C,D}=\max\ \{2,\ 3,\ 2,\ 2,\ -9\}\ =3(d)$

③计算流水施工工期

$$T=\sum K_{i,i+1}+\sum t_n+\sum Z_{i,i+1}-\sum C_{i,i+1}=(4+3+3)+9+2-1=20(d)$$

④绘制流水施工进度计划，如图 9-8 所示。

施工过程	施工进度(d)																			
	1	2	3	4	5	6	7	8	9	10	11	12	13	14	15	16	17	18	19	20
A		①			②			③			④									
B				①			②		③			④								
C							①			②			③		④					
D												①		②				③		④

图 9-8　某工程无节奏流水施工进度计划

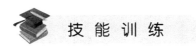

技 能 训 练

一、单项选择

1. 下列各项流水施工参数中，属于空间参数的是（　　）。

 A. 流水强度　　　　B. 施工队数　　　　C. 操作层数　　　　D. 施工过程数

2. 组织等节奏流水施工的前提条件是（　　）。

 A. 各施工段的工期相等　　　　　　　　B. 各施工段的施工过程数相等

 C. 各施工过程施工队人数相等　　　　　D. 各施工过程在各段的持续时间相等

3. 关于异节奏流水施工特点的说法，正确的是（　　）。

 A. 流水步距等于流水节拍

 B. 专业工作队数目大于施工过程数目

 C. 所有施工过程在各施工段上的流水节拍均相等

 D. 不同施工过程在同一施工段上的流水节拍都相等

4. 在无节奏流水施工中，通常用来计算流水步距的方法是（　　）。

 A. 累加数列错位相减取差值最大值　　B. 累加数列错位相加取和值最小值

 C. 累加数列对应相减取差值最大值　　D. 累加数列对应相减取差值最小值

5. 某分项工程实物工程量为 1500m², 该分项工程人工时间定额为 0.1 工日/m², 计划每天安排 2 班, 每班 5 人完成该分项工程, 则在组织流水施工时其流水节拍为 ( ) d。

    A. 15   B. 30   C. 75   D. 150

6. 基础工程划分 4 个施工过程 (基槽开挖、垫层、混凝土浇筑、回填土) 在 5 个施工流水段组织固定节拍流水施工, 流水节拍为 3d, 要求混凝土浇筑 3d 后才能进行回填土施工, 其中基槽开挖与垫层施工搭接 1d, 该工程的流水施工工期为 ( ) d。

    A. 14   B. 26   C. 29   D. 39

7. 某工程划分为 3 个施工过程在 5 个施工流水段组织加快的成倍节拍流水施工, 流水节拍值分别为 4d、2d、6d, 该工程的施工总工期为 ( ) d。

    A. 14   B. 16   C. 20   D. 28

8. 某基础工程开挖与浇筑混凝土共两个施工过程在 4 个施工段组织流水施工, 流水节拍值分别为 4d、3d、2d、5d 与 3d、2d、4d、3d, 则流水步距与流水施工工期分别为 ( ) d。

    A. 5 和 17   B. 5 和 19   C. 4 和 16   D. 4 和 26

二、多项选择

1. 流水施工的组织方式通常有 ( )。

    A. 平行施工   B. 顺次施工   C. 等节奏施工

    D. 异节奏施工   E. 无节奏施工

2. 关于组织流水施工条件的说法, 正确的有 ( )。

    A. 工程项目划分为工程量大致相等的施工段

    B. 工程项目分解为若干个施工过程

    C. 组织尽量多的施工队, 并确定各专业队在各施工段的流水节拍

    D. 不同专业队完成各施工过程的时间适当搭接起来

    E. 各专业队连续作业

3. 下列流水施工参数中, 属于时间参数的有 ( )。

    A. 工期   B. 流水段数   C. 流水节拍

    D. 流水步距   E. 施工过程数

4. 关于成倍节拍流水施工特点的说法, 错误的有 ( )。

    A. 各施工过程在同一施工流水段上流水节拍相等

    B. 相邻施工过程之间的流水步距不相等

    C. 同一施工过程在各施工流水段上流水节拍相等

    D. 专业工作队数目与施工过程数目相等

    E. 各施工流水段间可能有间歇时间

5. 关于无节奏流水施工的说法, 正确的有 ( )。

    A. 各施工段间可能有间歇时间

    B. 相邻施工过程间的流水步距可能不等

    C. 各施工过程在各施工段上可能不连续作业

    D. 专业工作队数目与施工过程数目可能不等

    E. 各施工过程在各施工段上的流水节拍可能不等

三、应用

1. 某工程有 A、B、C 三个施工过程，每个施工过程均划分为四个施工段，设 $t_A=2d$，$t_B=4d$，$t_C=3d$。试分别计算依次施工、平行施工及流水施工的工期，并绘出各自的施工进度计划。

2. 已知某工程任务划分为五个施工过程，分五段组织流水施工，流水节拍均为 3d，在第二个施工过程结束后有 2d 的技术与组织间歇时间，试计算其工期并绘制进度计划。

3. 某工程项目由 Ⅰ、Ⅱ、Ⅲ 三个分项工程组成，它划分为 6 个施工段。各分项工程在各个施工段上的持续时间依次为：6d、2d 和 4d，试编制成倍节拍流水施工方案。

4. 某地下工程由挖基槽、做垫层、砌基础和回填土四个分项工程组成，它在平面上划分为 6 个施工段。各分项工程在各个施工段上的流水节拍依次为：挖基槽 6d、做垫层 2d、砌基础 4d 回填土 2d。做垫层完成后，其相应施工段至少应有技术间歇时间 2d。为了加快流水施工进度，试编制工期最短的流水施工方案。

5. 某施工项目由 Ⅰ、Ⅱ、Ⅲ、Ⅳ 四个施工过程组成，它在平面上划分为 6 个施工段。各施工过程在各个施工段上的持续时间依次为：6d、4d、6d 和 2d，施工过程完成后，其相应施工段至少应有组织间歇时间 1d。试编制工期最短的流水施工方案。

6. 某现浇钢筋混凝土工程由支模、绑钢筋、浇筑混凝土、拆模和回填土五个分项工程组成，它在平面上划分为 5 个施工段。各分项工程在各个施工段上的施工持续时间，见表 9-3。在混凝土浇筑后至拆模板必须有养护时间 2d。试编制该工程流水施工方案。

表 9-3　　　　　　　　　　施工持续时间表

分项工程名称	持　续　时　间（d）				
	①	②	③	④	⑤
支模板	2	3	2	3	2
绑扎钢筋	3	3	4	4	3
浇筑混凝土	2	1	2	2	1
拆模板	1	2	1	1	2
回填土	2	3	2	2	3

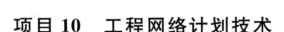

项目 10　工程网络计划技术

　　由箭线和节点组成的，用来表示工作流程的有向、有序网状图形，称为网络图。常用的网络图有双代号网络图和单代号网络图两种。双代号网络图是指以箭线及其两端节点的编号（代号）表示工作的网络图。单代号网络图是指以节点及该节点的编号（代号）表示工作，以箭线表示工作之间逻辑关系的网络图。

　　在网络图上加注工作的时间参数而编成的进度计划，称为网络计划。工程网络计划是指以工程项目为对象编制的网络计划，如图 10-1 和图 10-2 所示。工程网络计划技术是指工程网络计划的编制、计算、应用等全过程的理论、方法和实践活动的总称。

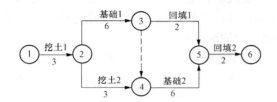

图 10-1　某基础工程双代号网络计划

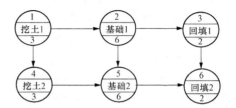

图 10-2　某基础工程单代号网络计划

任务 1　工程网络计划技术应用程序认知

　　工程项目管理是以工程项目为对象，依据其特点和规律，对工程项目的运作进行计划、组织、控制和协调管理，以实现工程项目目标的过程。网络计划技术是项目管理中最关键的方法，其应用程序的标准化对网络计划技术的应用效果起决定性作用。为了更好地进行工程项目管理，应用工程网络计划技术时，应将工程项目及其相关要素作为一个系统来考虑；在工程项目计划实施过程中，工程网络计划应作为一个动态过程进行检查与调整。

　　工程网络计划应用程序的阶段划分应有利于强化工程项目管理。一般情况下，工程网络计划技术应用程序宜符合表 10-1 的规定。

一、准备

1. 确定网络计划目标

网络计划目标应依据下列内容确定：

（1）工程项目范围说明书：详细说明工程项目的可交付成果、为提交这些成果而必须开展的工作、工程项目的主要目标。

（2）环境因素：组织文化，组织结构，资源，相关标准、制度等。

网络计划目标的内容应包括：时间目标；时间—资源目标；时间—费用目标。

2. 调查研究

调查研究应包括下列内容：

（1）工程项目有关的工作任务、实施条件、设计数据等资料。

（2）有关的标准、定额、制度等。

（3）资源需求和供应情况。

（4）资金需求和供应情况。

（5）有关的工程建设经验、统计资料及历史资料。

（6）其他有关的工程技术经济资料。

调查研究可采用的方法有：实际观察、测量与询问，会议调查，阅读资料，计算机检索，预测与分析等。

表 10-1　　　　　　　　　　　**工程网络计划技术应用程序**

序号	阶　　段	主要工作内容
1	准备	确定网络计划目标
		调查研究
2	工程项目工作结构分解	工作分解结构（WBS）
		编制工程实施方案
		编制工作明细表
3	编制初步网络计划	分析确定逻辑关系
		绘制初步网络图
		确定工作持续时间
		确定资源需求
		计算时间参数
		确定关键线路和关键工作
		形成初步网络计划
4	编制正式网络计划	检查与修正
		网络计划优化
		确定正式网络计划
5	网络计划实施与控制	执行
		检查
		调整
6	收尾	分析
		总结

二、工程项目工作结构分解

1. 工程项目工作结构分解要求

工作是指计划任务按需要粗细程度划分而成的、消耗时间或资源的一个子项目或子任务。一项工作，可以是一个单位工程、分部工程、分项工程，或是一个具体的施工过程（工序）。工程项目工作结构分解应符合下列规定：

（1）应根据工程项目管理和网络计划的要求，依据工程项目范围，将工程项目分解为较小的、易于管理的基本单元。

（2）工作结构分解的层次和范围，应根据工程项目的具体情况来决定。

（3）工程项目结构分解的成果可用工作分解结构图或表及分解说明书表达。

2．工程实施方案的主要内容

工程实施方案或施工方案应依据工程项目工作结构分解的成果进行编制，并应包括下列主要内容：

（1）确定工作顺序。

（2）确定工作方法。

（3）选择需要的资源。

（4）确定重要的工作管理组织。

（5）确定重要的工作保证措施。

（6）确定采用的网络图类型。

三、编制初步网络计划

1．分析确定逻辑关系

（1）逻辑关系的类型。工作之间相互制约或依赖的关系称为逻辑关系。逻辑关系在网络图中表现为工作之间的先后顺序，其类型包括工艺关系和组织关系。

1）工艺关系。生产性工作之间由工艺过程决定的、非生产性工作之间由工作程序决定的先后顺序关系称为工艺关系。例如，建筑工程施工时，先做基础，后做主体；先做结构，后做装修。工艺关系是不能随意改变的。

2）组织关系。工作之间由于组织安排需要或资源（劳动力、原材料、施工机具等）调配需要而规定的先后顺序关系称为组织关系。例如，建筑群中各个建筑物的开工顺序的先后；施工对象的分段流水作业等。组织关系可以根据具体情况，按安全、经济、高效的原则统筹安排。

（2）逻辑关系确定的依据。网络计划逻辑关系应依据下列内容确定：

1）已编制的工程实施方案。

2）项目已分解的工作。

3）收集到的有关工程信息。

4）编制计划人员的专业工作经验和管理工作经验等。

（3）逻辑关系分析的步骤。逻辑关系分析宜按下列工作步骤进行：

1）确定每项工作的紧前工作或紧后工作及搭接关系。

2）按表 10-2 的规定进行逻辑关系分析。

表 10-2   **工作逻辑关系分析表**

工作编码	工作名称	逻辑关系			工作持续时间			
		紧前工作或紧后工作	搭接		三时估计法			持续时间 D
			相关关系	时距	最短估计时间 a	最长估计时间 b	最可能估计时间 m	

2．绘制初步网络图

绘制初步网络计划图，首先应选择进度计划的表达形式。目前，用来表达工程进度计划的网络图有双代号网络图和单代号网络图。

初步网络图的绘制应符合下列规定：

（1）应依据表 10-2 中的工作名称、逻辑关系、已选定的网络图类型和《工程网络计划技术规程》（JGJ/T 121—2015）第 4 章、第 5 章的相关规定，绘制网络图。

（2）绘制的网络图应方便使用，方便工作的组合、分图与并图。

3. 确定工作持续时间

工作持续时间是指一项工作从开始到完成的时间。确定工作持续时间应依据工作的任务量、资源供应能力、工作组织方式、工作能力及生产效率、选择的计算方法等内容。

确定工作持续时间可采用下列方法：

（1）参照以往工程实践经验估算。

（2）经过试验推算。

（3）按定额计算。

（4）采用"三时估计法"。

4. 计算网络计划时间参数

（1）网络计划时间参数应包括：工作的最早开始时间、最早完成时间、最迟开始时间、最迟完成时间、总时差、自由时差；节点最早时间、节点最迟时间；间隔时间；计算工期、要求工期、计划工期。

（2）双代号网络计划的时间参数既可以按工作计算，也可以按节点计算。单代号网络计划时间参数通常按工作计算。对于大型网络计划的时间参数计算宜用计算机软件进行计算。

四、编制正式网络计划

1. 初步网络计划的检查与修正

初步编制的网络进度计划往往存在这样那样的不足，如资源分布不太均衡，某一段时间的资源消耗超过了资源最大限值等。编制网络计划一般要经过多次调整或修正，才能满足工期目标和费用目标。初步网络计划的检查与修正应符合下列规定：

（1）初步网络计划的检查内容应包括：计算工期与要求工期；资源需用量与资源限量；费用支出计划。

（2）初步网络计划的修正可采用下列方法：

1）当计算工期不能满足预定的时间目标要求时，可适当压缩关键工作的持续时间、改变工作实施方案。

2）当资源需用量超过供应限制时，可延长非关键工作持续时间，使资源需用量降低；在总时差允许范围内和其他条件允许的前提下，可灵活安排非关键工作的起止时间，使资源需用量降低。

2. 确定正式网络计划

网络计划优化，就是在既定条件下，按照某一衡量指标（工期、资源、成本），利用时差调整来不断改善网络计划的最初方案，寻求最优方案的过程。网络计划优化可以有效缩短工期，减少费用，均衡资源分布。因此工程网络计划优化非常重要。但是，工程网络计划优化通常要经过多次反复试算，计算量非常大，靠人工计算是不现实的。因此，用计算机进行工程网络计划优化将成为发展的趋势。依据网络计划的优化结果制订拟付诸实施的正式网络计划。

正式网络计划的确定应符合下列规定：

（1）网络计划说明书应包括下列内容：

1）编制说明。

2）主要计划指标一览表。

3）执行计划的关键说明。

4）需要解决的问题及主要措施。

5）说明工作时差分配范围。

6）其他需要说明的问题。

（2）应依据网络计划的优化结果，制定拟付诸实施的正式网络计划，并应报请审批。

五、收尾

1. 分析

网络计划任务完成后，应进行分析。分析应包括下列内容：

（1）各项目标的完成情况。

（2）计划与控制工作中的问题及其原因。

（3）计划与控制中的经验。

（4）提高计划与控制工作水平的措施。

2. 总结

工程网络计划实施过程是一个动态的过程，检查、调整会按照一定的周期滚动进行，一直到工程项目实施完成，只有这样实施中持续检查、控制和调整，才能实现事中控制，真正使计划与实际比较吻合，并最终实现计划的目标。

计划与控制工作的总结应符合下列规定：

（1）总结报告应以书面形式提交。

（2）总结报告应进行归档。

任务2　双代号网络计划编制

一、双代号网络图的构成

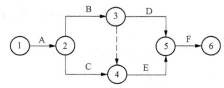

图 10-3　双代号网络图
①，②，③，④，⑤，⑥—节点；
A，B，C，D，E，F—工作

双代号网络图（图 10-3）的基本符号是圆圈、编号及箭线。在双代号网络图中，圆圈表示节点，圆圈内的数字表示节点编号，节点表示某项工作开始或结束的瞬间，箭线表示一项工作，箭线上方的字母、文字等表示工作名称。工作名称还可以用箭线前后的两个节点编号（代号）来表示，如图 10-3 中的 B 工作即可用工作 2-3 来表示。双代号网络图因其工作用 2 个代号表示，故称作双代号网络图。构成双代号网络图的三个基本要素是工作、节点和线路。

1. 箭线

（1）网络图中一端带箭头的线段称为箭线。箭线有实箭线和虚箭线两种。实箭线是指双代号网络图中用来表示一项工作的一端带箭头的实线。虚箭线是指双代号网络图中用来表示一项虚工作的一端带箭头的虚线。如图 10-3 中，节点 3、4 之间的箭线是虚箭线，其余箭线是实箭线。为使网络图简洁，网络图中不宜有多余的虚箭线。

（2）箭线应画成水平直线、垂直直线或折线。必要时，也可以画成斜线或曲线，但应以水平直线为主。除虚工作外，一般箭线均不宜画成垂直线。

（3）水平直线投影的方向应自左向右，表示工作进行的方向。

（4）在无时间坐标的网络图中，箭线长度并不表示该工作持续时间的长短。

（5）箭线有外向箭线与内向箭线之分。从某个节点引出的箭线称为该节点的外向箭线。指向某个节点的箭线称为该节点的内向箭线。如图 10-3 中，对于节点 2 来说，代表工作 A 的箭线是内向箭线，代表工作 B 的箭线和代表工作 C 的箭线是外向箭线。

2. 节点

节点是指双代号网络图中箭线端部的圆圈，用来表示工作开始或完成的时刻。节点既不消耗时间，也不消耗资源。作为前后两项工作交接点的节点，还表示前后两项工作的逻辑关系。

（1）节点种类。一项工作，引出箭线的节点是工作的开始节点（箭尾节点），箭线指向的节点是工作的完成节点（箭头节点）。如图 10-3 中，节点 2 为 B 工作的开始节点，节点 3 为 B 工作的完成节点。

一项网络计划的第一个节点，称为该项网络计划的起点节点（起始节点），它表示一项任务的开始；一项网络计划的最后一个节点，称为该项网络计划的终点节点，表示一项任务的完成。其余节点称为中间节点。如图 10-3 中，节点 1 为该项网络计划的起点节点，节点 6 为该项网络计划的终点节点，其余节点称为中间节点。

（2）节点编号。在一个网络图中，每一个节点都有自己的编号，以便赋予每项工作以代号，且便于计算网络图的时间参数和检查网络图是否正确。

1）节点编号要求。节点编号顺序应从左至右、从小到大，可不连续，但严禁重复。对于每项工作，箭尾的节点编号应小于箭头的节点编号。换而言之，节点编号顺序应从起点节点开始，顺箭线方向由小到大，最后至终点节点。要求每一项工作的开始节点的编号小于完成节点的编号；所有节点的编号不重号、不漏编，编号可以按自然数顺序连续进行，也可以不连续。

2）节点编号方法。编号宜在绘图完成、检查无误后，顺着箭头方向依次进行。当网络图中的箭线均为由左向右和由上至下时，可采取每行由左向右，由上至下逐行编号的水平编号法（图 10-4）；也可采取每列由上至下，由左向右逐列编号的垂直编号法（图 10-5）。为了便于修改和调整，可隔号编号。

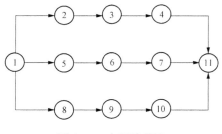

图 10-4　水平编号法

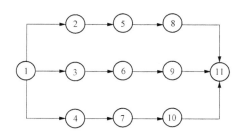

图 10-5　垂直编号法

3. 工作

（1）工作的表示方法。双代号网络图中，一项工作应只有唯一的一条箭线和相应的一对节点编号，箭尾的节点编号应小于箭头的节点编号。双代号网络计划中，工作名称应标注在箭线上方，持续时间应标注在箭线下方（图10-6）。

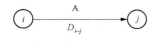

图 10-6 双代号网络图
工作表示方法
A—工作；D_{i-j}—持续时间

（2）工作的种类。就某工作而言，该工作本身称为本工作；紧排在本工作之前的工作，称为紧前工作；紧排在本工作之后的工作，称为紧后工作；自起点节点开始顺箭头方向至本工作开始节点为止的所有工作，称为先行工作；自本工作完成节点开始顺箭头方向至终点节点为止的所有工作，称为后续工作；与本工作同时进行的工作，称为平行工作。

在双代号网络图中，工作通常根据其完成过程中需要消耗时间和资源的程度不同可分为三种：

第一种，既消耗时间又消耗资源的工作，如绑扎钢筋、浇筑混凝土等；

第二种，只消耗时间而不消耗资源的工作，如水泥砂浆找平层干燥、混凝土养护等技术间歇；

第三种，既不消耗时间又不消耗资源的工作。

其中，第一、第二种工作是实际存在的，通常称为实工作，第三种是虚拟的，只表示前后工作之间的逻辑关系，通常称为虚工作。

虚工作起着联系、区分、断路3个作用。

1）联系作用。联系作用是指应用虚工作正确表达工作之间相互依存的关系。引入虚工作，将有组织联系或工艺联系的相关工作用虚箭线连接起来，确保逻辑关系的正确。如图10-3中的虚工作3-4将B工作和E工作联系起来。

2）区分作用。区分作用是指对于同时开始、同时结束的平行工作的表达，应使用虚工作加以区分。如图10-3中的虚工作3-4将B工作和C工作区分开来。

3）断路作用。断路作用是指引入虚工作，在线路上隔断无逻辑关系的各项工作。如图10-3中的虚工作3-4将C工作和D工作断开，以保证正确表达双代号网络计划的逻辑关系。

4. 线路

线路是指双代号网络图中从起点节点开始，沿箭线方向连续通过一系列箭线（或虚箭线）与节点，最后达到终点节点所经过的通路。一般网络图有多条线路，且每条线路都包含若干个节点和若干项工作。每条线路可依次用线路上的节点编号来记述，也可依次用线路上的工作名称来记述。如图10-3中，共有1-2-4-5-6，1-2-3-4-5-6，1-2-3-5-6三条线路，或者说共有A-B-D-F，A-C-D-F，A-C-E-F三条线路。

线路上各工作持续时间之和（即总持续时间）最长的线路为关键线路，并宜用粗线、双线或彩色线在网络图上标注；其余线路为非关键线路。一般来说，一个网络图中至少有一条关键线路。关键线路也不是一成不变的，在一定条件下，关键线路和非关键线路会发生相互转化。

关键线路上的工作即为关键工作。非关键线路上的工作，或者一部分为关键工作、另一部分为非关键工作，或者全部为非关键工作。关键工作是网络计划中机动时间最少的工作。关键工作完成快慢直接影响整个计划工期的实现。

二、双代号网络图的绘制

（一）双代号网络图的绘图规则

（1）双代号网络图应正确表达工作之间已定的逻辑关系。

工作之间逻辑关系的表达方法有文字、符号、表格、网络图等。对于比较复杂的逻辑关系，采用双代号网络图表达，效果更好。双代号网络图中常见逻辑关系的表达方法如表 10-3 所示。

表 10-3　双代号网络图中常见逻辑关系的表达方法

序号	工作间的逻辑关系	双代号网络图中的表达方法	说　明
1	A、B 两项工作，依次施工		工作 B 依赖工作 A，工作 A 约束工作 B
2	A、B、C 三项工作，同时开始施工		A、B、C 三项工作为平行工作
3	A、B、C 三项工作，同时结束施工		A、B、C 三项工作为平行工作
4	A、B、C 三项工作，只有 A 完成后，B、C 才能开始		A 工作制约 B、C 工作的开始；B、C 工作为平行工作
5	A、B、C 三项工作，C 工作只有在 A、B 完成之后才能开始		C 工作依赖于 A、B 工作；A、B 工作为平行工作
6	A、B、C、D 四项工作，当 A、B 完成之后，C、D 才能开始		通过中间节点 i 正确地表达了 A、B、C、D 工作之间的关系
7	A、B、C、D 四项工作，当 A 完成后，C 才能开始，A、B 完成之后，D 才能开始		A 与 D 之间引入了虚工作，只有这样才能正确表达它们之间的约束关系
8	A、B、C、D、E 五项工作，当 A、B 完成后，D 才能开始；B、C 完成之后 E 才能开始		B、D 之间和 B、E 之间引入了虚工作，只有这样才能正确表达它们之间的约束关系
9	A、B、C、D、E 五项工作，当 A、B、C 完成后，D 才能开始；B、C 完成之后 E 才能开始		虚工作正确处理了作为平行工作 A、B、C 既全部作为 D 的紧前工作，又部分作为 E 的紧前工作
10	A、B 两项工作，分三个施工段进行流水施工		按工种建立两个专业班组，分别在三个施工段上进行流水作业，虚工作表达了工种之间的关系

（2）双代号网络图中，不得出现回路。回路是指从一个节点出发沿箭线方向又回到该节

点的线路。图 10-7 为出现回路的错误网络图。

（3）双代号网络图中，不得出现带双向箭头或无箭头的连线。图 10-8 为出现带双向箭头和无箭头连线的错误网络图。

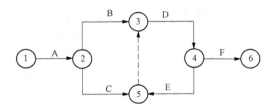 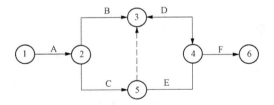

图 10-7　出现回路的错误网络图　　　　图 10-8　出现带双向箭头和无箭头连线的错误网络图

（4）双代号网络图中，不得出现没有箭头节点或没有箭尾节点的箭线。图 10-9 为出现没有箭头节点和没有箭尾节点箭线的错误网络图。

（5）当双代号网络图的起点节点有多条外向箭线或终点节点有多条内向箭线时，对起点节点和终点节点可使用母线法（图 10-10）绘图。母线法即是经一条共用的垂直线段，将多条箭线引入或引出同一个节点，使图形简洁的绘图方法。

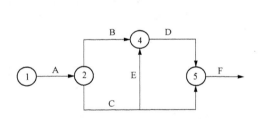 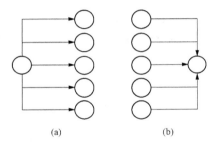

图 10-9　出现没有箭头节点和没有箭尾节点箭线的错误网络图

图 10-10　母线法
（a）起点节点有多条外向箭线；（b）终点节点有多条内向箭线

图 10-11　图线交叉的表示方法
（a）过桥法；（b）断线法；（c）指向法

（6）绘制网络图时，箭线不宜交叉；当交叉不可避免时，可用过桥法［图 10-11（a）］、断线法［图 10-11（b）］或指向法［图 10-11（c）］。当交叉不可避免且交叉少时，宜采用过桥法进行绘制；当箭线交叉过多时宜使用指向法。指向法一般只在网络图已编号后才用。

（7）双代号网络图中应只有一个起点节点；在不分期完成任务的网络图中，应只有一个终点节点；其他所有节点均应是中间节点。

图 10-12 为出现 2 个起点节点和 2 个终点节点的错误网络图。

（二）双代号网络图的绘制方法

1. 节点位置法

为了使所绘制网络图中不出现逆向箭线和竖向实箭线，在绘制网络图之前，先确定各个节点相对位置，然后再按节点位置号绘制网络图。这种绘制双代号网络图的方法，称为节点位置法。

（1）节点位置号确定的原则。

1）无紧前工作的工作的开始节点位置号为零。

2）有紧前工作的工作的开始节点位置号等于其紧前工作的开始节点位置号的最大值加 1。

3）有紧后工作的工作的完成节点位置号等于其紧后工作的开始节点位置号的最小值。

4）无紧后工作的工作的完成节点位置号等于有紧后工作的工作完成节点位置号的最大值加 1。

（2）绘图步骤。

1）阅读工作之间的逻辑关系表，弄清每项工作的紧前工作。

2）确定各工作的紧后工作。

3）确定各工作的开始节点位置号和完成节点位置号。

4）根据节点位置号和逻辑关系绘出初始网络图。

5）检查、修改、调整，绘制正式网络图。

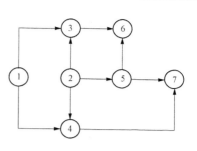

图 10-12　出现 2 个起点节点和
2 个终点节点的错误网络图

【例 10-1】 已知各工作间的逻辑关系如表 10-4 所示，试绘制双代号网络图。

表 10-4　　　　　　　　　　　　工作间的逻辑关系

工作名称	A	B	C	D	E	G
紧前工作	—	—	—	B	B	C、D

解　（1）列出关系表，确定出紧后工作和节点位置号，见表 10-5。

表 10-5　　　　　　　　　　　　　　关系表

工作名称	A	B	C	D	E	G
紧前工作	—	—	—	B	B	C、D
紧后工作	—	D、E	G	G	—	—
开始节点位置号	0	0	0	1	1	2
完成节点位置号	3	1	2	2	3	3

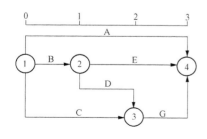

图 10-13　［例 10-1］双代号网络图

（2）绘出双代号网络图，如图 10-13 所示。

2. 逻辑草稿法

先根据网络图的逻辑关系，绘制出网络图草图，再结合绘图规则进行调整布局，最后形成正式网络图。这种绘制双代号网络图的方法，称为逻辑草稿法。

当已知每一项工作的紧前工作时，绘制双代号网络图的步骤如下：

（1）绘制没有紧前工作的工作，使它们具有相同的箭尾节点，即起点节点。

（2）依次绘制紧后工作。绘制原则：

1）当所绘制的工作只有一个紧前工作时，则将该工作的箭线直接画在其紧前工作的完成节点之后即可。

2）当所绘制的工作有多个紧前工作时应按以下几种情况分别考虑。

①如果在其紧前工作中存在一项只作为本工作紧前工作的工作（即在紧前工作栏目中，该紧前工作只出现一次），则应将本工作箭线直接画在该紧前工作完成节点之后，然后用虚箭线分别将其他紧前工作的完成节点与本工作的开始节点相连。

②如果不存在情况①，应判断本工作的所有紧前工作是否都同时作为其他工作的紧前工作（即紧前工作栏目中，这几项紧前工作是否均同时出现若干次）。如果这样，应先将它们完成节点合并后，再从合并后的节点开始画出本工作箭线。

③如果不存在情况①、②，则应将本工作箭线单独画在其紧前工作箭线之后的中部，然后用虚工作将紧前工作与本工作相连。

3）合并没有紧后工作的工作的完成节点，即为终点节点。

4）确认无误，进行节点编号。

【例 10-2】 已知各工作间的逻辑关系如表 10-6 所示，试绘制双代号网络图。

表 10-6   工作间的逻辑关系

工作名称	A	B	C	D	E	G	H
紧前工作	—	—	—	—	A、B	B、C、D	C、D

解 （1）绘制没有紧前工作的工作 A、B、C、D，如图 10-14（a）所示。

（2）按前述原则第二点中情况①绘制工作 E，如图 10-14（b）所示。

（3）按前述原则第二点中情况②绘制工作 H，如图 10-14（c）所示。

（4）按前达原则第二点中情况③绘制工作 G，并将工作 E、G、H 的完成节点合并，如图 10-14（d）所示。

（3）绘制双代号网络图注意事项。

1）网络图布局要条理清楚、重点突出。虽然网络图主要用以表达各工作之间的逻辑关系，但为了使用方便，布局应条理清楚、层次分明、行列有序，同时还应突出重点，尽量把关键工作和关键线路布置在中心位置。

2）正确应用虚箭线进行网络图的断路。应用虚箭线进行网络图断路，是正确表达工作之间逻辑关系的关键。双代号网络图出现多余联系可采用以下两种方法进行断路：一种是在横向用虚箭线切断无逻辑关系的工作之间联系，称为横向断路法，这种方法主要用于无时间坐标的网络；另一种是在纵向用虚箭线切断无逻辑关系的工作之间的联系，称为纵向断路法，这种方法主要用于有时间坐标的网络图中。

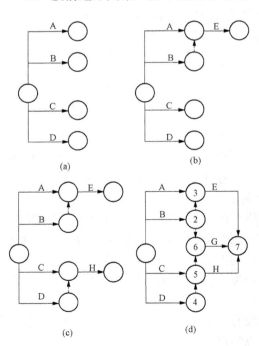

图 10-14 ［例 10-2］双代号网络图

3）力求减少不必要的箭线和节点。双代号网络图中，应在满足规则和两个节点一根箭线代表一项工作的原则基础上，力求减少不必要的箭线和节点，使网络图图画简洁，减少时间参数的计算量。

4）网络图的分解。当网络图中的工作任务较多时，可以把它分成几个小块来绘制。分界点一般选择在箭线和节点较少的位置，或按施工部位分块。分界点要用重复编号，即前一块的最后一节点编号与后一块的第一个节点编号相同。

（4）网络图的排列。网络图采用正确的排列方式，逻辑关系准确清晰，形象直观，便于计算与调整。主要排列方式有混合排列、按施工过程排列和按施工段排列三种。

1）混合排列。对于简单的网络图，可根据施工顺序和逻辑关系将各施工过程对称排列，如图 10-15 所示。其特点是构图美观、形象、大方。

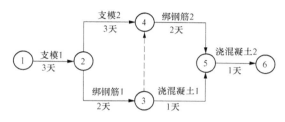

图 10-15　混合排列

2）按施工过程排列。据施工顺序把各施工过程按垂直方向排列，施工段按水平方向排列，如图 10-16 所示。其特点是相同工种在同一水平线上，突出不同工种的工作情况。

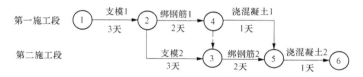

图 10-16　按施工过程排列

3）按施工段排列。同一施工段上的有关施工过程按水平方向排列，施工段按垂直方向排列，如图 10-17 所示。其特点是同一施工段的工作在同一水平线上，反映出分段施工的特征，突出工作面的利用情况。

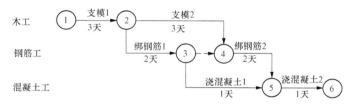

图 10-17　按施工段排列

三、双代号网络图时间参数的计算

根据工程对象各项工作的逻辑关系和绘图规则绘制网络图是一种定性的过程，只有进行时间参数的计算这样一个定量的过程，才使网络计划具有实际应用价值。

计算网络计划时间参数目的主要有三个：第一，确定关键线路和关键工作，便于施工中抓住重点，向关键线路要时间；第二，明确非关键工作及其在施工中时间上有多大的机动性，便于挖掘潜力，统筹全局，部署资源；第三，确定总工期，做到工程进度心中有数。

（一）时间参数的分类

时间参数可分为节点时间参数、工作时间参数和线路时间参数等。以工作 i-j 为例，各时间参数的表示符号及其含义见表 10-7。

表 10-7　　　　　　　　　　　　　　　　　时间参数分类表

类别	名　称	符号	含　义
节点时间参数	节点最早时间 early event time	ET_i	以该节点为开始节点的各项工作的最早开始时间
	节点最迟时间 late event time	LT_i	以该节点为完成节点的各项工作的最迟完成时间
工作时间参数	工作持续时间 duration	D_{i-j}	一项工作从开始到完成的时间
	工作最早开始时间 early start time	ES_{i-j}	在紧前工作和有关时限约束下，工作有可能开始的最早时刻
	工作最早完成时间 early finish time	EF_{i-j}	在紧前工作和有关时限约束下，工作有可能完成的最早时刻
	工作最迟开始时间 late start time	LS_{i-j}	在不影响任务按期完成和有关时限约束下，工作最迟必须开始的时刻
	工作最迟完成时间 late finish time	LF_{i-j}	在不影响任务按期完成和有关时限约束下，工作最迟必须完成的时刻
	总时差 total float	TF_{i-j}	在不影响工期和有关时限的前提下，一项工作可以利用的机动时间
	自由时差 free float	FF_{i-j}	在不影响其紧后工作最早开始时间和有关时限的前提下，一项工作可以利用的机动时间
线路时间参数	计算工期 calculated project duration	T_c	根据网络计划时间参数计算所得到的工期
	要求工期 required project duration	T_r	任务委托人所提出的指令性工期
	计划工期 planned project duration	T_p	在要求工期和计算工期的基础上综合考虑需要和可能而确定的工期

（二）双代号网络图时间参数的计算方法

双代号网络图时间参数的计算方法，主要采用图上作业法，它包括工作计算法和节点计算法。

1. 工作计算法

所谓按工作计算法，就是以网络计划中的工作为对象，直接计算各项工作的时间参数的方法。这些时间参数包括：工作的最早开始时间 ES_{i-j} 和最早完成时间 EF_{i-j}、工作的最迟开始时间 LS_{i-j} 和最迟完成时间 LF_{i-j}、工作的总时差 TF_{i-j} 和自由时差 FF_{i-j}。此外，还应计算网络计划的计算工期 T_c。

为了简化计算，网络计划时间参数中的开始时间和完成时间都应以时间单位的终了时刻为标准。如第 3 天开始即是指第 3 天终了（下班）时刻开始，实际上是第 4 天上班时刻才开始；第 5 天完成即是指第 5 天终了（下班）时刻完成。按工作计算法计算时间参数，应在确定各项工作的持续时间之后进行。虚工作可视同工作进行计算，其持续时间应为零。工作时间参数的计算结果，应在计算过程中按如图 10-18 所示位置随时分别标注。

工作计算法的图上计算过程：首先从起点节点开始，顺着箭线方向从左往右，依次计算各项工作的最早开始时间 $ES_{i\text{-}j}$ 和最早完成时间 $EF_{i\text{-}j}$，并确定网络计划的计算工期 T_c 和计划工期 T_p；其次，从终点节点开始，逆箭线方向从右往左，依次计算各项工作的最迟完成时间 $LF_{i\text{-}j}$ 和最迟开始时间 $LS_{i\text{-}j}$；最后计算工作的总时差 $TF_{i\text{-}j}$ 和自由时差 $FF_{i\text{-}j}$。

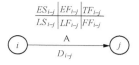

图 10-18　工作计算法的标注

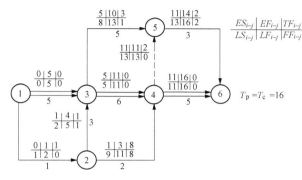

图 10-19　某双代号网络图时间参数计算

下面以某双代号网络图（图 10-19）为例，说明其计算步骤。

（1）计算各工作的最早开始时间 $ES_{i\text{-}j}$ 和最早完成时间 $EF_{i\text{-}j}$。

1）工作 $i\text{-}j$ 的最早开始时间 $ES_{i\text{-}j}$ 应从网络计划的起点节点开始，顺着箭线方向依次逐项计算。

2）以起点节点 i 为箭尾节点的工作（即无紧前工作的工作）$i\text{-}j$，当未规定其最早开始时间时应按下式计算

$$ES_{i\text{-}j}=0 \tag{10-1}$$

3）工作 $i\text{-}j$ 的最早完成时间 $EF_{i\text{-}j}$ 应按下式计算

$$EF_{i\text{-}j}=ES_{i\text{-}j}+D_{i\text{-}j} \tag{10-2}$$

4）有紧前工作的工作，其最早开始时间 $ES_{i\text{-}j}$，应按下式计算

$$ES_{i\text{-}j}=\max\{EF_{h\text{-}i}\}=\max\{ES_{h\text{-}i}+D_{h\text{-}i}\} \tag{10-3}$$

式中　$EF_{h\text{-}i}$——工作 $i\text{-}j$ 的各项紧前工作 h-i 的最早完成时间；

　　　$ES_{h\text{-}i}$——工作 $i\text{-}j$ 的各项紧前工作 h-i 的最早开始时间；

　　　$D_{h\text{-}i}$——工作 $i\text{-}j$ 的各项紧前工作 h-i 的持续时间。

工作的最早开始时间（可简称"早始"）和最早完成时间（可简称"早完"）的计算方法，可借助口诀"算早完，顺箭加；算早始，前早完大"帮助记忆。"顺箭加"是指工作的最早完成时间等于该工作的最早开始时间加上该工作的持续时间；"前早完大"是指不包含起点节点的工作的最早开始时间等于该工作的所有紧前工作（即该工作箭尾节点的内向箭线代表的工作）最早完成时间的最大值。

如图 10-19 所示的网络计划中，各工作的最早开始时间和最早完成时间计算如下

$$ES_{1\text{-}2}=ES_{1\text{-}3}=0$$
$$EF_{1\text{-}2}=ES_{1\text{-}2}+D_{1\text{-}2}=0+1=1$$
$$EF_{1\text{-}3}=ES_{1\text{-}3}+D_{1\text{-}3}=0+5=5$$
$$ES_{2\text{-}3}=ES_{2\text{-}4}=EF_{1\text{-}2}=1$$
$$EF_{2\text{-}3}=ES_{2\text{-}3}+D_{2\text{-}3}=1+3=4$$
$$EF_{2\text{-}4}=ES_{2\text{-}4}+D_{2\text{-}4}=1+2=3$$
$$ES_{3\text{-}5}=ES_{3\text{-}4}=\max\{EF_{1\text{-}2},EF_{1\text{-}3}\}=\max\{1,5\}=5$$
$$EF_{3\text{-}5}=ES_{3\text{-}5}+D_{3\text{-}5}=5+5=10$$
$$EF_{3\text{-}4}=ES_{3\text{-}4}+D_{3\text{-}4}=5+6=11$$

$$ES_{4\text{-}5} = ES_{4\text{-}6} = \max\{EF_{3\text{-}4}, EF_{2\text{-}4}\} = \max\{11, 3\} = 11$$

$$EF_{4\text{-}5} = ES_{4\text{-}5} + D_{4\text{-}5} = 11 + 0 = 11$$

$$EF_{4\text{-}6} = ES_{4\text{-}6} + D_{4\text{-}6} = 11 + 5 = 16$$

$$ES_{5\text{-}6} = \max\{EF_{3\text{-}5}, EF_{4\text{-}5}\} = \max\{10, 11\} = 11$$

$$EF_{5\text{-}6} = ES_{5\text{-}6} + D_{5\text{-}6} = 11 + 3 = 14$$

上述计算可以看出，工作的最早时间计算时应特别注意以下三点：一是计算程序，即自起点节点开始，顺着箭线方向，用累加的方法计算到终点节点；二是要弄清该工作的紧前工作是哪几项，以便准确计算；三是同一节点的所有外向工作（即外向箭线表达的工作）最早开始时间相同。

（2）确定网络计划的计算工期 T_c 和计划工期 T_p。

1）网络计划的计算工期 T_c 应按下式计算

$$T_c = \max\{EF_{in}\} \tag{10-4}$$

式中　EF_{in}——以终点节点（$j=n$）为箭头节点的工作 $i\text{-}n$ 的最早完成时间。

2）网络计划的计划工期 T_p 应按下列情况确定：

①当已规定要求工期 T_r 时

$$T_p \leqslant T_r \tag{10-5}$$

②当未规定要求工期 T_r 时

$$T_p = T_c \tag{10-6}$$

如图 10-17 所示，网络计划的计划工期为

$$T_p = T_c = \max\{EF_{in}\} = \max\{EF_{5\text{-}6}, EF_{4\text{-}6}\} = \max\{14, 16\} = 16$$

（3）计算各工作的最迟完成时间 LF_{ij} 和最迟开始时间 LS_{ij}。

1）工作 $i\text{-}j$ 的最迟完成时间 LF_{ij} 应从网络计划的终点节点开始，逆着箭线方向依次逐项计算。

2）以终点节点（$j=n$）为箭头节点的工作（即无紧后工作的工作）$i\text{-}n$，其最迟完成时间 LF_{in}，应按下式计算

$$LF_{in} = T_p \tag{10-7}$$

3）工作 $i\text{-}j$ 的最迟开始时间 LS_{ij} 应按下式计算

$$LS_{ij} = LF_{ij} - D_{ij} \tag{10-8}$$

4）有紧后工作的工作，其最迟完成时间 ES_{ij}，应按下式计算

$$LF_{i\text{-}j} = \min\{LS_{j\text{-}k}\} = \max\{LF_{j\text{-}k} - D_{j\text{-}k}\} \tag{10-9}$$

式中　$LS_{j\text{-}k}$——工作 $i\text{-}j$ 的各项紧后工作 $j\text{-}k$ 的最迟开始时间；

　　　$LF_{j\text{-}k}$——工作 $i\text{-}j$ 的各项紧后工作 $j\text{-}k$ 的最迟完成时间；

　　　$D_{j\text{-}k}$——工作 $i\text{-}j$ 的各项紧后工作 $j\text{-}k$ 的持续时间。

工作的最迟完成时间（可简称"迟完"）和最迟开始时间（可简称"迟始"）的计算方法，可借助口诀"算迟始，逆箭减；算迟完，后迟始小"帮助记忆。"逆箭减"是指工作的最迟开始时间等于该工作的最迟完成时间减去该工作的持续时间；"后迟始小"是指不包含终点节点的工作的最迟完成时间等于该工作的所有紧后工作（即该工作箭头节点的外向箭线代表的工作）最迟开始时间的最小值。

如图 10-19 所示的网络计划中，各工作的最早开始时间和最早完成时间计算如下

$$LF_{5\text{-}6} = LF_{4\text{-}6} = T_{\mathrm{p}} = 16$$
$$LS_{5\text{-}6} = LF_{5\text{-}6} - D_{5\text{-}6} = 16 - 3 = 13$$
$$LS_{4\text{-}6} = LF_{4\text{-}6} - D_{4\text{-}6} = 16 - 5 = 11$$
$$LF_{3\text{-}5} = LF_{4\text{-}5} = LS_{5\text{-}6} = 13$$
$$LS_{3\text{-}5} = LF_{3\text{-}5} - D_{3\text{-}5} = 13 - 5 = 8$$
$$LS_{4\text{-}5} = LF_{4\text{-}5} - D_{4\text{-}5} = 13 - 0 = 13$$
$$LF_{3\text{-}4} = LF_{2\text{-}4} = \min\{LS_{4\text{-}5}, LS_{4\text{-}6}\} = \min\{13, 11\} = 11$$
$$LS_{3\text{-}4} = LF_{3\text{-}4} - D_{3\text{-}4} = 11 - 6 = 5$$
$$LS_{2\text{-}4} = LF_{2\text{-}4} - D_{2\text{-}4} = 11 - 2 = 9$$
$$LF_{1\text{-}3} = LF_{2\text{-}3} = \min\{LS_{3\text{-}5}, LS_{3\text{-}4}\} = \min\{8, 5\} = 5$$
$$LS_{1\text{-}3} = LF_{1\text{-}3} - D_{1\text{-}3} = 5 - 5 = 0$$
$$LS_{2\text{-}3} = LF_{2\text{-}3} - D_{2\text{-}3} = 5 - 3 = 2$$
$$LF_{1\text{-}2} = \min\{LS_{2\text{-}3}, LS_{2\text{-}4}\} = \min\{2, 9\} = 2$$
$$LS_{1\text{-}2} = LF_{1\text{-}2} - D_{1\text{-}2} = 2 - 1 = 1$$

上述计算可以看出，工作的最迟时间计算时应特别注意以下三点：一是计算程序，即自终点节点开始，逆着箭线方向，用累减的方法计算到起点节点；二是要弄清该工作的紧后工作是哪几项，以便准确计算；三是同一节点的所有内向工作（即内向箭线表达的工作）最迟完成时间相同。

（4）计算各工作的总时差 $TF_{i\text{-}j}$。

工作 $i\text{-}j$ 的总时差 $TF_{i\text{-}j}$ 应按下列公式计算

$$TF_{i\text{-}j} = LS_{i\text{-}j} - ES_{i\text{-}j} \tag{10-10}$$

或

$$TF_{i\text{-}j} = LF_{i\text{-}j} - EF_{i\text{-}j} \tag{10-11}$$

工作的总时差的计算方法，可借助口诀"总时差，迟减早"帮助记忆。"迟减早"是指工作的总时差等于该工作的最迟开始时间减去该工作的最早开始时间，或者该工作的最迟完成时间减去该工作的最早完成时间。

如图 10-19 所示的网络计划中，各工作的总时差计算如下

$$TF_{1\text{-}2} = LS_{1\text{-}2} - ES_{1\text{-}2} = 1 - 0 = 1$$
$$TF_{1\text{-}3} = LS_{1\text{-}3} - ES_{1\text{-}3} = 0 - 0 = 0$$
$$TF_{2\text{-}3} = LS_{2\text{-}3} - ES_{2\text{-}3} = 2 - 1 = 1$$
$$TF_{2\text{-}4} = LS_{2\text{-}4} - ES_{2\text{-}4} = 9 - 1 = 8$$
$$TF_{3\text{-}4} = LS_{3\text{-}4} - ES_{3\text{-}4} = 5 - 5 = 0$$
$$TF_{3\text{-}5} = LS_{3\text{-}5} - ES_{3\text{-}5} = 8 - 5 = 3$$
$$TF_{4\text{-}5} = LS_{4\text{-}5} - ES_{4\text{-}5} = 13 - 11 = 2$$
$$TF_{4\text{-}6} = LS_{4\text{-}6} - ES_{4\text{-}6} = 11 - 11 = 0$$
$$TF_{5\text{-}6} = LS_{5\text{-}6} - ES_{5\text{-}6} = 13 - 11 = 2$$

（5）计算各工作的自由时差 $FF_{i\text{-}j}$。工作 $i\text{-}j$ 的自由时差 $FF_{i\text{-}j}$ 的计算应符合下列规定：

1）当工作 $i\text{-}j$ 有紧后工作 $j\text{-}k$ 时，其自由时差应按下式计算

$$FF_{i\text{-}j} = \min\{ES_{j\text{-}k}\} - EF_{i\text{-}j} \tag{10-12}$$

式中 $ES_{j\text{-}k}$——工作 $i\text{-}j$ 的各项紧后工作 $j\text{-}k$ 的最早开始时间。

2）以终点节点（$j=n$）为箭头节点的工作，其自由时差应按下式计算

$$FF_{i\text{-}n} = T_p - EF_{i\text{-}n} \tag{10-13}$$

工作的自由时差（可简称"自由差"）的计算方法，可借助口诀"自由差，后早始减本早完"帮助记忆。"后早始减本早完"是指工作的自由时差工作等于本工作的紧后工作最早开始时间减去本工作的最早完成时间。

如图 10-19 所示的网络计划中，各工作的自由时差计算如下

$$FF_{1\text{-}2} = \min\{ES_{2\text{-}3}, ES_{2\text{-}4}\} - EF_{1\text{-}2} = 1 - 1 = 0$$
$$FF_{1\text{-}3} = \min\{ES_{3\text{-}5}, ES_{3\text{-}4}\} - EF_{1\text{-}3} = 5 - 5 = 0$$
$$FF_{2\text{-}3} = \min\{ES_{3\text{-}5}, ES_{3\text{-}4}\} - EF_{2\text{-}3} = 5 - 4 = 1$$
$$FF_{2\text{-}4} = \min\{ES_{4\text{-}5}, ES_{4\text{-}6}\} - EF_{2\text{-}4} = 11 - 3 = 8$$
$$FF_{3\text{-}4} = \min\{ES_{4\text{-}5}, ES_{4\text{-}6}\} - EF_{3\text{-}4} = 11 - 11 = 0$$
$$FF_{3\text{-}5} = ES_{5\text{-}6} - EF_{3\text{-}5} = 11 - 10 = 1$$
$$FF_{4\text{-}5} = ES_{5\text{-}6} - EF_{4\text{-}5} = 11 - 11 = 0$$
$$FF_{4\text{-}6} = T_p - EF_{4\text{-}6} = 16 - 16 = 0$$
$$FF_{5\text{-}6} = T_p - EF_{5\text{-}6} = 16 - 14 = 2$$

2. 节点计算法

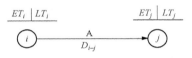

图 10-20 节点计算法的标注

节点计算法是指在双代号网络计划中先计算节点时间参数，再计算各项工作时间参数的方法。这些节点时间参数包括：节点最早时间 ET、节点最迟时间 LT。节点时间参数的计算结果，应在计算过程中按如图 10-20 所示位置随时分别标注。

节点计算法的图上计算过程：顺箭头方向采用"沿线累加，逢圈取大"的方法，计算节点最早时间→计算网络计划的计算工期→逆箭头方向采用"逆线累减，逢圈取小"的方法，计算节点最迟时间→计算各工作的时间参数。"沿线累加，逢圈取大"是指从网络图的起点节点开始，沿着箭线将各工作的持续时间累加起来，在每一个圆圈（节点）处，取到达该圆圈的各条线路区段累计时间的最大值，就是该节点的最早时间。"逆线累减，逢圈取小"是指从网络图的终点节点开始，逆着箭线将计划工期依次减去各工作的持续时间，在每一个圆圈（节点）处，取后续各条线路区段累减时间的最小值，就是该节点的最迟时间。

（1）计算各节点的最早时间。节点最早时间的计算应符合下列规定：

1）节点 i 的最早时间 ET_i，应从网络计划的起点节点开始，顺着箭线方向依次逐项计算。

2）起点节点 i 的最早时间，当未规定最早时间时，应按下式计算

$$ET_i = 0(i = 1) \tag{10-14}$$

3）其他节点 j 的最早时间 ET_j，应按下式计算

$$ET_j = \max\{ET_i + D_{i\text{-}j}\} \tag{10-15}$$

（2）计算网络计划的计算工期。网络计划的计算工期 T_c 应按下式计算

$$T_c = ET_n \tag{10-16}$$

式中 ET_n——终点节点 n 的最早时间。

（3）计算各节点的最迟时间

节点最迟时间的计算应符合下列规定：

1）节点 i 的最迟时间 LT_i 应从网络计划的终点节点开始，逆着箭线方向依次逐项计算；

2）终点节点 n 的最迟时间 LT_n 应按下式计算

$$LT_n = T_p \tag{10-17}$$

3）其他节点的最迟时间 LT_j 应按下式计算

$$LT_j = \min\{LT_i - D_{ij}\} \tag{10-18}$$

式中　LT_j——工作 $i\text{-}j$ 的箭头节点 j 的最迟时间。

（4）计算各工作的时间参数

1）工作 $i\text{-}j$ 的最早开始时间 ES_{ij} 应按下式计算

$$ES_{ij} = ET_i \tag{10-19}$$

2）工作 $i\text{-}j$ 的最早完成时间 EF_{ij} 应按下式计算

$$EF_{ij} = ET_i + D_{ij} \tag{10-20}$$

3）工作 $i\text{-}j$ 的最迟完成时间 LF_{ij} 应按下式计算

$$LF_{ij} = LT_j \tag{10-21}$$

4）工作 $i\text{-}j$ 的最迟开始时间 LS_{ij} 应按下式计算

$$LS_{ij} = LT_j - D_{ij} \tag{10-22}$$

5）工作 $i\text{-}j$ 的总时差 TF_{ij} 应按下式计算

$$TF_{ij} = LT_j - ET_i - D_{ij} \tag{10-23}$$

6）工作 $i\text{-}j$ 的自由时差 FF_{ij} 应按下式计算

$$FF_{ij} = ET_j - ET_i - D_{ij} \tag{10-24}$$

节点计算法计算节点时间参数示例如图 10-21 所示。

（三）总时差与自由时差的特性及关系

1. 总时差的特性

（1）凡是总时差为最小的工作就是关键工作；由关键工作连接构成的线路为关键线路；关键线路上各工作时间之和即为总工期。

（2）当网络计划的计划工期等于计算工期时，凡总时差大于零的工作为非关键工作，凡是具有非关键工作的线路即为非关键线路。非关键线路与关键线路相交时的相关节点把非关键线路划分成若干个非关键线路段，各段有各段的总时差，相互没有关系。

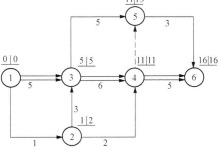

图 10-21　节点计算法计算节点时间参数示例

（3）总时差的使用具有双重性，它既可以被该工作使用，但又属于某非关键线路所共有。当某项工作使用了全部或部分总时差时，则将引起通过该工作的线路上所有工作总时差重新分配。

2. 自由时差的特性

（1）自由时差为某非关键工作独立使用的机动时间。一项工作的自由时差只能由本工作利用，不能传给后续工作利用。

（2）利用自由时差，不会影响其紧后工作的最早开始时间。

3. 自由时差与总时差的关系

（1）以终点节点为完成节点的工作，由于其最迟完成时间与计算工期相等，所以，其自由时差与总时差相等。

（2）由于工作的自由时差是其总时差的构成部分，所以，当工作的总时差为零时，其自由时差必然为零。

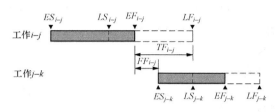

图 10-22　总时差与自由时差的关系

（3）自由时差与总时差是相互关联的。动用本工作自由时差不会影响紧后工作的最早开始时间，而动用本工作总时差超过本工作自由时差，则会相应减少紧后工作拥有的时差，并会引起该工作所在线路上所有其他非关键工作时差的重新分配。

总时差与自由时差的关系如图 10-22 所示。

四、关键工作和关键线路的确定

1. 关键工作的确定

关键工作的确定方法有总时差法和关键节点法两种。

（1）总时差法。在网络计划中，总时差最少的工作应为关键工作。当计划工期等于计算工期，总时差为零的工作为关键工作。如图 10-19 所示，1-3、3-4、4-6 为关键工作。

（2）关键节点法。在网络计划中，最迟时间与最早时间的差值最少的节点应为关键节点。当计划工期等于计算工期，最早时间与最迟时间相等的节点为关键节点。如图 10-19 所示，节点 1、3、4、6 为关键节点。

关键工作两端的节点一定是关键节点，但两端为关键节点的工作不一定是关键工作。只有当工作的最早时间与工作持续时间之和等于工作的最迟时间时，两个关键节点之间的工作才是关键工作。

2. 关键线路的确定

常用的关键线路确定方法有总持续时间法、关键工作法和标号法三种。

（1）总持续时间法。在网络计划中，线路上各工作持续时间之和（即总持续时间）最长的线路应为关键线路。

（2）关键工作法。在网络计划中，自始至终全部由关键工作组成的线路应为关键线路。如图 10-19 所示，1-3-4-6 为关键线路。

（3）标号法。当不需要计算各项工作的时间参数，只确定网络计划的计算工期或关键线路时，可采用节点标号法，快速确定计算工期和关键线路。其确定步骤如下：

1）计算各节点的最早时间 ET_j，即节点标号值。网络计划起点节点的标号值为零，其他节点的标号值应根据公式（10-15）按节点编号从小到大的顺序逐个计算。

2）用节点标号值及其源节点对节点进行双标号；当有多个源节点时，应将所有源节点标注出来。所谓源节点，就是用来确定本节点标号值的节点。

3）网络计划的计算工期 T_c 即为网络计划终点节点的标号值，并可按下式计算

$$T_c = ET_n \tag{10-25}$$

式中　　ET_n——终点节点 n 的最早时间。

4）按已标注出的各节点标号值的来源，从终点节点开始，逆箭线方向按源节点搜索，即可确定关键线路。

标号法确定关键线路示例如图 10-23 所示。

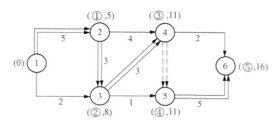

图 10-23　标号法确定关键线路示例

任务 3　双代号时标网络计划编制

双代号时标网络计划是以水平时间坐标为尺度表示工作时间的网络计划，这种网络计划图简称为时标图。时间坐标即是按一定时间单位表示工作进度时间的坐标轴，它的时间单位是根据该网络计划的需要而确定的。

双代号时标网络计划的特点如下：

（1）以实箭线在时标轴上的正投影长度表示该工作的持续时间。

（2）以水平波形线表示工作与其紧后工作之间的时间间隔，即自由时差。

（3）不出现竖向或斜向实箭线表示的工作，也不出现横向或斜向虚箭线表示的虚工作。

（4）时标网络计划不会产生闭合回路。

（5）可直接显示各工作的时间参数和关键线路，不必计算。

（6）可以直接在时标网络图的下方绘出资源动态曲线，便于分析，平衡调度。

由于时标图兼有横道图的直观性和网络图的逻辑性，在工程实践中应用比较普遍。在编制实施网络计划时，其应用面甚至大于无时标网络计划，因此，其编制方法和使用方法受到应用者的普遍重视。

一、双代号时标网络计划的有关规定

（1）双代号时标网络计划应以水平时间坐标为尺度表示工作时间，时标的时间单位应根据需要在编制网络计划之前确定，可为小时、天、周、旬、月、季或年。在双代号时标网络计划中，"水平时间坐标"即横坐标，时标的时间单位是指横坐标上的刻度代表的时间量。一个刻度可以是等于或多于 1 个时间单位的整倍数，但不应小于 1 个时间单位。

（2）双代号时标网络计划应以实箭线表示工作，以虚箭线表示虚工作，以波形线表示工作的自由时差。工作有自由时差时，按图 10-24 所示的方式表达，波形线紧接在实箭线的末端；虚工作有自由时差时，按图 10-25 所示方式表达，不得在波形线之后画实线。

在时标图上，节点无论大小均应看成一个点，其中心必须对准相应的时标位置，它在时间坐标上的水平投影长度应看成为零。

（3）双代号时标网络计划中所有符号在时间坐标上的水平投影位置，都必须与其时间参数相对应。节点中心必须对准相应的时标位置。虚工作必须以垂直方向的虚箭线表示，有自由时差时应用波形线表示。

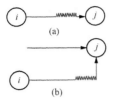

图 10-24　工作有自由时差时波形线画法

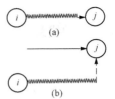

图 10-25　虚工作有自由时差时波形线画法

二、双代号时标网络计划的编制要求

（1）双代号时标网络计划宜按工作的最早开始时间编制，不宜按工作的最迟开始时间编制。

（2）时标网络计划的时间坐标体系应包括计算坐标体系、工作日坐标体系和日历坐标体系三种。

1）计算坐标体系。计算坐标体系主要用于网络计划时间参数的计算，与双代号网络计划的时间参数计算结果相对应。如网络计划中起始工作的最早开始时间为零。

2）工作日坐标体系。工作日坐标体系可明确表示出各项工作在整个工程开工后第几天（上班时刻）开始和第几天（下班时刻）完成，但不能表示出整个工程的开工日期和完工日期，以及各项工作的开始日期和完成日期。

计算坐标体系与工作日坐标体系的转换为

工作日坐标体系中各项工作的开始日期＝计算坐标体系中各项工作的开始日期＋1

工作日坐标体系中各项工作的完成日期＝计算坐标体系中各项工作的完成日期

3）日历坐标体系。日历坐标体系可以明确表示出整个工程的开工日期和完工日期以及各项工作的开始日期和完成日期，同时还可考虑扣除节假日休息时间。

（3）时标计划表格式宜符合表 10-8 的规定。

表 10-8　　　　　　　　　　　　　　时标计划表

计算坐标体系	0	1	2	3	4	5			...		n
工作日坐标体系		1	2	3	4	5	6				n
日历坐标体系											
时标网络计划											

注　时标计划表中部的刻度线宜为细线。为使图面清晰，此线也可不画或少画。

编制双代号时标网络计划之前，应先按已确定的时间单位绘出时标计划表。时标可标注在时标计划表的顶部或底部，为清楚起见，有时也可在时标表的上下同时标注。时标的长度单位必须注明。可在顶部时标之上或底部时标之下加注日历的对应时间。日历中还可标注月历。

三、双代号时标网络计划的绘制方法

双代号时标网络计划的绘制方法有间接法和直接法两种。

1. 间接法

间接法是指在绘制无时标网络计划草图后，先计算网络计划的时间参数，再根据时间参

数依照草图在时标计划表上进行绘制的方法。其优点是，编制时标网络计划后可以与草图的计算结果进行对比校核。

间接法绘制时标网络计划可按下列步骤进行：

（1）绘制出无时标网络计划。

（2）计算各节点的最早时间。

（3）根据节点最早时间在时标计划表上确定节点的位置。

（4）按要求连线，某些工作箭线长度不足以达到该工作的完成节点时，用波形线补足。

【**例 10-3**】　已知某双代号网络计划草图如图 10-26 所示，试用间接法绘制双代号时标网络计划。

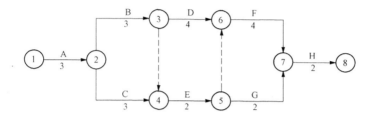

图 10-26　某双代号网络计划草图

解　（1）计算各节点最早时间，并标注于图上（图 10-27）。

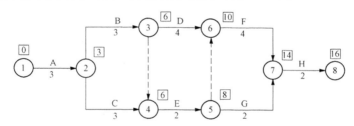

图 10-27　各节点最早时间

（2）绘制时间坐标体系，确定节点位置，如图 10-28 所示。

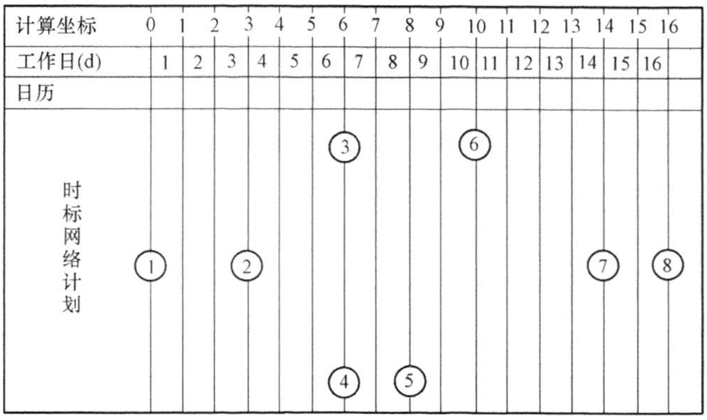

计算坐标	0	1	2	3	4	5	6	7	8	9	10	11	12	13	14	15	16
工作日(d)	1	2	3	4	5	6	7	8	9	10	11	12	13	14	15	16	
日历																	

时标网络计划：

③（在第6格上方）　⑥（在第10格上方）

①（第1格）　②（第3格）　⑦（第14格）　⑧（第16格）

④（第6格下方）　⑤（第8格下方）

图 10-28　节点位置图

（3）依次在相应工作的节点之间绘制箭线和波形线，如图 10-29 所示。

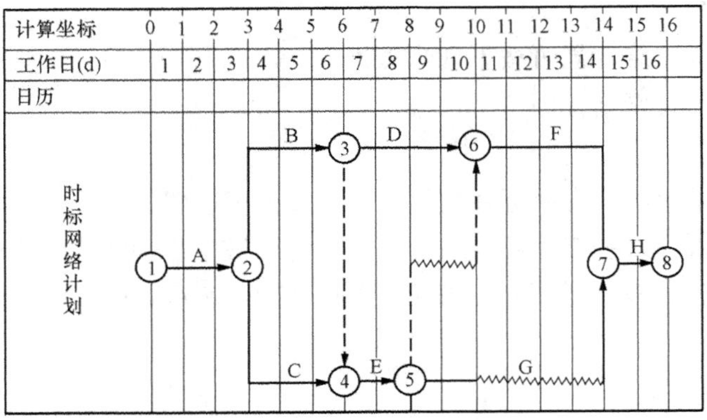

计算坐标
0 1 2 3 4 5 6 7 8 9 10 11 12 13 14 15 16
工作日(d)
1 2 3 4 5 6 7 8 9 10 11 12 13 14 15 16
日历
时标网络计划
A
B
C
D
E
F
G
H
1 2 3 4 5 6 7 8

图 10-29　［例 10-3］时标网络计划表

2. 直接法

直接法是指在绘制无时标网络计划草图后，不计算网络计划的时间参数，直接依照草图在时标计划表上进行绘制的方法。其优点是省去计算，节省计算的时间。

直接法绘制时标网络计划可按下列步骤进行：

（1）将起点节点定位在时标计划表的起始刻度线上。

（2）按工作持续时间在时标计划表上绘制起点节点的外向箭线。

（3）其他工作的开始节点必须在所有紧前工作（即内向箭线）都绘出以后，定位在这些紧前工作最早完成时间最大值（即内向箭线右端点最右处）的时间刻度上；某些工作的箭线长度不足以到达该节点时，用波形线补足；箭头画在波形线与节点连接处。

对于有多个紧前工作（即多条内向箭线）的节点的定位，可借助口诀“箭线画齐定节点，定完节点补波线”帮助记忆。对于只有一个紧前工作（即一条内向箭线）的节点的定位，该紧前工作箭线的右端点即为该节点位置。

（4）用上述方法从左至右依次绘制其他节点的外向箭线，并确定其他节点位置，直至网络计划终点节点，绘图完成。

A
6
G
5
B
4
D
5
H
3
C
2
E
6
I
5
1 2 3 4 5 6 7

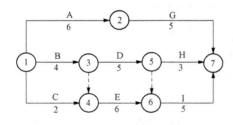

图 10-30　某无时标网络计划草图

【例 10-4】　已知某无时标网络计划草图如图 10-30所示，试用直接法绘制双代号时标网络计划。

解　（1）起点节点 1 定位在起始刻度线“0”上，并分别绘出工作 A、B、C 的箭线，如图 10-31 所示。

（2）节点 2、3 分别直接定位在工作 A、B 的箭线右端；节点 4 定位在工作 B 的箭线右端正下方，节点 3、4 之间画竖向虚箭线，工作 C 的箭线右端与节点 4 之间用波形线补齐，如图 10-32 所示。

（3）依次类推，绘出工作 G、D、E 的箭线，定出节点 5、6 的位置；绘出工作 H、I 的箭线，定出终点节点 7 的位置，如图 10-33 所示。

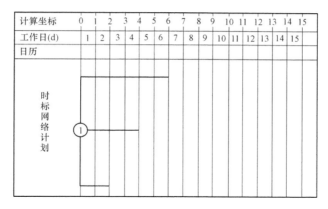

图 10-31 直接法第一步

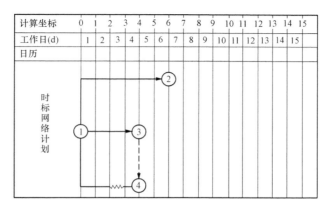

图 10-32 直接法第二步

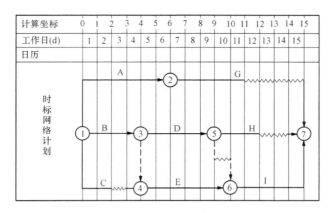

图 10-33 ［例 10-4］时标网络计划表

四、双代号时标网络计划关键线路、关键工作及参数的确定

1. 关键线路和关键工作的确定

双代号时标网络计划中，自起点节点至终点节点不出现波形线的线路，应确定为关键线路。关键线路上的工作即为关键工作。如图 10-33 所示，关键线路为 1-3-4-6-7。

2. 计算工期的确定

双代号时标网络计划的计算工期，应为计算坐标体系中终点节点与起点节点所在位置的时标值之差。当起点节点定位在时标表的起始刻度线"0"上，终点节点所对应的时标值也就是该网络计划的计算工期。如图 10-33 所示，计算工期为 15 天。

3. 工作最早时间的判定

（1）工作最早开始时间。按最早时间绘制的双代号时标网络计划，箭尾节点中心所对应的时标值为工作的最早开始时间。如图 10-33 所示，工作 A、B、C、D、E、G、H、I 的最早开始时间分别为 0、0、0、4、4、6、9、10。

（2）工作最早完成时间。当箭线不存在波形线时，箭头节点中心所对应的时标值为工作的最早完成时间；当箭线存在波形线时，箭线实线部分的右端点所对应的时标值为工作的最早完成时间。如图 10-33 所示，工作 A、B、C、D、E、G、H、I 的最早完成时间分别为 6、4、2、9、10、11、12、15。

4. 工作自由时差和总时差的判定

（1）工作自由时差。工作的自由时差应为工作的箭线中波形线部分在坐标轴上的水平投影长度。如图 10-33 所示，工作 A、B、C、D、E、G、H、I 的自由时差分别为 0、0、2、0、0、4、3、0。

（2）工作总时差。由于工作总时差受计算工期制约，因此它应当自右向左推算。工作总时差只有在其所有紧后工作的总时差被判定后才能判定。工作总时差的计算应符合下列规定：

1）以终点节点（$j = n$）为箭头节点的工作，总时差为计划工期与工作最早完成时间之差，即

$$TF_{in} = T_p - EF_{in} \tag{10-26}$$

如图 10-33 所示，工作 G、H、I 的总时差分别为 4、3、0。

2）其他工作 i-j 的总时差等于其紧后工作总时差的最小值与本工作的自由时差之和，即

$$TF_{ij} = \min\{TF_{jk}\} + FF_{ij} \tag{10-27}$$

式中 TF_{jk}——工作 i-j 的紧后工作 j-k 的总时差。

如图 10-33 所示，工作 B、E 的总时差分别为 0、0，工作 A、D、C 的总时差分别为

$$TF_{1-2} = TF_{2-7} + FF_{1-2} = 4 + 0 = 4$$
$$TF_{3-5} = \min\{TF_{5-7}, TF_{5-6}\} + FF_{3-5} = \min\{3, 1\} + 0 = 1$$
$$TF_{1-4} = TF_{4-6} + FF_{1-4} = 0 + 2 = 2$$

5. 工作最迟时间的判定

在计算完总时差后，即可计算其最迟开始时间和最迟完成时间。

（1）工作最迟开始时间。双代号时标网络计划中工作的最迟开始时间，应按下列公式计算

$$LS_{ij} = ES_{ij} + TF_{ij} \tag{10-28}$$

如图 10-33 所示，工作 A、B、C、D、E、G、H、I 的最迟开始时间分别为 4、0、2、5、4、10、12、10。

（2）工作最迟完成时间。双代号时标网络计划中工作的最迟完成时间，应按下列公式

计算

$$LF_{ij} = EF_{ij} + TF_{ij} \tag{10-29}$$

如图 10-33 所示，工作 A、B、C、D、E、G、H、I 的最迟完成时间分别为 10、4、4、10、10、15、15、15。

任务 4   单代号网络计划编制

一、单代号网络图的构成

图 10-34 所示为一单代号网络图，其相应的双代号网络图为图 10-3。单代号网络图的基本符号是圆圈或矩形、编号及箭线。在单代号网络图中，圆圈或矩形表示节点，一个节点表示一项工作；箭线仅表示紧邻工作之间的逻辑关系；节点编号（即工作代号）、工作名称、持续时间标注在圆圈或方框内。单代号网络图中的工作名称还可以用 1 个节点编号（代号）来表示，如图 10-34 中的 B 工作即可用工作 2 来表示。单代号网络图因其工作可用 1 个代号表示，故称作单代号网络图。

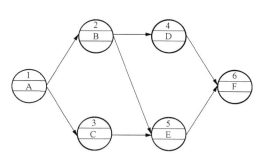

图 10-34   单代号网络图

1，2，3，4，5，6—节点编号；

A，B，C，D，E，F—工作

1. 单代号网络图的构成要素

单代号网络图的三个基本要素是工作、箭线和线路。

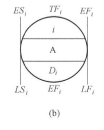

(a)   (b)

图 10-35   单代号网络图工作及时间参数表示方法

（a）圆节点表示方法；（b）矩形节点表示方法

i—节点编号；A—工作；D_i—持续时间；

ES_i—最早开始时间；EF_i—最早完成时间；

LS_i—最迟开始时间；LF_i—最迟完成时间；

TF_i—总时差；FF_i—自由时差

（1）工作。单代号网络计划中，工作应以圆圈或矩形表示，一项工作应包括节点编号（即工作代号）、工作名称、持续时间。工作的工作名称、持续时间和工作代号应标注在节点内。工作的时间参数，对于用圆圈来表示的节点，则宜标注在节点外，如图 10-35（a）所示；对于用方框来表示的节点，宜标注在节点内，如图 10-35（b）所示。

一项工作应有唯一的一个编号，其号码可间断，但不得重复。编号的数码按箭线方向由小到大编排。

在单代号网络图中，当有多项起始工作或多项结束工作时，为便于计算应虚设起点节点或终点节点（即虚拟节点），用来表示虚拟的起始工作或结束工作（即虚工作）。

（2）箭线。单代号网络图中的箭线仅表示紧邻工作之间的逻辑关系，既不占用时间，也不消耗资源。箭线应画成水平直线、折线或斜线。箭线水平投影的方向应自左向右，表示工作的行进方向。工作之间的逻辑关系包括工艺关系和组织关系，在网络图中均表现为工作之间的先后顺序。

（3）线路。单代号网络图中，各条线路应用该线路上的节点编号从小到大依次表述。

2. 单代号网络图的特点

单代号网络图与双代号网络图相比，具有以下特点：

（1）工作之间的逻辑关系容易表达，且不用虚箭线，故绘图较简单。

（2）网络图便于检查和修改。

（3）由于工作持续时间表示在节点之中，没有长度，故不够形象直观。

（4）表示工作之间逻辑关系的箭线可能产生较多的纵横交叉现象。

二、单代号网络图的绘图规则

（1）单代号网络图必须正确表达已定的逻辑关系。

（2）单代号网络图中，不得出现回路。

（3）单代号网络图中，不得出现双向箭头或无箭头的连线。

（4）单代号网络图中，不得出现没有箭尾节点的箭线和没有箭头节点的箭线。

（5）绘制网络图时，箭线不宜交叉，当交叉不可避免时，可采用过桥法或指向法绘制。

（6）单代号网络图中只应有一个起点节点和一个终点节点。当网络图中有多项起点节点或多项终点节点时，应在网络图的两端分别设置一项虚工作，作为该网络图的起点节点和终点节点。

三、单代号网络计划时间参数的计算

单代号网络计划时间参数的计算应在确定各项工作的持续时间之后进行。其具体计算步骤有两种。

第一种步骤是：先计算各项工作的最早开始时间和最早完成时间，再计算相邻工作的间隔时间，根据间隔时间计算各项工作的自由时差和总时差，再根据总时差计算各项工作的最迟开始时间和最迟完成时间。

第二种步骤是：先计算各项工作的最早开始时间和最早完成时间，再计算各项工作的最迟完成和最迟开始时间，再计算总时差和自由时差。

单代号网络计划各时间参数的计算方法如下。

1. 计算最早开始时间和最早完成时间

网络计划中各项工作的最早开始时间和最早完成时间的计算应从网络计划的起点节点开始，顺着箭线方向依次逐项计算。

（1）当起点节点 i 的最早开始时间 ES_i 无规定时，应按下式计算

$$ES_i = 0 \tag{10-30}$$

（2）工作最早完成时间 EF_i 等于该工作最早开始时间 ES_i 加上其持续时间 D_i，即

$$EF_i = ES_i + D_i \tag{10-31}$$

（3）工作最早开始时间 ES_j 等于该工作的各个紧前工作的最早完成时间的最大值，如工作 j 的紧前工作的代号为 i，则

$$ES_j = \max\{EF_i\} \tag{10-32}$$

2. 确定网络计划的计算工期 T_c 和计划工期 T_p

1）网络计划的计算工期 T_c 应按下式计算

$$T_c = EF_n \tag{10-33}$$

式中　EF_n——以终点节点 n 的最早完成时间。

2）网络计划的计划工期 T_p 应按下列情况确定：

①当已规定要求工期 T_r 时

$$T_p \leqslant T_r \tag{10-34}$$

②当未规定要求工期 T_r 时

$$T_p = T_c \tag{10-35}$$

3. 计算相邻两项工作 i 和 j 之间的间隔时间 $LAG_{i,j}$

（1）当终点节点为虚拟节点时，其间隔时间应按下式计算

$$LAG_{i,j} = T_p - EF_i \tag{10-36}$$

（2）其他节点之间的间隔时间应按下式计算

$$LAG_{i,j} = ES_j - EF_i \tag{10-37}$$

4. 计算工作总时差

（1）工作 i 的总时差 TF_i 应从网络计划的终点节点开始，逆着箭线方向依次逐项计算；

（2）终点节点所代表工作 n 的总时差 TF_i 应按下式计算

$$TF_n = T_p - EF_n \tag{10-38}$$

（3）其他工作 i 的总时差 TF_i 应按下式计算

$$ES_j = \min\{TF_j + LAG_{i,j}\} \tag{10-39}$$

5. 计算工作自由时差

（1）终点节点所代表的工作 n 的自由时差 FF_n 应按下式计算

$$FF_n = T_p - EF_n \tag{10-40}$$

（2）其他工作 i 的自由时差 FF_i 应按下式计算

$$FF_i = \min\{LAG_{i,j}\} \tag{10-41}$$

6. 计算工作最迟完成时间和最迟开始时间

（1）工作最迟完成时间的计算应符合下列规定：

1）终点节点所代表的工作 n 的最迟完成时间 LF_n 应按下式计算

$$LF_n = T_p \tag{10-42}$$

2）其他工作 i 的最迟完成时间 LF_i 应按下列公式计算

$$LF_i = \min\{LS_j\} \tag{10-43}$$

或

$$LF_i = EF_i + TF_i \tag{10-44}$$

式中　LS_j——工作 i 的各项紧后工作 j 的最迟开始时间。

（2）工作 i 的最迟开始时间 LS_i 应按下列公式计算

$$LS_i = LF_i - D_i \tag{10-45}$$

或

$$LS_i = ES_i + TF_i \tag{10-46}$$

7. 关键工作和关键线路的确定

（1）关键工作。单代号网络计划中，总时差最小的工作为关键工作。

（2）关键线路。单代号网络计划中，由关键工作组成，且关键工作之间的间隔时间为零的线路或总持续时间最长的线路为关键线路。

任务 5   网 络 计 划 优 化

经过绘制和计算后的网络计划，只是一种最初的可行方案，不一定是最优方案。为此，必须进行网络计划的优化。

网络计划的优化应按选定目标，在满足既定约束条件下，通过不断改进网络计划，寻求满意方案。网络计划的优化不得影响工程的质量和安全。

网络计划的优化目标应包括工期目标、费用目标和资源目标。优化目标应按计划项目的需要和条件选定。编制完成的网络计划应满足预定的目标要求，否则应做出调整。当经多次修改方案和调整计划均不能达到预定目标时，对预定目标应重新审定。

网络计划优化的基本思路：一是利用关键线路缩短工期；二是利用工作时差调整资源。前者是对关键工作在一定范围内适当增加资源，缩短工作的持续时间；后者是适当改变有总时差工作的最早开始时间，调整资源供应量。

按网络计划的优化目标不同，网络计划优化的类型分为工期优化、资源优化、工期-费用优化三种。

一、工期优化

工期优化是指网络计划的计算工期超过要求工期时，通过压缩关键工作的持续时间以满足要求工期目标的过程。

网络计划工期优化的基本方法是在不改变网络计划中各项工作之间逻辑关系的前提下，通过压缩关键工作的持续时间来达到优化目标。在工期优化过程中，按照经济合理的原则，不能将关键工作压缩成非关键工作。此外，当工期优化过程中出现多条关键线路时，必须将各条关键线路的总持续时间压缩成相同数值；否则，不能有效地缩短工期。

网络计划的工期优化，应按下列步骤进行：

（1）计算并找出初始网络计划的计算工期、关键工作及关键线路。

（2）按要求工期计算应缩短的时间。

（3）确定各关键工作能缩短的持续时间。

（4）选择适合缩短持续时间的关键工作。选择时，优先考虑有作业空间、充足备用资源和增加费用最小的工作。

（5）压缩所选关键工作的持续时间，并重新计算网络计划的计算工期。当被压缩的关键工作变成了非关键工作，则应延长其持续时间，使之仍为关键工作。

（6）当计算工期仍超过要求工期时，则重复上述步骤，直到满足工期要求或工期已不能再缩短为止。

（7）当所有关键工作的持续时间都已达到其能缩短的极限而工期仍不能满足要求时，应对计划的技术方案、组织方案进行调整或对要求工期重新审定。

【例 10-5】 某单项工程，如图 10-36 所示进度计划网络图组织施工。

原计划工期是 170d，在第 75 天进行的进度

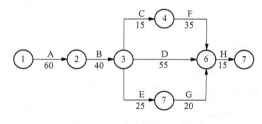

图 10-36   进度计划网络图

检查时发现：工作 A 已全部完成，工作 B 刚刚开工。由于工作 B 是关键工作，所以它拖后 15d 将导致总工期延长 15d 完成。

本工程各工作相关参数见表 10-9。

表 10-9　　　　　　　　　　　　相　关　参　数　表

序号	工作	最大可压缩时间（d）	赶工费用（元/d）
1	A	10	200
2	B	5	200
3	C	3	100
4	D	10	300
5	E	5	200
6	F	10	150
7	G	10	120
8	H	5	420

试问：（1）为使本单项工程仍按原工期完成，必须调整原计划，问应如何调整原计划，才能既经济又保证整修工作在计划的 170d 内完成，列出详细调整过程。

（2）试计算经调整后，所需投入的赶工费用。

（3）重新绘制调整后的进度计划网络图，并列出关键线路（以工作表示）。

解　（1）目前总工期拖后 15d，此时的关键线路：B-D-H。

1）其中工作 B 赶工费率最低，故先对工作 B 持续时间进行压缩：

工作 B 压缩 5d，因此增加费用为：$5×200＝1000$（元）；

总工期为：$185－5＝180$（d）；

关键线路：B-D-H。

2）剩余关键工作中，工作 D 赶工费率最低，故应对工作 D 持续时间进行压缩。

工作 D 压缩的同时，应考虑与之平等的各线路，以各线路工作正常进展均不影响总工期为限。

工作 D 只能压缩 5d，因此增加费用为：$5×300＝1500$（元）；

总工期为：$180－5＝175$（d）；

关键线路：B-D-H 和 B-C-F-H 两条。

3）剩余关键工作中，存在三种压缩方式：①同时压缩工作 C、工作 D；②同时压缩工作 F、工作 D；③压缩工作 H。

同时压缩工作 C 和工作 D 的赶工费率最低，故应对工作 C 和工作 D 同时进行压缩。

工作 C 最大可压缩天数为 3d，故本次调整只能压缩 3d，因此增加费用为：

$3×100＋3×300＝1200$（元）；

总工期为：$175－3＝172$（d）；

关键线路：B-D-H 和 B-C-F-H 两条。

4）剩下关键工作中，压缩工作 H 赶工费率最低，故应对工作 H 进行压缩。

工作 H 压缩 2d，因此增加费用为：$2×420＝840$（元）；

总工期为：$172－2＝170$（d）。

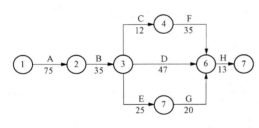

图 10-37 调整后的进度计划网络图

5）通过以上工期调整，工作仍能按原计划的 170d 完成。

（2）所需投入的赶工费为：1000＋1500＋1200＋840＝4540（元）。

（3）调整后的进度计划网络图如图 10-37 所示：

其关键线路为：A-B-D-H 和 A-B-C-F-H。

二、资源优化

资源是指为完成任务所需的人力、材料、机械设备和资金的统称。完成一项任务，所需资源量基本上是不变的，不可能通过资源优化将其减少。资源优化的目标是通过调整网络计划中某些工作的开始时间，使资源分布满足某种要求。

资源优化的前提条件是：

（1）在优化过程中，原网络计划各工作之间的逻辑关系不变。

（2）在优化过程中，原网络计划各工作的持续时间不变。

（3）除规定中断的工作外，一般不允许中断工作，应保持其连续性。

（4）网络计划中各工作单位时间的资源需要量为常数，即资源均衡，而且是合理的。

在通常情况下，网络计划宜按"资源有限，工期最短"和"工期固定，资源均衡"进行资源优化。

（一）"资源有限、工期最短"的优化

"资源有限，工期最短"优化是指由于某种资源的供应受到限制，致使工程施工无法按原计划实施，甚至会使工期超过计划工期，在此情况下应尽可能使工期最短来进行优化调整。

1. "资源有限，工期最短"优化的方法

"资源有限、工期最短"的优化过程是通过调整计划安排，以满足资源限制条件，并使工期拖延最少的过程。

优化前宜逐个检查网络计划中各个时段的资源需用量，当出现资源需用量大于资源限量时，应进行计划调整。

若超过资源限量时段内只有一项工作时，则根据现有资源限量值重新计算该工作的持续时间；若超过资源限量时段内有多项工作同时进行时，则应对超过资源限量时段内的工作做新的顺序安排，将该时段某些工作的开始时间向后推移，减小该时段资源需要量，满足资源限量值要求。

计划调整后，应计算工期的变化。工期变化（即工期延长值）的计算应符合下列规定：

（1）双代号网络计划应按下列公式计算

$$\Delta T_{mn, ij} = EF_{mn} - LS_{ij} \tag{10-47}$$

$$\Delta T_{m'-n', i'-j'} = \min\{\Delta T_{mn, ij}\} \tag{10-48}$$

式中　$\Delta T_{mn, ij}$——在超过资源限量时段中，工作 i-j 安排在工作 m-n 之后工期的延长；

　　$\Delta T_{m'-n', i'-j'}$——在各种顺序安排中，工期延长最小值。

（2）单代号网络计划应按下列公式计算

$$\Delta T_{m, n} = EF_m - LS_n \tag{10-49}$$

$$\Delta T_{m',n'} = \min\{\Delta T_{m,n}\} \tag{10-50}$$

式中　$\Delta T_{m,n}$——在超过资源限量时段中，工作 n 安排在工作 m 之后工期的延长；

　　　$\Delta T_{m',n'}$——在各种顺序安排中，工期延长最小值。

其实，双代号网络计划与单代号网络计划两者对于工期延长值的计算在内涵方面是一致的，只是表现形式不同。

2. "资源有限，工期最短"优化的步骤

"资源有限，工期最短"的优化，应按下列步骤调整工作的最早开始时间。

（1）根据初始网络计划，绘制早时标网络计划（即按照各项工作的最早开始时间绘制的时标网络计划）或横道图计划，并计算出网络计划各个时段的资源需用量。

（2）从计划开始日期起，逐个检查各个时段资源需用量，当计划工期内各个时段的资源需用量均能满足资源限量的要求，网络计划优化即完成，否则必须进行计划调整。

（3）对超过资源限量的时段，确定新的工作顺序。

分析超过资源限量的时段，如果在该时段内有几项工作平行作业，则采取将一项工作安排在与平行的另一项工作之后进行的方法，以降低该时段的资源需用量。

比如，对于单代号网络计划中两项平行作业的工作 m 和工作 n 来说，为了降低相应的资源需用量，现将工作 n 安排在工作 m 之后进行，如图 10-38 所示。

此时，网络计划的工期延长值按公式（10-49）计算。这样，在有资源冲突的时段中，对平行作业的工作进行两两排序，即可得出若干个 $\Delta T_{m,n}$，选择其中最小的 $\Delta T_{m,n}$，将相应的工作 n 安排在工作 m 之后进行，既可降低该时段的资源需用量，又使网络计划的工期延长时间最短。

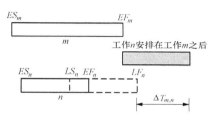

图 10-38　m，n 两项工作的排序

（4）绘制调整后的网络计划，重复上述步骤，直至网络计划整个工期范围内每个时间单位的资源需用量均满足资源限量为止。

（二）"工期固定，资源均衡"的优化

"工期固定，资源均衡"的优化是在保持工期不变的情况下，使资源分布尽量均衡，即在资源需用量的动态曲线上，尽可能不出现短时期的高峰和低谷，力求每个时段的资源需用量接近于平均值。

"工期固定，资源均衡"的优化可用削高峰法，利用时差降低资源高峰值，获得资源消耗量尽可能均衡的优化方案。

削高峰法应按下列步骤进行：

（1）计算网络计划各个时段的资源需用量。

（2）确定削高峰目标，其值等于各个时段资源需用量的最大值减去一个单位资源量。

（3）找出高峰时段的最后时间 T_h 及相关工作的最早开始时间（ES_{i-j} 或 ES_i）和总时差（TF_{i-j} 或 TF_i）。

（4）按下列公式计算有关工作的时间差值（ΔT_{i-j} 或 ΔT_i）

1）双代号网络计划

$$\Delta T_{i-j} = TF_{i-j} - (T_h - ES_{i-j}) \tag{10-51}$$

2）单代号网络计划

$$\Delta T_i = TF_i - (T_{\mathrm{h}} - ES_i) \tag{10-52}$$

应优先以时间差值最大的工作（$i-j$ 或 i）为调整对象，令

$$ES_{i',j'} = T_{\mathrm{h}} \tag{10-53}$$

或

$$ES_{i'} = T_{\mathrm{h}} \tag{10-54}$$

（5）当峰值不能再减少时，即得到优化方案。否则，重复上述步骤。

三、工期-费用优化

工期-费用优化是通过对不同工期时的工程总费用的比较分析，从中寻求工程总费用最低时的最优工期。

工期-费用优化的基本思路是：首先计算出到不同工期下的直接费用，并考虑相应的间接费用的影响，然后通过叠加求出工程总费用最低时的工期。

工期-费用优化应按下列步骤进行：

（1）按工作的正常持续时间确定关键工作、关键线路和计算工期。

（2）为缩短每一单位工作持续时间所需增加的直接费称为直接费用率。各项工作的直接费用率应按下列公式计算：

1）对双代号网络计划

$$\Delta C_{i\cdot j} = (CC_{i\cdot j} - CN_{i\cdot j})/(DN_{i\cdot j} - DC_{i\cdot j}) \tag{10-55}$$

式中　$\Delta C_{i\cdot j}$——工作 $i\text{-}j$ 的直接费用率；

　　$CC_{i\cdot j}$——工作 $i\text{-}j$ 的持续时间缩短为最短持续时间后，完成该工作所需的直接费用；

　　$CN_{i\cdot j}$——工作 $i\text{-}j$ 在正常条件下，完成工作 $i\text{-}j$ 所需直接费用；

　　$DN_{i\cdot j}$——工作 $i\text{-}j$ 的正常持续时间；

　　$DC_{i\cdot j}$——工作 $i\text{-}j$ 的最短持续时间。

2）对单代号网络计划

$$\Delta C_i = (CC_i - CN_i)/(DN_i - DC_i) \tag{10-56}$$

式中　ΔC_{i-}——工作 i 的直接费用率；

　　CC_i——工作 i 的持续时间缩短为最短持续时间后，完成该工作所需的直接费用；

　　CN_i——工作 i 在正常条件下，完成工作 $i\text{-}j$ 所需直接费用；

　　DN_i——工作 i 的正常持续时间；

　　DC_i——工作 i 的最短持续时间。

（3）当网络计划中只有一条关键线路时，找出直接费用率最小的一项关键工作，作为缩短持续时间的对象；当有多条关键线路时，找出组合直接费用率最小的一组关键工作，作为缩短持续时间的对象。

（4）对选定的压缩对象（一项关键工作或一组关键工作），比较其直接费用率或组合直接费用率与工程间接费用率的大小：

1）如果被压缩对象的直接费用率或组合直接费用率大于工程间接费用率，说明压缩关键工作的持续时间会使工程总费用增加，此时应停止缩短关键工作的持续时间，在此之前的方案即为优化方案。

2）如果被压缩对象的直接费用率或组合直接费用率等于工程间接费用率，说明压缩关键工作的持续时间不会使工程总费用增加，故应缩短关键工作的持续时间。

3）如果被压缩对象的直接费用率或组合直接费用率小于工程间接费用率，说明压缩关键工作的持续时间会使工程总费用减少，故应缩短关键工作的持续时间。

（5）缩短找出的一项或一组关键工作的持续时间，其缩短值的确定必须符合下列两条原则：

1）缩短后工作的持续时间不能小于其最短持续时间。

2）缩短持续时间的关键工作不能变成非关键工作。

（6）计算相应增加的直接费用。

（7）根据间接费的变化，计算关键工作持续时间缩短后相应增加的总费用。

（8）重复上述步骤，直至计算工期满足要求工期或被压缩对象的直接费用率（或组合直接费用率）大于工程间接费用率或工程总费用最低为止。

（9）计算优化后的工程总费用。

任务 6　网络计划实施与控制

对网络计划的实施应进行定期检查。检查周期的长短应根据计划工期的长短和管理的需要由项目经理决定。当网络计划检查结果与计划发生偏差，应采取相应措施进行纠偏，使计划得以实现。采取措施仍不能纠偏时，应对网络计划进行调整。调整后应形成新的网络计划，并应按新计划执行。

一、网络计划检查

1．检查内容

网络计划的检查宜包括下列主要内容：

（1）关键工作进度。

（2）非关键工作进度及尚可利用的时差。

（3）关键线路的变化。

2．检查记录

检查网络计划应收集网络计划的实际执行情况，并应按下列方法进行记录。

（1）用实际进度前锋线记录计划执行情况。实际进度前锋线是指在时标网络计划图上，将检查时刻各项工作的实际进度所达到的前锋点连接而成的折线。当采用时标网络计划时，应绘制实际进度前锋线记录计划的实际执行情况。前锋线可用特别线型标画；不同检查时刻绘制的相邻前锋线可采用点画线或不同颜色标画。

在时标网络计划图上标画前锋线的关键是标定工作的实际进度前锋的位置。其标定方法有两种：

1）按已完成的工作实物量的比例来标定。时标图上箭线的长度与相应工作的持续时间对应，也与其工程实物量的多少成正比。检查计划时某工作的工程实物量完成了几分之几，其前锋线就从表示该工作的箭线起点自左至右标在箭线长度几分之几的位置。

2）按尚需时间来标定。有些工作的持续时间是难以按工程实物量来计算的，只能根据经验用其他办法估算出来。要标定检查时间时的实际进度前锋线位置，可采用原来的估计办法，估算出从该时刻起到该工作全部完成尚需要的时间，从表示该工作的箭线末端反过来自右至左标出前锋位置。

（2）在图上用文字或适当的符号记录。当采用非时标网络计划时，宜在网络图上直接用文字、数字，或列表记录计划的实际执行情况。一般用虚线代表其实际进度，工作持续时间右侧［　］内数字表示检查时工作尚需的作业天数。

3. 检查结果的分析判断

（1）分析判断的内容。对网络计划执行情况的检查结果，应进行下列分析判断：

1）对工作的实际进度做出正常、提前或延误的判断。计划进度与实际进度严重不符时，应对网络计划进行调整。

2）对未来进度状况进行预测，做出网络计划的计划工期可按期实现、提前实现或拖期的判断。

对时标网络计划，利用已画出的实际进度前锋线，分析计划执行情况及其变化趋势，对未来的进度做出预测判断，找出偏离计划目标的原因。

对非时标网络计划，按表 10-10 的规定记录计划的实施情况，并对计划中的未完工作进行计算判断。

表 10-10　　　　　　　　　　　　　网络计划检查结果分析表

工作编号	工作名称	检查时尚需作业时间	按计划最迟完成前尚需时间	总时差		自由时差		情况分析
				原有	目前尚有	原有	目前尚有	

（2）分析判断的方法。网络计划执行情况的检查与分析，可采用进度偏差（SV）和进度绩效指数（SPI）。其中

$$SV = BCWP - BCWS, SPI = BCWP \div BCWS$$

式中　　SV——进度偏差；

　　　　SPI——进度绩效指数；

　　$BCWP$——已完工作预算费用；

　　$BCWS$——计划工作预算费用。

当进度偏差（SV）为负值时，进度延误；当进度偏差（SV）为正值时，进度提前。当进度绩效指数（SPI）小于 1 时，进度延误；当进度绩效指数（SPI）大于 1 时，进度提前。

二、网络计划调整

网络计划的调整是在其检查分析发现矛盾之后进行的。通过调整，解决矛盾，有什么矛盾就调整什么。网络计划的调整内容包括：调整关键线路；利用时差调整非关键工作的开始时间、完成时间或工作持续时间；增减工作项目；调整逻辑关系；重新估计某些工作的持续时间；调整资源投入。调整时，可以只调整这 6 项内容之一项，也可以同时调整多项，还可以将几项结合起来进行调整，例如将工期与资源、工期与成本、工期资源及成本结合起来调整，以求综合效益最佳。只要能达到预期目标，调整越少越好。

1. 调整关键线路

调整关键线路时，针对实际进度提前或延误两种情况可选用下列方法：

（1）实际进度比计划进度提前。当不需要提前工期时，应选择资源占用量大或直接费用率高的后续关键工作，适当延长其持续时间，以降低其资源强度或费用；当需要提前工期

时，应将计划的未完成部分作为一个新计划，重新计算时间参数并确定关键工作，按新计划实施。

（2）实际进度比计划进度延误。当工期允许延长时，应将计划的未完成部分作为一个新计划，重新计算时间参数并确定关键工作，按新计划实施；当工期不允许延长时，应在未完成的关键工作中，选择资源强度小或直接费用率低的，缩短其持续时间，并把计划的未完成部分作为一个新计划，按工期优化方法进行调整。

2. 调整非关键工作

为了充分利用资源、降低成本、满足施工需要，非关键工作的调整应在其时差范围内进行，每次调整后应计算时间参数，判断调整对计划的影响。在降低资源强度前提下，进行调整可采用下列方法：

（1）将工作在最早开始时间与最迟完成时间范围内移动。

（2）延长工作持续时间。

（3）缩短工作持续时间。

3. 增减工作项目

（1）增、减工作项目时，应对局部逻辑关系进行调整，但不应打乱原网络计划总的逻辑关系，以便使原计划得以实施。增加工作项目，只是对原遗漏或不具体的逻辑关系进行补充；减少工作项目，只是对提前完成了的工作项目或原不应设置而设置了的工作项目予以消除。只有这样，才是真正的调整，而不是重编计划。

（2）增减工作项目之后，应重新计划时间参数，以分析此调整是否对原网络计划工期有影响。当对工期有影响时，应采取措施，保证计划工期不变。

4. 调整逻辑关系

当改变施工方法或组织方法时，应调整逻辑关系，并应避免影响原定计划工期和其他工作。一般说来，只能调整组织关系，而工艺关系不宜进行调整，以免打乱原计划。

5. 调整工作持续时间

当发现某些工作的原持续时间有误或实现条件不充分时，应重新估算其持续时间。调整后应对网络计划的时间参数重新计算，观察对总工期的影响。

6. 调整资源投入

当资源供应发生异常时，应采用资源优化方法对计划进行调整或采取应急措施，使其对工期影响最小。所谓发生异常，即因供应满足不了需要（中断或强度降低），影响到计划工期的实现。资源调整的前提是保证工期或使用工期适当，故应进行工期规定资源有限或资源强度降低工期适当的优化，从而达到使调整取得好的效果的目的。

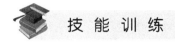 技 能 训 练

一、单项选择

1. 一般情况下，编制的工程网络计划中计划工期应（　　）。

　　A. 等于要求工期　　　　　　　B. 等于计算工期

　　C. 不超过要求工期　　　　　　D. 不超过计算工期

2. 双代号网络计划中的节点表示（　　）。

A. 工作的连接状态　　　　　　B. 工作的开始

C. 工作的结束　　　　　　　　D. 工作的开始或结束

3. 在某工程双代号网络计划中，如果以关键节点为完成节点的工作有 3 项，则该 3 项工作（　　）。

A. 自由时差相等　　　　　　　B. 总时差相等

C. 全部为关键工作　　　　　　D. 至少有一项为关键工作

4. 在工程网络计划中，判别关键工作的条件是（　　）最小。

A. 自由时差　　　　　　　　　B. 总时差

C. 持续时间　　　　　　　　　D. 时间间隔

5. 在双代号或单代号网络计划中，工作的最早开始时间应为其所有紧前工作（　　）。

A. 最早完成时间的最小值　　　B. 最早完成时间的最大值

C. 最迟完成时间的最小值　　　D. 最迟完成时间的最大值

6. 在工程网络计划中，某工作的最迟完成时间与其最早完成时间的差值是（　　）。

A. 该工作的自由时差　　　　　B. 该工作的总时差

C. 该工作的持续时间　　　　　D. 该工作与其紧后工作之间的时间间隔

7. 在工程网络计划中，工作的自由时差是指在不影响（　　）的前提下，该工作可以利用的机动时间。

A. 紧后工作最早开始　　　　　B. 本工作最迟完成

C. 紧后工作最迟开始　　　　　D. 本工作最早完成

8. 当双代号网络计划的计算工期等于计划工期时，关于关键工作的说法，错误的是（　　）。

A. 关键工作的持续时间最长

B. 关键工作的自由时差为零

C. 相邻两项关键工作之间的时间间隔为零

D. 关键工作的最早开始时间与最迟开始时间相等

9. 某工程双代号网络计划的计划工期等于计算工期，工作 F 的完成节点为关键节点，则该工作（　　）。

A. 为关键工作　　　　　　　　B. 自由时差小于总时差

C. 自由时差为零　　　　　　　D. 自由时差等于总时差

10. 在工程网络计划执行过程中，若某项工作比原计划拖后，而未超过该工作的自由时差，则（　　）。

A. 不影响总工期，影响后续工作　　B. 不影响后续工作，影响总工期

C. 对总工期及后续工作均不影响　　D. 对总工期及后续工作均有影响

11. 在双代号时标网络计划中，若某工作箭线上没有波形线，则说明该工作（　　）。

A. 在关键工作线路上　　　　　B. 自由时差为零

C. 总时差等于自由时差　　　　D. 自由时差不超过总时差

12. 在工程网络计划中，工作 F 的最早开始时间为第 15d，其持续时间为 5d。该工作有三项紧后工作，它们的最早开始时间分别为第 24d、第 26d 和第 30d，最迟开始时间分别为第 30d、第 30d 和第 32d，则工作 F 的总时差和自由时差（　　）。

　　A. 分别为 10d 和 4d　　　　　　　　　B. 分别为 10d 和 10d

　　C. 分别为 12d 和 4d　　　　　　　　　D. 分别为 12d 和 10d

13. 在酒店装饰装修工程网络计划中，已知工作 F 总时差和自由时差分别为 6d 和 4d，但在对实际进度进行检查时，发现该工作的持续时间延长了 5d，则此时工作 F 的实际进度对其紧后工作最早开始时间和总工期的影响（　　　）。

　　A. 延后 1d，但不影响总工期　　　　　B. 延后 5d，但不影响总工期

　　C. 延后 4d，并使总工期延长 1d　　　　D. 延后 5d，并使总工期延长 1d

14. 当计算工期不能满足合同要求时，应首先压缩（　　　）的持续时间。

　　A. 关键工作　　　　　　　　　　　　B. 非关键工作

　　C. 总时差最长的工作　　　　　　　　D. 持续时间最长的工作

15. 实际进度前锋线必须用（　　　）进行进度检查。

　　A. 横道进度计划　　　　　　　　　　B. 里程碑计划

　　C. 时标网络计划　　　　　　　　　　D. 搭接网络计划

16. 在网络计划的工期优化过程中，缩短持续时间的工作应是（　　　）。

　　A. 直接费用率最小的关键工作　　　　B. 直接费用率最大的关键工作

　　C. 直接费用率最小的非关键工作　　　D. 直接费用率最大的非关键工作

二、多项选择

1. 在工程网络计划中，关键工作是（　　　）的工作。

　　A. 总时差最小　　　　B. 关键线路上　　　　C. 自由时差为零

　　D. 持续时间最长　　　E. 两端节点为关键节点

2. 当工程网络计划的计划工期等于计算工期时，关于关键线路的说法，正确的有（　　　）。

　　A. 双代号网络计划中由关键节点组成　　B. 双代号时标网络计划中没有波形线

　　C. 双代号网络计划中总持续时间最长　　D. 时标网络计划中没有波形线

　　E. 单代号搭接网络计划中相邻工作时间间隔均为零

3. 相比其他类型网络计划，双代号时标网络计划的突出优点有（　　　）。

　　A. 可以确定工期　　　　　　　　　　B. 时间参数一目了然

　　C. 可以按图进行资源优化和调整　　　D. 可以确定工作的开始和完成时间

　　E. 可以不通过计算而直接在图上反映时间

4. 在某安装工程网络计划中，已知工作 F 的自由时差为 3d。如果在该网络计划的执行过程中发现工作 F 的持续时间延长了 2d，而其他工作正常进展。关于工作 F 的说法，正确的有（　　　）。

　　A. 不会使总工期延长　　　　　　　　B. 不影响其后续工作的正常进行

　　C. 总时差和自由时差各减少 2d　　　　D. 自由时差不变，总时差减少 2d

　　E. 总时差不变，自由时差减少 2d

5. 某分部工程单代号网络计划如下图所示，其中关键工作有（　　　）。

　　A. 工作 B　　B. 工作 C　　C. 工作 D　　D. 工作 E　　E. 工作 F

6. 施工进度计划常用的检查方法主要有（　　　）。

　　A. 横道计划法　　　　　　　　　　　B. 网络计划法

C. 函询调查法   D. S 形曲线法

  E. 实际进度前锋线法

7. 施工进度计划的调整方式主要有（   ）。

  A. 单纯调整工期   B. 优化最佳施工成本

  C. 资源有限、工期最短调整   D. 工期固定、资源均衡调整

  E. 工期、成本调整

8. 对工程网络计划进行优化，其目的是使该工程（   ）。

  A. 资源强度最低   B. 总费用最低

  C. 资源需用量尽可能均衡   D. 资源需用量最少

  E. 计算工期满足要求工期

三、应用

1. 根据表 10-11 中网络图的资料，试确定节点位置号，绘出双代号网络图。

表 10-11   网络图资料（一）

工作	A	B	C	D	E	G	H
紧前工作	C、D	E、H	—	—	—	D、H	—

2. 根据表 10-12、表 10-13 网络图资料，绘出只有竖向虚工作（不允许有横向虚工作）的双代号网络图。

表 10-12   网络图资料（二）

工作	A	B	C	D	E	G
紧前工作	—	—	—	—	B、C、D	A、B、C

表 10-13   网络图资料（三）

工作	A	B	C	D	E	G	H	I	J
紧前工作	E	A、H	G、J	A、H、I	—	—	A、H	—	E

3. 根据表 10-14 资料，绘制双代号网络图，计算六个工作时间参数，并按最早时间绘制时标网络图。

表 10-14   网络图资料（四）

工作	A	B	C	D	E	G
持续时间	12	10	5	7	6	4
紧前工作	—	—	—	B	B	C、D

项目 11　单位工程施工组织设计

单位工程施工组织设计的工程项目各不相同，其所要求编制的内容也会有所不同，但其编制程序一般为：熟悉、审查图纸，调查研究、收集资料→编写单位工程工程概况→编制单位工程施工部署及主要施工方案→编制单位工程施工进度计划→编制单位工程资源配置计划→编制单位工程施工准备计划→设计单位工程施工现场平面布置图。

任务 1　工 程 概 况 编 制

一、工程概况编制的意义

工程概况是对整个拟建工程项目做出全面的概要性介绍，涉及工程建设、工程特征、自然条件、施工条件等各方面的情况。认真编写工程概况具有以下意义。

1. 使工程技术人员养成良好的调查研究工作习惯

由于规定了施工组织设计文件中要包含工程概况这部分内容，督促有关人员要在正式编制以前，自觉地进行全面调查研究，长此以往将会引导人们形成良好的工作习惯。

2. 为科学合理编制施工组织设计文件提供良好的基础条件

工程概况中的内容，与编制施工组织设计文件关系密切。能否科学合理地编制，取决于对工程的全面熟悉程度。通过工程概况的编制过程，使编制施工组织设计的有关人员自觉地查找收集相关资料，督促编制人员全面熟悉、掌握工程建设的全部条件。

3. 方便有关人员全面快捷地了解工程的全貌

施工组织设计文件编制完成后，经历一系列审批环节，有关审批人员能够通过工程概况全面认识工程建设的基本情况，不必重新收集整理各种信息。同时，施工组织设计文件在应用的过程中，更有交底和经常查阅等环节，方便众多的技术人员使用。

二、工程概况编制的内容

工程概况应包括工程主要情况、各专业设计简介和工程施工条件等。工程概况的内容应尽量采用图表进行说明。

1. 工程主要情况

（1）工程名称、性质和地理位置。

（2）工程的建设、勘察、设计、监理和总承包等相关单位的情况。

（3）工程承包范围和分包工程范围。

（4）施工合同、招标文件或总承包单位对工程施工的重点要求。

（5）其他应说明的情况。

2. 各专业设计简介

（1）建筑设计简介应依据建设单位提供的建筑设计文件进行描述，包括建筑规模、建筑功能、建筑特点、建筑耐火、防水及节能要求等，并应简单描述工程的主要装修做法。

（2）结构设计简介应依据建设单位提供的结构设计文件进行描述，包括结构形式、地基基础形式、结构安全等级、抗震设防类别、主要结构构件类型及要求等。

（3）机电及设备安装专业设计简介应依据建设单位提供的各相关专业设计文件进行描述，包括给水、排水及采暖系统、通风与空调系统、电气系统、智能化系统、电梯等各个专业系统的做法要求。

3．工程施工条件

（1）项目建设地点气象状况。简要介绍项目建设地点的气温、雨、雪、风和雷电等气象变化情况以及冬、雨期的期限和冬季土的冻结深度等情况。

（2）项目施工区域地形和工程水文地质状况。简要介绍项目施工区域地形变化和绝对标高，地质构造、土的性质和类别、地基土的承载力，河流流量和水质、最高洪水水位和枯水期水位，地下水位的高低变化，含水层的厚度、流向、流量和水质等情况。

（3）项目施工区域地上、地下管线及相邻的地上、地下建（构）筑物情况。

（4）与项目施工有关的道路、河流等状况。

（5）当地建筑材料、设备供应和交通运输等服务能力状况。简要介绍建设项目的主要材料、特殊材料和生产工艺设备供应条件及交通运输条件。

（6）当地供电、供水、供热和通信能力状况。按照施工需求描述相关资源提供能力及解决方案。

（7）其他与施工有关的主要因素。

三、工程概况编制的要求

1．向建设单位咨询有关内容

在编制工程建设概况时，施工单位编制人员应及时地向建设单位全面咨询有关情况，了解拟建工程的重要程度、时限性程度、质量标准要求、资金状况等因素。

2．向勘察单位或设计单位咨询有关内容

施工单位编制人员收集到的现有资料中，地质资料往往并不多，这就要求有关人员向勘察单位或设计单位咨询工程有关的内容。如在编写工程建设地点特征时，大部分内容与地质勘察报告有关。

3．详细阅读施工图设计文件

施工图是编制施工组织设计文件的主要依据，有关工程的建筑结构设计情况均可在施工图中查得。一是重点阅读设计说明；二是全面阅读施工图；三是查阅图纸会审记录或设计变更等。

4．开展当地的社会调查和工程现场考察

有关工程的各项施工条件，很多方面都与社会企业生产供应有关。或许以往已经积累了较多的认识，但不一定全面具体，需要时应进行社会走访调查，向有关企业或人员咨询。工程现场的环境条件直接影响施工方案和措施的制定，也许在投标前有一定的认识，但编制标后施工组织设计的人员可能要多一些，或者人员有变更，所以工程施工现场的考察应重视。

5．组织对工程的分析和讨论

对于相对大型的、技术复杂的、缺少施工经验的工程，其施工特点分析应集中多数人的智慧，尤其对新结构、新材料、新技术、新工艺的工程，通过组织工程的分析和讨论会议，找准施工的难点和关键所在。

6. 工程概况的文字整理应条理清晰、内容完整

同一类属性的内容要集中在一个部分内编写。如属于建筑设计特点的内容不能与属于结构设计特点的内容混合在一起；属于工程建设概况特点的不能与施工条件的内容混合在一起等；工程概况的文字整理也应内容完整，即能够体现工程建设的全貌。

7. 工程概况的表达可多样化

文字整理时可采用文字、图、表等多样形式表达，不一定局限在仅以文字表述的形式，某些内容通过图表等能够更直观地体现出来。

四、工程概况编制示例

以下为根据工程施工图纸和工程合同编制的工程概况示例。

1. 编写总体情况（表 11-1）

表 11-1　　　　　　　　　　　　总　体　情　况

工程名称	××变电室
建筑地点	新建南厂污水处理站北侧
建设单位	××××有限公司
设计单位	×××建筑设计研究院有限公司
监理单位	×××监理有限公司
定额工期	90 天（全国统一建筑安装工程工期定额）
合同工期	73 天（2015 年 3 月 2 日~2015 年 5 月 13 日）
计划工期	72 天（2015 年 3 月 2 日~2015 年 5 月 12 日）
质量目标	合格
工程特点	使用功能为变电室，一层，建筑面积 91.71m²，建筑高度为 6.8m

2. 编制工程设计概况

（1）建筑设计概况。工程材料及做法见表 11-2。

表 11-2　　　　　　　　　　　　**工程材料及做法**

部位及名称	工程材料及做法
内外砖墙	±0.000 以下用 MU10 黏土实心砖 M5 水泥砂浆砌筑，其余用 MU10 烧结多孔砖 M5 混合砂浆砌筑，砌体砌筑施工质量控制等级为 B 级
电缆沟	M5 水泥砂浆砌筑标准砖地沟
散水	混凝土散水宽 600：素土夯实向外坡 4%，60 厚 C15 混凝土，20 厚 1:2 水泥砂浆抹面，压实抹光
外墙面	乳胶漆墙面：12 厚 1:3 水泥砂浆打底，6 厚 1:2.5 水泥砂浆压实抹光，刷外墙用乳胶漆，颜色见建施中立面图
屋面	卷材防水屋面：现浇钢筋混凝土屋面板；20 厚 1:3 水泥砂浆找平层；刷基层处理剂一道，铺 SBS 卷材一层；洒细砂一层；40 厚 C20 细石混凝土内配 φ4@150 双向钢筋，粉平压光
外门窗	成品金属防盗门，80 系列塑钢窗
地面	水泥地面：素土夯实；100 厚碎石夯实；80 厚 C20 混凝土随捣随抹，表面撒 1:1 水泥黄砂压实抹光
内墙面	乳胶漆墙面：12 厚 1:1:6 水泥石灰膏砂浆打底；5 厚 1:0.3:3 水泥石灰膏砂浆粉面压实抹光；刷白色乳胶漆
顶棚	乳胶漆顶棚：现浇板；6 厚 1:0.3:3 水泥石灰膏砂浆打底扫毛；刷素水泥浆一道；6 厚 1:0.3:3 水泥石灰膏砂浆粉面；刷白色乳胶漆

部位及名称	工程材料及做法
其他	1. 雨水管为 $\phi100PVC$ 2. 油漆做法：防锈漆一度，刮腻子，海蓝色调和漆二度 3. 所用涂料应在施工前现场做样后由建设单位及建筑师审定 4. 安装分部工程材料及做法（略）

（2）结构设计概况（见表 11-3）。

表 11-3 结构设计概况

基础垫层	混凝土强度等级	砖或砌块品种及强度等级	砂浆品种
基础	C20	MU10 黏土实心砖	M5 水泥砂浆
上部结构	C20	MU10 烧结多孔砖	M5 混合砂浆
电缆沟	预制盖板 C20	MU10 黏土实心砖	M5 水泥砂浆

1）耐久等级按二级设计，结构设计使用年限为 50 年。

2）屋面现浇板混凝土 C20，板厚 120mm。

3）受力钢筋混凝土保护层厚度（见表 11-4）。

（3）设备安装设计概况。略，具体详见有关设计图纸。

表 11-4 受力钢筋混凝土保护层厚度

混凝土结构构件	板	梁	柱
保护层厚度（mm）	20	30	30

3. 描述现场施工条件

（1）本工程位于南厂污水处理站东侧，施工区域相对独立空旷（电缆沟盖板可现场预制），现场"三通一平"工作已由建设单位完成；施工用水、用电均可从施工现场附近引出；其正南面与厂区道路相接，可运入建筑施工材料。

（2）根据勘察设计室提供的厂区工程地质勘察报告书，本工程地基按承载力特征值 $f_{ak}=150kPa$ 设计，基槽开挖至设计标高需验槽以调整设计参数。

（3）有关气象、气候条件参阅××市有关资料。

任务 2 施工部署与主要施工方案确定

一、施工部署

1. 制定工程施工目标

工程施工目标应根据施工合同、招标文件以及本单位对工程管理目标的要求确定，包括进度、质量、安全、环境和成本等目标。当单位工程施工组织设计作为施工组织总设计的补充时，其各项目标的确立应同时满足施工组织总设计中确立的施工目标。

2. 确定施工部署的原则

（1）施工部署中的进度安排和空间组织应符合下列规定：

1）施工部署应对本单位工程的主要分部（分项）工程和专项工程的施工做出统筹安排，施工顺序应符合工序逻辑关系，对工程主要施工内容及其进度安排应明确说明。

2）施工流水段划分应根据工程特点及工程量分阶段进行合理划分，并应说明划分依据及流水方向，确保均衡流水施工。单位工程施工阶段一般分为地基基础、主体结构、装修装饰和机电设备安装三个阶段。

（2）对于工程施工的重点和难点应进行分析，包括组织管理和施工技术两个方面。重点、难点工程的施工方法选择应着重考虑影响整个单位工程的分部（分项）工程，如工程量大、施工技术复杂或对工程质量起关键作用的分部（分项）工程。

（3）对于工程施工中开发和使用的新技术、新工艺应做出部署，对新材料和新设备的使用应提出技术及管理要求。

（4）对主要分包工程施工单位的选择要求及管理方式应进行简要说明。

3. 确定项目管理组织机构的组建方案

总承包单位应明确项目管理组织机构形式，并确定项目经理部的工作岗位设置及其职责划分。项目管理组织机构形式宜采用框图的形式表示。

二、主要施工方案的确定

施工方案的选择制定是单位工程施工组织设计的核心内容，直接关系到单位工程的施工质量、进度编排、工期指标、施工安全、施工生产效率以及经济效果等，因此应在多个可行的初步方案基础上，进行对比分析和评价，力求选择制订经济合理的施工方案。

为使施工方案的编制内容全面，能够真正指导工程施工，施工方案的内容应包括以下四个方面：确定施工程序及施工顺序；确定流水施工组织；确定主要分部分项工程的施工方法和选择施工机械；制订主要的技术组织措施等。

（一）确定施工程序及施工顺序

施工程序及施工顺序均是指组织工程施工过程中，相关内容的施工先后次序安排。其中有些次序的安排是客观的存在，反映了事物一成不变的规律，应严格遵循；另有一些次序安排是可变的，应合理确定。这种不变与可变交织在一起，要求施工人员在众多的次序安排中，选择出既符合客观规律，又经济合理的施工程序及施工顺序。

1. 施工程序及施工顺序的确定应遵循的基本原则

（1）必须符合施工工艺的要求。建筑物在建造过程中，各分部分项工程之间存在着一定的工艺顺序关系，它随着建筑物结构和构造的不同而变化，应在分析建筑物各分部分项工程之间的工艺关系的基础上确定施工顺序。例如，基础工程未做完，其上部结构就不能进行，垫层需在土方开挖后才能施工；采用砌体结构时，下层的墙体砌筑完成后方能施工上层楼面；但在框架结构工程中，墙体作为围护或隔断，则可安排在框架施工全部或部分完成后进行。

（2）必须与施工方法协调一致。例如，在装配式单层工业厂房施工中，如采用分件吊装法，则施工顺序是先吊装柱，再吊装梁，最后吊装各个间的屋架及屋面板等；如采用综合吊装法，则施工顺序为一个间全部构件吊装完成后，再依次吊装下一个间，直至构件吊装完。

（3）必须考虑施工组织的要求。例如，有地下室的高层建筑，其地下室地面工程可以安排在地下室顶板施工前进行，也可以安排在地下室顶板施工后进行。从施工组织方面考虑，前者施工较方便，上部空间宽敞，可以利用吊装机械直接将地面施工用的材料运送到地下室；而后者，地面材料运输和施工就比较困难。

（4）必须考虑施工质量的要求。在安排施工顺序时，要以保证和提高工程质量为前提，影响工程质量时，要重新安排施工顺序或采取必要的技术措施。例如，屋面防水层施工，必须等找平层干燥后才能进行，否则将影响防水工程的质量，特别是柔性防水层的施工。

（5）必须考虑当地的气候条件。例如，在冬期和雨期施工到来之前，应尽量先做基础工程、室外工程、门窗玻璃工程，为地上和室内工程施工创造条件。这样有利于改善工人的劳动环境，有利于保证工程质量。

（6）必须考虑安全施工的要求。在立体交叉、平行搭接施工时，一定要注意安全问题。例如，在主体结构施工时，水、暖、煤、卫、电的安装与构件、模板、钢筋等的吊装和安装不能在同一个工作面上，必要时采取一定的安全保护措施。

2. 施工程序的确定

施工程序是在总体上相对宏观的角度对施工任务中相关内容进行的先后次序安排。在一个单项工程中，主要是对各有关单位工程、分部工程之间的总体实施次序的安排。一般应遵循的基本原则有：

（1）先地下，后地上，指的是在地上工程开始之前，先把地下工程施工完成。一个建筑工程先完成基础部分再施工地上主体部分，这是不变的次序。但其他地下工程内容也应先完成，如把有关的地下管道、线路等地下设施及其涉及的土方工程完成或基本完成后，再地上部分施工，这样可以避免对地上部分施工产生干扰，从而带来施工不便，造成浪费，影响工程质量。

（2）先主体，后围护，指的是框架结构建筑和装配式结构工程施工中，先进行主体结构施工，后完成围护工程。这种次序安排也是不变的，但有时可以安排适当搭接施工。

如框架主体结构与围护工程在总的施工程序不变的前提下，安排主体结构与围护工程搭接施工。一般来说，多层建筑以少搭接为宜，而高层建筑则应尽量搭接施工，以缩短施工工期。

（3）先结构，后装修，指的是结构完成后，再进行装饰工程施工。在结构与装饰层不在一体上时，这种次序安排也是不变的。但有时高层建筑工程为了缩短施工工期，在满足先结构后装修的总体施工程序不变的前提下，也可以有部分合理的搭接。

（4）先土建，后设备，主要指的是先完成土建施工，再进行大型生产设备的安装。但当设备较重、尺寸规格较大时，就应考虑设备安装与土建施工交叉配合的安排先土建，后设备的广义层面理解，还包括土建施工应先于水、暖、煤、卫、电等建筑设备的施工。但它们之间更多的是穿插配合关系，尤其在装修阶段，要从保证施工质量、降低成本的角度，处理好相互之间的关系。

应当强调以上原则并不是一成不变的，在特殊情况下，如在冬期施工之前，应尽可能成土建和围护工程，以利于施工中的防寒和室内作业的开展，从而达到改善工人的劳动环境、缩短工期的目的；又如大板建筑施工，大板承重结构部分和某些装饰部分宜在加工厂同时完成。因此，随着我国施工技术的发展、企业经营管理水平的提高，以上原则也在进一步完善。

3. 分部分项工程施工顺序的确定

分部分项工程施工顺序是在细部上相对微观的角度对施工任务中相关内容进行的先后次

序安排，即单位工程中各子分部工程、各分项工程之间施工次序的安排。

（1）确定分部分项工程施工顺序的基本要领。

1）结合拟编制的施工进度计划内容，前后协调，总体上与其保持一致，进行施工过程的划分。同时，为了使施工顺序阐述更细致清晰，可以对施工过程适当详细的划分。

2）为了使自身思路清晰，也为了让他人易于了解易懂，把确定出来的施工顺序用 A→B→C→D→E→F 等顺序箭线形式表达出来，还可以用顺序框图形式进行表达。

3）一个单位工程涉及的施工过程数量很多，一般可以分阶段地阐述，即把施工过程中相对独立完整的部分分别编制顺序安排，再把各独立部分之间的衔接表达清楚。例如可以按照基础工程、主体工程、屋面及装饰工程等不同阶段分别表述。对某些大型工程，在一个阶段内又有许多复杂工程内容，可以进一步分割成几个相对独立部分来阐述其施工顺序的安排。

4）对某一独立部分或施工阶段，所包含的施工过程数量较多，并且还有许多交叉施工、平行施工、搭接施工等内容。安排施工顺序时，应首先理出该阶段的全部主要的工程施工内容，然后再确定出一个（或几个）总体施工顺序的主线，再围绕该顺序主线，表达其他施工过程与之存在的相互关系。

5）可参照有关有规律的、成型的施工过程顺序安排的样例。

6）向工程技术人员咨询。

（2）基础工程施工顺序。

1）钢筋混凝土基础。一般钢筋混凝土基础的施工顺序为：基坑（槽）挖土→垫层施工→绑扎基础钢筋→基础支模板→浇筑混凝土→养护→拆模→回填土。如果开挖深度较大，地下水位较高，则在挖土前应进行土壁支护和施工降水等工作。

箱形基础工程的施工顺序为：支护结构施工→土方开挖→垫层施工→地下室底板施工→地下室柱、墙施工及做防水→地下室顶板施工→回填土。

2）桩基础。预制桩的施工顺序为：桩的制作→弹线定桩位→打桩→接桩→截桩→桩承台和承台梁施工。灌注桩的施工顺序为：弹线定桩位→成孔→验孔→吊放钢筋笼→浇筑混凝土→桩承台和承台梁施工。

（3）主体结构工程施工顺序。主体结构工程的施工顺序与结构体系、施工方法有极密切的关系，应视工程具体情况合理选择。主体结构工程常用的结构体系有砌体结构、框架结构、剪力墙结构等。

1）砌体结构。若楼板为预制构件时，砌体结构主体工程的施工顺序为：搭脚手架→砌墙→安装门窗框→安装门窗过梁→现浇圈梁和构造柱→现浇楼梯→安装楼板→浇板缝→现浇雨篷及阳台等。

当楼板现浇时，砌体结构其主体工程的施工顺序为：搭脚手架→构造柱绑扎钢筋→墙体砌筑→安装门窗过梁→支构造柱模板→浇构造柱混凝土→安装梁、板、楼梯模板→绑扎梁、板、楼梯钢筋→浇梁、板、楼梯混凝土→现浇雨篷及阳台等。

2）框架结构。当楼层不高或工程量不大时，柱、梁、板可一次整体浇筑。此时，框架结构主体的施工顺序一般为：绑扎柱钢筋→支柱、梁、板模板→绑扎梁、板钢筋→浇柱、梁、板混凝土→养护→拆模。

当楼层较高或工程量较大时，柱与梁、板间分两次浇筑。此时，框架结构主体的施工顺序一般为：绑扎柱钢筋→支柱、梁、板模板→浇柱混凝土→绑扎梁、板钢筋→浇梁、板混凝土→养护→拆模。

3）剪力墙结构。主体结构为现浇钢筋混凝土剪力墙，可采用大模板或滑模工艺。

现浇钢筋混凝土剪力墙结构采用大模板工艺，分段组织流水施工，施工速度快，结构整体性、抗震性好。其标准层的施工顺序一般为：弹线→绑扎墙体钢筋→支墙模板→浇筑墙身混凝土→养护→拆墙模板→支楼板模板→绑扎楼板钢筋→浇筑楼板混凝土。随着楼层施工，电梯井、楼梯等部位也逐层插入施工。

（4）屋面工程施工顺序。屋面工程的施工顺序手工操作多、需要时间长，应在主体结构封顶后尽快完成，使室内装饰尽早进行。一般情况下，屋面工程可以和装饰工程搭接或平行施工。

无保温层、架空层的柔性防水屋面的施工顺序一般为：结构基层处理→找平找坡→冷底子油结合层→铺卷材防水层→做保护层。

有保温层的柔性防水屋面的施工顺序一般为：结构基层处理→找平层→隔气层→铺保温层→找平找坡→冷底子油结合层→铺卷材防水层→做保护层。

（5）装饰装修工程施工顺序。

1）室内装饰与室外装饰之间的施工顺序。室内外装饰工程的施工顺序通常有先内后外、先外后内、内外同时进行三种，具体确定哪种顺序，应视施工条件和气候条件而定。通常室外装饰应避开冬季或雨季。当室内为水磨石楼面时，为防止楼面；施工时水的渗漏对外墙面的影响，应先完成水磨石的施工；如果为了加快脚手架周转或要赶在冬季或雨季到来之前完成外装修，则应采取先外后内的顺序。

2）内装饰的施工顺序和施工流向。室内装饰工程一般有自上而下、自下而上、自中而下再自上而中三种施工流向。

内装饰工程施工顺序随装饰设计的不同而不同。例如：某框架结构主体室内装饰工程施工顺序为：结构基层处理→放线→做轻质隔墙→贴灰饼冲筋斗立门窗框→各类管道水平支管安装→墙面抹灰→管道试压→墙面喷涂贴面→吊顶→地面清理→做地面、贴地砖→安门窗扇→安风口、灯具、洁具→调试→清理。

同一层的室内抹灰施工顺序有：楼地面→顶棚→墙面和顶棚→墙面→地面两种。

3）外装饰的施工顺序和施工流向。室外装饰工程一般都采取自上而下施工流向，即从女儿墙开始，逐层向下进行。在由上往下每层所有分项工程（工序）全部完成后，即开始拆除该层的脚手架，拆除外脚手架后，填补脚手眼，待脚手眼灰浆干燥后再进行室内装饰。各层完工后，则可以进行勒脚、散水及台阶的施工。

外装饰工程施工顺序随装饰设计的不同而不同。例如，某框架结构主体室外装饰工程施工顺序为：结构基层处理→放线→贴灰饼冲筋→立门窗框→抹墙面底层抹灰→墙面中层找平抹灰→墙面喷涂贴面→清理→拆本层外脚手架→进行下一层施工。

由于大模板墙面平整，只需在板面刮泥子，面层刷涂料。大模板不采用外脚手架，结构外装饰采用吊式脚手架（吊篮）。

（二）组织流水施工

组织流水施工的优势、条件、组织方法等已在项目8中进行了详细阐述，本部分不再赘述。这里仅说明施工方案制定与其有关的问题及要点。

1. 施工段的划分

一般地，在基础、主体、室内装修等阶段均应采用流水施工方式，可以分阶段地分别说明如何划分施工段。

基础工程阶段要在平面上划分施工段，运用平面简图标明施工段的分界线所处的轴线位置，标准施工段的顺序号。

主体工程阶段也要在平面上划分施工段，运用平面简图标明施工段的分界线所处的轴线位置，标准施工段的顺序号。同时，在竖向上要确定施工层的划分，无特殊情况时可按一个自然楼层进行划分，对于没有明显楼层的构筑物，可按一定竖向长度单位划分施工层，用示意图标出。

室内装饰工程阶段通常以一个自然楼层作为一个施工段，这种划分虽然处于竖向上，但一定要理解为施工段，不宜理解为施工层。主要是因为在装饰施工阶段各层楼板均已施工完毕，不存在层间控制问题，可以假想成是在一个平面上的各个施工区段。

每个阶段的施工段划分不一定一致，如基础划分为两段，而主体划分为三段是可能存在的，要根据具体工程情况决定。

每个阶段的施工段划分，应指导进度计划的安排，两者前后必须统一、协调一致，即进度计划的安排组织流水施工中，其施工段划分的位置、数量必须与施工方案一致。

通过施工段的划分，并标出了施工段编号，结合施工顺序的安排，施工的起点和流向就已经明确。这就要求在标注施工段编号时，必须认真分析，应根据不同施工段的楼层数量、不同施工段的周围施工环境空间利用情况、施工难易复杂程度、建设单位先期投产要求等诸多因素合理确定编号，即合理确定施工的起点和流向。

2. 流水施工的组织方式

在组织流水施工时，应根据建筑工程的特点、性质和施工条件组织全等节拍、成倍节拍和分别流水等施工方式。

若流水组中各施工过程的流水节拍大致相等，或者各主要施工过程流水节拍相等，在施工工艺允许的情况下，尽量组织流水组的全等节拍专业流水施工，以达到连续施工、无施工段空闲并缩短工期的目的。

若流水组中各施工过程的流水节拍存在整数倍关系，在施工条件和劳动力允许的情况下，可以组织流水组的成倍节拍专业流水施工，即等步距异节拍流水。

若不符合上述两种情况，则可以组织一般的异节奏流水施工，即异步距异节拍流水，但应尽量保持主导施工过程的连续性。

对于一个单位工程而言，应划分为若干个分部工程（或流水组），各分部工程组织独立的流水施工，然后将各分部工程流水按施工组织和工艺关系搭接起来，组成单位工程的流水施工，也就是常用的分别流水施工。

（三）选择主要分部分项工程的施工方法和施工机械

正确选择施工方法和施工机械是制订施工方案的关键。单位工程各个分部分项工程均可采用各种不同的施工方法和施工机械进行施工，而每一种施工方法和施工机械又都有其优缺点。因此，必须从先进、经济、合理的角度出发，选择施工方法和施工机械，以达到提高工程质量、降低工程成本、提高劳动生产率和加快工程进度的预期效果。

1. 选择施工方法和施工机械的主要依据和基本要求

在单位工程施工中，施工方法和施工机械的选择主要应根据建筑结构的工程特点、工程建设地点特征、资源供应条件、施工条件和施工单位的技术装备、管理水平等因素综合考虑。也就是说，工程概况中的许多条件因素与此有关，进一步说明了工程概况的编制目的、意义。

选择施工方法和施工机械应满足的基本要求有：

（1）应考虑主要分部分项工程的要求。应从单位工程施工全局出发，着重考虑影响整个工程施工的主要分部分项工程的施工方法和施工机械选择。而对于一般的、常见的、工人熟悉的、工程量小的以及对施工全局和工期无多大影响的分部分项工程，只要提出若干注意事项和要求即可。

主要分部分项工程对工程的进度、质量、资源用量等起到关键作用，故应以主要分部分项工程为出发点。主要分部分项工程是指工程量大、所需时间长、占工期比例大的工程；施工技术复杂或采用新技术、新工艺、新结构、新材料的分部分项工程；对工程质量起关键作用的分部分项工程。对施工单位来说，某些结构特殊或缺乏施工经验的工程也属于主要分部分项工程。

（2）应符合施工组织总设计的要求。若本工程是整个建设项目中的一个项目，则其施工方法和施工机械的选择应符合施工组织总设计中的有关要求。涉及协调统一，便于安排施工队伍、机械设备以及材料供应等方面，以便减少管理成本。

（3）应满足施工技术的要求。施工方法和施工机械的选择，必须满足施工技术的要求。如预应力张拉方法和机械的选择应满足设计、质量、施工技术的要求。又如吊装机械的类型、型号、数量的选择应满足构件吊装技术和工程进度要求。

（4）应考虑符合工厂化和机械化施工的要求。单位工程施工，原则上应尽可能实现、提高工厂化和机械化的施工程度。这是建筑施工发展的需要，也是提高工程质量、降低工程成本、提高劳动生产率、加快工程进度和实现文明施工的有效措施。这里所说的工厂化，是指建筑物的各种钢筋混凝土构件、钢结构构件、木构件、钢筋加工、混凝土预拌等应最大限度地实现工厂化制作，最大限度地减少现场作业。而机械化程度不仅是指单位工程施工要提高机械化程度，还要充分发挥机械设备的效率，减轻繁重的体力劳动。

（5）应符合先进、合理、可行、经济的要求。选择施工方法和施工机械，除要求先进、合理之外，还要考虑对施工单位是可行的、经济的。必要时，要进行分析比较，从施工技术水平和实际情况出发，选择先进、合理、可行、经济的施工方法和施工机械。

（6）应满足工期、质量、成本和安全的要求。所选择的施工方法和施工机械应尽量满足缩短工期、有利于提高工程质量、降低工程成本、确保施工安全的要求。

2. 选择施工方法和施工机械的编制要点

（1）根据拟建工程对象，整理出所包含的主要分部分项工程内容，列出名称。

（2）确定属于拟编制专项施工方案中包括的分部分项工程内容，去掉这些内容，其余的属于本方案中应编制的内容。

（3）对已经确定属于本方案应编制的内容进行分析，理出不同层次要求，即重点编制内容、一般编制内容和不需编制内容。

（4）按照分析结论，对拟编制的分部分项工程内容列出编制框架提纲。

（5）着手对提纲中的内容组织编写，具体要求是：

1）定义自己的身份，即是一名参与该工程施工组织的工程技术人员，在确定技术方案方面是一名决策者，要对这些分部分项工程的施工方法、所选用施工机械等拍板定案。切忌不要像写文章那样，论述各种办法。

2）每一部分内容的编制，其实质主要就是回答完一系列问题，即用什么办法完成施工（可能会涉及的有：所用材料、流程步骤、空间布局、技术要点、质量要求、保证措施、安全防范等）？用什么机械（独立使用或配合）完成（可能会涉及的有：机械种类、型号、数量确定、机械布局或运行工作方式）？技术质量要点及安全等保证措施是什么？

（6）整理成文，图表配合。

（7）参照有关的实际工程的成果或咨询等。

（四）制订技术组织措施

制订主要的技术组织措施是施工方案的内容之一。现阶段实际工程中，往往由于这部分涉及内容较多，且在标前施工组织设计编制时，招标人又单独提出制订有关的硬性措施，人们逐渐习惯于把这部分内容从施工方案中分离出来，构成施工组织设计独立的一部分。

"措施"是针对事物存在或可能存在的某种情况（表现形式）而采取的处理办法。在建筑工程施工中，假如现浇楼板中的负筋有塌落现象，那么人们可能会采取的对策有：

①钢筋绑扎施工方法中设置专门制作的支架（或马凳）。

②浇筑混凝土之前有专人负责检查调整。

③施工管理组织中，安排质量监督员专项监督。

④在浇筑的楼板区域搭设操作平台。

⑤浇筑过程中安排 2 名专门的人员，对已经出现塌落的钢筋，伴随混凝土的浇筑过程用专门工具进行提升负筋。

这一系列对策、办法或手段都是"措施"。从中也看到，其中的①、④是技术性的，属于技术措施，其中的②、③、⑤是组织管理层面采取的措施，所以在制订各项措施时，必须着眼于技术措施和组织措施两个方面制订。另外，从中还可以看到的是，措施①、②、③、④具有预防性，而措施⑤是已经产生问题后采取补救性质的纠正措施，存在于事中或事后。所以在制订各项措施时，也应注重事前控制、事中控制及事后控制的结合。

对于一个单位工程施工而言，需要制订技术组织措施的方面很多，常见的主要有：

（1）确保工程质量的技术组织措施。

（2）预防质量通病的技术组织措施。

（3）确保工期的技术组织措施。

（4）确保安全生产的技术组织措施。

（5）确保文明施工的技术组织措施。

（6）施工环境保护的技术组织措施。

（7）预防噪声污染的技术组织措施。

（8）降低工程成本的技术组织措施。

（9）防暑降温措施。

（10）成品保护措施。

（五）施工方案的技术经济评价

施工方案的技术经济评价就是在多个拟订的施工方案中选择最优方案。施工方案的技术经济评价有定性分析和定量分析两种。

　　1. 定性分析

　　定性分析是根据实践经验，对若干个施工方案进行优缺点比较，从中选择出比较合理的施工方案。如技术上是否可行、安全上是否可靠、经济上是否合理、资源上能否满足要求等。此方法比较简单，但主观性较大。

　　2. 定量分析

　　施工方案的技术经济评价涉及的因素多而复杂，定性分析主观性强，采用定量分析方法比较客观。施工方案的定量分析就是通过计算施工方案的若干相同的、主要的技术经济指标，进行综合分析比较，选择出各项指标较好的施工方案。这种评价方法指标的确定和计算比较复杂。施工方案的技术经济评价指标体系如图 11-1 所示。

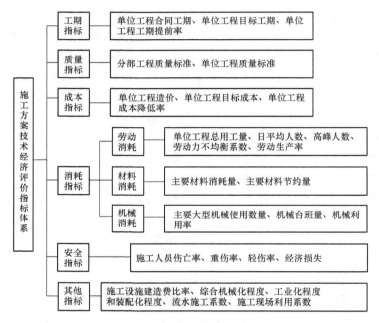

图 11-1　施工方案技术经济评价指标体系

任务 3　施工进度计划编制

　　单位工程施工进度计划是在确定了施工部署和施工方案的基础上，根据合同规定的工期、工程量和投入的资金、劳动力等各种资源供应条件，遵循工程的施工顺序，用图表的形式表示各分部分项工程搭接关系及工程开竣工时间的一种计划安排。

一、施工进度计划的作用、分类和表示方法

　　1. 施工进度计划的作用

　　（1）控制单位工程的施工进度，保证在规定工期内完成符合质量要求的工程任务。

　　（2）确定单位工程中各分部分项工程的施工顺序、施工持续时间、相互衔接和合理配合关系。

　　（3）为编制季度、月、旬生产作业计划提供依据。

　　（4）为编制各种资源配置计划和施工准备工作计划提供依据。

（5）具体指导现场的施工安排。

2. 施工进度计划的分类

根据工程规模大小、结构的复杂程度、工期长短及工程的实际需要，单位工程施工进度计划一般可分为控制性进度计划和指导性进度计划。

（1）控制性进度计划。控制性进度计划是以单位工程或分部工程作为施工项目划分对象，用以控制各单位工程或分部工程的施工时间及它们之间互相配合、搭接关系的一种进度计划，常用于工程结构较为复杂、规模较大、工期较长或资源供应不落实、工程设计可能变化的工程。

（2）指导性进度计划。指导性进度计划是以分部分项工程作为施工项目划分对象，具体确定各主要施工过程的施工时间及相互间搭接、配合的关系。对于任务具体而明确、施工条件基本落实、各种资源供应基本满足、施工工期不太长的工程均应编制指导性进度计划；对编制了控制性进度计划的单位工程，当各单位工程或分部工程及施工条件基本落实后，也应在施工前编制出指导性进度计划，不能以"控制"代替"指导"。

3. 施工进度计划的表示方法

施工进度计划是施工部署在时间上的体现，可采用网络图或横道图表示，并附必要说明。一般工程画横道图即可，对于工程规模较大或工序比较复杂的工程，宜采用网络图表示。横道图表见表 11-5。

表 11-5   施工进度计划横道图表

序号	分部分项工程名称	工程量		定额	劳动量		机械量		工作班制	每班人数	工作天数	施工进度							
												×月					×月		
		单位	数量		工种	数量	机械名称	台班数量				5	10	15	20	25	5	10	…
1																			
2																			
⋮																			

横道图由左、右两大部分所组成，表的左边部分列出了分部分项工程的名称、工程量、定额（劳动定额或时间定额）和劳动量、人数、持续时间等计算数据；表的右边部分是从规定的开工日起到竣工之日止的进度指示图表，用不同线条来形象地表现各个分部分项工程的施工进度和搭接关系。有时也在进度指示图表下方汇总每天的资源配置，组成资源配置动态曲线。

二、施工进度计划的编制依据和程序

1. 施工进度计划的编制依据

（1）工程项目的全部设计图纸，包括工程的初步设计或扩大初步设计、技术设计、施工图设计、设计说明书、建筑总平面图等。

（2）工程项目有关概（预）算资料、指标、劳动力定额、机械台班定额和工期定额。

（3）施工承包合同规定的进度要求和施工组织设计。

（4）施工总方案（施工部署和施工方案）。

（5）工程项目所在地区的自然条件和技术经济条件，包括气象、地形地貌、水文地质、交通水电条件等。

（6）工程项目需要的资源，包括劳动力状况、机具设备能力、物资供应来源条件等。

（7）地方建设行政主管部门对施工的要求。

（8）国家现行的建筑施工技术、质量、安全规范、操作规程和技术经济指标。

2. 施工进度计划的编制程序

单位工程施工进度计划的编制程序为：收集编制依据→划分施工项目→计算工程量→套用施工定额→计算劳动量和机械台班量→确定各项目的施工持续时间→初步编排施工进度计划→检查与调整施工进度计划。

三、施工进度计划的编制要点

1. 划分施工项目

编制施工进度计划时，首先应按照图纸和施工顺序，将拟建单位工程的各个施工过程列出，并结合施工方法、施工条件和劳动组织等因素，加以适当调整后确定。

施工项目是包括一定工作内容的施工过程，它是施工进度计划的基本组成单元。施工项目内容的多少，划分的粗细程度，应该根据计划的需要来决定。对于大型建设工程，经常需要编制控制性施工进度计划，此时工作项目可以划分得粗一些，一般只明确到分部工程即可。如果编制实施性施工进度计划，工作项目就应划分得细一些。在一般情况下，单位工程施工进度计划中的施工项目应明确到分项工程或更具体的工程，以满足指导施工作业、控制施工进度的要求。

由于单位工程中的施工项目较多，应在熟悉施工图纸的基础上，根据建筑结构特点及已确定的施工方案，按施工顺序逐项列出，以防止漏项或重项。凡是与工程对象施工直接有关的内容均应列入计划，而不属于直接施工的辅助性项目和服务性项目则不必列入。

另外，有些分项工程在施工顺序上和时间安排上是相互穿插进行的，或者是由同一专业施工队完成的，为了简化进度计划的内容，应尽量将这些项目合并，以突出重点。

2. 计算工程量

工程量应根据施工图纸、有关计算规则及相应的施工方法进行计算，如已编制了预算文件，则可从预算工程量的相应项目内抄出并汇总。计算时应注意以下几个问题：

（1）工程量的计量单位。计算时应使每个项目的工程量单位与采用的施工定额一致，以便计算劳动量、材料消耗量及机械台班量时，可以直接套用，不再进行换算。

（2）所采用的施工方法。计算工程量时，应结合选定的施工方法和安全技术要求，使计算所得工程量与施工实际情况相符合。

（3）施工组织的要求。组织流水施工时的项目应按施工层、施工段划分，列出分层、分段的工程量。如每层、每段的工程量相等或出入不大时，可计算一层、一段的工程量，再分别乘层数、段数，可得每层、每段的工程量。

3. 套用施工定额

确定了施工项目及其工程量之后，即可套用建筑工程施工定额，以确定劳动量和机械台班量。

在套用国家或当地颁布的定额时，必须注意结合本单位工人的技术等级、实际操作水平、施工机械情况和施工现场条件等因素，确定定额的实际水平，使计算出来的劳动量、机械台班量等符合实际需要。

4. 计算劳动量和机械台班量

根据施工项目的工程量、施工方法和实际采用的定额，计算出各分部分项工程的劳动量。用人工操作时，计算需要的工日数量；用机械作业时，计算需要的台班数量。

对于其他工程项目所需要的劳动量，可根据其内容和数量，并结合施工现场的具体情况，以占总劳动量的百分比计算，一般取 10%～20%。

水暖电卫等建筑设备及生产设备安装项目不计算劳动量。这些项目由专业工程队组织施工，在编制一般土建单位工程施工进度计划时，不考虑具体进度，仅表示出与一般土建工程进度相配合的关系。

5. 确定各项目的施工持续时间

各项目施工持续时间的确定同流水节拍的计算。其确定方法有三种：经验估算法、定额计算法和倒排计划法。

6. 初步编排施工进度计划（以横道图为例）

按前述过程确定了各施工过程的持续时间及流水节拍后，即可着手编排进度计划。要点如下：

（1）先安排主导施工过程的施工进度，然后再安排其余施工过程。

（2）注意最大限度地搭接，使每个施工过程尽可能早地投入施工。

（3）按照已定方案，安排流水施工。可先安排一个分部工程的流水，然后将各工艺组合流水最大限度地搭接或衔接起来。

（4）各施工过程的进度线所表示的时间应与计算确定的延续时间一致。

（5）各施工过程的施工进度线最终应采用横道粗实线段表示，但考虑调整修改因素，可用自己方便习惯的形式初步表达。

7. 检查与调整施工进度计划

施工进度计划初步方案编制后，先进行检查和调整。主要检查各施工过程之间的施工顺序是否合理、工期是否满足要求、劳动力等资源消耗是否均衡等几方面。

（1）工期检查调整。当初步计划工期超过要求工期时，应进行调整。主要的方法有：改用流水施工、改变某些施工过程的安排位置（组织关系变化）或搭接时间、缩短关键性工作的持续时间或流水节拍（增加人力、增加工作班次）等。如还不能满足要求时，可以改变施工方案，如内外装修同步进行、内装修采取自下而上等。

（2）劳动力均衡检查。劳动力是否均衡，主要的衡量标准是用最高峰人数除以平均人数，如果等于1是最理想的模式，但实际工程中很难实现，一般控制比值不应超过 2，较好一些应不超过 1.5。

当劳动力不均衡系数 K 不满足要求时，可通过调整最高峰时段的各有关施工过程的施工起止时间，如将内装修和外装修需要施工人数多的施工过程适当错开。

应当指出，一系列的编排或调整，可能满足了某些条件，但是还要注意到施工成本的提高以及其他各项资源的均衡性等问题，所以这是一个综合性问题，应全面分析，统筹兼顾。

任务 4　资源配置与施工准备计划编制

一、资源配置计划的编制

单位工程施工进度计划编制完成以后，可编制资源配置计划。资源配置计划是做好劳动力与物资的供应、平衡、调度的重要依据。资源配置计划主要包括劳动力配置计划和物资配置计划。各项资源配置计划，主要以计划表的形式体现。

1. 劳动力配置计划

劳动力配置计划主要反映某单位工程在施工生产周期内，每个时间段应投入的劳动力数量。编制时，首先按月份（或每月分旬）划分时间段，按照工种不同列出劳动量；然后按进度表上每天（每个时间单位）需要的施工人数，分工种进行统计，得出每天所需工种及人数；最后按时间进度要求汇总列出。劳动力配置计划示例见表11-6。

表11-6　　　　　　　　　　　某单位工程劳动力配置计划

序号	工种	总劳动量（工日）	劳 动 量（工日）						
			3月			4月			5月
			上旬	中旬	下旬	上旬	中旬	下旬	上旬
1	普工	87	50	11		8	11	4	3
2	木工	68	5	12	51				
3	钢筋工	23		2	15	4		2	
4	混凝土工	48	8	4	11	8	3	14	
5	瓦工	100	6	26	53		7	1	7
6	抹灰工	138						138	
7	架子工	80			80				
8	油漆工	87						18	69

2. 物资配置计划

（1）主要材料配置计划。主要材料需要量计划主要反映某单位工程在施工生产周期内，每个时间段应投入的主要材料数量。主要材料的需要量计划，是备料、供料和确定仓库、堆场面积及运输量的重要依据。编制时，按材料的名称、规格、总数量等分别列出，并按各时间段填写需要量；然后根据施工进度计划各个月旬完成的工程任务内容及任务量，套用施工定额或材料消耗定额，得出各个月旬的材料需要量；最后在一个时间段内有多项任务需要同一种类规格的材料，则汇总相加。主要材料配置计划示例见表11-7。

表11-7　　　　　　　　　　　某单位工程主要材料配置计划

序号	材料名称	规格	总需要量		3月			4月			5月
			单位	数量	上旬	中旬	下旬	上旬	中旬	下旬	上旬
1	钢筋	综合	t	4.2	1.6	1.2	0.9	0.5			
2	复合木模板	18mm	m²	58	12	14	17	15			
3	标准砖	240mm×115mm×53mm	百块	77	17	60					
4	多孔砖	240mm×115mm×90mm	百块	211			120	91			
5	石灰膏		m³	2.2					0.5	1.0	0.7
6	商品混凝土	C20	m³	56	11	13	17	15			
7	商品混凝土	C30	m³	1.1				1.1			
8	乳胶漆	内墙	kg	145						35	110

（2）施工机具配置计划。施工机具配置计划是反映某单位工程在施工生产周期内，应配备的各种施工机具，按照名称、规格型号、数量、进退场时间等编写。施工机具配置计划的编制主要依据是施工方案和施工进度计划表，根据施工方案中施工方法与施工机械的选择内容，统计所需要的各类施工机具，再按照施工进度计划表，确定进退场时间。施工机具配置计划示例见表 11-8。

表 11-8　　　　　　　　　　　　**某单位工程施工机具配置计划**

序号	机具名称	型号	需要量（台）	使用起止日期
1	蛙式打夯机	HW60	1	开工进场，工程竣工退场
2	平板式振动机	ZW-7	1	开工进场，主体完工退场
3	插入式振动器	ZN50	2	开工进场，工程竣工退场
4	钢筋切断机	GQ40	1	开工进场，主体完工退场
5	钢筋弯曲机	GW40	1	开工进场，主体完工退场
6	钢筋调直机	LGT/12	1	开工进场，主体完工退场
7	电焊机	BX3-300-2	1	开工进场，工程竣工退场
8	木工圆盘锯	MJ104	1	开工进场，主体完工退场

（3）成品、半成品配置计划。成品、半成品配置计划是依据施工图、施工方案及施工进度计划要求编制的，主要指混凝土预制构件、钢结构构件、门窗构件等成品、半成品配置计划，主要反映施工中各种成品、半成品的需用量及供应日期作为落实施工单位按所需规格数量和使用时间组织构件加工和进场的依据。一般按不同种类分别编制，提出构件的名称、规格、数量及使用时间等。成品、半成品配置计划示例见表 11-9。

表 11-9　　　　　　　　　　　　**某单位工程成品、半成品配置计划**

序号	成品、半成品名称	规格	单位	数量	进退场时间	备　注
1	预应力空心管桩	φ600 长 18m	个	360	2014.8.20—2014.9.28	2014.5.20 委托加工
2	塑钢窗	21001800	套	240	2015.7.20—2015.9.23	2015.4.20 委托加工
3						
⋮						

二、施工准备工作计划的编制

施工准备工作计划主要反映开工前和施工过程中必须要做的有关准备工作。施工准备工作一般包括技术准备、现场准备和资金准备等。

（1）技术准备应包括施工所需技术资料的准备、施工方案编制计划、试验检验及设备调试工作计划、样板制作计划等。

1）主要分部（分项）工程和专项工程在施工前应单独编制施工方案，施工方案可根据工程进展情况，分阶段编制完成；对需要编制的主要施工方案应制订编制计划。

2）试验检验及设备调试工作计划应根据现行规范、标准中的有关要求及工程规模、进度等实际情况制定。

3）样板制作计划应根据施工合同或招标文件的要求并结合工程特点制订。

（2）现场准备应根据现场施工条件和工程实际需要，准备现场生产、生活等临时设施。

（3）资金准备应根据施工进度计划编制资金使用计划。

施工准备工作计划示例见表 11-10。

表 11-10　　　　　　　　　　×××工程施工准备工作计划

序号	施工准备工作名称	准备工作内容（及量化指标）	主办单位（及主要负责人）	协办单位（及主要协办人）	完成时间	备注
1	编制施工组织设计	内容全面完整，有针对性。各单位工程均编制完成	×××项目技术部×××	工程部×××质量部×××安全部×××	2015.3.6	企业内部审批完毕
2	塔吊进场及安装	QT80　2台	×××项目物资部×××	工程部×××安全部×××	2015.4.10	安装检测完毕
3						
⋮						

任务 5　施工现场平面布置

施工现场平面布置就是根据拟建工程的规模、施工方案、施工进度计划和施工生产的需要，结合现场条件，按照一定的布置原则，对施工机械、材料构件堆场、临时设施、水电管线等，进行平面的规划和布置。将布置方案绘制成图，即施工现场平面布置图。

一、单位工程施工现场平面布置图的内容和要求

1. 单位工程施工现场平面布置图的内容

施工现场平面布置图应包括下列内容：

（1）工程施工场地状况。

（2）拟建建（构）筑物的位置、轮廓尺寸、层数等。

（3）工程施工现场的加工设施、存储设施、办公和生活用房等的位置和面积。

（4）布置在工程施工现场的垂直运输设施、供电设施、供水供热设施、排水排污设施和临时施工道路等。

（5）施工现场必备的安全、消防、保卫和环境保护等设施。

（6）相邻的地上、地下既有建（构）筑物及相关环境。

2. 单位工程施工现场平面布置图的要求

施工现场平面布置应符合下列要求：

（1）单位工程施工现场平面布置图一般按地基基础、主体结构、装修装饰和机电设备安装三个阶段分别绘制。

（2）单位工程施工现场平面布置图的绘制应符合国家相关标准要求并附必要说明。平面布置图绘制应有比例关系，各种临设应标注外围尺寸，并应有文字说明。

（3）一些特殊的内容，如现场临时用电、临时用水布置等，当平面布置图不能清晰表示时，可单独绘制平面布置图。

（4）现场所有设施、用房应由平面布置图表述，避免采用文字叙述的方式。

二、单位工程施工现场平面布置的依据和原则

1. 单位工程施工现场平面布置的依据

（1）拟建工程施工图纸。主要包括建筑总平面图、建筑平立剖面图、基础施工图、结构平面图、水暖电系统图等。

（2）相关部门规章、标准规范、定额指标等。标准规范主要包括《施工现场临时建筑物技术规范》（JGJ/T 188—2009）、《建筑工程绿色施工规范》（GB/T 50905—2014）、《建筑施工安全检查标准》（JGJ 59—2011）等。

（3）施工组织总设计及单位工程施工组织设计其他内容。单位工程施工组织设计其他内容包括施工部署、主要施工方案、施工进度计划、施工准备与资源配置计划等。

（4）施工现场资料。施工现场资料包括开工前施工现场的地形、风向、建筑、道路、管线等情况的资料。

2. 单位工程施工现场平面布置的原则

（1）平面布置科学合理，施工场地占用面积少。

（2）合理组织运输，减少二次搬运。

（3）施工区域的划分和场地的临时占用应符合总体施工部署和施工流程的要求，减少相互干扰。

（4）充分利用既有建（构）筑物和既有设施为项目施工服务，降低临时设施的建造费用。

（5）临时设施应方便生产和生活，办公区、生活区和生产区宜分离设置。

（6）符合节能、环保、安全和消防等要求。

（7）遵守当地主管部门和建设单位关于施工现场安全文明施工的相关规定。

三、单位工程施工现场平面布置的步骤

单位工程施工现场平面布置的基本步骤是：引入场外道路，设置大门、围挡→布置大型建筑施工机械→布置材料堆放场地、仓库→布置加工厂→布置场内道路→布置行政与生活福利设施→布置临时水、电管网及其他动力设施。

（一）引入场外道路，设置大门、围挡

临时道路引入点应结合施工场地布置合理确定，方便施工场地内材料、机械的进出。临时引入道应尽量短，应避免受到滑坡、山洪等自然灾害的危害。临时引入道应结合运输能力合理确定路宽及路面等级。

施工现场宜考虑设置两个以上大门。大门的高度和宽度应满足车辆运输需要，尽可能考虑与加工场地、仓库位置的有效衔接。大门附近应设置门卫室、公示标牌、车辆冲洗设施等。

工地必须沿四周连续设置封闭围挡。围挡使用的材料应保证围挡坚固、整洁、美观，不宜使用彩布条、竹笆或安全网等，宜采用轻钢结构（如彩钢板）等可重复利用的材料。围挡高度不应小于1.8m，建造多层、高层建筑的，还应设置安全防护设施。在市区主要路段和市容景观道路及机场、码头、车站广场设置的围挡高度不得低于2.5m，在其他路段设置的围挡高度不得低于1.8m。

（二）布置大型机械设备

常用的大型机械设备有垂直运输机械、混凝土泵和泵车等。垂直运输机械包括塔式起重机（塔吊）、履带式起重机、施工电梯、井架、龙门架，选择时主要根据机械性能、建筑物平面形状和大小、施工段划分情况、起重高度、材料和构件的重量、材料供应和已有运输道路等情况来确定。一般来讲，多层房屋施工中，多采用轻型塔吊、井架等；而高层房屋施工，一般采用建筑电梯和自升式或爬升式塔吊。机械设备的数量应根据工程量大小和工期要求，考虑到机械设备的生产能力，进行确定。垂直运输机械的布置原则是：充分发挥起重机械的能力，并使地面和楼面的水平运距最小。

1. 塔式起重机的布置

布置固定式塔式起重机时，应主要考虑以下几个方面：

（1）当采用两台或多台塔式起重机，或采用一台塔式起重机，一台井架（或龙门架、施工电梯）时，必须明确规定各自的工作范围和二者之间的最小距离，并制订严格的切实可行的防止碰撞的措施。

（2）按照施工方案每个施工段均有一台固定式垂直运输设备时，则每台设备布置在施工段中间，但不要放在出入口的位置。否则应布置在施工段的分界线附近。当建筑物各部位的高度不同时，布置在施工段的分界线附近较高的一侧。

（3）塔式起重机应布置在建筑物施工区域较开阔的一侧，方便大量的建筑材料水平运输。

（4）塔式起重机应与建筑物之间保持适宜的距离。塔吊中心与到外墙边线的距离取决于凸出墙面的雨篷、阳台及脚手架的尺寸，取决于塔吊的型号、性能及构件重量和位置，与现场地形及施工用地范围大小也有关系。

（5）塔式起重机布置时要使建筑物的平面应尽可能处于吊臂回转半径之内，以便直接将材料和构件运至使用地点，尽量避免出现"死角"。综合考虑经济因素，若不可避免地出现"死角"时，应使"死角"范围尽量小，且使吊运量大、吊运重量大的区域不在"死角"范围。

（6）塔式起重机的吊运回转区域，应尽量避开办公区与生活区及施工现场外经常有行人的区域。

（7）塔式起重机的布置位置应考虑安装、拆除的可行性和便利性。塔式起重机位置应有较宽的空间，可以容纳两台汽车吊安装或拆除塔机吊臂的工作需要。

2. 井架、龙门架布置

布置井架、龙门架（二者又称物料提升机）时，应主要考虑以下几个方面：

（1））井架、龙门架的数量要根据施工进度、提升的材料和构件数量、台班工作效率等因素计算确定，其服务范围一般为50～60m。

（2）当建筑物呈长条形，层数、高度相同时，一般布置在流水段分界处或长度方向居中位置。

（3）当建筑物各部位高度不同时，应布置在高低分界线较高部位一侧。

（4）其布置位置以窗口处为宜，以避免砌墙留槎和减少井架拆除后的修补工作。

（5）一般考虑布置在现场较宽的一面，而且吊篮或吊盘的上料口朝向应方便地面运输。

（6）井架（龙门架）的高度应视拟建工程屋面高度和井架（龙门架）形式确定。一般不带悬臂拔杆的井架应高出屋面3～5m。

（7）吊盘与建筑物之间应保持半米以上的距离，若有外脚手架时，还要考虑与脚手架之间的安全距离，一般为5～6m。

（8）缆风设置，高度在15m以下时设一道，15m以上时每增高10m增设一道，宜用钢丝绳，与地面夹角以30°～45°为宜，不得超过60°；当附着于建筑物时可不设缆风。

（9）卷扬机应设置安全作业棚，其位置不应距起重机械太近，以便操作人员的视线能看到整个升降过程，一般要求此距离大于建筑物高度，且最短距离不小于 10m，水平距外脚手架 3m 以上（多层建筑不小于 3m，高层建筑宜不小于 6m）。

3. 施工电梯的布置

建筑施工电梯（也称施工升降机、外用电梯）是高层建筑施工中运输施工人员及建筑材料的主要垂直运输设施，它附着在建筑物外墙或其他结构部位上，随着建筑物升高，架设高度可达 200m 以上。

在确定外用施工电梯的位置时，应考虑方便施工人员上下和物料集散，便于安装附墙装置，由电梯口至各施工处的距离较近，接近电源，有良好的夜间照明等。

4. 自行式起重机

对履带吊、汽车吊等自行式起重机，一般只要考虑其行驶路线即可。行驶路线根据吊装顺序、构件重量、堆放场地、吊装方法及建筑物的平面形状和高度等因素确定。

5. 混凝土泵和泵车

混凝土泵和泵车的布置要求如下：

（1）混凝土泵设置处的场地应平整坚实，具有重车行走条件，且有足够的场地、道路畅通，使供料调车方便。

（2）布置混凝土泵的位置时，应考虑泵管的输送距离，使混凝土泵应尽量靠近浇筑地点，便于配管。

（3）混凝土泵车停放位置接近排水设施，供水、供电方便，便于泵车清洗。

（4）混凝土泵作业范围内，不得有障碍物、高压线。

（三）布置仓库、堆场

通常单位工程施工现场平面布置仅考虑现场仓库布置。现场仓库按其储存材料的性质和重要程度，可采用露天堆场、半封闭式（棚）或封闭式（仓库）三种形式。露天堆场，用于不受自然气候影响而损坏质量的材料，如砂、石、砖、混凝土构件；半封闭式（棚），用于储存需防止雨、雪、阳光直接侵蚀的材料，如堆放卷材、钢材等；封闭式（库），用于受气候影响易变质的制品、材料等，如干混砂浆、五金零件、器具等。

仓库及堆场的布置要求如下：

（1）按不同的施工阶段使用不同的材料的特点，在同一位置上可先后布置不同的材料。

（2）仓库及堆场应尽量靠近使用地点，其纵向宜与交通线路平行，并考虑到运输及卸料方便；货物装卸需要时间长的仓库应远离路边。

（3）首层、基础和地下室所用的材料，宜沿建筑物四周布置，并距坑、槽边的距离不小于 0.5m；二层以上的材料、构件，应布置在垂直运输机械的附近。

（4）当多种材料和构件同时布置时，对大量的、重量大的和先期使用的材料，应尽可能靠近使用地点或起重机械附近布置；而少量的、重量轻的和后期使用的材料，可布置得稍远一些。

（5）如用固定式垂直运输设备，则材料、构件堆场应尽量靠近垂直运输设备，或布置在塔吊起重半径之内。

（6）预制构件的堆放位置要考虑到吊装顺序。先吊的放在上面，吊装构件进场时间应密切与吊装进行配合，力求直接卸到就位位置。

（7）模板、脚手架等周转材料，应选择在装卸、取用、整理方便和靠近拟建工程的地方布置。

（8）木材、钢筋等仓库，应与加工棚结合布置，以便就地取材。

（9）油库、氧气库和电石库，危险品库宜布置在僻静、安全之处。

（10）易燃材料的仓库设在拟建工程的下风方向。

（四）布置加工厂

通常工地设有钢筋、木材（包括模板、门窗等）等加工厂，其布置要求如下：

（1）加工厂布置时应使材料及构件的总运输费用最小，同时使加工厂有良好的生产条件，做到加工与施工互不干扰。一般情况下，木材、钢筋等加工厂宜设置在建筑物四周稍远处，并有相应的材料及成品堆场。

（2）钢筋加工厂的布置，应尽量采用集中加工布置方式。

（3）木材加工宜在现场外进行或购入成材，现场的木材加工厂布置只需考虑门窗、模板的制作。木材加工厂的布置还应考虑远离火源及残料锯屑的处理问题。

（五）布置场内临时运输道路

运输道路的布置主要是解决施工现场的运输和消防问题。运输道路布置应满足以下要求：

（1）应满足材料、构件等的运输要求，使道路通到各个仓库及堆场，并距离其装卸区越近越好，以便装卸。

（2）运输道路的线路最好绕建筑物布置成环形道路。若无条件布置成一条环形道路，应在适当的地点布置回车场。

（3）运输道路应有一定的宽度，单行道路宽度不应小于 3.5m，主干道路宽度不应小于 6m，道路转弯处半径应满足要求。

（4）木材场两侧应有 6m 宽通道，端头处应有 12m×12m 回车场，消防车道不小于 4m，载重车转弯半径不宜小于 15m。

（5）临时道路的布置应避开拟建工程和地下管道等地方。否则工程后期施工时，将切断临时道路，给施工带来困难。

（6）现场临时道路应尽可能利用已有道路或永久性道路的路面或路基，以节约费用。

（7）临时道路的路面结构做法应能满足运输需要，保证耐用。目前较多采用混凝土路面。

（8）道路两侧一般应结合地形设置排水沟，沟深不得小于 0.4m，底宽不得小于 0.3m。

（六）布置临时办公用房与生活用房

施工现场临时办公用房宜包括办公室、会议室、资料室、档案室等，临时生活用房宜包括宿舍、食堂、餐厅、厕所、盥洗室、浴室、文体活动室等。

1. 临时办公用房与生活用房的布置原则

（1）办公区、生活区和施工作业区应分区设置，且应采取相应的隔离措施。办公区、生活区宜位于拟建建筑物的坠落半径和塔吊等机械作业半径之外。

（2）办公区应设置办公用房、停车场、宣传栏、密闭式垃圾收集容器等设施。办公用房宜设在工地入口处。

（3）生活用房宜集中建设、成组布置，并宜设置室外活动区域。

（4）对于成组布置的临时建筑，每组数量不应超过 10 幢，幢与幢之间的间距不应小于 3.5m，组与组之间的间距不应小于 8.0m。

（5）临时建筑距易燃易爆危险物品仓库等危险源的距离不应小于 16m。

（6）临时建筑与架空明设的用电线路之间应保持安全距离。临时建筑不应布置在高压走廊范围内。

（7）食堂与厕所、垃圾站等污染源的距离不宜小于 15m，且不应设在污染源的下风侧。

2. 临时办公用房与生活用房的设计规定

（1）办公室的人均使用面积不宜小于 4m²，会议室使用面积不宜小于 30m²。办公用房室内净高不应低于 2.5m。

（2）宿舍的人均使用面积不宜小于 2.5m²，室内净高不应低于 2.5m。每间宿舍居住人数不宜超过 16 人。

（3）文体活动室宜单独设置，其使用面积不宜小于 50m²。

（4）施工现场应设置自动水冲式或移动式厕所。厕所的厕位设置应满足男厕每 50 人、女厕每 25 人设 1 个蹲便器，男厕每 50 人设 1m 长小便槽的要求。蹲便器间距不应小于 900mm。

（5）盥洗间应设置盥洗池和水嘴。水嘴与员工的比例宜为 1：20，水嘴间距不宜小于 700mm。

（6）淋浴间的淋浴器与员工的比例宜为 1：20，淋浴器间距不宜小于 1000mm。

（7）食堂应设置独立的操作间、售菜（饭）间、储藏间和燃气罐存放间。

（8）临时建筑的耐火等级、最多允许层数、最大允许长度、防火分区的最大允许建筑面积应符合表 11-11 的规定。

表 11-11　临时建筑的耐火等级、最多允许层数、最大允许长度、防火分区的最大允许建筑面积

临时建筑	耐火等级	最多允许层数	最大允许长度（m）	防火分区的最大允许建筑面积（m²）
宿舍	四级	2	60	600
办公用房	四级	2	60	600
食堂	四级	1	60	600

（9）安全疏散应符合下列规定：

1）临时建筑的安全出口应分散布置。每个防火分区、同一防火分区的每个楼层，其相邻两个安全出口最近边缘之间的水平距离不应小于 5.0m。

2）对于两层临时建筑，当每层的建筑面积大于 200m² 时，应至少设两个安全出口或疏散楼梯；当每层的建筑面积不大于 200m² 且第二层使用人数不超过 30 人时，可只设置一个安全出口或疏散楼梯。

3）房间门至疏散楼梯的距离不应大于 25.0m。

4）疏散楼梯和走廊的净宽度不应小于 1.0m。

（10）临时建筑应优先选用钢骨架活动房屋（又称活动房）。办公用房、宿舍宜采用钢框架、钢排架或门式刚架等承重结构体系；食堂宜选用钢框架或门式刚架等轻型钢结构承重结构体系。

（11）活动房的层高、总高度及跨度限值不宜超过表 11-12 的规定。

表 11-12　　　　　　　　　　　活动房的层高、总高度及跨度限值

结构类型	层数	层高（m）	总高度（m）	跨度（m）
活动房	单层	5.5	5.5	9.1
	二层	3.5	6.5	9.1

（七）布置临时供水管网与供电设施

1. 布置临时供水管网

施工用临时供水管，一般由建设单位的干管或施工用干管接到用水地点。临时供水管管网的布置应满足以下要求：

（1）管网一般沿道路布置。临时给水管网的布置一般有三种方式，即环状管网、枝状管网和混合式管网。环状管网适用于要求供水可靠的建设项目或建筑群工程。枝状管网适用于一般中小型工程。混合式管网一般适用于大型工程。

（2）管网一般采用暗铺。在冬季施工中，水管宜埋置在冰冻线下或采取防冻措施。

（3）在保证供水要求的前提下，新建供水管线的长度越短越好，并应适当采用胶皮管、塑料管作为支管，使其具有可移动性。

（4）供水管网应按防火要求布置室外消防栓。室外消防栓应靠近十字路口、工地出入口，并沿道路布置，距路边应不大于 2m，距建筑物的外墙应不小于 5m，也不应大于 25m，消防栓之间的间距不应超过 120m；消防栓周围 3m 范围内不准堆放建筑材料、停放机具和搭设临时房屋等；消防栓供水管的直径不得小于 100mm。

2. 布置临时供电设施

临时供电设施主要包括配电装置和供电线路。供电线路，一般分为架空线路和电缆线路两种。临时供电设施的布置要求如下：

（1）施工现场从电源进线开始至用电设备之间，应经过三级配电装置配送电力，即由总配电箱（一级箱）或配电室的配电柜开始，依次经由分配电箱（二级箱）、开关箱（三级箱）到用电设备。

（2）为保证三级配电系统能够安全、可靠、有效地运行，在实际设置系统时尚应遵守四项规则，即分级分路规则、动照分设规则、压缩配电间距规则、环境安全规则。

（3）为了维修方便，施工现场一般应采用架空线路。线路应架设在道路一侧，且应尽量避免与其他管道设在同一侧。线路与地面的距离不应小于 5m，电杆间距一般为 25～40m，分支线及引入线均应从杆上横担处连接。

（4）供电线路跨过堆场或建筑物时，应有足够的安全距离。

（5）线路应布置在起重机械的回转半径之外。否则必须搭设防护栏，其高度要超过线路 2m。现场机械较多时，可采用埋地电缆代替架空线，以减少互相干扰。

（6）分配电箱应设在用电设备或负荷相对集中的场所。分配电箱与开关箱的距离不得超过 30m。

（7）各种用电设备的开关应一机一闸，不允许一闸多机使用。开关箱与其供电的固定式用电设备的水平距离不宜超过 3m。

（8）配电箱等在室外时，应有防雨措施，严防漏电、短路及触电事故。

（八）绘制单位工程施工平面布置图

在进行各项布置后，经分析比较，调整修改，形成施工平面布置图草图；然后按照《总图制图标准》（GB/T 50103—2010）对草图进行加工，标上图例、比例、指北针及必要的文字说明等，形成正式的施工平面布置图。常用施工平面布置图图例见表 11-13。单位工程施工平面布置图的绘制要求如下：

表 11-13　　　　　　　　　　　　常用施工平面布置图图例

序号	名　　称	图　例	序号	名称	图　例
1	水准点	⊗ 点号／高程	17	脚手、模板堆场	
2	原有房屋		18	临时给水管线	—— S ——
3	拟建正式房屋及房角坐标	X=／Y= ① 12F/2D H=59.00m ▲	19	给水阀门（水嘴）	▷◁
4	临时房屋：密闭式 敞篷式		20	消防栓（临时）	ⓛ
5	围墙及大门		21	拟建化粪池	
6	现有永久公路		22	水源	ⓦ
7	施工用临时道路		23	电源	
8	临时露天堆场		24	变压器	○○
9	土堆		25	电杆	—○—
10	块石堆		26	塔吊	
11	砖堆（砌块堆）		27	井架	
12	钢筋堆场		28	龙门架	
13	钢筋成品场		29	卷扬机	
14	型钢堆场	LIC	30	履带式起重机	
15	铁管堆场		31	打桩机	
16	钢结构堆场		32	脚手架	

（1）绘图时，图幅大小和绘图比例应根据施工现场大小及布置内容多少来确定。通常图幅不宜小于 A3，绘图比例一般采用 1：200～1：500。

（2）绘制施工平面布置图要求层次分明、比例适中、图例图形规范，线条粗细分明，图面整洁美观，同时绘图要符合国家有关制图标准，并详细反映平面的布置情况。

（3）施工平面布置图应按常规内容标注齐全，平面布置应有具体的尺寸和文字。比如塔吊要标明回转半径、具体位置坐标，建筑物主要尺寸，仓库、主要料具堆放区等。

（4）红线外围环境对施工平面布置影响较大，施工平面布置中不能只绘制红线内的施工环境，还要对周边环境表述清楚，如原有建筑物的性质、高度和距离等，这样才能判断所布置的机械设备等是否影响周围，是否合理。

（5）施工现场平面布置图应配有编制说明及注意事项。

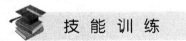 技 能 训 练

一、单项选择

1. 施工顺序应符合（　　）逻辑关系。

　　A. 空间　　　　　　　B. 时间　　　　　　　C. 组织　　　　　　　D. 工序

2. 单位工程施工阶段的划分一般是（　　）。

　　A. 地基基础、主体结构、装饰装修

　　B. 地基、基础、主体结构、装饰装修

　　C. 地基基础、主体结构、装饰装修和机电设备安装

　　D. 地基、基础、主体结构、装饰装修和机电设备安装

3. 施工方法的确定原则是兼顾（　　）。

　　A. 适用性、可行性和经济性　　　　　　B. 先进性、可行性和经济性

　　C. 先进性、可行性和科学性　　　　　　D. 适用性、可行性和科学性

4. 描述施工方法的顺序应按照（　　）进行。

　　A. 空间位置　　　　B. 时间节点　　　　C. 工法难易　　　　D. 施工顺序

5. 材料配置计划确定依据是（　　）。

　　A. 施工进度计划　　B. 资金计划　　　　C. 施工工法　　　　B. 施工顺序

6. 劳动力配置计划确定依据是（　　）。

　　A. 资金计划　　　　B. 施工进度计划　　C. 施工工法　　　　D. 施工工序

7. 施工机具配置计划确定的依据是（　　）。

　　A. 施工方法和施工进度计划　　　　　　B. 施工部署和施工方法

　　C. 施工部署和施工进度计划　　　　　　D. 施工顺序和施工进度计划

二、多项选择

1. 围绕施工部署原则编制的施工组织设计组成内容有（　　）。

　　A. 施工现场平面布置　　　　　　　　　B. 设计概况

　　C. 编制依据　　　　　　　　　　　　　D. 施工准备与资源配置计划

　　E. 施工方法

2. 施工部署应对项目实施过程做出统筹规划和全面安排的内容有（　　）。

　　A. 任务　　　　　　B. 资源　　　　　　C. 空间

　　D. 时间　　　　　　E. 重大变更

3. 关于施工流水段划分的说法，正确的有（　　）。

　　A. 根据工程特点及工程量进行分阶段合理划分

B. 说明划分依据及流水方向

C. 确保均衡流水施工

D. 施工顺序应符合时间逻辑关系

E. 一般包括地基基础、主体结构、装饰装修三个阶段

4. 单位工程施工阶段的划分一般有（　　　）。

　　A. 地基基础　　　　　　B. 主体结构　　　　　　C. 二次结构

　　D. 围护结构　　　　　　E. 装饰装修和机电设备安装

5. 施工流水段划分的依据有（　　　）。

　　A. 工程特点　　　　　　B. 季节施工　　　　　　C. 施工方法

　　D. 施工顺序　　　　　　E. 工程量

6. 施工顺序的确定原则有（　　　）。

　　A. 工艺合理　　　　　　B. 安全施工　　　　　　C. 缩短工期

　　D. 效益第一　　　　　　E. 保证质量

7. 关于一般工程的施工顺序的说法，正确的有（　　　）。

　　A. 先准备、后开　　　B. 先地下、后地上　　　C 先生活、后生产

　　D. 先主体、后围护　　E. 先设备、后围护

8. 下列计划中，属于资源投入计划范围的有（　　　）。

　　A. 施工进度计划　　　B. 分包使用计划　　　C. 材料供应计划

　　D. 设备供应计划　　　E. 施工图提供计划

9. 施工现场平面布置图应包括的基本内容有（　　　）。

　　A. 工程施工场地状况

　　B. 拟建建（构）筑物的位置、轮廓尺寸、层数等

　　C. 施工现场生活、生产设施的位置和面积

　　D. 施工现场外的安全、消防、保卫和环境保护等设施

　　E. 相邻的地上、地下既有建（构）筑物及相关环境

参 考 文 献

［1］住房和城乡建设部．中国建筑技术政策（2013 版）［M］．中国城市出版社，2013．

［2］住房和城乡建设部工程质量安全监管司．建筑业 10 项新技术（2010）［M］．北京：中国建筑工业出版社，2010．

［3］郭丽峰．图表全解建筑地基与基础工程施工技术规程［M］．北京：化学工业出版社，2016．

［4］高海静，魏海宽．图表全解混凝土工程施工技术规程［M］．北京：化学工业出版社，2016．

［5］贾玉梅．图表全解钢结构工程施工技术规程［M］．北京：化学工业出版社，2016．

［6］魏文智．图表全解装饰装修工程施工技术规程［M］．北京：化学工业出版社，2016．

［7］肖凯成，郭晓东．快速编制单位工程施工组织设计［M］．北京：化学工业出版社，2016．

［8］贺晓文，伊运恒．建筑工程施工组织［M］．北京：北京理工大学出版社，2016．

［9］袁媛．建筑施工技术［M］．北京：人民邮电出版社，2015．

［10］曹玉梅，相国平．建筑施工工艺与技能训练［M］．北京：中国劳动社会保障出版社，2015．

［11］李顺秋．施工组织设计文件的编制［M］．北京：中国建筑工业出版社，2015．

［12］钟汉华，张天俊．建筑施工技术［M］．北京：人民邮电出版社，2015．

［13］丛培经，张义昆．建设工程施工组织设计方法与实例［M］．北京：中国电力出版社，2015．

［14］范优铭，田江永．建筑施工技术［M］．北京：化学工业出版社，2014．

［15］江苏省建设教育协会．施工员专业管理实务（土建施工）［M］．北京：中国建筑工业出版社，2014．

［16］杜绍堂．钢结构工程施工［M］．3 版．北京：高等教育出版社，2014．

［17］王付全．屋面与防水工程施工［M］．北京：高等教育出版社，2014．

［18］李源清，周著芹．建筑施工技术［M］．北京：北京大学出版社，2014．

［19］程和平．建筑施工技术［M］．北京：北京理工大学出版社，2014．

［20］申海洋，杨太生．地基与基础工程施工［M］．武汉：武汉大学出版社，2014．

［21］侯洪涛．建筑施工技术［M］．2 版．北京：机械工业出版社，2014．

［22］赵育红．地基与基础工程施工［M］．北京：高等教育出版社，2013．

［23］任雪丹，迟桂芳．建筑装饰装修工程施工［M］．北京：高等教育出版社，2013．

［24］王延该．建筑施工工艺［M］．北京：机械工业出版社，2014．

［25］周晓龙．建筑施工技术实训［M］．2 版．北京：北京大学出版社，2014．

［26］郭立民．建筑施工［M］．4 版．北京：中国建筑工业出版社，2014．

［27］陈锦平．建筑施工技术［M］．武汉：华中科技大学出版社，2014．

［28］危道军．建筑施工组织［M］．北京：中国建筑工业出版社，2014．

［29］林孟洁，彭仁娥，刘孟良．建筑施工组织［M］．长沙：中南大学出版社，2013．